全国中等职业技术学校楼宇智能化专业教材

建筑基础知识

人力资源和社会保障部教材办公室组织编写

中国劳动社会保障出版社

图书在版编目（CIP）数据

建筑基础知识/人力资源和社会保障部教材办公室组织编写. —北京：中国劳动社会保障出版社，2012

全国中等职业技术学校楼宇智能化专业教材

ISBN 978-7-5167-0012-9

Ⅰ.①建… Ⅱ.①人… Ⅲ.①建筑学 Ⅳ.①TU

中国版本图书馆 CIP 数据核字（2012）第 253898 号

中国劳动社会保障出版社出版发行

（北京市惠新东街 1 号 邮政编码：100029）

出 版 人：张梦欣

*

北京隆昌伟业印刷有限公司印刷装订 新华书店经销

787 毫米×1092 毫米 16 开本 19.75 印张 11 插页 379 千字

2012 年 11 月第 1 版 2023 年 5 月第 5 次印刷

定价：39.00 元

营销中心电话：400-606-6496

出版社网址：http://www.class.com.cn

http://jg.class.com.cn

版权专有 侵权必究

如有印装差错，请与本社联系调换：（010）81211666

我社将与版权执法机关配合，大力打击盗印、销售和使用盗版图书活动，敬请广大读者协助举报，经查实将给予举报者奖励。

举报电话：（010）64954652

前言

进入 21 世纪，智能楼宇技术飞速发展，对社会生活各方面的影响日益深刻，相关技能人才的需求量也随之增加。为了更好地适应中等职业技术学校楼宇智能化专业的教学需求和企业的用人要求，我们组织全国有关学校的一线教师和行业专家，开发了本套教材。

本套教材包括《建筑基础知识》《楼宇智能化概论》《电工基础知识与技能》《电子基础知识与技能》《综合布线与网络通信》《安全防范系统实务》《火灾报警与消防联动系统实务》《供配电系统监控实务》《照明系统监控实务》《环境控制系统实务》，以及《电梯基础知识与保养》。本套教材的开发过程一直以如下理念作为指导：

第一，以就业为导向，突出职业教育特色。全套教材面向楼宇智能化设备操作和维护技能人才的培养，以对口岗位需求为原点，依据职业能力和相关知识两个维度确定内容。在夯实基础的同时，为学生提供良好的职业发展平台。

第二，体现职业教育改革趋势，坚持贴近实际、贴近生活、贴近学生的原则。依据现有教学条件，以工程任务为载体，引导学生在实践中领悟知识、获得技能，培养自主学习的意识、能力和信心，激发学生的学习兴趣。

第三，紧跟楼宇智能化技术发展，符合时代要求。教材立足当前，放眼未来，既选择通用设备类型展开实训，又尽可能多地介绍行业新知识、新技术和新设备，从而帮助学生尽快适应工作岗位的需要，提高人才培养质量。

本套教材可供全国中等职业技术学校楼宇智能化专业选用，也可作为职业培训教材。教材的编写工作得到了广东、江苏、浙江等省人力资源和社会保障厅及有关学校的大力支持，在此，我们表示诚挚的谢意。

人力资源和社会保障部教材办公室
2012 年 11 月

目 录 CONTENTS

第一章　识读建筑施工图

第一节　建筑施工图概述

将一幢拟建房屋的内外形状和大小以及各部分的结构、构造、装修、设备等内容，按照国家标准的规定，用正投影法详细准确地缩绘出的图样，称为房屋建筑图。它是用以指导施工的一套图样，所以又称为施工图。

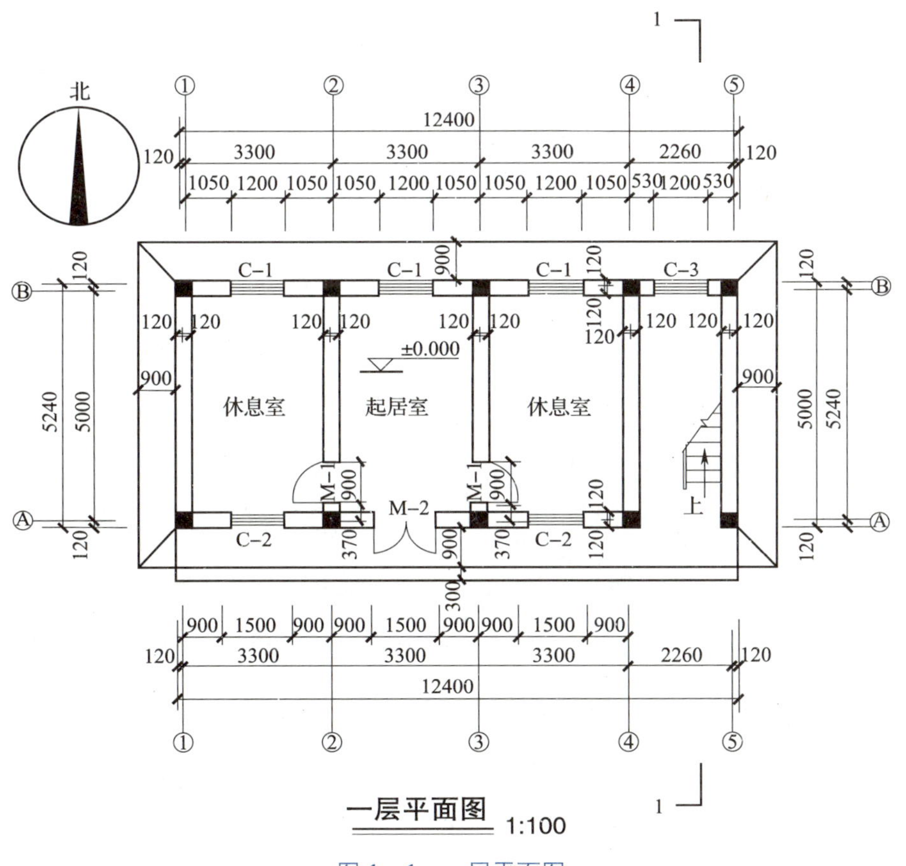

图 1—1　一层平面图

图 1—1 为某建筑的一层平面图，比例为 1∶100。由图 1—1 可以看出，建筑物为南北朝向，横墙[1]的定位轴线编号为①～⑤，横墙长 5 240 mm；纵墙[2]的定位轴线编号为Ⓐ～Ⓑ，纵墙长 12 400 mm；纵

1. 横墙
与建筑物的横轴（短轴）平行的墙体。

2. 纵墙
与建筑物的纵轴（长轴）平行的墙体。

> 3. 散水
> 室外地坪与建筑物外墙交接的位置，为了尽快排除雨水，防止雨水侵蚀墙角所设置的向外坡向的建筑构造。

横向承重墙厚都为 240 mm；底层共有两个休息室、一个起居室，楼梯间设置在建筑的东侧。沿建筑物外墙设置有 900 mm 宽的散水[3]。主入口在南侧，采用双开门，门宽 1 500 mm（M−2），南侧沿南墙通长设置 900 mm 宽的平台和 300 mm 宽的台阶；两个休息室分别设置平开门与起居室连通，门宽 900 mm；窗全部设置于纵墙上，有 3 扇窗为 C−1（宽 1 200 mm）、2 扇窗为 C−2（宽 1 500 mm）、1 扇窗为 C−3（宽 1 200 mm）；地面标高为 ±0.000；在轴线④、⑤之间的楼梯间有剖切符号 1—1。

除了以上的建筑平面图，建筑施工图还包括建筑立面图、建筑剖面图、建筑详图等，各种图样的内容和识读方法将在以下各节中学习。

一、房屋的组成

房屋主要由基础、墙或柱、楼地层、楼梯、屋顶、门窗等部分组成的（见图 1—2）。

基础是房屋最下面的部分，埋在自然地面以下，它承受房屋的全部荷载，并把这些荷载传给它下面的土层——地基。

墙或柱是房屋的竖直承重构件，它承受楼地层和屋顶传给它的荷

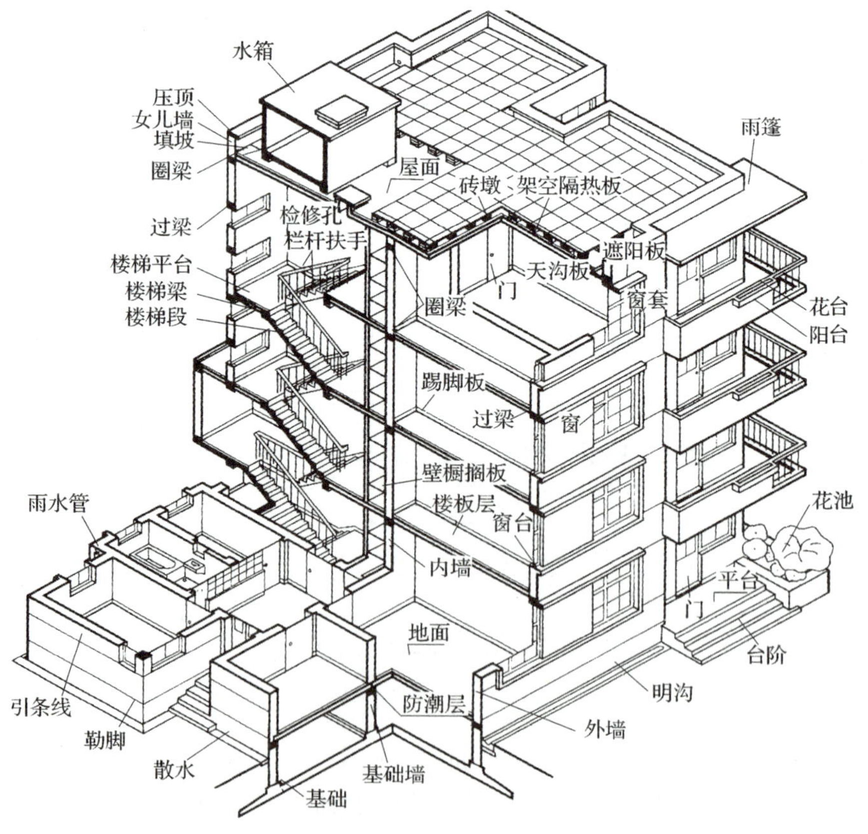

图 1—2　房屋的组成

载，并把这些荷载传给基础。

楼地层是房屋的水平承重和分隔构件，它包括楼板层和地坪层。楼梯是建筑中联系上下各层的垂直交通设施。

屋顶是房屋顶部的承重和围护部分。

门是供人们进出房屋和房间及搬运家具、设备的建筑配件。窗则具有采光、通风和眺望的功能。门和窗安装在墙上，因而也是房屋围护结构的组成部分。

房屋除上述基本组成部分外，还有一些其他配件和设施，如雨篷、散水、明沟、勒脚、遮阳板、坡道等。

二、房屋建筑设计程序

1. 设计前期准备工作

包括熟悉设计任务书、收集必要的设计原始收据、设计前的调查研究、设计项目的有关定额指标等。

2. 建筑设计阶段

（1）方案设计

主要任务是提出设计方案，有时可有几个方案进行比较。经有关部门审议并批准的方案方可进入下一阶段的设计。方案设计应完成的内容有设计说明书、总平面设计图样、建筑设计图样（建筑平面图、立面图和剖面图）和热能动力设计图样。

（2）初步设计阶段

待方案确定后，按比例绘制初步设计图，确定工程概算，报送有关部门审批，经确定的方案批准下达后，这一方案便是下一阶段设计时施工准备、施工图编制等的重要依据。

（3）技术设计阶段

进一步确定建筑、结构、设备各工种之间的技术问题。

（4）施工图设计阶段

这是建筑设计的最后阶段。通过协调、修改，产生一套能够满足施工要求的，反映房屋整体和细部全部内容的图样，即为施工图。它是房屋施工的重要依据。施工图设计的内容包括确定全部工程尺寸和用料，绘制建筑、结构、设备等的全部施工图，编制工程说明书等。

三、施工图的种类

房屋施工图由于专业分工不同，一般分为建筑施工图、结构施工图和设备施工图（水暖电施工图）。各专业图样中又分为基本图和详图两部分。基本图表明全局性的内容，详图表明某些构件或某些局部详细尺寸和材料构成等。

1. 建筑施工图（简称建施）

主要表示建筑物的总体布局、外部造型、内部布置、细部构造、装修和施工要求等。基本图包括总平面图、建筑平面图、立面图和剖面图等；详图包括墙身、楼梯、门窗、卫生间、屋檐及各种装修、构造的详细做法。

2. 结构施工图（简称结施）

主要表示承重结构的布置情况、构件类型及构造和做法等。基本图包括基础图、柱网平面布置图、楼层结构平面布置图、屋顶结构平面布置图等。构件图（即详图）包括柱、梁、楼板、楼梯、雨篷等。

3. 设备施工图

给水、排水、采暖、通风、电气等专业施工图，简称分别是水施、暖施、电施等，它们主要表示管道（或电气线路）与设备的布置和走向、构件做法和设备的安装要求等。这几个专业的基本图都是由平面图、轴测系统图或系统图组成的，详图有构件配件制作或安装图。

上述施工图，都应在图样标题栏注写自身的简称与图号，如“建施1”等。

一套房屋施工图样的编排顺序是：图纸目录[4]、设计技术说明[5]、总平面图、建筑施工图、结构施工图、设备施工图等。各工种图样的编排一般是全局性图样在前，表达局部的图样在后；先施工的在前，后施工的在后。

一般中小型工程常把图纸目录、设计技术说明和总平面图画在一张图纸内。

4. 图纸目录
也称为首页图。主要说明该工程是由哪几个专业图样所组成，各专业图样的名称、张数和图号顺序。

5. 设计技术说明
主要是说明工程的概貌和总的要求。包括工程设计依据、设计标准、施工要求等。

四、识读房屋建筑图的方法

房屋建筑图是用正投影原理和各种图示方法综合应用绘制的。所以，识读房屋建筑图必须具备一定的投影知识，掌握形体的各种图示方法和建筑制图标准的有关规定，要熟记建筑图中常用的图例、符号、线型、尺寸和比例的意义，要具有房屋构造的有关知识。

一般识读房屋建筑图的方法步骤如下：

1. 查看图纸目录和设计技术说明

通过图纸目录查看各专业施工图是否齐全；看设计技术说明，对工程在设计和施工要求方面有一个概括了解。

2. 依照图样顺序通读一遍

对整套图样按先后顺序通读一遍，对整个工程在头脑中形成概念。如工程的建设地点和周边情况、建筑物的形状、结构情况及建筑物的主

要特点和关键部位等。

3. 分专业对照识读

按专业次序深入仔细地识读。先识读基本图，再识读详图。读图时，要把有关图样联系一起对照着识读，从中了解它们之间的关系，建立起完整准确的工程概念。再把各专业图样（如建筑施工图与结构施工图）联系在一起对照着识读，看它们在图形上和尺寸上是否衔接、构造要求是否一致。发现问题要做好读图记录，以便会同设计单位提出修改意见。

可见，读图的过程也是检查复核图样的过程，所以读图时必须认真细致，不可粗心大意。

五、房屋建筑图的规定画法

1. 图线

在房屋建筑施工图中，为了表示不同的内容，可采用不同的线型来表示。

2. 尺寸标注

尺寸标注除应遵守国家有关规定以外，特别要注意的是尺寸单位。在房屋建筑图中尺寸数字后面都不注单位，按国家建筑制图标准，总平面图和标高的尺寸单位为 m，其他图样的尺寸单位均为 mm。

3. 定位轴线及其编号

在房屋建筑中凡是墙、柱、梁、屋架等主要承重构件都用一根细单点长画线来表示其位置，这条用来确定主要结构位置的线被称为定位轴线。对于次承重构件，如分隔墙等可用附加定位轴线来表示。

国家建筑制图标准规定：定位轴线用细单点长画线来绘制，端部用一直径为 8 ~ 10 mm 的圆圈，并且编号。定位轴线宜标注在图样的下方与左侧，在平面图上定位轴线分为纵横两个方向。横向用阿拉伯数字从左向右顺序编号，纵向用大写的拉丁字母从下往上顺序编号（其中 I、Z、O 不允许用为轴线编号，以免同阿拉伯数字 1、2、0 混淆）（见图 1—3）。

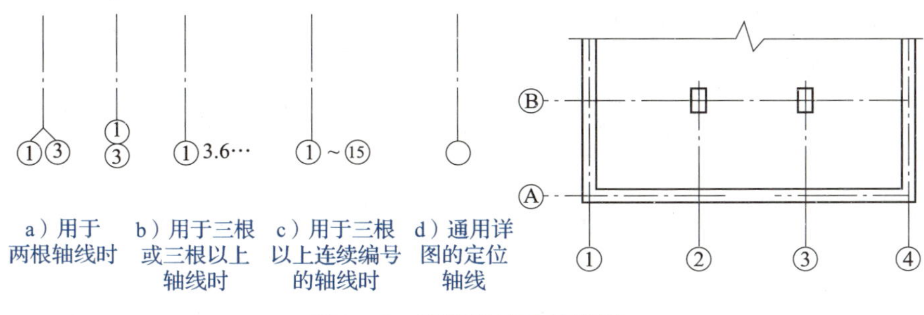

图 1—3　定位轴线及其编号

在两根定位轴线之间，若设附加定位轴线，需用分数的形式表示，分母表示前后定位轴线的编号，分子表示附加定位轴线的编号，用阿拉伯数字编号，其编写方向同定位轴线（见图 1—4）。

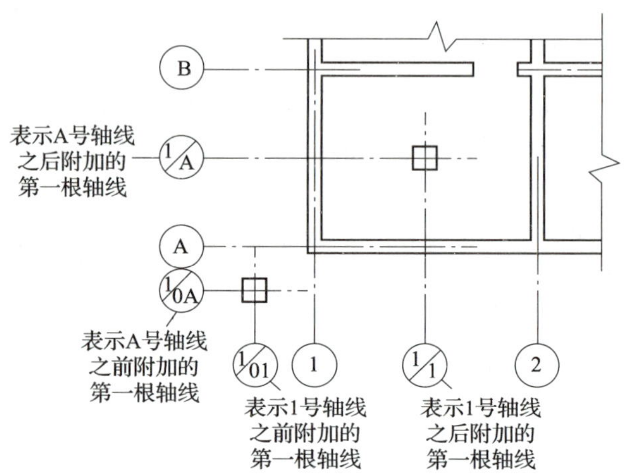

图 1—4　附加定位轴线及其编号

4. 标高

标高是指以某一水平面作为基准面的垂直高度。建筑物各部分的高度用标高表示时有两种形式。

（1）绝对标高

根据规定，凡标高的基准面是以我国山东省青岛市附近的黄海平均海平面为标高零点，由此而引出的标高均称为绝对标高（又称海拔）。

（2）相对标高

凡标高的基准面是根据工程需要自行选定的标高称为相对标高。在建筑上一般都用相对标高，通常把房屋底层室内主要地面定为相对标高的零点，即 ±0.000。

标高符号的具体画法是一等腰直角三角形，高约 3 mm。总平面图上的标高符号是涂黑的三角形。标高符号的尖端应指至被注的高度，尖端可向下也可向上（见图 1—5）。

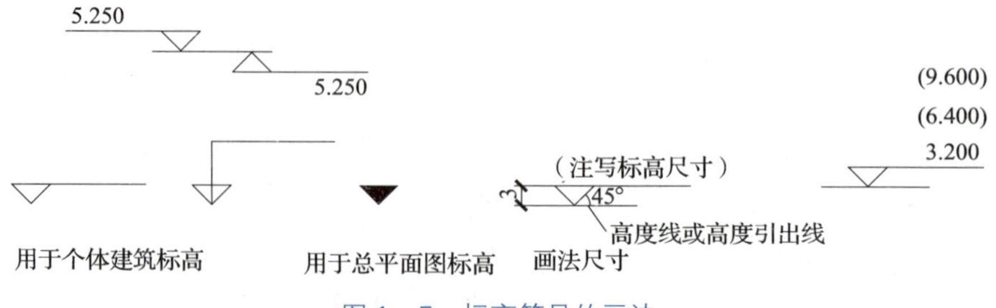

图 1—5　标高符号的画法

标高数字以 m 为单位，注写到小数点以后第三位。在总平面图中，可注写到小数点以后第二位。

零点标高应注写成 ±0.000，正数标高不注“+”，负数标高应注“-”，如 2.300、-0.600。在图样的同一位置需表示几个不同标高时，标高数字可由下向上按小数字向大数字重叠注写。

5. 索引符号和详图符号

（1）索引符号

图样中的某一局部或构件，如需另见详图，应以索引符号索引。索引符号的圆及水平直径均应以细实线绘制，圆的直径为 8 ~ 10 mm。索引符号按下列规定编写，如图 1—6 所示。

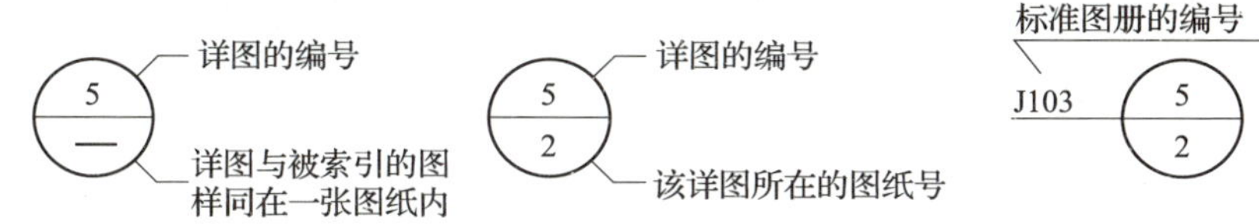

图 1—6　索引符号

1）索引出的详图，如与被索引的图样同在一张图纸内，应在索引符号的上半圆中用阿拉伯数字注明该详图的编号，并在下半圆中间画一段水平细实线。

2）索引出的详图，如与被索引的图样不在同一张图纸内，应在索引符号的下半圆中用阿拉伯数字注明该详图所在图纸的图纸号。

3）索引出的详图，如采用标准图，应在索引符号水平直径的延长线上加注该标准图册的编号。

4）索引符号如用于索引剖面详图，应在被剖切的部位绘制剖切位置线（粗实线）并应以引出线（细实线）引出索引符号，引出线所在的一侧应为剖视方向。

（2）详图符号

详图的位置和编号，应以详图符号表示，详图符号的图应以粗实线绘制，直径为 14 mm。详图按下列规定编号，如图 1—7 所示。

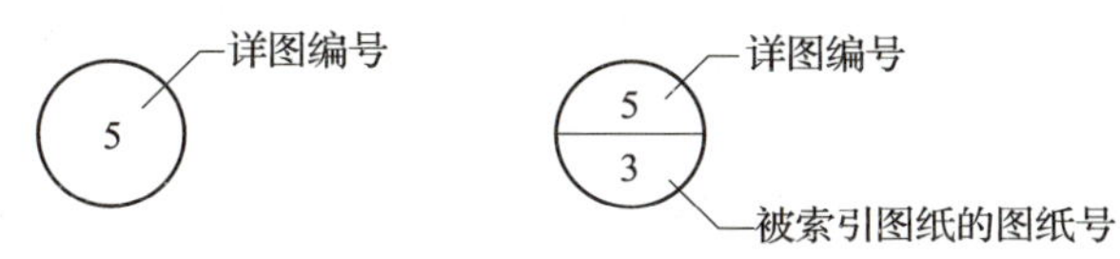

a）与被索引图样同在一张图纸内的详图符号　　b）与被索引图样不在同一张图纸内的详图符号

图 1—7　详图符号

1）详图与被索引的图样同在一张图纸内时，应在详图符号内用阿拉伯数字注明详图的编号。

2）详图与被索引的图样不在同一张图纸内时，应用细实线在详图符号内画一水平直线，在上半圆中注明详图编号，在下半圆中注明被索引图纸的图纸号。

6. 引出线

（1）引出线应以细实线绘制，采用水平方向的直线或与水平方向成 30°、45°、60°、90° 的直线。文字说明注写在横线的上方或横线的端部。

（2）多层构造共用引出线应通过被引出的各层，文字说明注写在横线上方或横线端部，说明的顺序应由上至下并与被说明的层次一致，若层次为横向排序，则由上至下的说明顺序应与自左至右的层次一致，如图 1—8 所示。

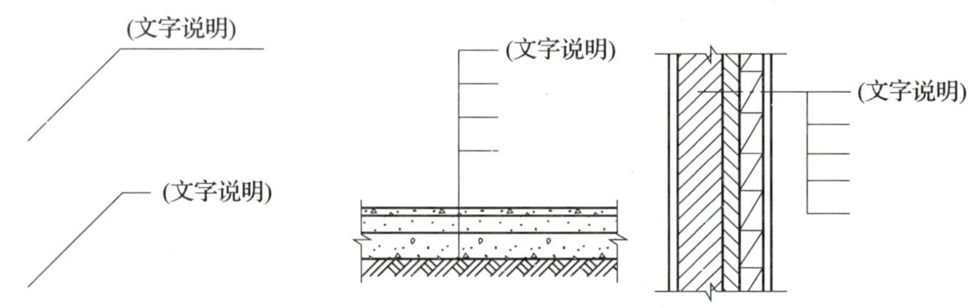

图 1—8　引出线的标注

7. 对称符号与指北针

（1）对称符号

绘制房屋建筑工程图时，若构配件结构对称，不需画出全部图样，可用对称符号表示。对称符号的对称线用细单点长画线绘制，平行线的长度宜为 6 ~ 10 mm，平行线的间距宜为 2 ~ 3 mm，平行线在对称线两侧的长度应相等，如图 1—9 所示。

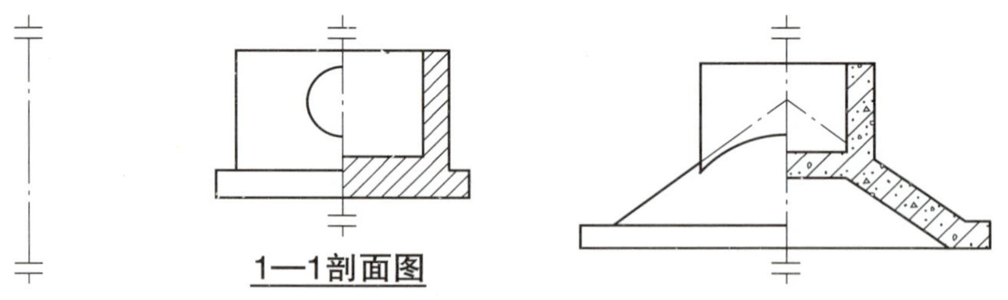

图 1—9　对称符号及其应用

（2）指北针

其指针用于表明房屋的朝向。宜用细实线绘制，其圆的直径宜为 24 mm，指针尾部的宽度宜为 3 mm，如图 1—10 所示。

8. 风向频率玫瑰图

风向频率玫瑰图的作用是表明房屋的朝向和当地的风向频率，描在用 8 个或 16 个方位所表示的图上，图中的实线表示当地常年的风向频率，虚线表示夏季的风向频率（我国的夏季指 6 月、7 月、8 月，房屋窗户应选择面对夏季主导风向[6]），箭头的指向为北向，风向由外吹向中心，如图 1—11 所示。我国部分城市的风向频率玫瑰图（简称风玫瑰图）如图 1—12 所示。

6. 夏季主导风向是指夏季的风向频率值最大（即图中线段最长者）的风向，如图 1-11 的夏季主导风向为东南风。

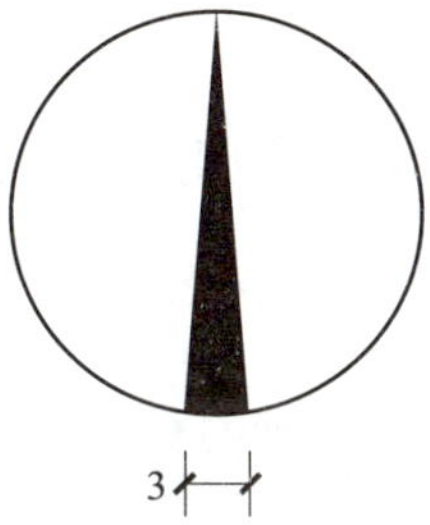

3

图 1—10　指北针的画法

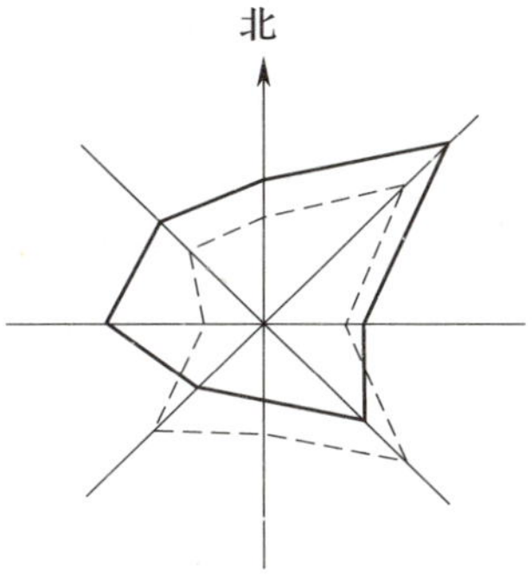

北

图 1—11　风向频率玫瑰图

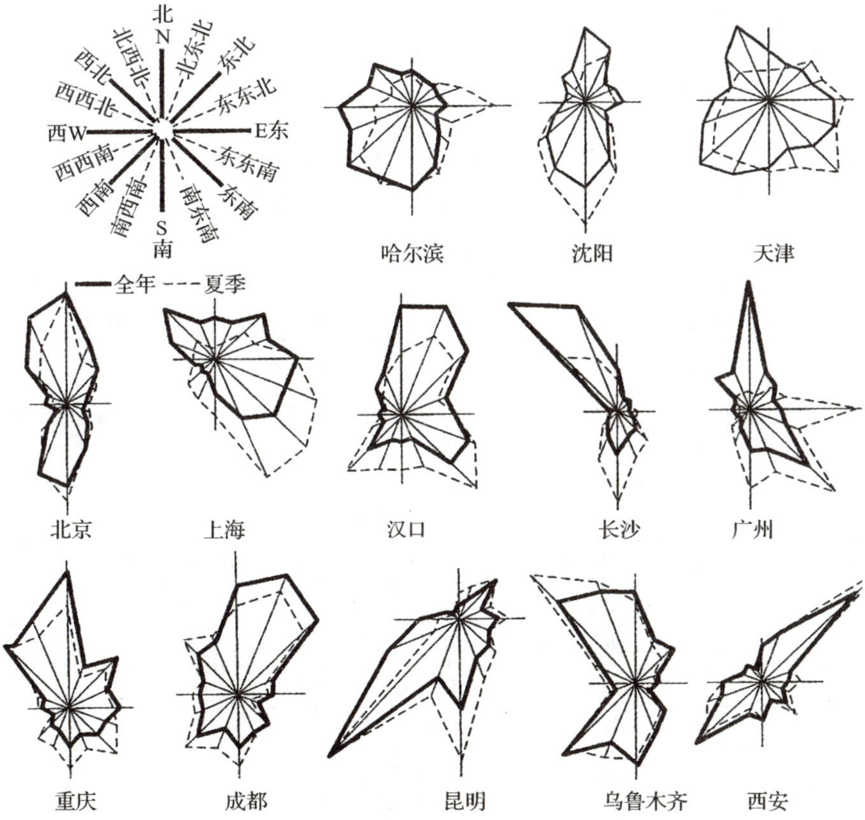

北 N　北东北　东北　东东北　E东　东东南　东南　南东南　S 南　南西南　西南　西西南　西W　西西北　西北　北西北

哈尔滨　沈阳　天津

全年 ---夏季

北京　上海　汉口　长沙　广州

重庆　成都　昆明　乌鲁木齐　西安

图 1—12　我国部分城市的风玫瑰图

第二节　识读首页图、建筑设计说明

一、首页图

首页图在中小工程中通常由两部分内容组成：一是图纸目录，二是对该工程所做的设计与施工说明。首页图放在全套施工图的首页装订，其中图纸目录起到组织编排图样的作用。

从图纸目录可看到该工程是由哪些专业图样组成，每张图样的图别编号和页数，以便于查阅。

从设计说明可看到工程的概况和各部构造做法，因此设计说明应具有以下内容：

（1）工程概况

包括建筑名称、平面形式、层数、建筑面积、绝对标高、与相邻建筑（或道路中心等）的距离。

（2）结构特征

介绍工程属于何种类型的结构，主要结构的施工方法。

（3）构造做法

按施工的要求，详细介绍地面、楼面、屋面、墙体、楼梯、门窗、散水、勒脚[7]、踢脚线、墙裙等的构造做法，若构造做法采用标准建筑配件图集中的做法，应指出标准图集的代号和构造代号，以供施工单位采用。

7. 勒脚
外墙墙面与室外地坪交接的位置，为了防止雨水喷溅和机械碰撞，通常在该部位采用铺贴石材、外墙面砖或采用石材砌筑的方式施工的建筑构造。

设计说明是建筑施工图首页的主要内容，首页图除图纸目录（见表1—1）、设计说明之外，还有标准图集目录、门窗明细表（见表1—2）等。

现以某研究所办公楼主楼工程施工图为例，识读首页图的部分内容。

表1—1　　某研究所办公楼主楼图纸目录

序号	图别图号	图名
1	建施0	图纸目录
2	建施1	建筑施工图设计说明（一）
3	建施2	设计说明（二）、门窗表、门窗大样
4	建施3	工程做法
5	建施4	节能设计专篇
6	建施5	底层平面图

续表

序号	图别图号	图名
7	建施 6	二层平面图
8	建施 7	三层平面图
9	建施 8	屋面夹层平面图
10	建施 9	屋面平面图
11	建施 10	④~①轴立面图、①~④轴立面图
12	建施 11	Ⓐ~Ⓓ轴立面图、Ⓓ~Ⓐ轴立面图
13	建施 12	1—1 剖面图
14	建施 13	卫生间大样图、线脚大样图
15	建施 14	楼梯平面图、楼梯剖面图
16	建施 15	墙身大样图
17	结施 1	建筑施工图结构说明（一）
……	……	……
28	结施 12	楼梯结构详图
29	水施 1	底层给水、排水平面图
……	……	……
33	暖施 1	底层采暖平面图
……	……	……
41	电施 3	供电系统图

二、建筑部分设计说明

1. 设计依据

（1）建设单位提供的“× 市发展和改革委员会项目建议书的批复”。

（2）建设单位提供的“房屋土地权属调查报告书”。

（3）建设单位提供的电子版测绘用地平面图和坐标点。

（4）建设单位提供的建交委初步设计批复“× 市建交 [2011]85 号”文。

（5）现行的国家有关建筑设计规范、规程和规定：

《民用建筑设计通则》（GB 50352—2005）

《建筑设计防火规范》（2006 年版）（GB 50016—2006）

《办公建筑设计规范》（JGJ 67—2006）

《建筑无障碍设计》（03J926）

《建筑内部装修设计防火规范》（2001 年修订版）（GB 50222—1995）

《公共建筑节能设计标准》（GB 50189—2005）

《全国民用建筑工程设计技术措施—规划 · 建筑 · 景观》（2009）

8. 框架结构
框架结构是指由梁和柱构成承重体系的结构，即由梁和柱组成框架共同抵抗使用过程中出现的水平荷载和竖向荷载。采用框架结构的房屋墙体不承重，仅起到围护和分隔作用。

9. 独立基础
当建筑物上部结构采用框架结构或单层排架结构承重时，柱子下方的基础所采用的方形、圆柱形和多边形等形式的独立式基础，称为独立基础。

10. 抗震设防烈度
按国家规定的权限批准作为一个地区抗震设防依据的地震烈度。地震烈度是指地面及房屋等建筑物受地震破坏的程度。

2. 工程概况

工程名称　× 市研究所办公楼建设工程

项目名称　× 市研究所办公楼主楼

建设单位　× 市研究所

建设地点　× 市名生路

建筑面积　961.57 m^2（其中外墙外保温面积：8.41 m^2）

建筑占地面积　311.63 m^2

建筑层数和建筑高度　地上 3 层。建筑高度 11.770 m（室外地面至檐口顶部）

建筑功能　办公

结构类型　钢筋混凝土框架结构[8]

结构基础形式　钢筋混凝土独立基础[9]

抗震设防烈度[10]　7 度

3. 设计标高

（1）本工程 ±0.000 相当于绝对标高 3.730 m，室内外高差 450 mm。

（2）各层标注标高为建筑完成面标高，屋面标高为结构面标高。

（3）本工程标高以 m 为单位，总平面图尺寸以 m 为单位，其他尺寸以 mm 为单位。

4. 墙体工程（略）

5. 室内防水工程（略）

6. 屋面工程（略）

7. 门窗工程（略）

8. 外墙装修和室外工程（略）

9. 室内装修工程（略）

10. 油漆涂料工程（略）

11. 无障碍设计

（1）本工程属于办公楼，执行《城市道路和建筑物无障碍设计规范》（JGJ 50—2001）和地方主管部门的有关规定。

（2）建筑入口设置轮椅坡道和扶手。

（3）无障碍卫生间：本工程各单体一层均设无障碍蹲位，男厕均设无障碍小便器，洗手盆处均设无障碍扶手。

（4）无障碍坡道[11]：本工程各单体均设无障碍坡道，坡度为 1∶12，地面材料平整不光滑，地面做法及扶手详见相关说明。

（5）一层楼地面完成面均比室外廊道高 15 mm，且以缓坡过渡；带无障碍蹲位卫生间室内地面比相邻楼地面低 15 mm。

（6）无障碍门设 350 mm 高护门板。

12. 防火设计说明（略）

13. 建筑节能设计说明（略）

14. 其他（略）

15. 参考图集（略）

表 1—2　某研究所办公楼主楼门窗明细表

类别	编号	洞口尺寸（mm）		数量	图集代号	备注
		高	宽			
门	M-1	3 600	3 300	1	02J603-1	铝合金平开玻璃门，厚安全玻璃
	M-2	1 500	3 300	1	02J603-1	同 M-1
	M-3	1 800	2 100	3	03J603-2	CM 模压木门
	M-4	1 000	2 100	18	03J603-2	CM 模压木门
	M-5	900	2 100	5	03J603-2	CM 模压木门
	M-6	1 500	2 100	2	03J603-2	CM 模压木门
	M-7	1 500	3 000	10	03J603-2	铝合金推拉玻璃门，厚安全玻璃
	FM-1	700	2 100	6	1999 沪 612	乙级钢质防火门
窗	C-1	1 500	2 400	10	07CJ12	铝合金窗
	C-2	1 500	2 400	1	07CJ12	铝合金窗，配磨砂玻璃
	C-3	900	2 400	1	07CJ12	同 C-2
	C-4	1 500	2 100	18	07CJ12	铝合金窗
	C-5	1 500	2 100	2	07CJ12	同 C-2
	C-6	900	2 100	2	07CJ12	同 C-2

图样识读

1. 从表 1—1 中可知，该工程设计图序号 1 ~ 16 是建筑施工图，序号 17 ~ 28 是结构施工图，序号 29 ~ 41 是设备施工图。建筑施工图的图别是“建施”，结构施工图的图别是“结施”，设备施工图是由给水与排水、采暖、电气三个工种图样所组成，这部分图样分别编为“水施”“暖施”和“电施”。各专业图样的图号分别由起始顺序往下排。从图样内容可看到，每个专业图样基本上是由基本图和详图组成的。

2. 从前文建筑设计说明中可知，该工程的名称是 × 市研究所办公楼建设工程，地址位于 × 市名生路。本设计为 3 层钢筋混凝土框架结构。抗震设防烈度为 7 度。

此外，设计说明还对墙体工程、室内防水工程、屋面工程、门窗

北京　8 度
上海　7 度
重庆　6 度
香港　7 度
新疆　9 度

11. 无障碍坡道是指为了保障残疾人、老年人、儿童及其他行动不便者在居住、出行、工作、休闲娱乐和参加其他社会活动时，能够自主、安全、方便地通行和使用的坡道。

工程、外墙装修和室外工程、室内装修工程、油漆涂料工程、无障碍设计、防火设计说明、建筑节能设计说明等内容，所用的材料规格强度、工程做法和装修的颜色等，提出了一系列的说明与要求。

第三节　识读建筑总平面图

建筑总平面图是在建筑基底的地形图上，把已有的、新建的和拟建的建筑物、构筑物以及道路、绿化用地等按与地形图同样的比例绘制出来的平面图。它主要标明新建建筑物的平面形状、层数、室内外地面标高，新建道路、绿化、场地排水和管线的布置情况，出入口示意、附属房屋和地下工程位置及功能，与道路红线及城市道路的关系，耐火等级，并标明原有建筑、道路、绿化用地等和新建建筑物的相互关系以及环境保护方面的要求。对于较为复杂的建筑总平面图，还可分项绘出竖向布置图、管线综合布置图、绿化布置图等。根据工程规模，总平面图的比例一般为 1∶500 ～ 1∶200。

一、建筑总平面图的主要内容

1. 原有基地的地形图（等高线、地面标高等）。如果地形变化较大，应画出相应的等高线。

2. 周围原有的建筑物、构筑物、道路和地面附属物。通过周围建筑概况了解新建建筑对原有建筑造成的影响和作用，离相邻原有建筑物、拆除建筑物的位置或范围。

3. 指北针或风向频率玫瑰图。指北针主要表明了建筑物的朝向，指针的头部应注明“北”或“N”字样。如需要用较大尺寸绘制指北针时，指针尾部的宽度宜为圆直径的 1/8。

在总平面图中通常画有带指向北的风向频率玫瑰图（风玫瑰图）。明确风向有助于建筑构造的选用及材料的堆场，如有粉尘污染的材料应堆放在下风位。

4. 新建建筑物、构筑物的布置。新建建筑物的定位方式有三种：第一种是利用新建建筑物和原有建筑物之间的距离定位；第二种是利用施工坐标确定新建建筑物的位置；第三种是利用新建建筑物与周围道路之间的距离确定新建建筑物的位置。此外，还需注明新建房屋底层室内地坪和室外整平地坪的绝对标高。

5. 周围环境。包括建筑附近的地形、地物等，如道路、河流、水沟、池塘、土坡等。应注明道路的起点、变坡、转折点、终点以及道路

中心线的标高和坡向等。

6. 绿化及道路。

二、建筑总平面图的作用

建筑总平面图是新建房屋以及设备定位、施工放线的重要依据，也是水、暖、电、天然气等室外管线施工的依据。它表明了新建房屋的位置、朝向、与原有建筑物的关系，以及周围道路、绿化和给水、排水、供电条件等方面的情况，是新建房屋施工定位、土方施工、设备管网平面布置，安排施工时进入现场的材料和构件、配件堆放场地、构件预制的场地以及运输道路的依据。

三、建筑总平面图上的各种图例

总平面图是用正投影的原理绘制的，图形主要以图例的形式表示，总平面图的图例采用《总图制图标准》（GB/T 50103—2010）规定的图例，现给出部分常用的总平面图图例符号，见表 1—3。画图时应严格执行该图例符号，如图中采用的图例不是标准中的图例，应在总平面图下面说明。图线的宽度应根据图样的复杂程度和比例，按《房屋建筑制图统一标准》（GB/T 50001—2010）中图线的有关规定执行。

四、建筑总平面图的主要指标

1. 建设用地面积

是指经城市规划行政主管部门划定的建设用地范围内的土地面积。

2. 总建筑面积

建筑面积是指建筑物外墙或结构外围水平投影的面积，总建筑面积是在建设用地面积范围内新建建筑物的建筑面积之和。

3. 建筑基底面积

是指建筑物接触地面的自然层建筑外墙或结构外围水平投影面积。

4. 户数

是指在建设用地面积范围内新建建筑物的套型数之和。

5. 绿地面积

是指在建设用地面积范围内的总绿化面积。绿地面积的计算不包括屋顶、天台和垂直绿化。

6. 道路面积

是指在建设用地面积范围内用于交通通行的总道路面积。

7. 建筑密度

又称覆盖率，是指场地上各类建筑的基底总面积与场地总面积的比率，一般用百分数表示。

8. 容积率

是指场地上各类建筑的总建筑面积与场地总建筑面积的比值，是用于场地上建筑面积总量的指标，一般用小数表示。

9. 绿化率

是指建设用地范围内各类绿地面积之和与建设用地面积的比率，一般用百分数表示。

10. “三通一平”

是指土地在发展基础上达到水通、电通、路通、场地平整的标准。

11. “七通一平”

是指上水通、下水通、路通、电信通、煤气通、电通、热力通、场地平整。

12. 停车位

是指在建设用地面积范围内必须提供的最少停车位置数量，停车可采取垂直式、平行式或斜列式。

13. 日照间距

是指前后两栋建筑之间根据日照时间要求所确定的距离。日照间距的计算，一般以冬至这一天正午正南方向房屋底层窗台以上墙面能被太阳照到的高度为依据。

14. 住宅

住宅是供家庭居住使用的建筑物。住宅应按套型设计，每套必须是独门独户，并应设有卧室、起居室、厨房、卫生间及储藏空间等。

15. 公寓

是指供短期居住而带有小型厨房、卫生间的建筑物。酒店式公寓指按酒店模式管理的公寓。

16. 夹层

是指在一个楼层内，局部增设的楼层。

17. 裙房

是指与高层建筑相连的附属建筑，高度不超过 24 m。

18. 标准层

是指建筑物内主要使用功能平面布置相同的各楼层。

19. 设备层

是指专用于布置机电设备等的楼层。

20. 结构转换层

建筑物某楼层的上部与下部因平面使用功能不同，该楼层上部与下部采用不同结构类型，并通过该楼层进行结构转换，则该楼层称为结构转换层。

21. 建筑红线

是指由道路红线（指城市道路用地的规划控制线）和建筑控制线（指建筑物基底位置的控制线，在基底与道路邻近一侧，一般以道路红线为建筑控制线）组成。

五、总平面图的内容及阅读方法

1. 看图名、比例及有关文字说明。总平面图因包括的范围较大，所以绘制时都用较小比例，如 1∶500、1∶1 000、1∶2 000 等。总平面图上的尺寸以 m 为单位。图中所用图例符号较多，见表 1—3。

2. 了解新建工程的性质与总体布置，了解各建筑物及构筑物的位置、道路、场地和绿化等布置情况以及各建筑物的层数等。

3. 明确新建工程或扩建工程的具体位置，新建工程或扩建工程通常根据原有房屋或道路来定位，并以 m 为单位标注出定位尺寸。当新建成片的建筑物和构筑物或较大的建筑物时，往往用坐标来确定每一建筑物及道路转折点等的位置。在地形起伏较大的地区还应画出地形等高线。

4. 看新建房屋底层室内地面和室外整平地面的绝对标高，可知室内、室外地面的高差以及正负零与绝对标高的关系。总平面图中标高数字以 m 为单位，一般注至小数点后两位。

5. 看总平面图中的指北针或风向频率玫瑰图（图上箭头指的是北向），可明确新建房屋、构筑物的朝向和该地区的常年风向频率，有时也可只画单独的指北针。

6. 需要时，在总平面图上还画有给水、排水、采暖、电气等管网布置图。这种图一般是与给排水、采暖、电气的施工图配合使用的。

部分常用的总平面图图例符号见表 1—3。

表 1—3　　部分常用的总平面图图例符号

序号	名称	图例	备注
1	新建建筑物	$X=$ $Y=$ ① $12F/2D$ H=59.00m	新建建筑物以粗实线表示与室外地坪相接处 ±0.00 外墙定位轮廓线 建筑物一般以 ±0.00 高度处的外墙定位轴线交叉点坐标定位。轴线用细实线表示，并标明轴线号 根据不同设计阶段标注建筑编号，地上、地下层数，建筑高度，建筑出入口位置（两种表示方法均可，但同一图纸采用一种表示方法） 地下建筑物以粗虚线表示其轮廓 建筑上部（±0.00 以上）外挑建筑用细实线表示 建筑物上部连廊用细虚线表示并标注位置

续表

序号	名称	图例	备注
2	原有建筑物	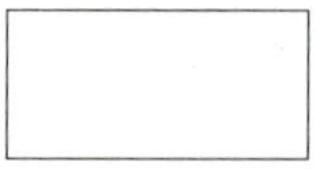	用细实线表示
3	计划扩建的预留地或建筑物		用中粗虚线表示
4	拆除的建筑物		用细实线表示
5	建筑物下面的通道	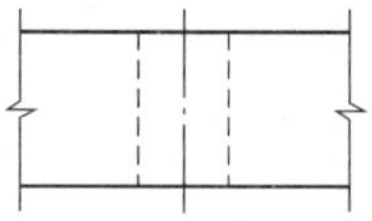	
6	散状材料露天堆场	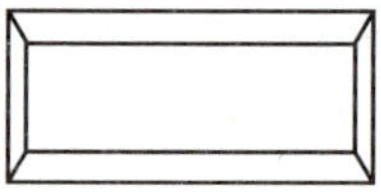	需要时可注明材料名称
7	其他材料露天堆场或露天作业场	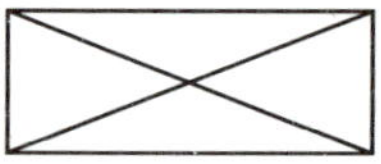	需要时可注明材料名称
8	铺砌场地	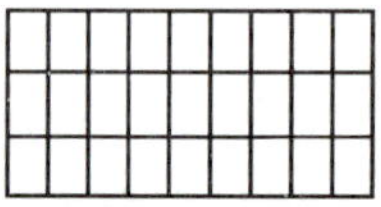	
9	敞棚或敞廊	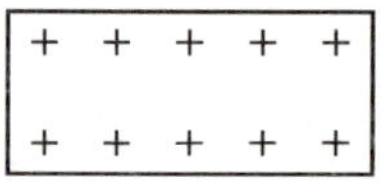	
10	高架式料仓	 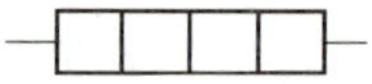	
11	漏斗式贮仓		左、右图为底卸式 中图为侧卸式
12	冷却塔（池）		应注明冷却塔或冷却池
13	水塔、贮罐	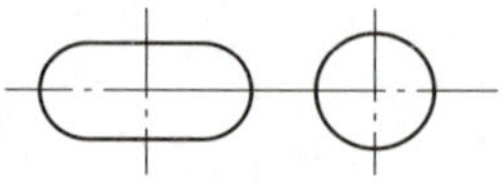	左图为卧式贮罐 右图为水塔或立式贮罐

续表

序号	名称	图例	备注
14	水池、坑槽		也可以不涂黑
15	明溜矿槽（井）	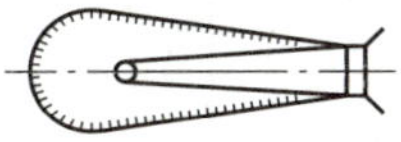	
16	斜井或平硐	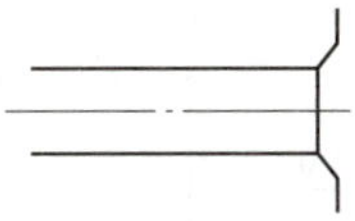	
17	烟囱	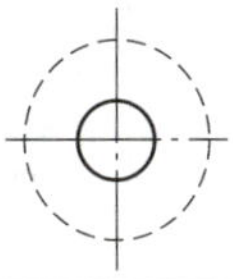	实线为烟囱下部直径，虚线为基础，必要时可注写烟囱高度和上、下口直径
18	围墙及大门		
19	挡土墙	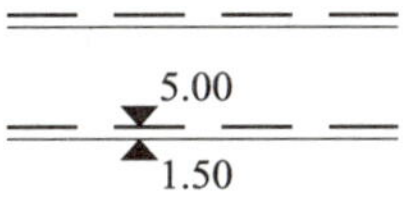 5.00 1.50	挡土墙根据不同设计阶段的需要标注 墙顶标高/墙底标高
20	挡土墙上设围墙		
21	台阶及无障碍坡道	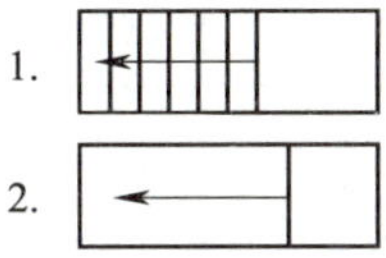 1. 2.	1. 表示台阶（级数仅为示意） 2. 表示无障碍坡道
22	露天桥式起重机	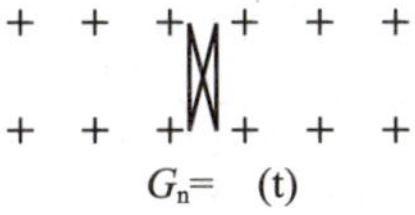 G_n=　(t)	起重机起重量 G_n，以吨计算 “+”为柱子位置
23	露天电动葫芦	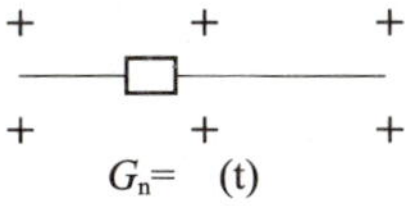 G_n=　(t)	起重机起重量 G_n，以吨计算 “+”为支架位置
24	门式起重机	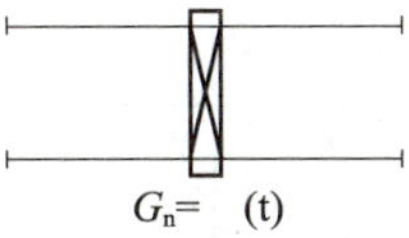 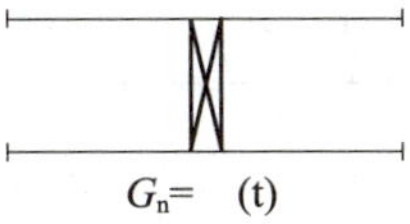 G_n=　(t) G_n=　(t)	起重机起重量 G_n，以吨计算 上图表示有外伸臂 下图表示无外伸臂

续表

序号	名称	图例	备注
25	架空索道		"I"为支架位置
26	斜坡卷扬机道		
27	斜坡栈桥（皮带廊等）	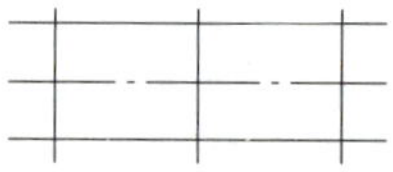	细实线表示支架中心线位置
28	坐标	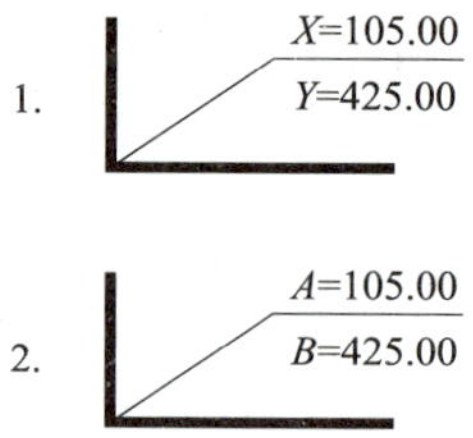 1. X=105.00 Y=425.00 2. A=105.00 B=425.00	1. 表示地形测量坐标系 2. 表示自设坐标系 坐标数字平行于建筑标注
29	方格网交叉点标高	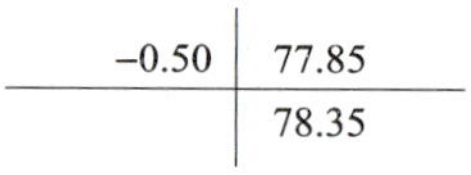 −0.50 77.85 78.35	"78.35"为原地面标高 "77.85"为设计标高 "−0.50"为施工高度 "−"表示挖方（"+"表示填方）
30	填方区、挖方区、未整平区及零线	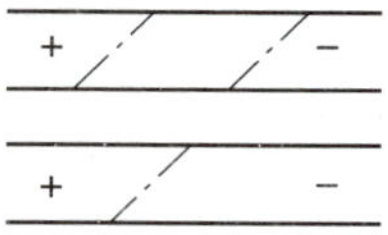 + − + −	"+"表示填方区 "−"表示挖方区 中间为未整平区 点画线为零点线
31	填挖边坡	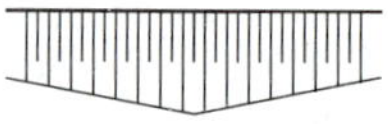	
32	分水脊线与谷线	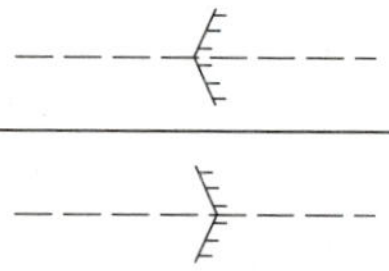	上图表示脊线 下图表示谷线
33	洪水淹没线	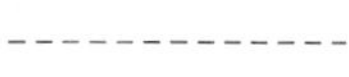	洪水最高水位以文字标注
34	地表排水方向		
45	室内地坪标高	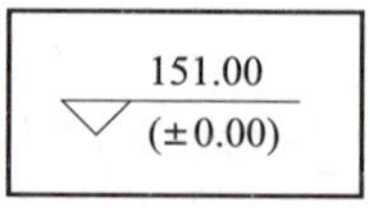 151.00 (±0.00)	数字平行于建筑物书写
46	室外地坪标高	 143.00	室外标高也可采用等高线

续表

序号	名称	图例	备注
47	盲道		
48	地下车库入口		机动车停车场
49	地面露天停车场		
50	露天机械停车场		露天机械停车场

图样识读（见附图1）

➢ 从总平面图中可知，图中用粗虚线划定的范围是新建工程区域，涉及新建研究所办公楼主楼和辅楼，另外还有门卫室、停车场、车库（待拆）等基础设施。房屋平面图内右上角的小圆点表示房屋层数，若房屋层数大于6层，须用数值来表示，如7表示房屋为7层。

➢ 新建的办公楼主楼为3层楼，它是以东侧道路红线为基准，向西26.6 m（13.7+7+5.9）；以南侧道路红线为基准，向北14.2 m，进行平面定位。

➢ 图上尺寸以m为单位。办公楼的底层地面标高 ±0.000相当于绝对标高3.730 m，室外设计地坪的绝对标高为3.280 m，室内、室外地面高差为0.450 m。通过新建房屋平面图上的长、宽尺寸可算出房屋占地面积。看房屋之间的定位尺寸可知各房屋之间的相对位置。

➢ 新建办公楼主楼位于立格路和东方路之间，出入口设在人民路上。研究所办公楼四周，在道路红线处将设置围墙，高1.950 m。所内道路用细实线表示。图中车库采用细实线绘制且画有“×”，是待拆除建筑；用粗实线绘制的房屋表示新建建筑，如图中“主楼”“辅楼”，分别为3层和2层楼房屋；用粗虚线绘制的房屋表示拟建建筑，如图中“综合楼”；用细实线绘制的房屋表示原有建筑，如图中食堂。花草树木绿化地带用图例符号表示。图中有风向频率玫瑰图，表示出本地的常年主导风向为西北风，夏季主导风向为东南风。

第四节 识读建筑平面图

建筑平面图是用一个假想水平的剖切平面，沿着略高于房屋窗台的位置，将房屋剖开，拿掉上半部分，对剖切平面以下部分所做出的水平投影图简称平面图（见图 1—13）。它是施工图中的主要图样之一，也是施工的重要依据。在施工过程中，房屋的定位放线、砌墙、安装门和窗框以及设备、装修等直至编制概算预算、备料等都要使用平面图。

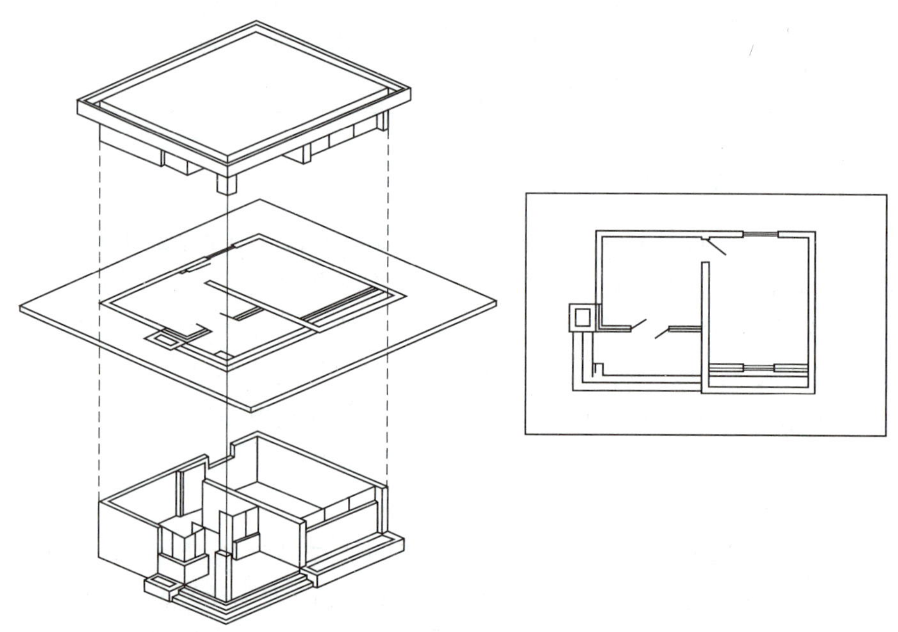

图 1—13 建筑平面图的形成

一、平面图的数量及分工

一般地说，房屋有几层，就应画出几个平面图，并在图的下面注明相应的图名，如底层平面图、顶层平面图等。如果上下各楼层的房间数量、大小和布置都一样，则相同的楼层可用一个平面图表示，称为标准层平面图或 ×× ～ ×× 层平面图。若建筑平面左右对称，也可将两层平面图画在同一个平面图上，左边画出一层的平面图，右边画出另一层的平面图，中间画一个对称符号作为分界线，并在图下分别注明图名。

楼房的平面图是由多层平面图组成的。在绘制平面图时，除基本内容相同外，房屋中的个别构配件应该画在哪一层平面图上是有分工的。具体来说，底层平面图除表示该层的内部形状外，还画有室外的台阶、

花池、散水（或明沟）、雨水管和指北针等，以及剖面的剖切符号，以便与剖面图对照查阅。房屋中间层平面图和顶层平面图除表示本层室内布置情况外，还需画出本层窗台以下至下一层窗台以上的室外可见构件的轮廓线。如图 1—14 所示，在二层平面图上，除需画出二层室内布置情况外，还需画出底层窗台以上室外可见构件的轮廓线（外门上的雨篷等），而无须画出底层窗台以下的室外可见构件（室外的台阶、花池等）。屋顶平面图[12]一般标明屋顶形状、屋顶水箱、屋面排水方向（用箭头表示）及坡度、天沟或檐沟的位置、女儿墙和屋脊线、烟囱、通风道、屋面检查人孔、雨水管及避雷针的位置等。

12. 屋顶平面图即屋顶外形的水平投影图。

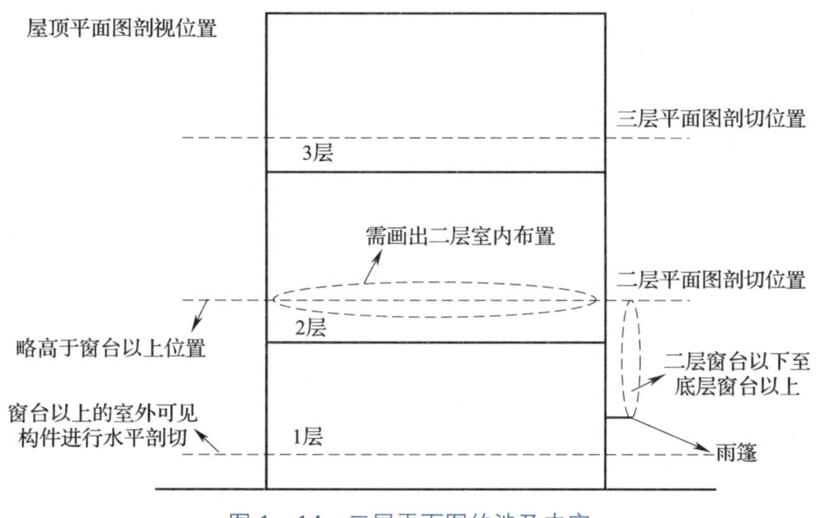

图 1—14　二层平面图的涉及内容

平面图上的线型粗细要分明。凡是被水平剖切平面剖切到的墙、柱等断面轮廓线用粗实线画出，而粉刷层在 1∶100 的平面图中是不画的，但在 1∶50 或比例更大的平面图中粉刷层要用细实线画出。没有剖切到的可见轮廓线，如窗台、台阶、散水（或明沟）、花池等用细实线画出。表示剖面位置的剖切位置线及剖视方向线均用粗实线绘制。门、窗和设备等均采用国家标准规定的图例表示。因此，阅读平面图必须熟记建筑图例。

二、平面图的内容与阅读方法

1. 看图名、比例，了解该图是哪一层平面图，绘图比例是多大。

2. 看底层平面图上画的指北针，了解房屋的朝向。

3. 看房屋平面外形和内部墙的分隔情况，了解房屋平面形状和房间分布、用途、数量及相互间联系，如出入口、走廊、楼梯和房间的位置等。

4. 在底层平面图上看室外台阶、花池、散水或明沟（在墙角或外墙的局部分段画出）及雨水管的分布和数量。

5. 看图中定位轴线的编号及其轴间尺寸。从中了解各承重墙（或柱）的位置及房间大小，以便于施工时定位放线和查阅图样。

6. 看平面图的各部位尺寸。平面图中的尺寸分为外部尺寸和内部尺寸。从各道尺寸的标注可知各房间的开间、进深、门窗及室内布置情况。

一般在建筑平面图上的尺寸（详图例外）均为未装修的结构表面尺寸（如墙厚、门窗洞口尺寸等）。现将平面图的尺寸标注形式介绍如下：

（1）外部尺寸

一般在图形下方及左侧，注写三道尺寸。

第一道尺寸，表示外轮廓的总尺寸，即指从一端外墙边到另一端外墙边的总长和总宽尺寸。用总尺寸可计算出房屋的占地面积。

第二道尺寸，表示轴线间的距离，用以说明房间的开间[13]和进深[14]大小的尺寸。

13. 开间
建筑物相邻两横墙定位轴线间的距离。

14. 进深
建筑物相邻两纵墙定位轴线间的距离。

第三道尺寸，表示门窗洞口、窗间墙及柱、台阶、花池及散水（或明沟）等的细部尺寸，便于门窗等定位放线。

如果房屋前后或左右不对称，则平面图四周都应分别标注三道尺寸，相同部分不必重复标注。

（2）内部尺寸

为了表明房间的大小和室内的门窗洞、孔洞、墙厚和固定设备等的大小与位置，在平面图上应清楚地标注有关内部尺寸。

7. 看地面标高。在平面图上清楚地标注着地面标高。楼地面标高是表明各层楼地面对标高零点，即 ±0.000（一般泛指底层室内主要地面）的相对高度，即相对标高。一般平面图上分别标注室内地面标高、室外设计地面标高、走道地面标高、大门室外台阶标高、卫生间地面标高、楼梯休息平台标高等。

8. 看门窗的分布及其编号。了解门窗的位置、类型及其数量。一般情况下，窗的名称代号用 C 表示，门的名称代号用 M 表示。由于一幢房屋的门窗较多，其规格大小和材料组成各不相同，所以对各种不同的门窗除用各自的代号表示外，还需分别在代号后面写上编号，如 M-1、M-2 和 C-1、C-2 等。同一编号表示同一类型的门或窗，它们的构造尺寸和材料都相同。从所写的编号可知门窗共有多少种。一般情况下，在首页图上或在本平面图内附有一个门窗表，列出门窗的编号、名称、尺寸、数量及其所选标准图集的编号等内容。至于门窗的详细构造，则要看门窗的构造详图或所选的门窗标准图集。

9. 在底层平面图上看剖面的剖切符号，了解剖切部位及编号，以便与有关剖面图对照阅读。剖切符号用短粗线画在平面图上，剖切时可转折一次（阶梯剖切），便于剖切时能更清楚地反映建筑内部构造。

10. 查看平面图中的索引符号，当某些构造细部或构件需另画比例较大的详图或引用有关标准图时，则须标注出索引符号，以便与有关详图符号对照查阅。

11. 屋顶平面图就是屋顶外形的水平投影图。在屋顶平面图中，一般标明屋顶形状、屋顶水箱、屋面排水方向（用箭头表示）及坡度、天沟或檐沟的位置，女儿墙和屋脊线、烟囱、通风道、屋面检查孔、雨水管及避雷针的位置等。

图样识读

（一）底层平面图的识读（见附图 2）

➢ 从标题栏中可知为某研究所办公楼主楼底层平面图，绘图比例为 1∶100。从图中指北针可知房屋朝向[15]为东西向。房屋主要出入口在东面（实为东偏北）。办公楼的多数房间设在楼内东侧。房屋平面外轮廓总长为 21 450 mm，总宽为 14 375 mm。在东面正门处有三步台阶，南面设有无障碍坡道，旁边有一花池。房屋的四周设置散水。四根雨水管分别布置在房屋的四个拐角处。

15. 房屋朝向　由房屋的主要立面的朝向来决定。本例的房屋两个主要立面的朝向是朝东和朝西，即房屋为东西朝向。

➢ 由室外地面上三步台阶，从东门 M-1（或南门 M-2）入口进入办公楼，再看房屋平面分隔与布置情况。进入东门即为大厅。位于大厅南侧方向的是值班室（旁边附设无障碍卫生间，由门 M-5 进入）、办公室、南侧走廊和通向室外的南门 M-2、小会议室。西侧是接待室、储藏室、楼梯、卫生间，北侧走廊和走廊顶端的窗 C-1、两个办公室和弱电、强电设施等。卫生间分为男、女卫生间，设备分别有坐式大便器、小便斗和水槽。靠走廊附设盥洗面盆。在楼梯间，只画出底层上行二层楼的第一梯段的下半部分踏步，这是因为水平剖切平面是略高于底层窗台以上的位置，即位于楼梯 1 ~ 2 层休息平台下进行剖切的；图中楼梯处箭头旁写有“上 12 步”，是指从底层到中间休息平台有 12 个踏步；利用楼梯第一梯段的下部空间，并在楼梯南侧设置一门 M-4，作为储藏室。

➢ 平面图横向编号的轴线有① ~ ④，竖向编号的轴线有Ⓐ ~ Ⓔ。以柱中心进行各轴线定位，柱尺寸为 450 mm × 450 mm。办公室、储藏室、接待室、小会议室、楼梯间的进深尺寸均为 5 100 mm，办公室和储藏室的开间均为 3 500 mm，小会议室和接待室的开间均为 7 000 mm。

➢ 从建筑施工图设计总说明的墙体工程中可知，房屋的结构类型为钢筋混凝土框架结构，外围护墙及内墙均为非承重墙，采用空心混凝土砌块，墙厚 200 mm，卫生间内墙厚 120 mm。

➢ 地面标高：大厅、值班室、办公室、小会议室、接待室、储藏室等处为同一高度地面（房间之间无高低线），故地面标高均为 ±0.000，男、女卫生间和无障碍卫生间为 -0.020。

➢ 平面图中的门有外门 M-1、M-2，内门 M-3（双扇平开门）、M-4、M-5、FM-1（用于弱电、强电设施），窗有 C-1、C-2、C-3，各种类型的门窗洞口尺寸详见平面图中第三道细部尺寸的标注，如 M-1 宽为 3 600 mm，C-1 宽为 1 500 mm 等。

➢ 平面图中的涂黑部分为钢筋混凝土框架结构柱，共计 18 根。

➢ 底层平面图中必须有各剖面的剖切符号，如 1—1，表明剖切平面的位置处于②～③轴线之间，穿过东门 M-1、大厅和接待室，剖视方向由南向北。

➢ 在平面图上标注了多个索引符号，如④轴与Ⓐ轴处的索引符号 $\frac{1}{-}$ 表示详图在本图纸上（索引符号的分母为“-”），详图编号为 1；④与Ⓓ轴处的索引符号 $\frac{2}{17}$ 表示详图在建施 17（索引符号的分母为 17），详图编号为 2。

（二）楼层平面图（二层平面图）的识读（见附图 3）

除与底层平面图有相同之处外，其不同之处主要有以下几点：

➢ 二层平面图不需绘制底层平面图中的台阶、花池、散水、雨水管以及剖面的剖切符号等。

➢ 二层平面图画有房屋底层出入口门上方的二层阳台（有些建筑设为雨篷），阳台地面有 1% 的坡度坡向地漏。

➢ 二层平面图房屋内部的房间与底层平面图不同之处是更改了办公室、接待室、大会议室的位置和相应的开间、进深尺寸。

➢ 楼梯间平面图的梯段，不但看到了上行梯段（二层上行三层楼的梯段）的部分踏步，也看到了底层上行二层楼的第一梯段的上半部分的踏步，中间是用 45° 斜折断线为界。位于②轴线墙一侧梯段是底层上行二层楼的第二梯段的完整的水平投影。楼梯间的休息平台属于底层到二层楼之间的休息平台。

➢ 二层楼地面的标高：办公室、接待室、大会议室等处地面均为 3.900，男、女卫生间和阳台均为 3.880，楼梯间的休息平台为 1.950，空调机板面标高为 3.900。

➢ 平面图中的门有 M-3、M-4、M-5、M-6（双扇平开门）、M-7（阳

台处的铝合金推拉玻璃门）、FM-1，窗有 C-4、C-5、C-6，其各种类型的门窗洞口尺寸，详见平面图中里面一道细部尺寸的标注，如门 M-3 宽为 1 800 mm，窗 C-5 宽为 1 500 mm 等。

（三）楼层平面图（三层平面图）的识读（见附图 4）

➢ 三层平面图只需画二层窗台以上至三层窗台以下的室外可见构件的轮廓线。

➢ 三层平面图中房间布局与二层有所不同，设有储藏室、办公室、休息室，大部分房间的开间和进深为 3 500 mm 和 5 100 mm。

➢ 楼梯间平面图的梯段，表示三层楼地面下到二层楼地面的两个梯段的完整投影，因为该办公室主楼是三层楼，三层平面图也是顶层平面图。

➢ 三层楼地面的标高：办公室、休息室、储藏室为 7.500，男、女卫生间和阳台均为 7.480，楼梯间的休息平台为 5.700。

➢ 平面图中的门有 M-3、M-4、M-5、M-7（阳台处的铝合金推拉玻璃门）、FM-1，窗有 C-4、C-5、C-6，各种类型的门窗洞口尺寸详见平面图中里面一道细部尺寸的标注，如 M-4 宽为 1 000 mm，C-5 宽为 1 500 mm 等。

（四）屋面（顶）平面图的识读（见附图 5）

➢ 屋顶为四坡坡屋顶，轴线①～④之间的房屋屋脊水平，另有四段斜屋脊，均可参见相应的详图（在建施 23 上，详图编号分别为 6 和 8）。

➢ 屋面坡度为 1：2（坡屋面用比值表示，平屋面用百分数表示）。

➢ 屋面采用女儿墙挑檐沟外排水方式，坡屋顶汇集来的雨水汇集到沿四周设置的挑檐沟，挑檐沟中设置 1% 的坡度坡向房屋四角的 4 根雨水管。三楼④～①轴（北）立面设置了露台，露台坡度为 2%，四周有女儿墙保护，女儿墙压顶结构标高[16]为 12.600（也可从编号为 2 的“线脚大样图”中查得）。

16. 结构标高指构件不含粉刷层时的标高。

➢ 屋面南、北两侧共有 4 个老虎窗，窗洞宽为 1 500 mm，长为 3 000 mm，分别距①、④轴线为 4 125 mm，各距屋脊线水平距离为 1 875 mm。

➢ 墙与屋面连接等处绘有索引符号，可查相应的详图。

第五节 识读建筑立面图

建筑立面图是假想用平行于建筑物的某一外墙面的平面作为投影面，向其做正投影所得的投影图（见图 1—15）。它主要表示建筑物的外貌，反映建筑各立面的造型、门窗位置和形式、各部分的标高、外墙面的装修材料和做法。一座建筑物是否美观在于它对主要立面的艺术处理、造型与装修是否优美。立面图就是用来表示建筑物的体型和外貌并表明外墙面装饰要求等的图样的。

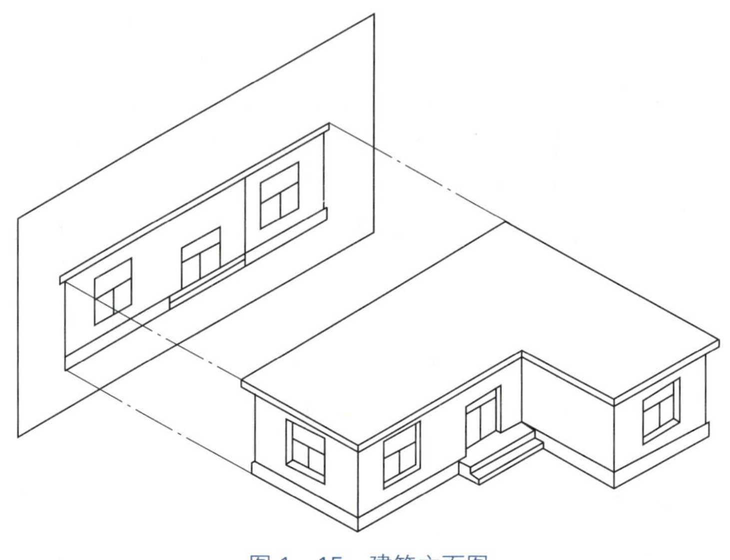

图 1—15　建筑立面图

一、立面图的命名与数量

立面图的命名通常有以下三种方法：按立面的主次来命名，把房屋的主要出入口或反映房屋外貌主要特征的立面图称为主立面图，而把其他立面图称为背立面图、左侧立面图和右侧立面图等；按房屋的朝向来命名，可把房屋的各个立面图分别称为南立面图、北立面图、东立面图和西立面图等；按立面图两端的轴线编号来命名，如⑥～①轴立面图等。

二、立面图的内容与阅读方法

1. 看图名和比例，了解是房屋哪一立面的投影，绘图比例是多大，以便与平面图对照阅读。

2. 看房屋立面的外形，以及门窗、屋檐、线脚、台阶、阳台、烟囱、雨水管等形状及位置。

3. 看立面图中的标高尺寸，通常立面图中注有室外地坪、出入口地面、勒脚、窗口、门口及檐口等处标高。立面图一般不标注尺寸，也可标注三道尺寸：最里面细部尺寸为门窗洞高，垂直方向窗间墙高，室内外地面高差、檐口高度等尺寸；中间尺寸为层高尺寸；外面尺寸为总

高度尺寸。

4. 看房屋外墙表面装修的做法和分隔形式等，通常用引出线和文字来说明粉刷材料的类型、配合比和颜色等。

5. 查看图上的索引符号，在相应的图上查阅详图。

图样识读（见附图 6 ~ 7）

➢ 通览立面图可知这是房屋四个立面的投影，采用轴线标注立面图的名称，也可把它分别看成是房屋的北立面、南立面、东立面和西立面四个立面图，图的比例均为 1 ∶ 100。该房屋是三层楼，坡屋顶。

➢ ④ ~ ①轴立面图是办公楼主楼的主要出入口一侧的立面图（东立面），与Ⓐ ~ Ⓓ轴立面图对照可看到东立面和南立面的外形，入口处的立柱，东门 M-1，台阶，无障碍坡道及旁边的花池、线脚，二、三层阳台，屋面晒台，雨水管的位置，坡屋面的倾斜度（45°）和形式，老虎窗式样等。

➢ ① ~ ④轴立面图是办公楼主楼的西立面图，与Ⓐ ~ Ⓓ轴立面图对照可看到西立面和北立面的外形，台阶，南门 M-2，底层北侧走廊顶端的窗 C-1，线脚，阳台，坡屋面形式等。

➢ 通过四个立面图可看到整个房屋各立面门窗的分布、式样和开启方式[17]（有朝外开启的平开窗或门，卫生间采用朝外开启的上悬窗），檐口，勒脚，墙面的分隔，阳台栏板以及栏杆形式，装修的材料和颜色，如勒脚全是浅咖啡色外墙涂料，外墙面全是米黄色真石漆，阳台采用浅咖啡色外墙涂料和白色外墙涂料，坡屋面采用咖啡色平瓦。其他立面装修不再赘述。

➢ 看立面图的标高尺寸，由④ ~ ①轴立面图可知该房屋室外地坪标高为 -0.450。北门地面标高为 ±0.000。1 ~ 3 层窗台、窗顶标高分别为 0.900、3.300、4.800、6.900、8.400、10.500，1 ~ 3 层窗的高度分别为 2.4 m、2.1 m、2.1 m。檐口顶面标高为 11.320，房屋总高度为 14.888（14.438+0.45）。老虎窗窗洞的面标高为 12.250，顶标高为 13.750（南、北立面图中的 13.900 为老虎窗外轮廓线的面标高）。线脚的底标高为 3.700，面标高为 4.300。

➢ ④ ~ ①轴立面图上标注了三个索引符号，分别为墙身详图和无障碍坡道设施，均在建施 13 上，其编号分别为 1、2、5，与有关详图对照查阅。

17. 门窗的开启方式

门窗的开启方式采用实线表示由室内向室外开启，虚线表示由室外向室内开启。以下图为例，此图表示由室内向室外开启的平开窗。

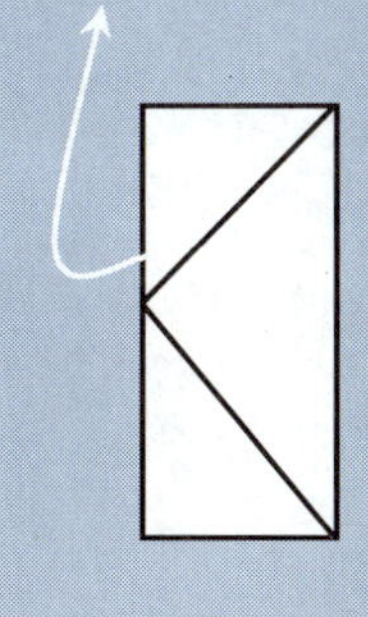

第六节　识读建筑剖面图

建筑剖面图是假设用一个竖直剖切平面，平行于外墙，将该建筑物自屋顶到基础全部剖开，移去剖切平面与观察者之间的部分，做出剩下部分的正投影图，简称剖面图（见图 1—16）。它主要表示建筑物内部的结构和构造形式、沿高度方向分层情况、各层构造做法、门窗洞高、各层层高和总高度等尺寸。剖面图与平面图、立面图是构成建筑施工图的基本图样。

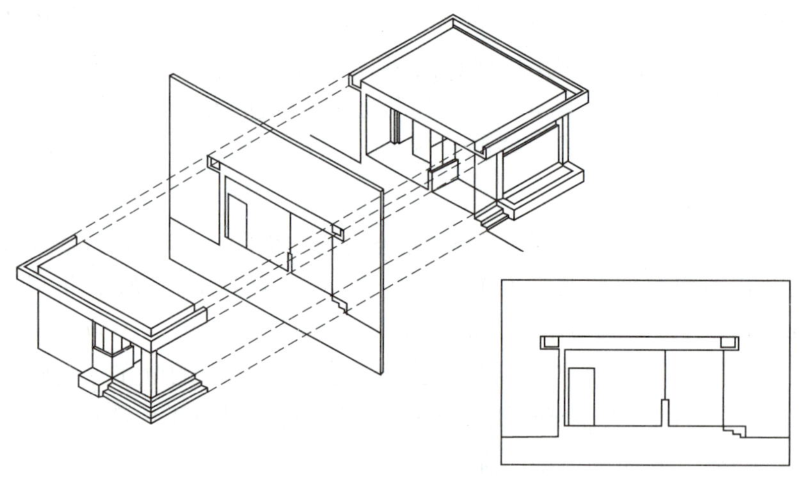

图 1—16　建筑剖面图

一、剖面的剖切位置与剖面图的数量

用剖面图表示房屋通常有两个剖切方向，即将房屋横向剖开，必要时也可纵向将房屋剖开。剖切面选择在能显露出房屋内部结构和构造比较复杂、有变化、有代表性的部位，并应通过门窗洞口的位置。若为多层房屋应选择在楼梯间和主要入口进行剖切。

通常在剖面图上不画基础。剖面图中凡被剖切部分，其轮廓线为粗实线，断面均应绘上材料符号。根据这些材料符号可以了解各部分的结构和构造。由于剖面图较小，因而建筑构配件，如门窗等均用符号表示，地面、楼面、屋面构造层次难以用图形来表达清楚，因此用文字和构造层次方法来说明。

二、剖面图的内容及阅读方法

1. 看图名、轴线编号和绘图比例，与底层平面图对照，确定剖切

平面的位置及投影方向，从中了解它所画出的是房屋哪一部分的投影。

2. 看房屋内部构造和结构形式，如各层梁板、楼梯、屋面的结构形式、位置及其与墙（柱）的相互关系等。

3. 看房屋各部位的高度，如房屋总高、室外地坪、门窗顶、窗台、檐口（或女儿墙）等处标高，室内底层地面、各层楼面及楼梯平台面标高等。

4. 看楼地面、屋面的构造，在剖面图中表示楼地面、屋面的构造时，通常用一条引出线指向需说明的部位，并按其构造层次顺序列出材料等说明。有时将这一内容放在墙身剖面详图中表示。

5. 看图中有关部位坡度的标注，屋面、散水、排水沟与坡道等处需要做成斜面时都标有坡度符号，如 2% 等。

6. 查看图中的索引符号，剖面图尚不能表示清楚的地方还需注有详图索引，说明另有详图表示。

图样识读

➢ 查阅底层平面图（见附图 2）中的 1—1 剖切线的位置，可知处在②～③轴线之间，通过接待室和大厅进行剖切，拿掉房屋②～③轴线右半部分（南侧），向北做剖视图。

➢ 1—1 剖面图（见附图 8）表明该房屋是三层楼房，坡屋顶。在Ⓐ轴线处设有天沟，附有索引符号可查节点详图（建施 13，详图编号 1）。在Ⓔ轴线处是一个局部的屋面露台，位于②～③轴线之间，由索引符号查“墙身大样图一”，可知该露台女儿墙高 1 500 mm，并由此“墙身大样图一”中的索引符号，再次查阅对应的“线脚大样图 2”得女儿墙压顶标高为 12.600。

➢ 室外的设计地面标高为 -0.450，迈上 3 步台阶是标高为 ±0.000 的一层室内地面。室内二、三层楼地面标高是 3.900、7.500 和 11.100，相对应的一、二、三层楼的层高分别是 3.900 m、3.600 m 和 3.600 m。坡屋顶的屋脊线标高是 14.438。

➢ 底层中间所示的窗是位于北侧走廊顶端的窗 C-1。二层楼中间所示的门是①轴线上的铝合金推拉玻璃门 M-7，三层楼中间所示的门也是①轴线上的门 M-7，只是所处的楼层不同。

➢ 室外，Ⓓ轴线东门 M-1 入口处上方未做常见的挑出雨篷，而设计为向外 2 m 的二层阳台，其南、北两侧设有钢筋混凝土柱与二层阳台、三层阳台、屋面晒台共同构成。

➢ Ⓐ轴这道墙上 1 ～ 3 层窗洞高度尺寸分别为 2 400 mm、2 100 mm、2 100 mm，有的图样采用窗台标高和窗顶标高间接计算窗洞高度。各层窗台距各层地面均为 900 mm。

➢ 1—1 剖面图上标注了三个索引符号，分别为檐沟大样图、线脚大样图（包含女儿墙）、阳台扶手栏杆大样图，均在建施 13 上，其详图编号分别为 1、2、3，可对照查阅。

➢ 1—1 剖面图绘出了主次梁、过梁、楼板，剖面采用涂黑形式，表示其材料为钢筋混凝土。此外，剖面图没有标明地面、楼面、屋顶的做法，这些图示内容将在墙身剖面详图或在工程做法中阐述。

第七节　识读建筑详图

建筑详图是根据施工需要，必须对房屋的细部或构配件用较大的比例将其形状、大小、材料和做法绘制出详细图样来表达清楚，简称详图，即建筑细部的施工图。建筑平面图、立面图、剖面图一般采用较小的比例绘制，因而某些建筑构配件（如门、窗、楼梯、阳台及各种装饰等）和某些建筑剖面节点（如檐口、窗台、散水以及楼地面层和屋顶层等）的详细构造（包括式样、层次、做法、用料和详细尺寸等）都无法表达清楚。因此，建筑详图是建筑平面图、立面图、剖面图的补充，是建筑施工图的重要组成部分，是施工的重要依据。建筑详图包括建筑构件、配件详图和剖面节点详图。对于采用标准图或通用详图的建筑构件、配件和剖面节点，只要注明所采用的图集名称、编号或页次，可不必再画详图。详图一般有以下几种：

（1）楼梯间平面图及楼梯构造详图

在各层平面图中楼梯间平面仅是一个示意图，介绍楼梯形式和位置，因而必须另画楼梯间平面图，详细介绍楼梯梯段宽度、长度和步数，平台宽度和尺寸，栏杆位置和形式。与此同时还用楼梯间剖面图来反映楼梯高度方向的构造和尺寸，对于节点构造还应绘制详图来说明。

（2）墙身节点构造大样

墙身节点主要有檐口、过梁、窗台、勒脚等部位，可在剖面图上的墙身节点位置用详图索引标志引出，另画墙身节点构造大样。

（3）屋面构造详图

屋面节点有檐口、女儿墙、高低跨泛水、天沟、山墙顶等处，均应绘制构造详图。一般在屋顶平面图上用详图索引标志引出，另画屋面节点构造详图。

（4）特殊设备的房间

如盥洗间、卫生间、厨房等，应用详图来表明设备的形状、尺寸、

位置和构造要求。应在平面图中该房间设备位置引出详图索引标志。

（5）其他

如花格、花台、踏步、台阶、雨篷、散水等局部构造应用详图来表明它的构造和尺寸，一般在平面图或立面图中由该处引出详图索引标志。

一、墙身详图

墙身详图是将墙体从上至下做一剖切，画出放大的局部剖面图，用以表明墙身及其屋檐、屋顶面、楼板、地面、窗台、过梁、勒脚、散水、防潮层等细部的构造与材料、尺寸大小以及与墙身的关系等。

墙身详图根据需要可以画出若干个，以表示房屋不同部位的构造内容。墙身详图在多层房屋中，若各层的情况一样，可只画底层、顶层，加一个中间层来表示。画图时，通常在窗洞中间处断开，成为几个节点详图的组合。

图样识读

➢ 看图名查找底层平面图或立面图中的局部剖切线可知该墙身剖面的剖切位置和投影方向。本例是从④～①轴北立面图（见附图 6）中可知“墙身大样一”“墙身大样二”（见附图 6），绘在建施 13 上，其详图编号分别为 1、2。

➢ 由墙身大样一可知：门入口处台阶宽度为距Ⓓ轴线 2 075 mm，标高为 -0.200，进入门即为大厅，标高为 ±0.000。踏步宽 300 mm，高 150 mm。室外设计地面标高为 -0.450。

➢ 二、三层阳台采用现浇钢筋混凝土栏板，上置 50 mm × 50 mm × 4 mm 方钢栏杆和扶手，通过预埋件连接。屋面露台的女儿墙采用 110 mm 厚的砖墙，压顶采用钢筋混凝土，具体做法见“线脚大样图 2”（见附图 10）。

➢ 窗顶剖面部分可知窗顶钢筋混凝土过梁的构造情况。图中所示的各层窗顶过梁都是矩形。其中有的过梁是圈梁，这里不再细读，待识读结构图时解决。

➢ 檐口剖面部分为该房屋的女儿墙、屋顶层及女儿墙泛水的构造。女儿墙构造尺寸如图所示。从工程做法（见附图 11）中可知屋顶坡屋面构造做法：钢筋混凝土屋面板→ 20 mm 厚 1：3 水泥砂浆找平层→ 3 mm+3 mm 厚双层 SBS 聚酯胎Ⅱ型改性沥青卷材组合防水层→ 70 mm 厚岩棉板→ C15 细石混凝土找平层（配Φ6@500 × 500 钢筋网）→顺水条 -25 mm × 5 mm，中距 600 mm →挂瓦条 L30 × 4 mm，中距按瓦材规格→块瓦。

➢ 整个墙身剖面的材料、细部尺寸、标高。

➢ 墙身详图上标注了两个索引符号，分别为阳台扶手栏杆大样图、线脚大样图（包含女儿墙）（见附图 10），均在建施 13 上，其详图编号分别为 2、3，可对照查阅。

二、楼梯详图

房屋中的楼梯是由楼梯段（简称梯段，包括踏步或斜梁）、平台（包括平台板和梁）和栏杆（或栏板）等组成。楼梯详图主要表示楼梯的类型、结构形式、各部位的尺寸及装修做法，是楼梯施工放样的主要依据。

楼梯详图一般由楼梯平面图、剖面图及踏步、栏杆等详图组成。楼梯详图一般分为建筑详图与结构详图，并分别绘制。对于比较简单的楼梯，有时可将建筑详图与结构详图合并绘制，列入建筑施工图或者结构施工图中均可。

1. 在楼梯平面图[18]中，通常底层和顶层平面图是不可少的。中间层如果楼梯构造都一样，可只画一个平面图，并标明“× × ～ × × 层平面图”或“标准层平面图”即可，否则要分别画出。楼梯平面图对平面尺寸和地面标高做了详细标注。

水平剖切面规定设在上楼的第一梯段（即休息平台下）剖切，断开线用 45° 斜线表示。照此剖切，所得各层平面图是：底层（一层）平面，上楼梯段断开线一端露出的是该梯段下面小间的投影；二层平面，上楼梯段断开线一端露出的是底层上楼第一梯段连接平台一端的投影，另一侧则是底层到二层第二梯段的完整投影，所示平台是一、二层之间的休息平台；顶层（三层）没有上楼梯段，所以从顶层往下看，是顶层到下一层的两个梯段的完整投影，平台是二、三层之间休息平台的投影。

2. 楼梯剖面图[19]能完整地表示出各层梯段、栏杆与地面、平台和楼板等，以及它们的构造及组合关系。

3. 楼梯栏杆、踏步详图是楼梯局部立面详图。

图样识读（见附图 12）

➢ 楼梯位于①～②轴之间，从图中可见一到二层、二到三层都是两个梯段，底层的两个梯段的标注均是 11 × 270=2 970 mm，二、三层楼每个梯段的标注是 10 × 270=2 700 mm。说明底层每个梯段是 12 个踏步，二、三层楼每个梯段是 11 个踏步，踏面宽均是 270 mm。从投影特

18. 楼梯平面图 楼梯平面图是用水平剖切面做出的楼梯间水平全剖图。

19. 楼梯剖面图 同房屋剖面图的形成一样，用一假想的铅垂剖切平面，沿着各层楼梯段、休息平台及窗（门）洞口的位置剖切，向未被剖切梯段方向所做的正投影图。

性可知，如为 12 个踏步，从梯段的起步地面到梯段的顶端地面，其投影只能反映出 11 个踏面宽（即 11×270），踢面聚成直线，有 12 条线（即踏步的分格线）。由此看出，底层设两个梯段，共 24 个踏步。梯段上的箭头是指示上下楼的。

➢ 在楼梯平面图中，开间 3 500 mm，进深 5 100 mm。梯段宽 1 500 mm，底层、二层、三层楼的梯段水平投影长为 2 970 mm、2 700 mm、2 700 mm。休息平台宽 1 600 mm，长 3 175 mm。楼梯井宽 175 mm。

➢ 底层平面图还对楼梯剖面图的剖切位置做了标志及编号 *A—A*，剖视方向朝①轴线。

➢ 标高：底层走廊和储藏室地面为 ±0.000，上 12 步台阶，1 ~ 2 层的休息平台为 1.950，再上 12 步台阶，二层楼地面为 3.900，2 ~ 3 层的休息平台为 5.700，三层楼地面为 7.500。

➢ *A—A* 剖面图是楼梯平面图的剖切图。它从楼梯间靠近②轴线，经过储藏室剖切，即剖切面将二、四梯段剖切，向一、三梯段做投影。被剖切的二、四梯段和楼板、地面、外墙、线脚和檐沟等都用粗实线表示，一、三梯段做外形投影，用细实线表示。

➢ 剖面图中的楼梯第四梯段上有详图符号，表示栏杆、扶手与地面墙体连接的做法。

第二章　识读结构施工图

第一节　结构施工图概述

前面讲述的房屋建筑施工图是表达房屋的外形、内部布置、建筑构造和内部装修等内容的图样。在房屋设计中，除了进行建筑设计，画出建筑施工图外，还要进行结构设计，绘制出结构施工图。结构施工图主要表达结构设计的内容，它是表示建筑物各承重构件（如基础、承重墙、柱、梁、板、屋架等）的布置、形状、大小、材料、构造及其相互关系的图样。

在房屋建筑中，任何一幢建筑物，都是由梁、板、柱、墙、屋架、基础等构件组成。这些构件承受着建筑物的各种荷载，并按一定的构造和连接方式组成空间结构体系，这种结构体系称为建筑结构（见图2—1）。建筑结构由上部结构和下部结构组成。上部结构包括梁、板、柱、墙及屋架等构件，下部结构包括基础和地下室。

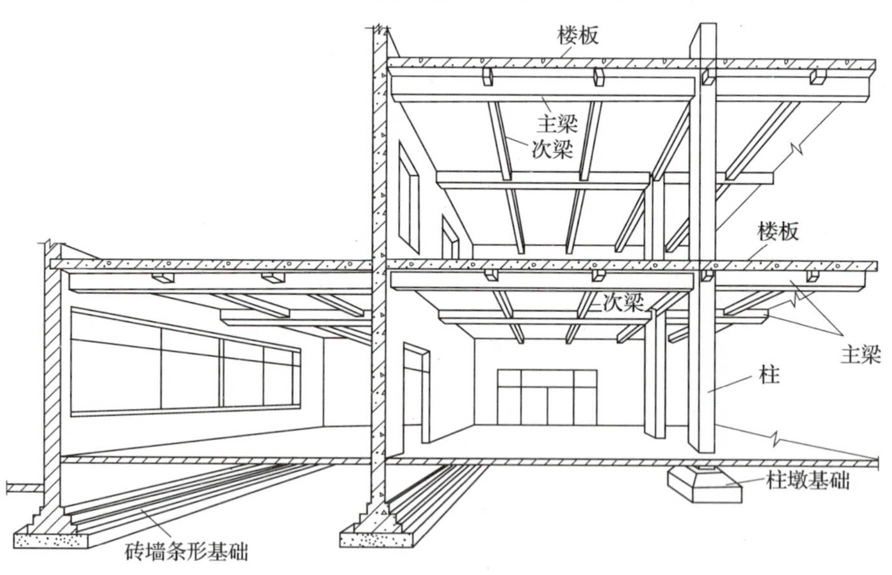

图 2—1　内框架结构示意图

建筑结构按照所用材料不同，一般可分为混凝土结构、砌体结构、钢结构、木结构等。目前，我国最常用的是钢筋混凝土结构和砖混结构，而钢结构以其优良的承载能力正逐步普及。

一、结构施工图的内容与作用

建造一幢房屋，需要从事建筑设计的人员画建筑施工图；从事结构设计的人员按照建筑设计各方面的要求进一步进行结构设计，包括结构平面布置、各承重构件（如梁、板、柱、墙、屋架、基础等）的力学计算，在此计算的基础上决定各承重构件的具体形状、大小、所用材料（钢材和混凝土强度等级等）、内部构造及它们之间的相互关系，最后将设计成果绘制成图样，用以指导施工。

（一）结构施工图的内容

结构施工图是建筑结构施工的主要依据。其组成一般包括结构图纸目录、结构设计总说明、结构平面布置图、结构详图等。

1. 结构图纸目录

可以由结构图纸目录了解图样的排列、总张数和每张图样的内容，校对图样的完整性，查找所需要的图样。

2. 结构总设计说明

包括抗震设计与防火要求、地基与基础、地下室、钢筋混凝土各结构构件、砖砌体、后浇带与施工缝等部分选用的材料类型、规格、强度等级、施工注意事项等。

3. 结构平面布置图

（1）基础平面图，工业建筑还有设备基础布置图。

（2）楼层结构平面布置图，工业建筑还包括柱网、吊车梁、柱间支撑等。

（3）屋面结构平面图，包括屋面板、天沟板、屋架、天窗架及支撑系统布置等。

4. 结构详图

（1）梁、板、柱及基础构件详图。

（2）楼梯结构详图。

（3）屋架结构详图。

（4）其他结构详图。

（二）结构施工图的作用

结构施工图主要用来作为施工放线、挖基槽、支模板、绑扎钢筋、设置预埋件、浇筑混凝土，安装柱、梁、板等承重构件的制作安装和现场施工的依据，也是编制预算与施工组织计划等的依据。它还要反映出其他专业（如建筑、给排水、暖通、电气等）对结构的要求。

1. 混凝土

是由水泥、沙子、石子和水按一定的比例配合搅拌而成，把它灌入定型模板，经振捣密实和养护凝固后就形成坚硬如石的人工石材。

（三）钢筋混凝土结构基本知识和图示方法

1. 钢筋混凝土

钢筋混凝土是由钢筋和混凝土[1]两种不同的材料组成的，仅用混凝土一种材料制作的构件称为素混凝土构件，其特点是抗压能力强，抗拉能力较差，约为抗压强度的 1/20 ~ 1/9，常因受拉而断裂。由于钢筋的抗拉能力较强，因此，为了提高混凝土构件的承载能力，常在其受拉区配置一定数量的钢筋，来共同承受荷载。这种由混凝土和钢筋两种不同材料构成的整体构件称为钢筋混凝土构件。

如图 2—2 所示，分别表示两根截面尺寸、跨度、混凝土强度完全相同的简支梁，前者是素混凝土，后者在梁下部受拉区边缘配有适量的钢筋。试验表明，与素混凝土构件相比，钢筋混凝土构件的受力性能大为改善。图 2—3 所示为钢筋混凝土梁受力示意图。

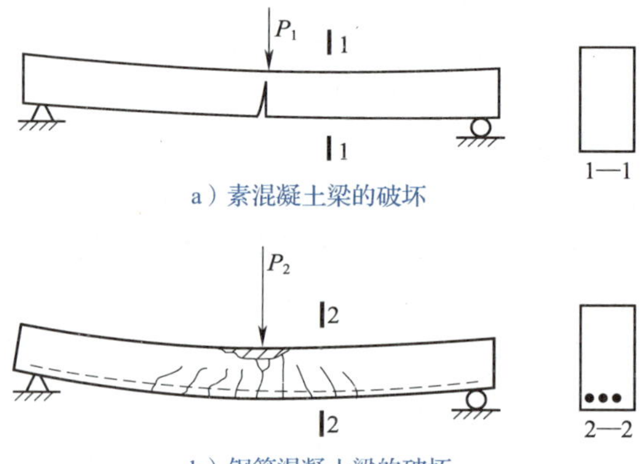

图 2—2　素混凝土及钢筋混凝土简支梁受力破坏示意图

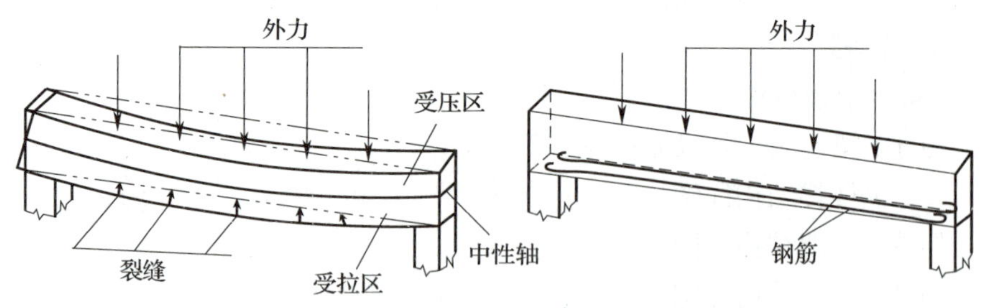

图 2—3　钢筋混凝土梁受力示意图

用钢筋混凝土材料制成的梁、板、柱、基础等构件称为钢筋混凝土构件。钢筋混凝土构件有在工地现场浇制的，称为现浇钢筋混凝土构件；也有在工厂（或工地）预先制作好，然后运到施工现场安装就位的，称为预制钢筋混凝土构件。此外，有的构件在制作时通过张拉钢筋对混凝土预加一定的压力，以提高构件的抗拉和抗裂性能，这种构件称

为预应力钢筋混凝土构件。

全部用钢筋混凝土构件承重的结构（如单跨工业厂房）称为钢筋混凝土结构。建筑物用砖墙承重，屋面、楼面、楼梯用钢筋混凝土板和梁构成，这种结构称为混合结构。

结构构件的种类繁多，布置复杂，为了图示简明扼要，便于查阅、施工，在结构施工图中常需要注明构件的名称。汉字表达不方便，要用国家标准规定的构件代号来表示。构件的代号通常以构件名称汉语拼音的第一个字母大写表示。常用结构构件的代号见表 2—1。

表 2—1　　常用结构构件的代号

序号	名称	代号	序号	名称	代号	序号	名称	代号	序号	名称	代号
1	板	B	15	吊车梁	DL	29	托架	TJ	43	垂直支撑	CC
2	屋面板	WB	16	单轨吊车梁	DDL	30	天窗架	CJ	44	水平支撑	SC
3	空心板	KB	17	轨道连接	DGL	31	框架	KJ	45	梯	T
4	槽形板	CB	18	车挡	CD	32	刚架	GJ	46	雨篷	YP
5	折板	ZB	19	圈梁	QL	33	支架	ZJ	47	阳台	YT
6	密肋板	MB	20	过梁	GL	34	柱	Z	48	梁垫	LD
7	楼梯板	TB	21	连系梁	LL	35	框架柱	KZ	49	预埋件	M-
8	盖板或沟盖板	GB	22	基础梁	JL	36	构造柱	GZ	50	天窗端壁	TD
9	挡雨板或檐口板	YB	23	楼梯梁	TL	37	承台	CT	51	钢筋网	W
10	吊车安全走道板	DB	24	框架梁	KL	38	设备基础	SJ	52	钢筋骨架	G
11	墙板	QB	25	框支梁	KZL	39	桩	ZH	53	基础	J
12	天沟板	TGB	26	屋面框架梁	WKL	40	挡土墙	DQ	54	暗柱	AZ
13	梁	L	27	檩条	LT	41	地沟	DG			
14	屋面梁	WL	28	屋架	WJ	42	柱间支撑	ZC			

混凝土的强度和钢筋等级：按照《混凝土结构设计规范》（GB 50010—2010）规定，普通混凝土划分为十四个等级，即 C15、C20、C25、C30、C35、C40、C45、C50、C55、C60、C65、C70、C75、C80。例如，强度等级为 C30 是指混凝土承受的标准抗压强度范围在 30 MPa $\leqslant f_{cu,k} <$ 35 MPa，其中 $f_{cu,k}$ 为混凝土立方体抗压强度标准值。不同工程或用于不同部位的混凝土，对其强度等级的要求也是不一样。

2. 钢筋

（1）分类

配置在钢筋混凝土结构中的钢筋，如图 2—4 所示，按其所起作用的不同可分为以下几种：

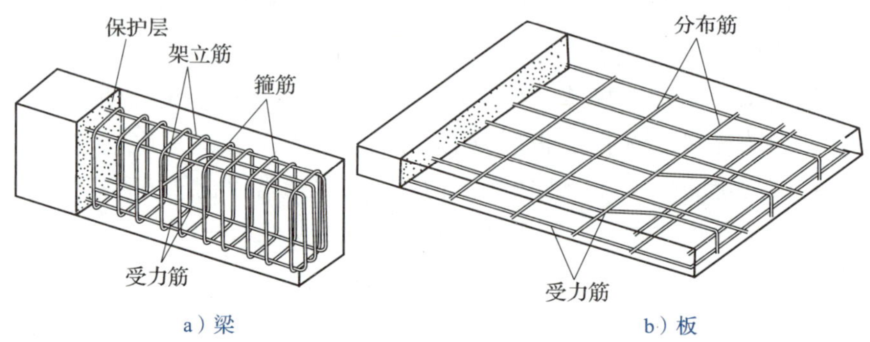

a）梁　　b）板

图 2—4　钢筋混凝土梁、板配筋示意图

1）受力筋，承受拉、压应力的钢筋。用于梁、板、柱等各种钢筋混凝土构件。承受构件中拉力的钢筋称为受拉筋。在梁、柱构件中有时还要配置承受压力的钢筋，称为受压筋。

2）箍筋，承受剪力或扭矩的钢筋，同时用来固定受力筋的位置，多用于梁和柱内。

3）架立筋，它与梁内的受力筋、箍筋一起构成钢筋的骨架。

4）分布筋，用于屋面板、楼板内，它与板的受力筋垂直布置，并固定受力筋的位置，构成钢筋的骨架，将承受的重量均匀地传给受力筋。

5）构造筋，因构件的构造要求和施工安装需要配置的钢筋，如预埋锚固筋、吊环等。架立筋和分布筋也属于构造筋。

（2）符号

在钢筋混凝土结构设计中，用于建筑的国产钢筋按其强度和品种分成不同的等级，并分别用不同的符号表示，以便标注与识别，见表 2—2。

表 2—2　　常用热轧钢筋的种类、符号和直径

牌号	钢种	符号	直径 d（mm）
HPB235	Q235	Φ	8 ~ 20
HRB335	20MnSi	Φ	6 ~ 50
HRB400	20MnSiV，20MnSiNb，20MnTi	Φ	6 ~ 50
RRB400	K20MnSi	$Φ^R$	6 ~ 50

（3）弯钩形式和混凝土保护层

构件中受力筋用光面钢筋（Ⅰ级钢筋）时，钢筋的两端要弯钩，以

加强钢筋混凝土的黏结力，避免钢筋在受拉时滑动；如果是带纹钢筋（Ⅱ级钢筋以上），这种钢筋表面刻痕或带纹与混凝土黏结力较强，两端不必做成弯钩。

光面钢筋端部的弯钩常用半圆弯钩、板中直钩、箍筋弯钩、斜弯钩，如图 2—5 所示。

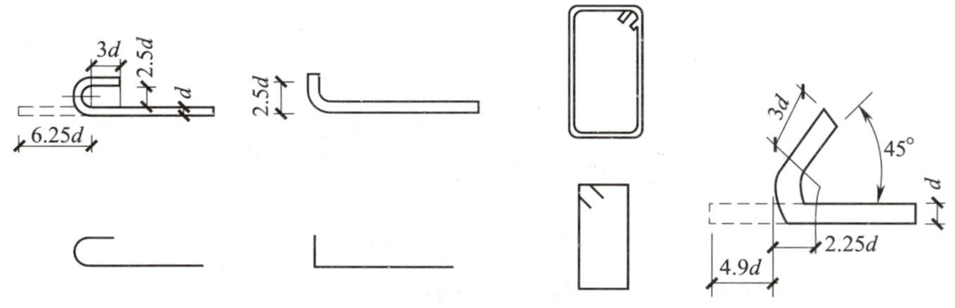

图 2—5　钢筋弯钩的形式

混凝土保护层[2]厚度取决于周围环境和混凝土的强度等级。一般梁、柱保护层厚度为 25 ~ 30 mm，板的保护层厚度为 10 ~ 15 mm，保护层厚度在图上一般不需标注。混凝土保护层根据《混凝土结构设计规范》（GB 50010—2010）规定：纵向受力的普通钢筋及预应力钢筋，其混凝土保护层厚度不应小于钢筋的公称直径。保护层的最小厚度见表 2—3。

2. 混凝土保护层为了保护钢筋，防蚀防火，以及加强钢筋与混凝土的黏结力，需在纵向受力钢筋的外表面至构件截面边缘之间留置一定厚度的混凝土，用 C 表示。

表 2—3　钢筋混凝土构件保护层的最小厚度　mm

钢筋	构件	名称	保护层厚度
受力筋	墙、板和环形构件	截面厚度≤ 100	10
		截面厚度＞ 100	15
	梁和柱		25
	基础	有垫层	35
		无垫层	70
箍筋	梁和柱		15
分布筋	板		10

（4）标注方法

构件中钢筋的标注包括钢筋的编号、数量或间距、级别、直径及所在位置，通常应沿钢筋的长度标注或标注在有关钢筋的引出线上。标注方法有以下两种：

第一，标注钢筋的根数和直径。

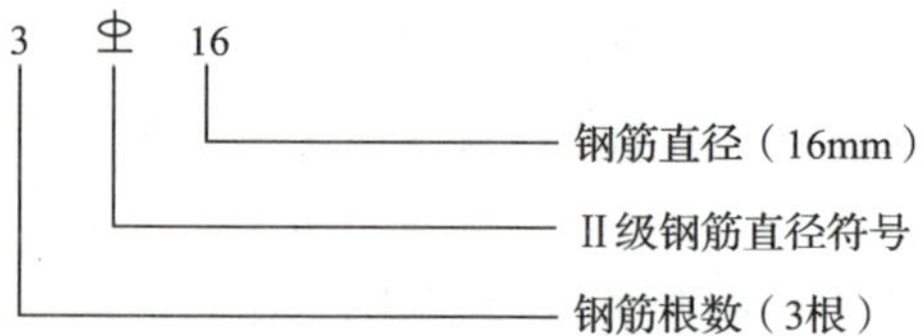

第二，标注钢筋的直径和相邻钢筋中心距。

3. 钢筋混凝土结构图的内容及图示方法

（1）钢筋混凝土结构图的内容

1）结构平面布置图。它表示了承重构件的布置、类型和数量或现浇钢筋混凝土板的钢筋配置情况。

2）构件详图。它又分为配筋图、模板图、预埋件详图及材料用量表等。配筋图包括立面图、断面图和钢筋详图。它们着重表示构件内部的钢筋配置、形状、数量和规格，是构件详图的主要图样。模板图是表示构件外形和预埋件位置的图样，图中标注构件的外形尺寸（也称模板尺寸）和预埋件型号及其定位尺寸，它是制作构件模板和安放预埋件的依据。对于外形比较简单又无预埋件的构件，因在配筋图中已标注出构件的外形尺寸，就不需要再画出模板图。

（2）钢筋混凝土结构图的图示方法

为了突出表达钢筋在构件内部的配置情况，可假定混凝土为透明体。在构件的立面图和断面图上，轮廓线用中实线画出，图内不画材料图例，钢筋简化为单线，用粗实线表示。断面图中剖切到的钢筋圆截面画成黑圆点，其余未剖切到的钢筋仍画成粗实线，并对钢筋的类别、数量、直径、长度及间距等加以标注。钢筋的一般表示方法见表 2—4。钢筋的配置图例见表 2—5。

表 2—4　　钢筋的一般表示方法

序号	图名	图例
1	钢筋横断面	●
2	无弯钩的钢筋端部	
3	带半圆形弯钩的钢筋端部	
4	带半圆形弯钩的钢筋搭接	

续表

序号	图名	图例
5	带直弯钩的钢筋端部	
6	无弯钩的钢筋搭接	
7	带直弯钩的钢筋搭接	
8	带螺纹扣的钢筋端部	
9	预应力钢筋横断面	

表 2—5　　钢筋的配置图例

序号	说明	图例
1	在结构平面图中配置双层钢筋时，底层钢筋弯钩应向上或向左，顶层钢筋则向下或向右	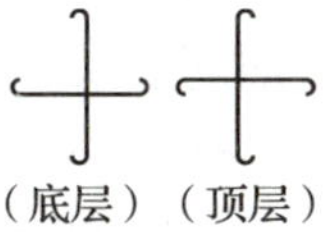 （底层）（顶层）
2	钢筋混凝土配双层钢筋时，在配筋立面图中，远面钢筋的弯钩应向上或向左，而近面钢筋则向下或向右（JM：近面，YM：远面）	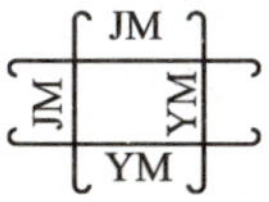 JM JM YM YM
3	如在断面图中不能表示清楚钢筋布置，应在断面图外面增加钢筋大样图	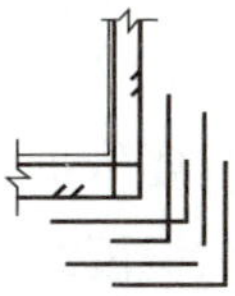
4	图中所示的箍筋、环筋，如布置复杂，应加画钢筋大样及说明	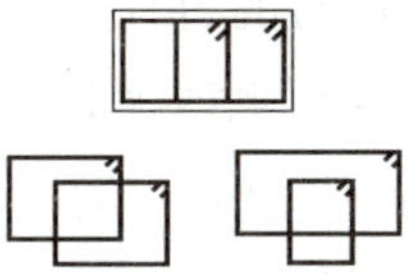
5	每组相同的钢筋、箍筋或环筋，可用一根粗实线表示，同时用一两端带斜短画线的横穿细线，表示其余钢筋及起止范围	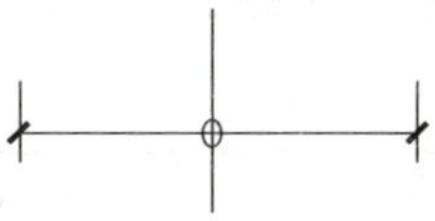

第二节　结构设计说明

结构设计说明是用文字简述结构设计各部分的要求，是结构和构件施工的重要依据，是建筑结构质量检验的标准。结构设计说明包括各主要分部工程的设计要求、结构施工图目录、结构标准图目录、构件统计表等。

一般混合结构的主体结构有基础工程、砌砖工程、钢筋混凝土工程等，结构设计说明应对这些工程做必要的文字解释，主要有下列内容：

（1）工程地基

应有地质勘测部门的工程地质勘测报告。工程地质勘测报告主要应提供工程地质勘测图，地质土层的类型和地基的容许承载力等。

（2）基础工程

应说明基础的材料、强度等级和施工要求，以及基础开挖后，若遇见工程地质发生特殊变化后的处理意见。

（3）砌砖工程

应说明砌筑墙体的材料和强度等级，砌筑砂浆的强度等级，墙体砌筑的质量要求。

（4）钢筋混凝土工程

预制构件的强度等级及质量要求，钢筋混凝土构件的构造要求（如嵌缝材料、拉结钢筋等），现浇构件的强度等级和质量要求。

（5）结构施工图目录

一般结构施工图目录按基础、结构布置、预制构件图、现浇构件图、结构构造详图等依次排列，便于施工时寻找。

（6）构件统计表

这是结构设计中的重要统计表格，是编制构件加工计划和进行工程预算的重要依据，同时构件统计表也是识读结构施工图时首先应掌握的表格，在识读结构布置图时，应对照此表格和结构布置图逐一进行核对，在核对的过程中，逐步熟悉各构件所在的位置和数量，了解房屋结构的空间布置情况和发现结构布置中出现的矛盾和问题，同时提出处理的意见和方法。

图样识读

结构施工图目录（部分）

序号	图别图号	图　　名
17	结施 1	结构设计说明（一）
18	结施 2	结构设计说明（二）
19	结施 3	结构设计说明（三）
20	结施 4	基础平面图
21	结施 5	基础详图
22	结施 6	柱布置及地沟详图
23	结施 7	一层顶梁配筋图
……	……	……
28	结施 15	楼梯结构图

结构设计说明（部分）

一、设计依据

1. 结构设计规范

（1）《建筑结构可靠度设计统一标准》（GB 50068—2001）

（2）《建筑结构荷载规范》（GB 50009—2001）

（3）《建筑抗震设防分类标准》（GB 50223—2008）

（4）《建筑抗震设计规范》（GB 50011—2010）

（5）《混凝土结构设计规范》（GB 50010—2010）

（6）《建筑地基基础设计规范》（GB 50007—2002）

（7）《地基处理技术规范（×× 市）》（J 11631—2010）

（8）《地基基础设计规范（×× 市）》（DJ G08-11—2010）

（9）《建筑地基处理技术规范》（JGJ 79—2002）

2. 结构设计标准

建筑物使用年限	建筑结构安全等级	建筑抗震设防类别	地基基础设计等级	混凝土结构环境类别	
50 年	二级	丙类	丙级	一类（地上）	二类（地下）

3. 工程地质报告

×× 市民防地基勘察院有限公司提供的《工程勘察报告》（工程编号：2001-K-2-223）

4. 抗震设计条件

抗震设防烈度 7 度，设计基本地震加速度值 0.10g，设计地震分组为第一组，特征周期 0.90 s，建筑场地类别Ⅳ类。

5. 本工程 ±0.000 等于绝对标高 3.730 m。

6. 本工程图样所注尺寸均以 mm 为单位，标高以 m 为单位。

二、工程概况与结构体系

1. 工程概况

本工程位于 ×× 市立格路和东方路之间，出入口设在人民路上。主楼层数为 3 层，辅楼为 2 层，门卫为 1 层。

2. 结构体系及抗震等级

本工程主体结构采用全现浇钢筋混凝土框架结构，框架抗震等级为三级。

3. 在设计使用年限内，未经技术鉴定或设计许可，不得改变结构的用途和使用环境。

三、地基与基础（略）

四、主要荷载

1. 楼面均布活荷载

办公室　2.0 kN/m^2

……

五、主要材料

1. 混凝土强度等级

（1）基础垫层 C15

（2）基础梁 C30

……

2. 钢材

……

六、钢筋混凝土结构的一般构造（略）

七、框架梁柱的抗震构造（略）

八、填充墙与主体结构的拉结构造（略）

九、与其他工种配合（略）

十、工程构件代号（略）

……

第三节　基础施工图

一、建筑物基础的有关知识

在建筑工程中，基坑是为基础施工而在地面开挖的土坑。坑底就是基础的底面，基坑边线就是放线的灰线。埋入地下（±0.000 以下）的墙称为基础墙。基础墙与垫层之间做阶梯形的砌体，称为大放脚。防潮层是为防止地下水对地面以上墙体侵蚀的一层防潮材料。基础是建筑物与土层直接接触的构件。基础底下天然的或经过加固的土壤称为地基。地基不是建筑物的组成部分，它只是承受建筑物荷载的土壤层。基础则是建筑物的重要组成部分，它承受着建筑物的全部荷载，并将其传给地基。基础的构造形式一般取决于上部承重结构的形式和地基等情况，有条形基础、独立基础、桩基础、箱形基础、筏形基础等。

1. 条形基础

当建筑物上部结构采用墙承重时，基础沿墙身设置，多做成连续的长条形状，这种基础称为条形基础，如图 2—6 所示。

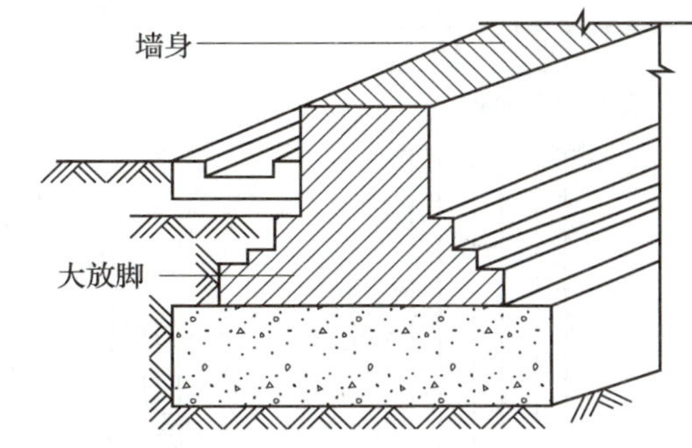

图 2—6 条形基础

2. 独立基础

当建筑物上部采用柱承重时，常采用单独基础，这种基础称为独立基础。独立基础的形状有阶梯形、锥形和杯形等，如图 2—7 所示。

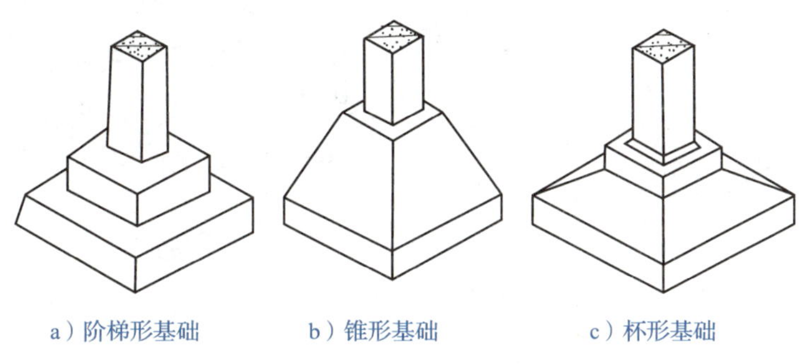

a）阶梯形基础　b）锥形基础　c）杯形基础

图 2—7 独立基础

3. 桩基础

当建筑物荷载较大时，地基软弱土层的厚度在 5 m 以上，基础不能埋在软弱土层内，或对软弱土层进行人工处理比较困难或不经济时，通常采用桩基础。桩基础一般由设置于土中的桩和承接上部结构的承台组成，如图 2—8 所示。

4. 箱形基础

箱形基础是由钢筋混凝土底板、顶板、侧墙和一定数量内隔墙构成的封闭箱形结构，该基础具有相当大的整体性和空间刚度，能抵抗地基的不均匀沉降并具有良好的抗震作用，是具有人防、抗震及地下室要求的高层建筑的理想基础形式之一，如图 2—9 所示。

5. 筏形基础

当建筑物地基条件较弱或上部结构荷载较大时，条形基础或井格基础已经不能满足建筑物的要求，常将基础底面进一步扩大，从而连成一块整体的基础板，形成筏形基础，如图 2—10 所示。

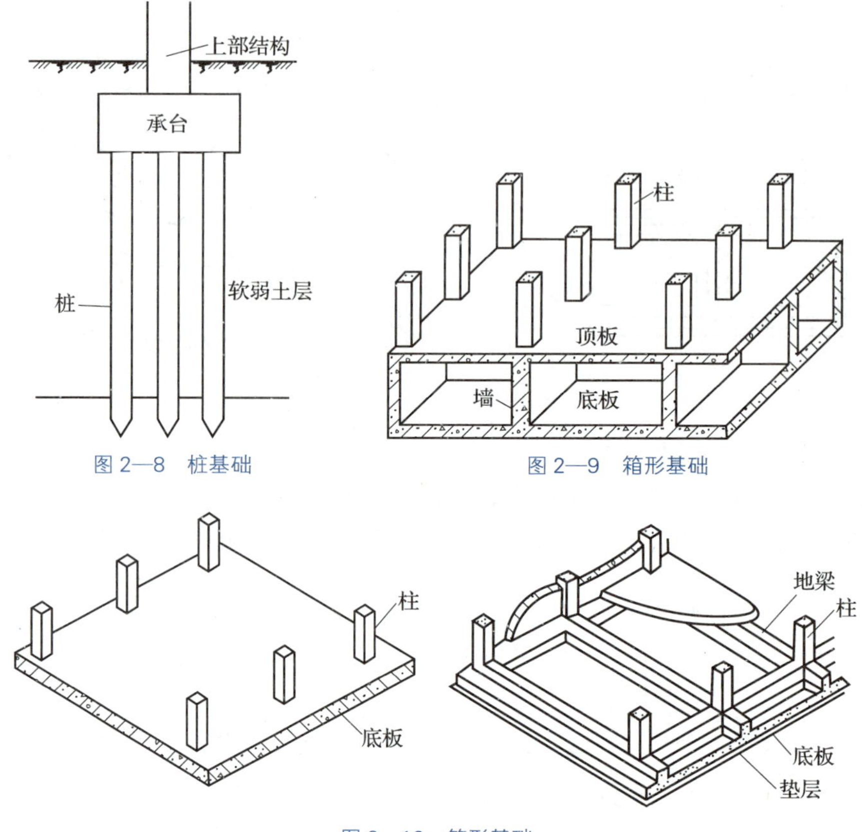

图 2—8　桩基础

图 2—9　箱形基础

图 2—10　筏形基础

二、基础平面图

基础平面图是假想用一个水平剖切面沿 ±0.000 室内地面以下的位置将房屋全部剖开，移去地面以上的房屋结构及基础周围的泥土，向下所做的水平正投影图。它是表示建筑物相对标高 ±0.000 以下基础的平面布置、类型和详细构造的图样。是施工放线、开挖基槽或基坑、砌筑基础的依据。一般包括基础平面图、基础详图[3]和说明三部分。尽量将这三部分编排在同一张图纸上，以便看图。

> 3. 基础详图
> 基础详图是假想用一个垂直的剖切面在指定的位置剖切基础所得到的断面图。基础详图是用较大的比例（如 1：20）画出的基础局部构造图。

1. 基础平面图的图示内容

基础平面图主要表示基础墙、柱、预留洞及构件布置等平面位置关系，主要包括以下内容。

（1）图名、比例。基础平面图的比例应与对应建筑平面图一致，常用比例为 1：100、1：200。

（2）定位轴线及编号、轴线尺寸应与对应建筑平面图一致。

（3）基础墙、柱的平面布置。基础平面图应反映基础墙、柱、基础底面形状、大小及其基础与轴线的尺寸关系。

（4）基础梁的位置、代号。

（5）基础构件配筋。

（6）基础编号、基础断面图的剖切位置线及其编号。

（7）施工说明。用文字说明地基承载力及所用材料的强度等级等。

不同类型的基础，基础平面图的内容不尽相同，但目的都是表达基础的平面布置和位置。

2. 基础平面图的图示方法

（1）在基础平面图中，只需画出基础墙（或柱）、基础梁以及基础底面的轮廓线。基础细部的轮廓线通常省略不画。

（2）基础墙、基础梁的轮廓线为粗实线，基础底面的轮廓线为细实线，柱子的断面一般涂黑，各种管线及其出入口处的预留孔洞用虚线表示。

（3）断面剖切符号。凡基础截面形状、尺寸不同时，即基础宽度、墙体厚度、基底标高等不同，均标注不同的断面剖切符号，画有不同的基础详图。根据断面剖切符号的编号可以查阅基础详图。

3. 基础平面图的识读步骤

阅读基础平面图时，要看基础平面图与建筑平面图的定位轴线是否一致，注意了解墙厚、基础宽、预留洞的位置及尺寸、剖切位置等。

（1）看图名、比例。

（2）校核基础平面图的定位轴线。基础平面图与建筑平面图的定位轴线必须一致。

（3）根据基础的平面布置，明确结构构件的种类、位置、代号。

（4）基础墙的厚度、柱的截面尺寸及它们与轴线的位置关系。

（5）查看断面剖切符号，通过阅读剖切符号明确基础详图的剖切位置及编号。

（6）阅读基础施工说明，明确基础的施工要求、用料。

（7）结合阅读基础平面图与设备施工图，明确设备管线穿越基础的准确位置，洞口的形状、大小以及洞口上方的过梁要求。

图样识读

从图 2—11 可知：基础平面图的绘图比例是 1∶100。基础沿定位轴线①、②、③、④、⑤、⑥、Ⓐ、Ⓑ、Ⓒ、Ⓓ、Ⓔ、Ⓕ布置，为条形基础。

基础墙（用粗实线绘出的）厚分别标注在平面图上，如沿定位轴线①、⑥的基础墙厚为 360 mm；沿定位轴线②、③、④、⑤基础墙厚均为 240 mm。

基础底宽（用细实线绘出的）在沿定位轴线①为 600+600=

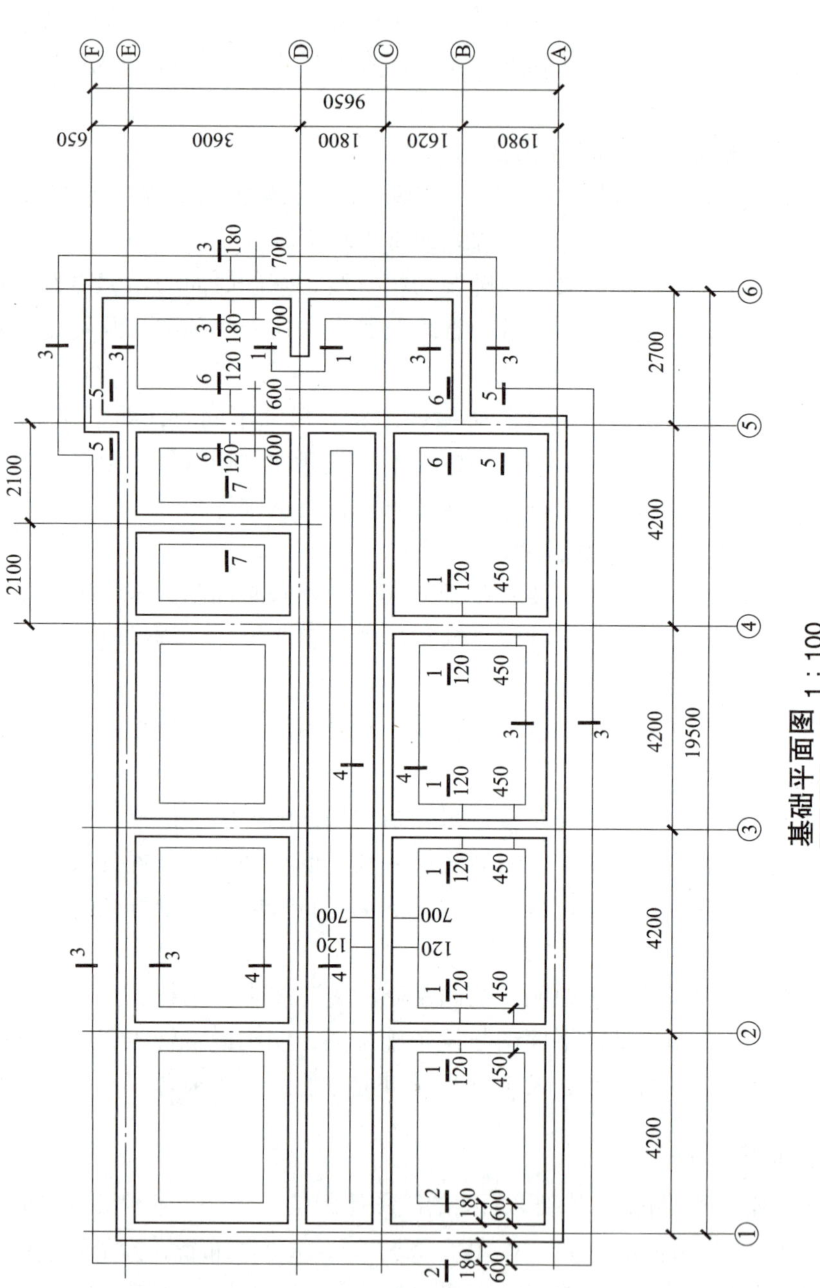

基础平面图 1：100

图 2—11 条形基础平面图

1 200 mm；沿定位轴线②为 450+450=900 mm；沿定位轴线⑥为 700+700=1 400 mm。

图中共有 7 个断面剖切符号，每条基础的断面形状是用 1—1、2—2 等剖切线表示的。

三、基础详图

基础平面图只表明基础的平面布置，而基础各部分的细部尺寸、截面形式与大小、材料、做法、配筋、构造以及基础的埋置深度[4]等都没有表达出来，这就需要画出各部分的基础详图。基础详图一般采用基础的横断面来表示，简称断面图。

4. 基础的埋置深度是指室外设计地面至基础底面的垂直距离。

1. 基础详图的图示内容

（1）图名、比例。

（2）定位轴线及其编号与对应基础平面图一致。

（3）基础断面的形状及详细尺寸。

（4）室内外地面标高及基础底面的标高。

（5）基础墙的厚度、防潮层、圈梁的位置和做法。

（6）基础梁的尺寸及配筋。

（7）基础及垫层的材料、强度等级、配筋及布置。

（8）施工说明等。

2. 基础详图的图示方法

（1）不同构造的基础应分别画出详图。当基础构造相同仅部分尺寸不同时，也可用一个详图表示，但需标出不同部分的尺寸。

（2）基础断面图的边线一般用粗实线画出，断面内应画出材料图例；若是钢筋混凝土基础，则只画出配筋情况，不画出材料图例。

3. 基础详图识读步骤

（1）看图名、比例。由于基础的种类往往比较多，读图时，将基础详图的图名与基础平面图的剖切符号、定位轴线对照，了解该基础在建筑物中的位置。

（2）看基础的断面形状、大小、材料以及配筋。

（3）阅读基础各部位的标高，通过室内外地面标高及基础底面标高，可以计算出基础的高度和埋置深度。

（4）看垫层的厚度尺寸与材料。

（5）看基础断面图中基础梁或圈梁的尺寸及配筋情况。

（6）看管线穿越洞口的详细做法。

（7）看防潮层的位置及做法。

（8）阅读施工说明，了解对基础施工的要求。

图样识读

从图 2—12 可知：该基础为条形基础，为定位轴线①上的 2—2 剖面图，以此查阅基础平面图，两图对照阅读，明确基础位置，得知剖视方向为由Ⓐ轴向Ⓕ轴，即 2—2 剖面图的左侧为室外，右侧为室内。

从基础详图中的室外地坪的标高为 -0.030 和基底标高 -2.000，可知基础的埋置深度为 1.97 m。

明确基础的详细尺寸。垫层宽为 600+600=1 200 mm，混凝土垫层厚 200 mm，采用砖基础，三层大放脚，高度分别为 120 mm、60 mm、120 mm，底层宽为 60+60+60+180+180+60+60+60=720 mm，每层每侧缩 60 mm，基础墙厚 360 mm。

图 2—13 可知：该基础为钢筋混凝土杯形独立基础，基础底标高 -1.450，基础杯口顶面标高为 -0.450（-1.450+0.100+0.250+0.350+0.300），垫层厚 100 mm，图中用Φ10@200 表示①、②号钢筋在纵横方向组成方格网布置在基础底部。

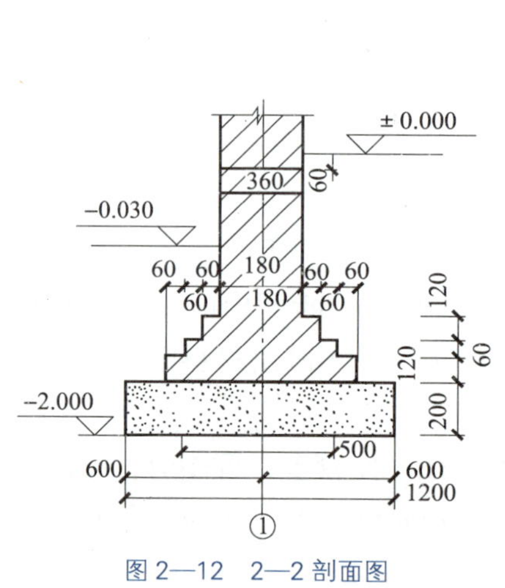

图 2—12　2—2 剖面图

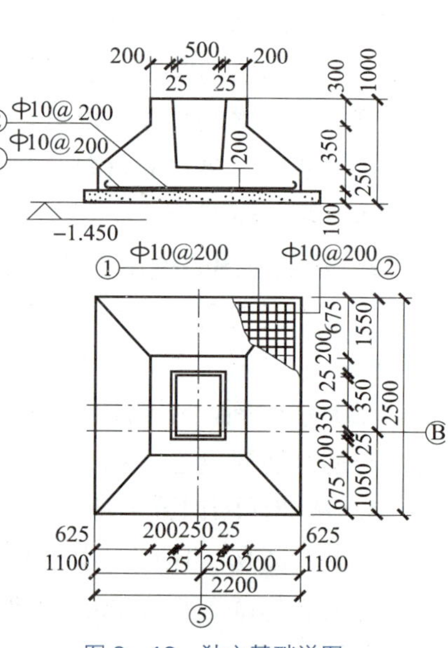

图 2—13　独立基础详图

第四节　楼屋面板施工图

一、楼层结构平面布置图

楼层结构平面布置图是假想沿楼板顶面将房屋水平剖切后，向下所做的楼层的水平投影图。

楼层结构平面布置图主要表示楼层各种构件的平面关系。如轴线间尺寸与构件长宽的关系、墙与构件的关系、构件搭在墙上的长度，各种构件的名称编号、布置及定位尺寸。

楼层结构平面布置图一般包括结构平面布置图、局部剖面详图、构件统计表和说明四部分。

楼层结构平面布置图中被楼板挡住而看不见的梁、柱、墙面用虚线画出，楼板块用细实线画出。楼层上各种梁、板构件，在图上都用构件代号及其构件的数量、规格加以标记。查看这些构件代号及其数量规格和定位轴线，就可了解各种构件的位置和数量。楼梯间在图上用打了对角交叉线的方格表示，其结构布置另用详图表示。在结构平面布置图上，构件也可用单线表示。

局部剖面详图表示梁、板、墙、圈梁之间的连接关系和构造处理。如板搭在墙上或者梁的长度、施工方法，板缝加筋要求等。

构件统计表列出所有构件序号、构件编号、构造尺寸、数量及所采用通用图集代号等。

说明对施工材料、方法等的要求。

图样识读

从图 2—14 可知：此图为一、二层结构平面图，绘图比例是 1 : 100。

由轴线、预制板的平面布置及其编号通过图中预制板的投影得知，在④～⑤轴的预制板是垂直Ⓐ轴铺设的，预制板的两端搭在Ⓐ和Ⓒ轴纵墙上，采用 1 块 YKB-3612-2 和 3 块 YKB-369-2，YKB 表示预应力钢筋混凝土空心板，符号“甲”代表与之相同的结构布置，绘图简略。

楼梯间不铺预制板，用打了对角交叉线的方格表示，其结构布置另用详图表示。

从图 2—15 可知：此图为现浇楼板结构平面图。图中最外面的实线表示外墙面，最里面的虚线表示室内的墙面，距里面虚线 120 mm 的实线是现浇板的边界线，可知现浇板在四周墙上搭接尺寸均为 120 mm。从图中可看到楼板的配筋，在板底部布置两种钢筋：①号钢筋Φ10@250 和②号钢筋Φ8@280，图示钢筋弯钩朝上或朝左，代表放置在板的底部，这两种钢筋都做成一端弯起，钢筋的直、弯部分尺寸都详细标在钢筋上。布筋时，①号钢筋每 250 mm 放一根，一颠一倒布置，弯起端朝上。②号钢筋也照此办理。在楼板底面由这两种钢筋构成方格网片。③Φ10@250 和④Φ8@280 的弯钩朝下或朝右，代表放置在板的顶部，承受板端的拉剪应力。在现浇板的配筋图上，通常相同的钢筋只画出

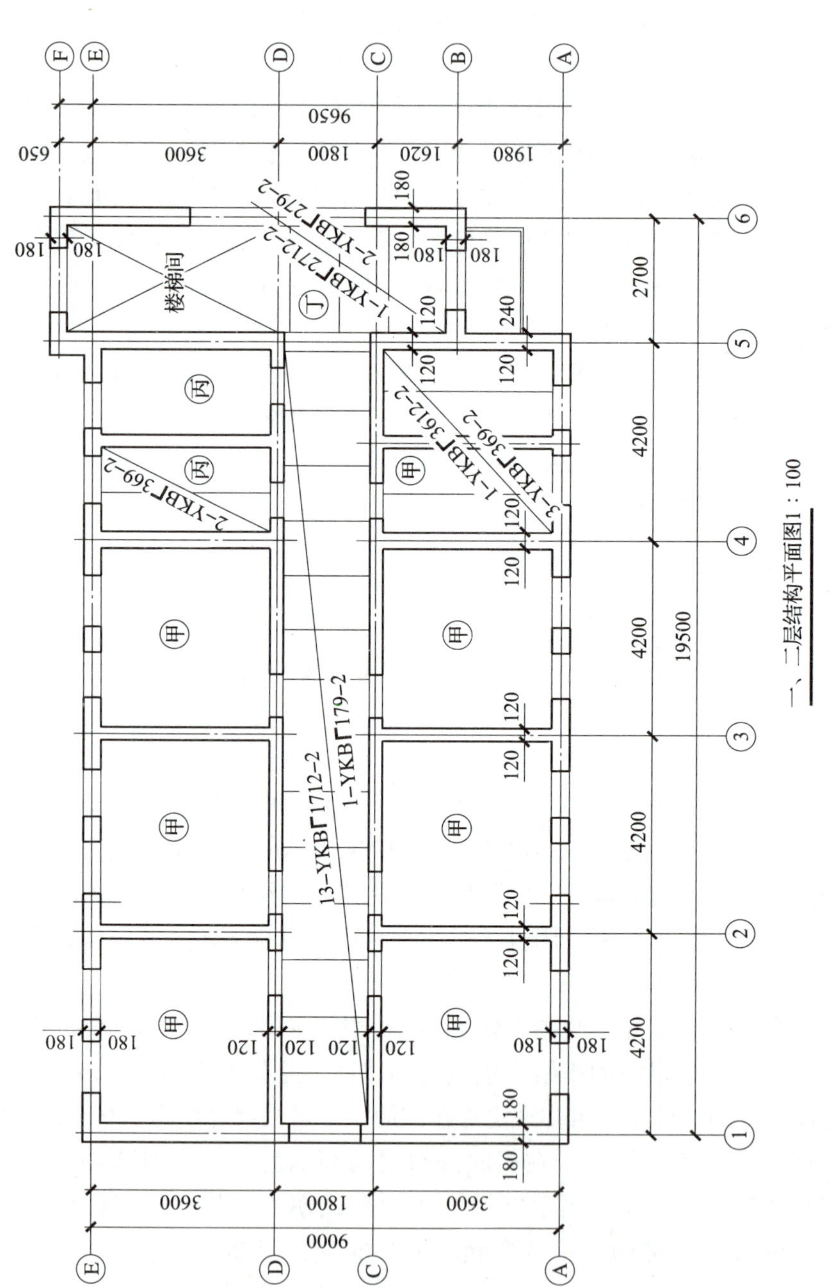

图 2—14　一、二层结构平面图

一根表示，其余省去不画。也有的现浇板只画受力筋，而分布筋（构造筋）在说明里注释。

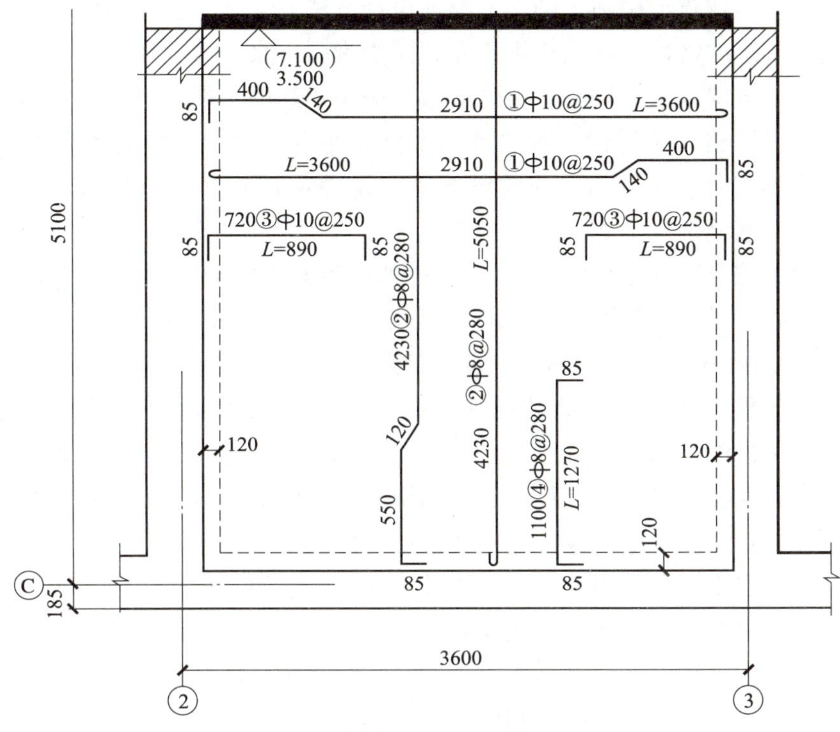

图 2—15　XSB-1 配筋图

二、屋顶结构平面布置图

屋顶结构平面布置图是略高于屋面位置，向下所做的屋面水平投影图。它是表示屋面承重构件平面布置的图样。平屋顶的结构布置和楼层的结构布置基本相同，其不同之处仅在于以下几点：

（1）平屋顶的楼梯间满铺屋面板。

（2）带挑檐的平屋顶有檐板。

（3）平屋顶有检查孔和水箱间。

（4）楼层中的厕所小间用现浇钢筋混凝土板，而屋顶则可用通长的空心板。

（5）平屋顶上有烟囱、通风道的留孔。

第五节　建筑结构施工图平面整体设计方法

平面表示法是将结构构件的尺寸和配筋等，按照平面整体表示方法制图规则，整体直接表达在各类构件的结构平面布置图上，再与标准构造详图（03G101-1 等）相配合，即构成一套新型完整的结构设计。这种方法称为建筑结构施工图平面整体设计方法，简称平法。平面表示法改变了传统的将构件从结构平面布置图中索引出来，再逐个绘制配筋详图的烦琐方法，大大提高了设计效率，减小了绘图工作量，使图样表达更为直观，也便于识读。此法被国家科委列为《“九五”国家级科技成果重点推广计划》项目，原建设部也将其列为 1996 年科技成果重点推广项目。其制图规则如下：

（1）按平法设计绘制的施工图，一般由各类结构构件的平法施工图和标准构造详图两大部分构成，但对于复杂的工业与民用建筑，尚需增加模板、开洞和预埋件等平面图。只有在特殊情况下才需增加剖面配筋图。

（2）按平法设计绘制结构施工图时，必须根据具体工程设计，按照各类构件的平法制图规则，在按结构（标准）层绘制的平面布置图上直接表示各构件的尺寸、配筋和所选用的标准构造详图。出图时宜按基础、柱、剪力墙、梁、板、楼梯及其他构件的顺序排列。

（3）在平面布置图上表示各构件尺寸和配筋的方式，分为平面注写方式、列表注写方式和截面注写方式三种。

（4）按平法设计绘制结构施工图时，应将所有柱、墙、梁构件进行编号，编号中含有类型代号和序号等。其中，类型代号的主要作用是指明所选用的标准构造详图。在标准构造详图上，已经按其所属构件类型注明代号，以明确该详图与平法施工图中相同构件的互补关系，使两者结合构成完整的结构设计图。

（5）对混凝土保护层厚度有特殊要求时，写明不同部位的柱、墙、梁构件所处的环境类别。

一、柱平法施工图

柱平法施工图是在柱平面布置图上采用列表注写方式或截面注写方式表达，只表示柱的截面尺寸和配筋等具体情况的平面图。它主要表达了柱的代号、平面位置、截面尺寸、与轴线的几何关系和配筋等具体情况。

1. 列表注写方式

在柱平面布置图上（一般只需采用适当比例绘制一张柱平面布置图，包括框架柱、框支柱、梁上柱和剪力墙柱），分别在同一编号的柱中选择一个或几个截面标注几何参数代号；在柱表中注写柱号、柱段起止标高、几何尺寸（含柱截面对轴线的偏心情况）与配筋的具体数值，并配以各种柱截面形状及其箍筋类型图的方式，来表达柱平法施工图，如图 2—16 所示。

屋面 2	65.670	
塔层 2	62.370	3.30
屋面 1（塔层 1）	59.070	3.30
16	55.470	3.60
15	51.870	3.60
14	48.270	3.60
13	44.670	3.60
12	41.070	3.60
11	37.470	3.60
10	33.870	3.60
9	30.270	3.60
8	26.670	3.60
7	23.070	3.60
6	19.470	3.60
5	15.870	3.60
4	12.270	3.60
3	8.670	3.60
2	4.470	4.20
1	-0.030	4.50
-1	-4.530	4.50
-2	-9.030	4.50
层号	标高（m）	层高（m）

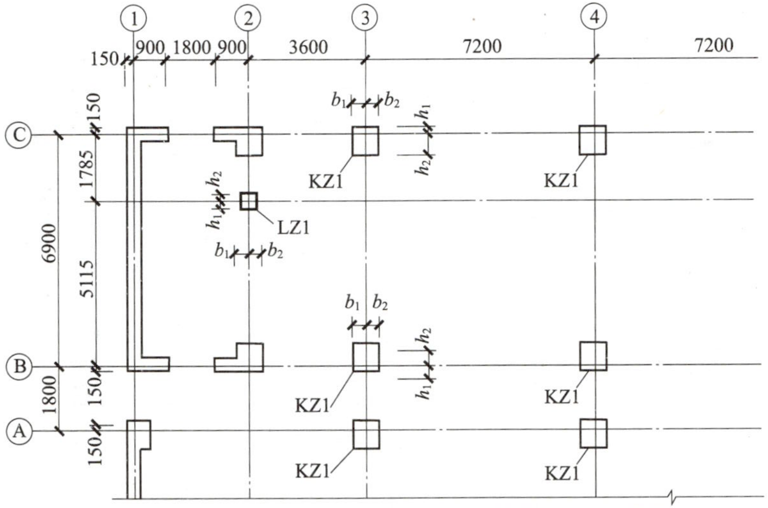

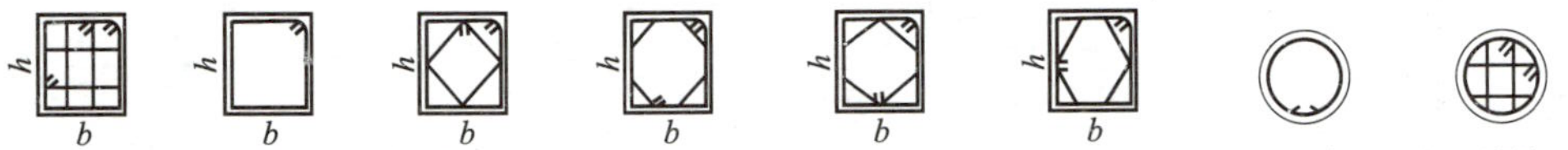

柱截面配筋表

柱号	标高	$b\times h$（圆柱直径D）	b_1	b_2	h_1	h_2	角筋	b边一侧中部筋	h边一侧中部筋	箍筋类型号	箍筋	备注
KZ1	-0.030~19.470	750×700	375	375	150	550	4Φ25	5Φ25	5Φ22	1(5×4)	φ10@100/200	
	19.470~37.470	650×700	325	325	150	450	4Φ25	5Φ25	4Φ22	1(4×4)	φ10@100/200	
	37.470~59.070	550×500	275	275	150	350	4Φ25	4Φ25	4Φ22	1(4×4)	φ8@100/200	

图 2—16　柱平法施工图的列表注写方式

列表注写的具体内容如下：

（1）注写柱编号

柱编号由类型代号和序号组成，见表 2—6。

表 2—6　　柱编号

柱类型	类型代号	序号
框架柱	KZ	××
框支柱	KZZ	××
芯柱	XZ	××
梁上柱	LZ	××
剪力墙上柱	QZ	××

（2）注写各段柱的起止标高

自柱根部往上以变截面位置或截面未变但配筋改变处为界分段注写。其中，框架柱和框支柱的根部标高是指基础顶面的标高。芯柱的根部标高是指根据结构实际需要而定的起始位置标高。梁上柱的根部标高是指梁顶面标高。剪力墙上柱的根部标高分为两种：当柱纵筋锚固在墙顶部时，其根部标高为墙顶面标高；当柱与剪力墙重叠一层时，其根部标高为墙顶面往下一层的结构层楼面标高。

（3）注写柱截面尺寸 $b\times h$ 及与轴线关系的几何参数代号 b_1、b_2 和 h_1、h_2 的具体数值

其中，$b=b_1+b_2$，$h=h_1+h_2$。当截面的某一边收缩变化至与轴线重合或偏到轴线的另一侧时，b_1、b_2、h_1、h_2 中的某项为零或负值。

（4）注写柱纵筋

当柱纵筋直径相同，各边根数也相同时，将纵筋注写在“全部纵筋”一栏中；另外，纵筋一般分为角筋、截面 b 边中部筋和 h 边中部筋分别注写（采用对称配筋的矩形截面柱，可仅注写一侧中部钢筋，对称边省略不写）。当为圆柱时，表中角筋一栏注写全部纵筋。

（5）注写箍筋类型号

具体工程所涉及的各种箍筋的类型图，须画在表的上部或图中适当的位置，并在其上标注与表中相对应的 b、h 和类型代号。

（6）注写箍筋

包括钢筋级别、直径与间距。当为抗震设计时，用斜线“/”区分柱端箍筋加密区与柱身非加密区长度范围内的不同间距。例如，ф10@100/250，表示箍筋为 HPB235 级钢，直径为 10 mm，加密区间距为 100 mm，非加密区间距为 250 mm。当箍筋沿柱全高为一种间距时，

则不使用斜线“/”。例如，ф10@100，表示箍筋为 HPB235 级钢，直径为 10 mm，间距为 100 mm，沿柱全高加密。当圆柱采用螺旋箍筋时，需在箍筋前加“L”。例如，L ф10@100/200，表示采用螺旋箍筋，箍筋为 HPB235 级钢，直径为 10 mm，加密区间距为 100 mm，非加密区间距为 200 mm。

2. 截面注写方式

（1）截面注写方式是指在分标准层绘制的柱平面布置图的柱截面上，分别在同一编号的柱中选择一个截面，以直接注写截面尺寸和配筋具体数值的方式来表达柱平法施工图，如图 2—17 所示。

（2）截面注写方式是从相同编号的柱中选择一个截面，按另一种比例原位放大绘制柱截面配筋图，并在各配筋图上继其编号后再注写截面尺寸 $b \times h$、角筋或全部纵筋（当纵筋采用一种直径且能够图示清楚时）、箍筋的具体数值，以及在柱截面配筋图上标注柱截面与轴线关系的 b_1、b_2、h_1、h_2 的具体数值。当纵筋采用两种直径时，须再注写截面各边中部筋的具体数值（对于采用对称配筋的矩形截面柱，可仅在一侧注写中部筋，对称边省略不注）。

图样识读

从图 2—17 可知：KZ1 的柱所标注的 650 × 600 表示柱的截面尺寸，其 4ф25 表示角筋为 4 根直径 25 mm 的 HPB235 级钢，ф10@100/200 则表示箍筋为直径 10mm 的 HPB235 级钢筋，其间距在加密区为 100 mm，非加密区为 200 mm。柱截面图的上方标注的 5ф22，表示 b 边一侧配置的中部筋，图的左方标注的 4ф20，表示 h 边一侧配置的中部筋。由于柱截面配筋对称，所以在柱截面图的下方和右方的标注省略。

LZ1 柱的截面尺寸为 250 mm × 300 mm，纵筋为 6 根直径为 16 mm 的 HPB235 级钢筋，箍筋为直径 8 mm 的 HPB235 级钢筋，其间距为 200 mm。

（3）在截面注写方式中，如柱的分段截面尺寸和配筋均相同，仅分段截面与轴线关系不同时，可将其编为同一柱号，但此时应在未画配筋的柱截面上注写该柱截面与轴线关系的具体尺寸。

3. 柱平法施工图识读步骤

（1）查看图名、比例。

（2）校核轴线编号及间距尺寸是否与建筑图、基础平面图一致。

（3）与建筑图配合，明确各柱的编号、数量及位置。

（4）阅读结构设计总说明或柱的施工说明，明确柱的材料及等级。

层号	标高（m）	层高（m）
屋面 2	65.670	
塔层 2	62.370	3.30
屋面 1（塔层 1）	59.070	3.30
16	55.470	3.60
15	51.870	3.60
14	48.270	3.60
13	44.670	3.60
12	41.070	3.60
11	37.470	3.60
10	33.870	3.60
9	30.270	3.60
8	26.670	3.60
7	23.070	3.60
6	19.470	3.60
5	15.870	3.60
4	12.270	3.60
3	8.670	3.60
2	4.470	4.20
1	-0.030	4.50
-1	-4.530	4.50
-2	-9.030	4.50

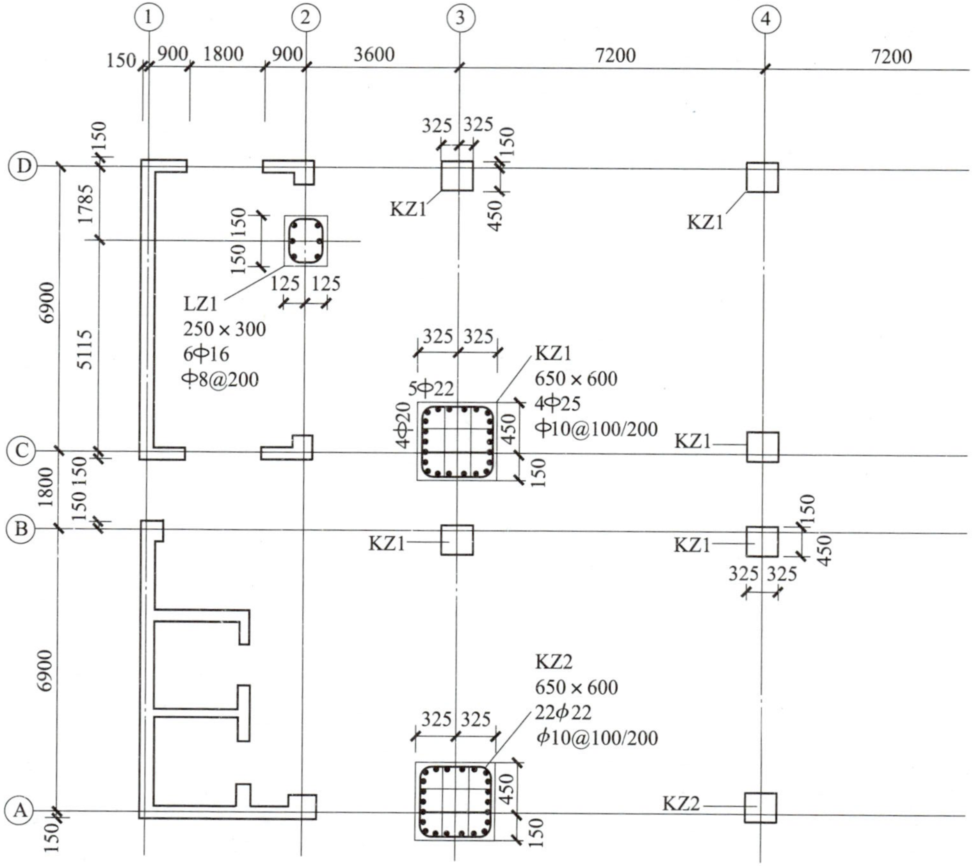

图 2—17　柱平法施工图的截面注写方式

（5）根据柱的编号，查对图中截面或柱表，明确各柱的标高、截面尺寸以及配筋。

（6）根据抗震等级、标准构造详图等，确定纵向钢筋和箍筋的构造要求，如纵向钢筋的连接方式、搭接长度、弯折要求、锚固搭接要求、箍筋加密区的范围等。

图样识读

图 2—18 是某小区综合住宅楼的底层框架柱配筋图，从图中可以了解以下内容：

（1）图 2—18 为柱平法施工图，查得图号为结施 04，绘制比例为 1∶100。轴线编号及其尺寸间距与建筑平面图、基础平面布置图一致。

（2）图上标出各个框架柱的具体位置，共有七种编号，柱的混凝土强度等级为 C30。根据设计说明该工程的抗震设防类别为丙类，底框抗震等级为三级，由《混凝土结构施工图平面整体表示方法制图规则和构造详图》（03G101-1）可知以下情况。

从图中 KZ1 柱的详图可知，柱的截面尺寸是 490 mm×490 mm，纵向钢筋是 HRB335 级钢筋，直径是 22 mm，共 12 根。其中 4Φ22 表示角筋为 4 根直径 22 mm 的 HRB335 级钢筋，Φ8@100/200 则表示箍筋为直径 8 mm 的 HPB235 级钢筋，其间距在加密区为 100 mm，非加密区为 200 mm。柱截面图的上方标注的 2Φ22，表示 *b* 边一侧配置的中部筋，图的左方标注的 2Φ22，表示 *h* 边一侧配置的中部筋。由于柱截面配筋对称，所以在柱截面图的下方和右方的标注省略。

从图中 CZ1 柱的详图可知，构造柱的截面尺寸是 240 mm×240 mm，纵向钢筋是 HRB335 级钢筋，其 4Φ12 表示角筋为 4 根直径 12 mm 的 HRB335 级钢筋，Φ8@100/200 则表示箍筋为直径 8 mm 的 HPB235 级钢筋，其间距在加密区为 100 mm，非加密区为 200 mm。

其他框架柱的分析不再赘述。

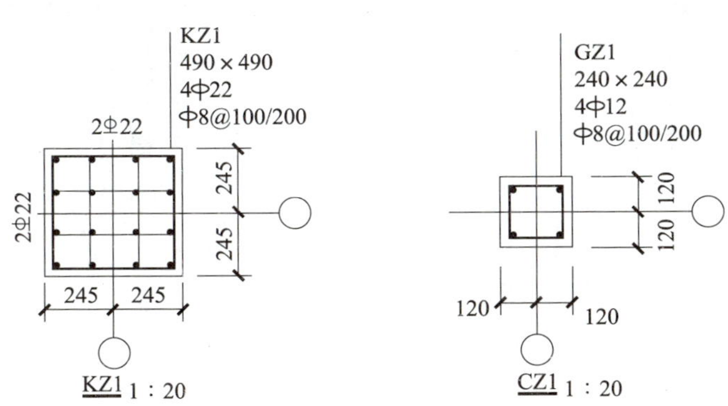

底层框架柱配筋图 1 : 100
KZ1
KZ2
KZ3
KZ4
KZ6
KZ7
KZ8
GZ1
11580
5700
5880
28470

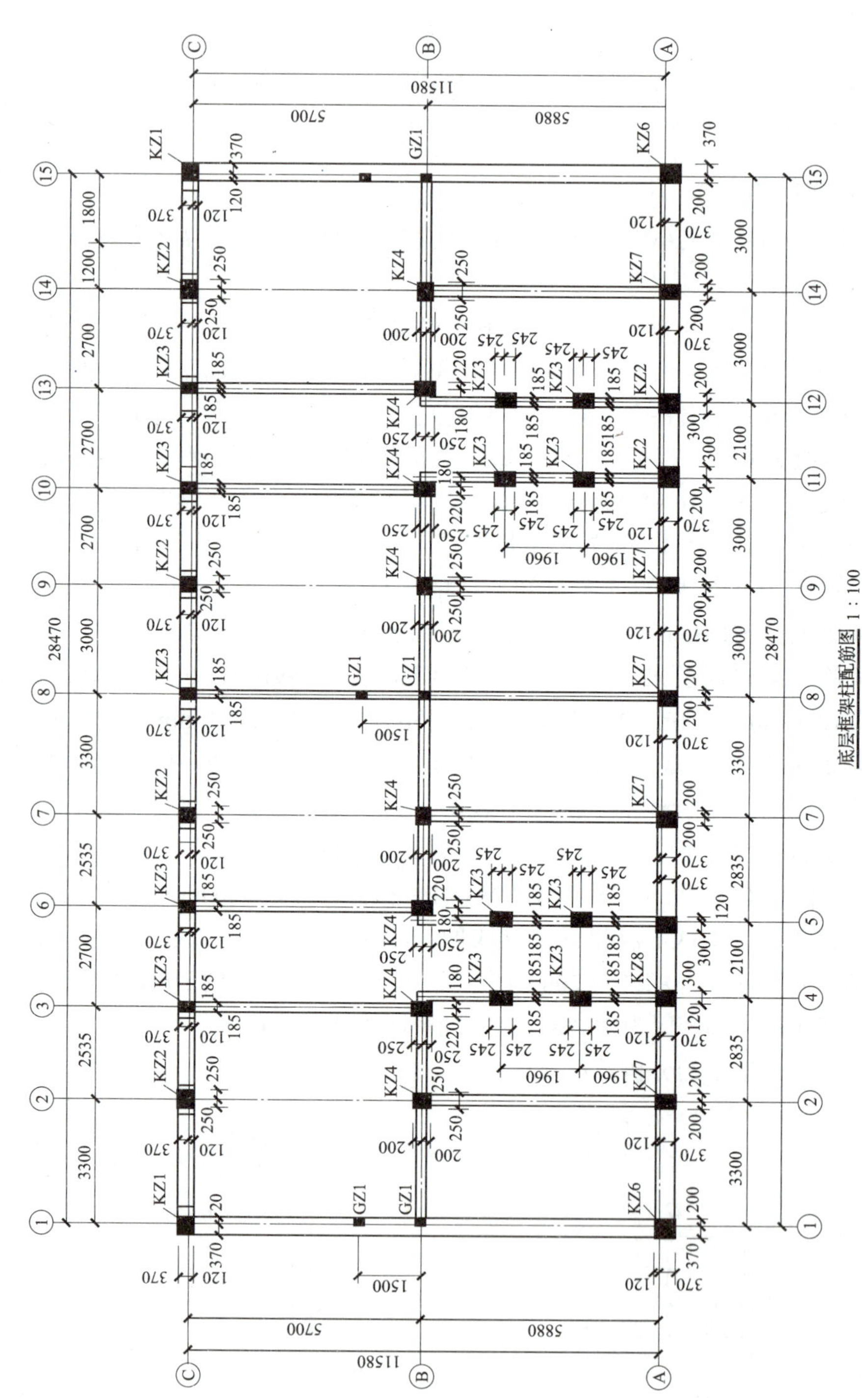

图 2—18 柱平法配筋图

二、梁平法施工图

梁平法施工图是在梁平面布置图上，采用平面注写方式或截面注写方式，只标注梁的截面尺寸、配筋等具体情况的平面图。它主要表达了梁的代号、平面位置、偏心定位尺寸、截面尺寸、配筋和梁顶面标高高差[5]的具体情况，不再单独绘制梁的剖面图。

5. 梁顶面标高高差是指梁顶面相对于结构层楼面标高的高差值。

1. 平面注写方式

平面注写方式是指在梁平面布置图上，在不同编号的梁中选择一根梁，在其上注写截面尺寸和配筋具体数值的方式来表达梁平法施工图。梁平面注写方式包括集中标注和原位标注。集中标注表达梁的通用数值，原位标注表达梁的特殊数值。当梁的某部位不适用集中标注中的某项数值时，则在该部位将该项数值原位标注，施工时，原位标注取值优先，如图 2—19 所示。

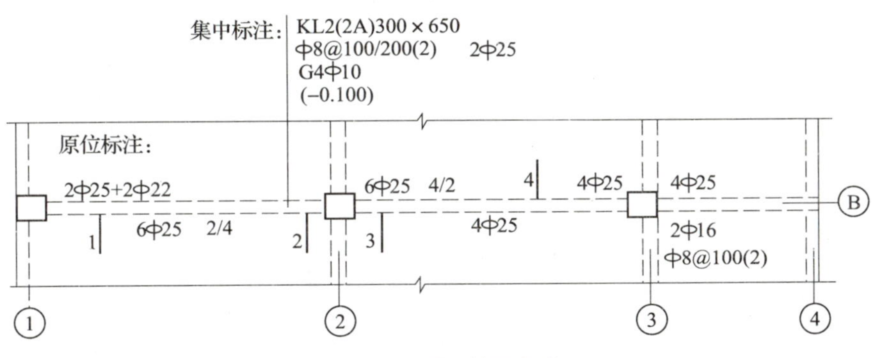

图 2—19　平面注写方式

图 2—20 所示是与梁平法施工图对应的传统表达方法，要在梁上不同的位置剖断并绘制断面图来表达梁的截面尺寸和配筋情况。采用平法就不需要了。

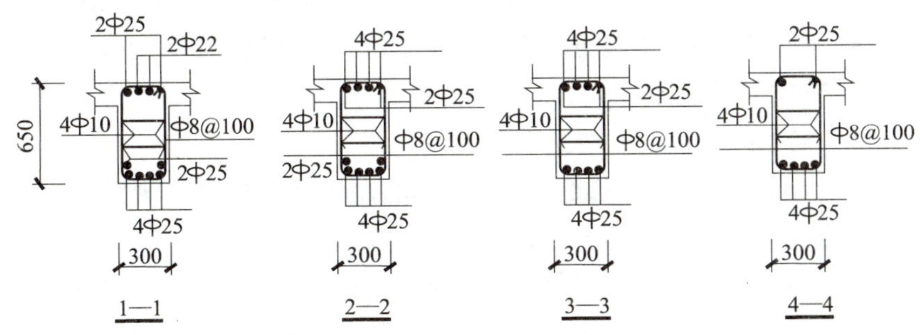

图 2—20　传统的梁筋截面表达方式

在梁的集中标注内容中，有四项必注值和一项选注值。标注时，用索引线将梁的通用数值引出，在跨中集中标注一次，其内容有下列几项，自上而下分行注写。

（1）梁的编号、截面尺寸

该项为必注值。编号由梁的类型代号（见表 2—7）、序号、跨数及是否带有悬挑几项组成。悬挑代号有 A 和 B 两种，A 表示一端悬挑，B 表示两端悬挑。截面尺寸注写宽 × 高，位于编号的后面。例如：KL7（5A）300×650 表示第 7 号框架梁，5 跨，一端有悬挑，截面宽 300 mm，高 650 mm。L9（7B）表示第 9 号非框架梁，7 跨，两端有悬挑。

表 2—7　　　　梁编号

梁类型	类型代号	序号	跨数及是否带有悬挑	备注
楼层框架梁	KL	××	（××）、（××A）或（××B）	（××A）表示一端悬挑；（××B）表示两端悬挑；悬挑梁计跨数
屋面框架梁	WKL	××	（××）、（××A）或（××B）	
框支梁	KZL	××	（××）、（××A）或（××B）	
非框架梁	L	××	（××）、（××A）或（××B）	
悬挑梁	XL	××		
井字梁	JZL	××	（××）、（××A）或（××B）	

（2）梁的箍筋

该项为必注值。注写箍筋的级别、直径、间距及肢数。加密区与非加密区的不同间距和肢数用斜线“/”分隔。例如Φ10@100/200（4），表示箍筋为 HPB235 级钢筋，直径为 10 mm，加密区间距为 100 mm，非加密区间距为 200 mm，均为 4 肢箍。又如Φ8@100（4）/200（2），表示箍筋为 HPB235 级钢筋，直径为 8 mm，加密区间距为 100 mm，4 肢箍；非加密区间距为 200 mm，2 肢箍。

（3）梁上部通长筋或架立筋配置

该项为必注值。注写梁上部和下部通用纵筋的根数、级别和直径。上部纵筋和下部纵筋两部分中间用分号“；”隔开，前面是上部纵筋，后面是下部纵筋。当一排纵筋的直径不同时，注写时用“+”相联，将角部纵筋写在前面，例如 2Φ20+1Φ18 表示两边为 2 根Φ20 的钢筋，中间为 1 根Φ18 的钢筋。无论上部还是下部钢筋，当为多排时，用斜线“/”将各排纵筋自上而下分开，例如 6Φ25　4/2 表示上一排纵筋为 4 根Φ25 的钢筋，下一排纵筋为 2 根Φ25 的钢筋。

（4）梁侧面纵向构造钢筋或抗扭钢筋配置

该项为必注值。注写梁中部构造或抗扭纵筋（当梁中有时）的根数、级别和直径。构造钢筋前加符号“G”，抗扭钢筋前加符号“N”，接续注写设置在梁两个侧面的总配筋值且对称配置。例如 G4ɸ12 表示梁的两个侧面共配置 4 根直径为 12 mm 的纵向构造筋，每侧各配置 2ɸ12 钢筋。例如 N2ɸ22 表示梁的两个侧面共配置 2 根直径为 22 mm 的纵向抗扭筋，每侧各配置 1ɸ22 钢筋。

（5）梁顶面标高高差

该项为选注值。当有高差时，须将其写入括号内，无高差时不注写。当某梁的顶面高于所在结构层的楼面标高时，其标高高差为正值，反之为负值。例如，某结构层的楼面标高为 23.850 和 37.023，当某梁的梁顶面标高高差注写为（0.050）时，即表明该梁顶面标高分别相对于 23.850 和 37.023 高 0.05 m。当在梁上集中标注的内容不适用于某跨或某悬挑部分时，则将不同数值原位标注在该跨或该悬挑部分。原位标注时，需注意以下几点：

1）当梁中间支座两边的上部纵筋相同时，可仅在支座的一边标注配筋值，另一边省去不注；否则，须在两侧分别标注。

2）当同排纵筋有两种直径时，用“+”将两种直径的纵筋相连，注写时将角部纵筋写在前面。

2. 截面注写方式

截面注写方式是在分标准层绘制的梁平面布置图上，在不同编号的梁中各选择一根梁，用单边剖切符号引出配筋图，并在其上注写截面尺寸和配筋（上部筋、下部筋、箍筋和侧面构造筋）具体数值的方式来表达梁平法施工图。

截面注写方式可以单独使用，也可与平面注写方式结合使用。

3. 梁平法施工图识读步骤

（1）查看图名、比例。

（2）校核轴线编号及其间距尺寸是否与建筑图、基础平面图、柱平面图一致。

（3）与建筑图配合，明确各梁的编号、数量及位置。

（4）阅读结构设计说明或梁的施工说明，明确梁的材料及等级。

（5）明确各梁的标高、截面尺寸及配筋情况。

（6）根据抗震等级、设计要求和标准构造详图（在平法标准图集中有），确定纵向钢筋、箍筋和吊筋的构造要求，如纵向钢筋的连接方式、搭接长度、弯折要求、锚固要求，箍筋加密区的范围，附加箍筋和吊筋的构造等。

图样识读

图 2—21 是用 PKPM-SATWE 建筑结构有限元分析软件计算后，根据其计算结果绘制的某综合住宅楼的梁平法施工图，从图中可以了解以下内容。

1. 图 2—21 为梁平法配筋图，图号为结施 05，绘制比例为 1∶100。轴线编号及其尺寸间距与建筑平面图、基础平面布置图一致。图中框架梁（KL）编号从 KL1 至 KL7，非框架梁（L）编号是 L1。

由结构设计总说明可知梁的混凝土强度等级为 C20。

2. KL1（1）是位于②轴的 1 号框架梁，1 跨，截面尺寸是 450 mm × 850 mm，ф10@130（4）表示箍筋为直径 10 mm 的 HPB235 级钢筋，沿梁全长间距为 130 mm，为 4 肢箍。4 ⌀ 25；14 ⌀ 25（6/8）表示上皮架立筋为 4 根，直径 25 mm 的 HRB335 级钢筋；梁下皮放 14 根，直径 25 mm 的 HRB335 级钢筋，分两排放，上排放 6 根，下排放 8 根。G2 ⌀ 12 表示梁两侧面各设置 1 ⌀ 12 构造钢筋。

3. KL3（1）是位于③～⑥轴之间的 3 号框架梁，1 跨，截面尺寸是 350 mm × 600 mm，ф8@100（4）表示箍筋为直径 8 mm 的 HPB235 级钢筋，沿梁全长间距为 100 mm，为 4 肢箍。4 ⌀ 25；7 ⌀ 25（2/5）表示上皮架立筋为 4 根，直径 25 mm 的 HRB335 级钢筋；梁下皮放 7 根，直径 25 mm 的 HRB335 级钢筋，分两排放，上排放 2 根，下排放 5 根。

4. KL7（20）是位于①～②轴之间的 7 号框架梁，20 跨，截面尺寸是 490 mm × 650 mm，ф8@100（4）表示箍筋为直径 8 mm 的 HPB235 级钢筋，沿梁全长间距为 100 mm，为 4 肢箍。4 ⌀ 25；4 ⌀ 25 表示上皮架立筋为 4 根，直径 25 mm 的 HRB335 级钢筋；梁下皮放 4 根，直径 25 mm 的 HRB335 级钢筋。G2 ⌀ 12 表示梁两侧面各设置 1 ⌀ 12 构造钢筋。

5. L1（1）是位于①～②轴之间的 1 号非框架梁，1 跨，截面尺寸是 200 mm × 400 mm，ф8@200（2）表示箍筋为直径 8 mm 的 HPB235 级钢筋，沿梁全长间距为 200 mm，为 2 肢箍。2 ⌀ 12；3 ⌀ 16 表示上皮架立筋为 2 根，直径 12 mm 的 HRB335 级钢筋；梁下皮放 3 根，直径 16 mm 的 HRB335 级钢筋。

6. 另外，从图中还可以看到，此梁在有次梁的位置都设置了吊筋 2 ⌀ 16 和附加箍筋 6 ⌀ 8（4）。

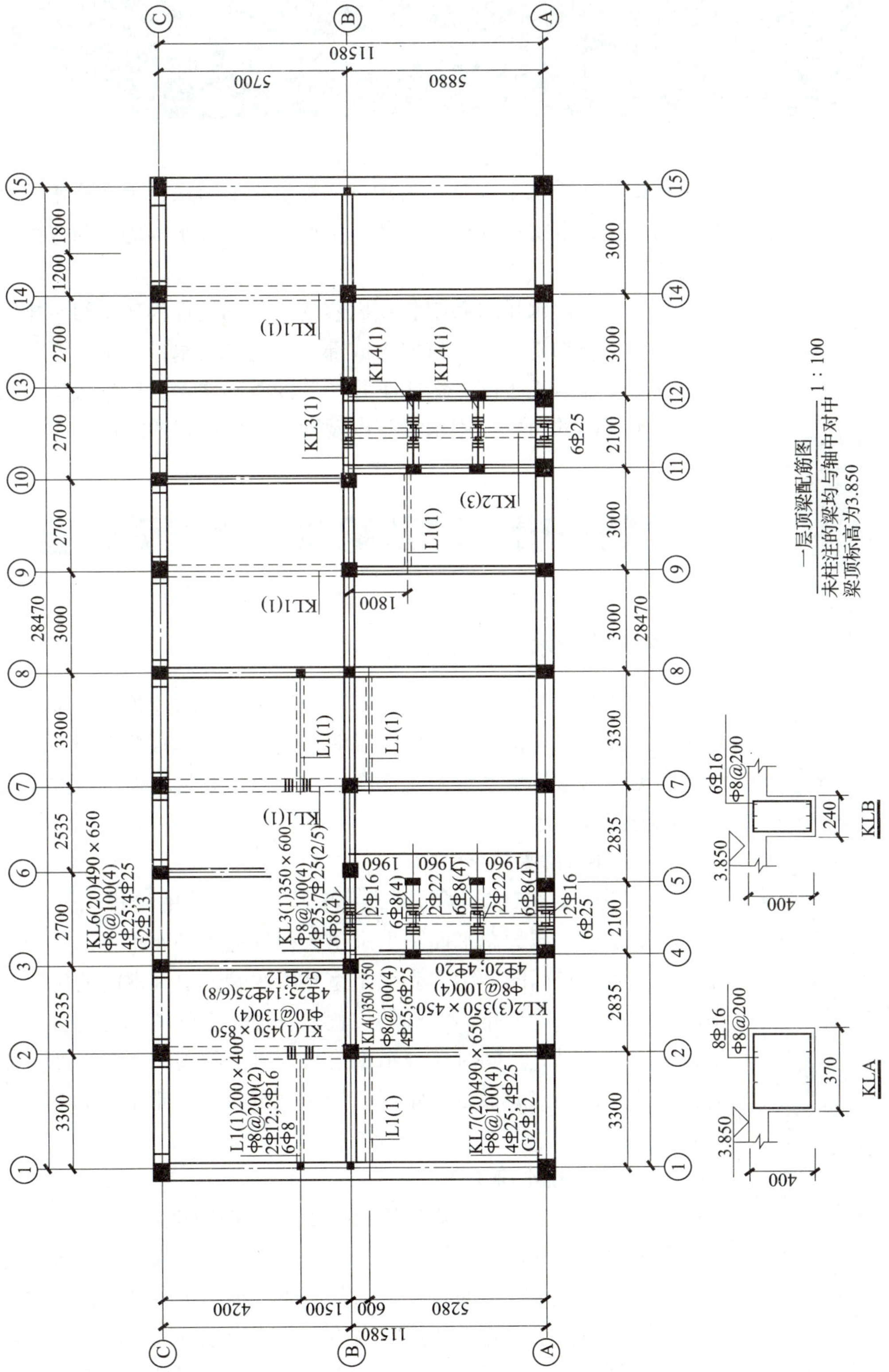

一层顶梁配筋图　1 : 100

未柱注的梁均与轴中对中

梁顶标高为3.850

图 2—21　梁平法配筋图

第三章　识读给排水施工图

建筑给水排水工程是指为建筑物提供生活给水、生活排水等舒适性设备以及建筑消防等安全性设备、生产给水、排水等的各项工程技术措施的总称。

表达建筑给水排水系统各项内容的施工图统称为建筑给水排水施工图，它是建筑物施工图的重要组成部分。建筑给水排水施工图是建立在相应的房屋建筑工程图、结构工程图等的基础之上，用来表达建筑物的给水排水管网的布置、用水设备以及附属配件设置的图样。

第一节　建筑给排水施工图概述

一、建筑给排水施工图的内容

根据建筑复杂程度及要求的不同，一套完整的建筑给排水施工图主要由图纸目录、给排水设计施工说明、室外给水排水总平面图、给水排水平面图、给水排水系统图、详图、主要设备和材料表、所选用的标准图等部分组成。

1. 室外给排水总平面图

为了说明一个建筑物周围或一个校区、厂区的给排水管道布置情况，需要在该区域的总平面图上画出各种管道的平面布置，这种图称为建筑给排水总平面图。图中表明了室外给水管道引入室内的位置、管径情况，室内排水管道排出室外的位置、管径，室外消防管道引入室内的位置、管径情况等。同时还表示了给水管道上的阀门、水表井、建筑物的室外消火栓等附属设备的情况，以及室外排水管道上的检查井[1]的情况等。

2. 室内给排水施工图

室内给排水施工图一般包括给排水管道平面图、给排水系统图、卫生间及泵房详图等。室内给排水平面图主要表示室内给水排水设备和给水、排水、热水等管道的布置。为了说明各种给水、排水管道的空间联系情况和相对位置，通常还把室内给排水管道系统表示出来，工程中一般采用轴测图来表示管道系统。室内给排水施工图与平面布置图是室内

1. 检查井
检查井是在地下管线位置上每隔一定距离修建的竖井。主要供检修管道、清除污泥及用以连接不同方向、不同高度的管线使用。

给水排水施工的重要图样。

3. 其他附属给排水图

一套完整的给排水施工图包括图纸目录、给水排水设计施工说明、主要设备和材料表、选用的标准图等内容。

二、给排水施工图的特点

1. 给水排水施工图中的平面图、详图等图样均采用正投影法绘制。
2. 给水排水轴测图采用斜等轴测投影法绘制。
3. 给水排水施工图中的设备、管道、各类附件等均采用图例、符号来表示。
4. 给水与排水管道一般采用单线画法，以粗线绘制，可用不同线型或代号区分。
5. 一般在给水排水施工图上注明与土建其他专业施工图相配合的预留孔洞、管沟、设备基础等内容。
6. 在给水排水施工图中有关管道的连接配件属于规格统一的标准定型产品，在图中不画出。

三、建筑给排水施工图的一般规定

1. 比例

给水排水施工图中所采用的比例，宜符合表 3—1 的规定。给排水图所采用的比例一般采用与建筑平面图相同的比例。

表 3—1 给水排水专业常用比例

图 名	比 例
区域规划图、区域位置图	1:50000、1:25000、1:10000、1:5000、1:2000
总平面图	1:1000、1:500、1:300
管道纵断面图	竖向 1:200、1:100、1:50，纵向 1:1000、1:500、1:300
水处理厂（站）平面图	1:500、1:200、1:100
设备间、卫生间、泵房平剖面图	1:100、1:50、1:40、1:30
建筑给水排水平面图	1:200、1:150、1:100
建筑给水排水轴测图	1:150、1:100、1:50
详图	1:50、1:30、1:20、1:10、1:5、1:2、1:1、2:1

2. 图线

图线的宽度 b，应根据图纸的类型、比例和复杂程度选用，一般宜为 0.7 mm 或 1.0 mm。给水排水施工图所采用的各种线型应符合《建筑给水排水制图标准》（GB/T 50106—2010）的规定，见表 3—2。

表 3—2　　　　给水排水专业常用线型

名称	线型	线宽	用途	名称	线型	线宽	用途
粗实线	————	b	新设计的各种排水和其他重力流管线	中虚线	— — — — —	0.50b	给水排水设备、零（附）件的不可见轮廓线，总图中新建的建筑物和构筑物的不可见轮廓线；原有的各种给水和其他压力流管线的不可见轮廓线
粗虚线	— — — — —	b	新设计的各种排水和其他重力流管线的不可见轮廓线				
中粗实线	————	0.75b	新设计的各种给水和其他压力流管线，原有的各种排水和其他重力流管线	细实线	————	0.25b	建筑的可见轮廓线，总图中原有的建筑物和构筑物的可见轮廓线；制图中的各种标注线
中粗虚线	— — — — —	0.75b	新设计的各种给水和其他压力流管线及原有的各种排水和其他重力流管线的不可见轮廓线	细虚线	- - - - - - -	0.25b	建筑的不可风轮廓线；总图中原有的建筑物和构筑物的不可见轮廓线
中实线	————	0.50b	给水排水设备、零（附）件的可见轮廓线；总图中新建的建筑物和构筑物的可见轮廓线；原有的各种给水和其他压力流管线	单点长画线	-·—·—	0.25b	中心线、定位轴线
				折断线	——\/\——	0.25b	断开界线
				波浪线	～～～～	0.25b	平面图中水面线，局部构造层次范围线；保温范围示意线等

3. 标高

建筑给水排水施工图中应标注相对标高，标高单位为 m，一般注写到小数点后第三位。

压力管道[2]应标注管中心标高，重力管道[3]宜标注管内底标高。

标高标注方式应符合下列规定：

平面图中，管道标高标注方式如图 3—1 所示。

图 3—1　平面图中管道标高标注方式

剖面图中，管道及水位标高标注方式如图 3—2 所示。

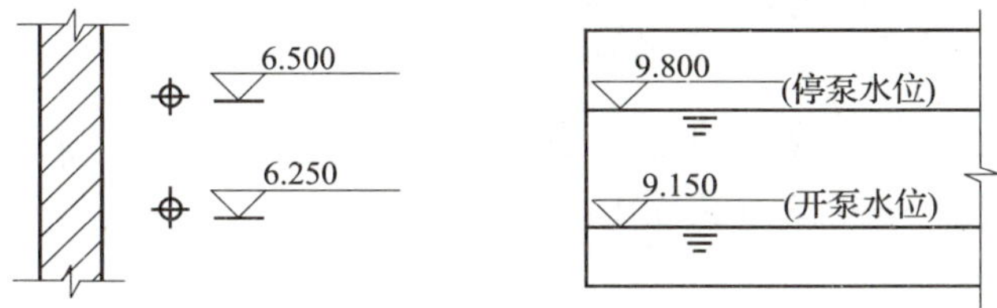

图 3—2　剖面图中管道及水位标高标注方式

轴测图中，管道标高标注方式如图 3—3 所示。

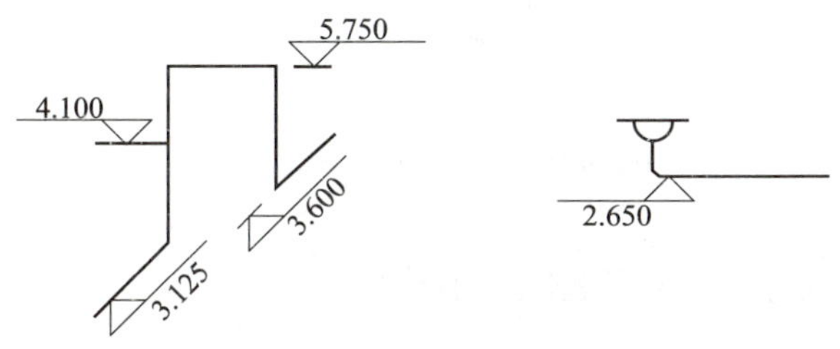

图 3—3　轴测图中管道标高标注方式

4. 管径

管径以 mm 为单位。

管径的表示方法如下：

（1）水煤气输送钢管（镀锌或非镀锌）、铸铁管等管材，管径以公称直径[4] *DN* 表示，如 *DN*20、*DN*50。

（2）无缝钢管、铜管、不锈钢管等管材，直径以外径 × 壁厚表示，如 *D*108 × 4、*D*159 × 4.5。

（3）建筑给水排水塑料管材，管径宜以公称外径 *DN* 表示。

（4）钢筋混凝土（或混凝土）管，管径宜以内径 *d* 表示。

2. 压力管道
是指利用一定的压力，用于输送气体或者液体的管状设备，且公称直径大于 25 mm 的管道。

3. 重力管道
即依靠流体自身重力作为动力的管道。

4. 公称直径
是指标准化以后的标准直径，以 *DN* 表示，单位为 mm。
焊接钢管的公称直径指的是其内径；
无缝钢管的公称直径指钢管外径。

（5）复合管材、结构壁塑料管等管材，管径应按产品标准的方法表示。

（6）当设计中均采用公称直径 *DN* 表示管径时，应有公称直径 *DN* 与相应产品规格对照表。

管径的标注方法应符合图 3—4、图 3—5 所示的表示方法。

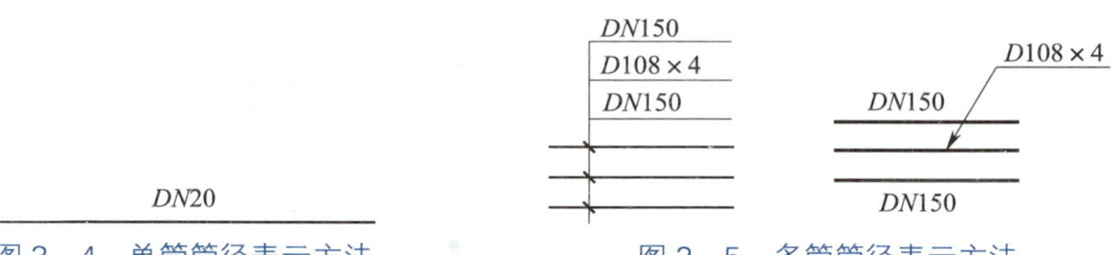

图 3—4　单管管径表示方法　　图 3—5　多管管径表示方法

5. 编号

当建筑物的给水引入管[5]或排水排出管的数量超过一根时应进行编号，编号如图 3—6 所示的方法表示。

5. 给水引入管是指由室外给水管引入建筑物的管段。

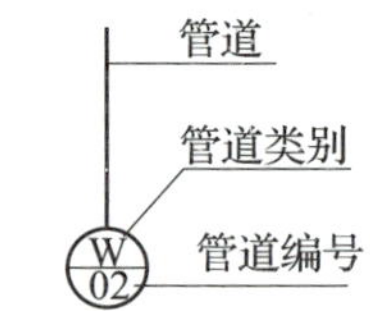

图 3—6　排水排出（给水引入）表示方法

建筑物内立管数量超过一根时应进行编号，编号按图 3—7 的方法表示。

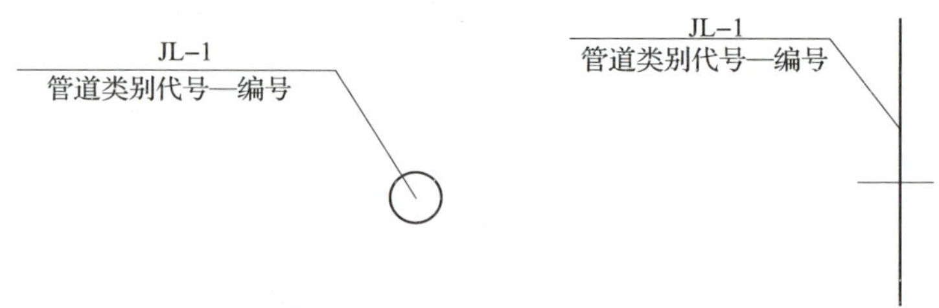

图 3—7　立管编号表示方法

四、建筑给水排水施工图常用图例

给水排水施工图所采用的图例应按照《建筑给水排水制图标准》（GB/T 50106—2010）的规定绘制。

1. 管道图例（见表 3—3）及管道附件图例（见表 3—4）

表 3—3　常用管道图例

序号	名称	图例
1	生活给水管	—— J ——
2	中水给水管	—— ZJ ——
3	通气管	—— T ——
4	污水管	—— W ——
5	雨水管	—— Y ——

表 3—4 管道附件图例

序号	名称	图例	序号	名称	图例
1	波纹管		6	雨水斗	YD- 平面 YD- 系统
2	立管检查口		7	排水漏斗	平面 系统
3	管道固定支架		8	圆形地漏	
4	清扫口	平面 系统	9	方形地漏	
5	通气帽	成品 铅丝球	10	自动冲洗水箱	

2. 管道连接图例（见表 3—5）

表 3—5 常用管道连接图例

序号	名称	图例	备注	序号	名称	图例	备注
1	法兰连接			7	三通连接		
2	承插连接			8	四通连接		
3	活接头			9	盲板		
4	管堵			10	管道丁字上接		
5	法兰堵盖			11	管道丁字下接		
6	弯折管		表示管道向后及向下弯转90°	12	管道交叉		在下方和后面的管道应断开

3. 管件图例（见表 3—6）

表 3—6　　常用管件图例

序号	名称	图例	序号	名称	图例
1	偏心异径管		7	弯头	
2	异径管		8	正三通	
3	乙字管		9	斜三通	
4	喇叭口		10	正四通	
5	转动接头		11	斜四通	
6	存水管		12	浴盆排水件	

4. 阀门图例（见表 3—7）

表 3—7　　常用阀门图例

序号	名称	图例	序号	名称	图例
1	闸阀		8	底阀	
2	角阀		9	球阀	
3	三通阀		10	压力调节阀	
4	四通阀		11	止回阀	
5	截止阀	*DN*≥50　*DN*<50	12	蝶阀	
6	减压阀		13	自动排水阀	平面　系统
7	旋塞阀	平面　系统	14	浮球阀	平面　系统

5. 给水配件图例（见表 3—8）

表 3—8　　常用给水配件图例

序号	名称	图例	备注
1	放水龙头		左侧为平面，右侧为系统
2	洒水（栓）龙头		
3	浴盆带喷头混合水龙头		
4	旋转水龙头		

6. 消防设施图例（见表 3—9）

表 3—9　　常用消防设施图例

序号	名称	图例	序号	名称	图例
1	消火栓给水管	XH	6	水泵接合器	
2	自动喷水灭火给水管	ZP	7	自动喷洒头（开式）	平面　系统
3	室外消火栓		8	自动喷洒头（闭式）	平面　系统
4	室内消火栓（单口）	平面　系统	9	自动喷洒头（闭式）	平面　系统
5	室内消火栓（双口）	平面　系统	10	自动喷洒头（闭式）	平面　系统

续表

序号	名称	图例	序号	名称	图例
11	侧墙式自动喷洒头	平面 系统	18	湿式报警阀	平面 系统
12	侧喷式喷洒头	平面 系统	19	预作用报警阀	平面 系统
13	雨淋灭火给水管	—— YL ——	20	遥控信号阀	
14	水幕灭火给水管	—— SM ——	21	水流指示器	
15	水炮灭火给水管	—— SP ——	22	水力警铃	
16	干式报警阀	平面 系统	23	雨淋阀	平面 系统
17	水炮		24	末端测试阀	平面 系统

7. 卫生设备图例（见表 3—10）

表 3—10　　常用卫生设备图例

序号	名称	图例	序号	名称	图例
1	立式洗脸盆		8	污水池	
2	台式洗脸盆	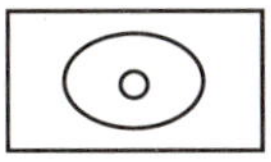	9	立式小便器	
3	挂式洗脸盆		10	壁挂式小便器	
4	浴盆	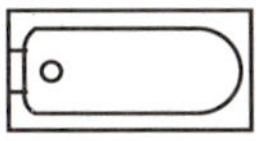	11	蹲式大便器	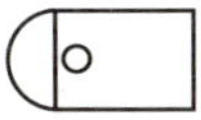
5	化验盆、洗涤盆	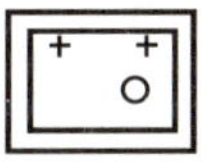	12	坐式大便器	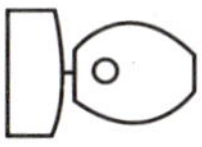
6	带沥水板洗涤盆	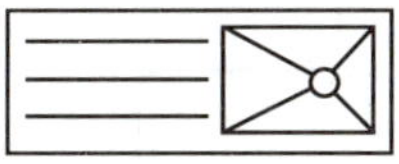	13	小便槽	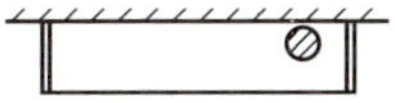
7	盥洗槽	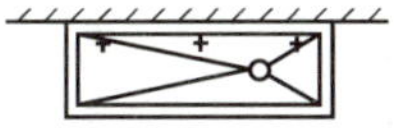	14	淋浴喷头	

除以上介绍的一些常用图例，在《建筑给水排水制图标准》（GB/T 50106—2010）中还包括小型给水排水构筑物图例、给水排水设备图例、仪表图例等。

五、建筑给排水施工图的绘制

1. 图样画法

建筑给排水施工图中的管道一般采用单线图绘制，当管道交叉时，全部可见的管道应完整表示，交叉处被遮住的管道应断开表示。

如图 3—8 所示，连续的单线表示平面图中位于上面（或立面图中位于前面）的管道，断开的单线表示平面图中位于下面（或立面图中位于后面）的管道。

管道轴测图是根据轴测图投影原理绘制而成的，能反映管道上下、左右、前后三个方位的关系，具有立体感，容易看懂，是管道施工图的重要图样。

给排水管道施工图常用的轴测图是斜等轴测图。图 3—9 ~ 图 3—11 是相应的斜等轴测图对照。

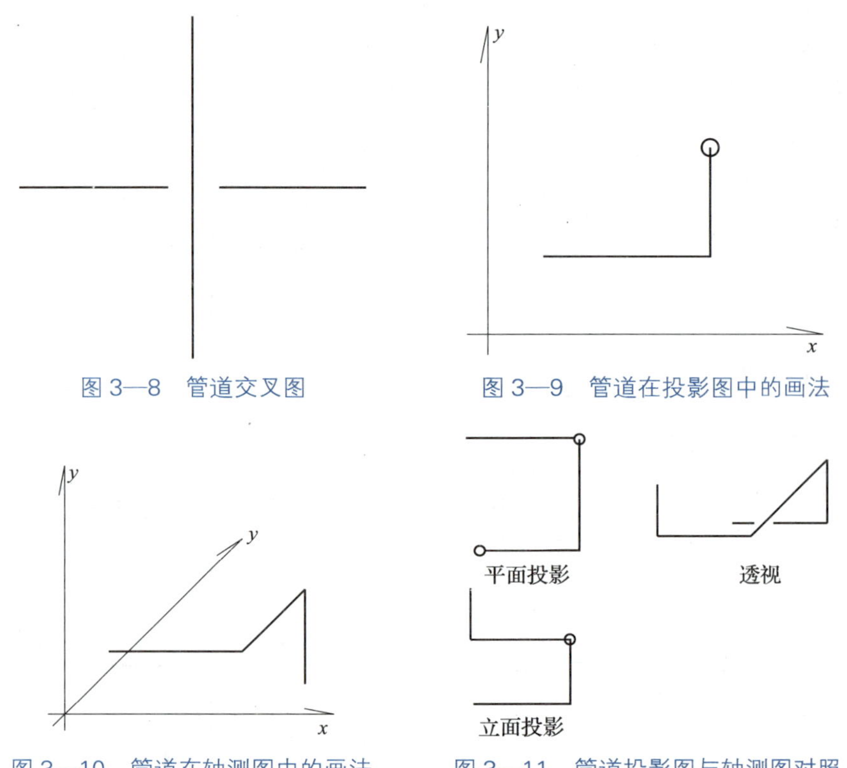

图 3—8　管道交叉图

图 3—9　管道在投影图中的画法

图 3—10　管道在轴测图中的画法

图 3—11　管道投影图与轴测图对照

2. 建筑给排水施工图绘制一般规定

设计应以图样表示，不能以文字代替绘图。如必须对某部分进行说明，说明文字应简明清晰。有关整个项目的问题应在首页说明，局部问题应写在本张图纸内。

工程设计中，本专业的图样应单独绘制。

同一个工程项目的设计图样中，图例、术语、绘图表示方法应一致。

同一个工程项目的设计图样，图纸规格应一致，一般情况下不应超过两种规格。

施工图的图纸目录应以单体项目为单位编写，一般是系统原理图在前，平面图、剖面图、详图依次排列，平面图中应从地下到地上按标高顺序排列。

第二节　给排水管道平面图

一、概述

给排水管道平面图包括室外给排水总平面图以及室内给排水平面图两大类。室内给排水管道平面图是建立在建筑平面图的基础上，通常是将建筑相应的给水管道平面图和排水管道平面图绘制在同一图样上，用来表达室内给水管道及卫生器具、污废水管道、消防管道及设备附件的平面布置。这些内容都用图例的形式表示，管线均是示意性的。

本节所指的是建筑内部给排水平面图，一般符合下列规定：

（1）平面图中表示建筑物轮廓线、轴线号、房间名称等，用细实线绘制，比例与建筑图一致。各类管道、器件及设备、消火栓[6]、阀门、附件、立管等按图例以正投影法绘制在平面图上，线型按相关规定。首层标高平面图应在右上方绘制指北针。

（2）按图例绘制各类管道、阀门、消火栓、雨水口[7]、检查井、隔油池[8]等。

（3）绘出建、构筑物的引入管、排出管，并标注位置、尺寸、管径等。

（4）右上角应绘制风玫瑰图或指北针。

二、给水管道平面图

给水管道平面图表示的是建筑物生活给水及生产给水管道及设备布置的情况。主要内容如下：

建筑物给水引入管的位置、管径，以及给水引入管上阀门、水表等附件的设置位置等。

建筑物各层给水立管的位置、管径，给水横管的平面位置、走向、管径以及水平管道上阀门、水表、伸缩节等附件的布置。其中根据复杂程度，平面图中还包括热水立管、中水立管、饮用水立管及相应的水平横管等。

卫生间的卫生器具及给水、热水管道走向，生活给水泵房、水池、水箱的管道布置等在平面图中不能表达清楚时，另有给排水管道放大详图，并在平面图中注明“见详图”。平面图及详图的比例根据制图要求，一般平面图可为1:100，详图可为1:50。

给水管道平面图中管道的转弯应有相应的向上或向下方弯折的表

6. 消火栓
消火栓是一种固定的消防供水设备。
消火栓主要供消防车从市政给水管网或室外消防给水管网取水实施灭火，也可以直接连接水带、水枪出水灭火。

7. 雨水口
指的是管道排水系统汇集地表水的设施，由进水箅、井身及支管等组成。

8. 隔油池
是利用油与水的密度差异，分离去除污水中颗粒较大的悬浮油的一种处理构筑物。

示，有时也在平面图上标注管道的标高。

如果给水管上下排列而从平面图中看重合，则只表示一根给水管道，但是一般应在平面管道的位置注明。

平面图中还标注出给水管道的定位尺寸及给水设备的定位尺寸。

三、排水管道平面图

排水管道平面图表示的是建筑物内生活排水及生产排水管道及设备布置的情况。主要内容包括污水管道平面、废水管道平面、雨水管道平面等。

污水管道平面表示建筑物污水管排出管的位置、管径，以及排水管上检查口等附件的位置等，建筑物各层污水立管的位置、管径，排水横管的平面位置、走向、管径以及附件的位置。其中根据复杂程度排水平面图中还包括相应的热水立管、中水立管、饮用水立管及相应的水平横管等。

如果建筑内部采用污、废水分流制的排水系统，则在排水平面图中另有废水立管、水平横管等内容。这些内容与污水类似，所不同的是污水管道接纳的是卫生间大小便器的排水或厨房间排出的含油污水等生活污水以及含有其他污染物的生产污水，而废水管道接纳的主要是卫生间洗脸盆、浴缸、洗涤盆的洗浴排水或其他生产废水。

雨水管道平面表示建筑物屋面雨水管排出管的位置、管径，以及排水管上检查口等附件的设置等。建筑物屋面雨水口的位置、管径，雨水立管的位置、雨水排出管位置、管径等。其中根据建筑屋面雨水复杂程度，雨水平面图中还包括重力流雨水排水及压力流雨水排水等。

卫生间的卫生器具及污水、废水管道走向，污、废水集水井等在平面图中不能表达清楚时一般另有排水管道详图，则在平面图中注明“见详图”。建筑排水管道详图一般与给水管道详图表达在同一张图纸中。

排水管道一般为依靠水流的重力排水，水平管应根据规定设置相应的坡度以保证污、废水管道能顺利排水。一般污、废水管道的坡度大于雨水管道的坡度，目的是防止管道堵塞。排水横管的转弯应有相应的弯折的表示，有时也在平面图上标注管道的标高。

四、消防管道平面图

消防管道及设备在建筑物内尽管与生活舒适性或生产使用没有直接关系，但对人的安全或建筑物的安全起着重要作用，是建筑物必不可少的重要部分。

消防管道平面图表示的是建筑物消防给水管道及设备的布置情况。

根据建筑物规模及重要性和火灾危险性，消防管道平面图一般包括室内消火栓管道平面图、室内喷淋平面图以及其他消防系统平面图。火灾危险性小的建筑物根据《建筑设计防火规范》的规定可仅设置手提灭火器或室内消火栓系统。本章介绍以室内消火栓系统为主。消防管道平面图主要有如下内容：

建筑物消防给水引入管的位置、管径，以及给水引入管上阀门、水表等附件的位置等。

建筑物各层消防立管的位置、管径，消防横管的平面位置、走向、管径以及水平管道上阀门、止回阀、金属软管等设备附件的位置，室内消火栓的位置，消防水泵接合器的位置等。

消防水池、消防泵房以及屋顶消防水箱的布置等在平面图中不能表达清楚时，则另有放大详图，并在平面图中注明“见详图”。泵房详图比例一般为1:50，用单线绘制，并绘制泵房管道系统轴测图。

消防管道平面图中管道的转弯应有相应的向上或向下方弯折的表示，有时也在平面图上标注管道的标高。

平面图中还标注出消防管道的定位尺寸及消防泵房、水池、水箱等设备的定位尺寸。

第三节　给排水管道系统图

一、概述

室内给排水管道系统图一般有给排水系统轴测图及室内给排水系统原理图两类表示方法。

给排水系统轴测图一般按斜等测方式绘制，能够表达管道系统的空间关系，通常以整个给水系统或排水系统为表达对象，局部卫生间给排水管道也可以绘制轴测图。对于给水排水系统和消防给水系统，一般按比例分别绘出各种管道系统轴测图，图中表明了各类管道的走向、管径、仪表及阀门、控制点标高和管道坡度，各系统编号，给排水设备的连接点位置。系统轴测图上应注明建筑楼层标高、层数、室内外建筑标高等。

对于比较复杂的给排水系统用展开系统原理图可将设计内容表达清楚的，绘制展开系统原理图，图中标明立管和横管的管径、立管编号、楼层标高、层数、仪表及阀门、各系统编号、各楼层卫生设备和工艺用水设备的连接，排水管立管检查口等。近年来为了简化工作，采用给排水系统原理图的情况越来越普遍。

二、给水管道系统图

给水管道系统图表示的是与建筑物给水管道平面图对应的生活给水及生产给水管道的整体情况，主要内容如下：

建筑物给水系统的整体情况，表明了引入管、给水立管的管径和供水方式。一幢建筑物的给水方式可以多种多样，对于较低的建筑或建筑的低层区域一般采用室外给水管道直接供水，对于建筑物的较高部位当室外水压无法满足要求时则采用水池水泵加压供水，可以是屋顶水箱或变频水泵供水方式，高层建筑物还应该分区供水以保证卫生器具或其他用水器具有合适的水压。

给水系统轴测图中表示了全部给水管道的走向、标高以及管道上阀门、止回阀等附件的设置位置标高等，给水立管编号与平面图一致。

卫生间的卫生器具及给水、热水管道走向，生活给水泵房、水池、水箱的管道布置等一般在给排水管道详图中表示局部轴测图。

给水管道系统轴测图及详图中的轴测图的比例根据制图要求，一般与平面图相同，可为1:100，详图可为1:50。轴测图与平面图的方向一致，以便于读图。

三 、排水管道系统图

与给水管道系统图类似，排水管道系统图表示的是建筑物内排水管道平面图对应的生活污、废水及生产污、废水管道的整体情况。按系统类别主要分为污水管道系统、废水管道系统、雨水管道系统等。

当建筑室内采用污水与废水分流的排水系统时，其污水系统与废水系统应分别表示。一般建筑的生活污水系统仅接纳卫生间内大便器及小便器的排水，住宅厨房及公共建筑的厨房排水属于含油污水，但应与卫生间污水分别设置排水立管排放。污水系统轴测图表示建筑物污水立管及排出管的整体情况、管径，以及排水管上检查口等附件的设置位置等，建筑物各层污水排水横管的连接情况、走向、管径以及附件的布置。其中复杂的污水系统还包括污水集水井、提升泵站、隔油池等。

废水系统轴测图表示的主要内容与污水系统轴测图基本一致，所不同的是废水管道接纳的主要是卫生间洗脸盆、浴缸、洗涤盆的洗浴排水或其他生产生活废水等。另外，建筑内部的排水系统也多有采用污、废水合流的排水系统，这种情况下室内生活污水与废水合流排入同一根污水管道，其系统轴测图只有一类污水管道系统。

不管是污水系统还是废水系统，在建筑较高或对室内环境及噪声控

制要求较高时，在污、废水立管设置伸顶通气管的同时应设置专用通气管系统，以辅助污、废水系统通气维持管内外压力的平衡，防止污、废水管道内气体泄漏入建筑物室内及降低排水管道噪声。

雨水管道系统是将建筑物屋面的雨、雪水通过屋面雨水斗收集后通过雨水管道及时顺畅地排至室外雨水管道中的系统。建筑物室内的雨水排水系统要求必须与室内污、废水系统分流排放，而不能合用一根管道排放，主要原因是屋面雨水系统瞬时排水量大，但仅在屋面接纳雨、雪水时使用，合用会对建筑物内造成极大安全隐患。

四、消防管道系统图

消防管道系统图表示的是建筑物内消防管道平面图所对应的消防系统管道的整体情况。按系统类别分，主要有室内消火栓系统、自动喷水灭火系统等。主要根据建筑火灾危险性确定设置相应的室内消火栓系统或喷淋平面图以及其他消防系统平面图。消防管理系统图所表达的主要内容与其他管道系统轴测图基本一致。

室内消火栓系统表示室内消火栓立管、横管、消防水池、高位消防水箱、消火栓泵房、水泵接合器等内容，以及消防管道上阀门、止回阀、减压阀及减压孔板、金属软管等附件的情况。轴测图中标注了各管道的标高，各种消防设备、附件的位置等，消防泵房及消防水池、屋顶消防水箱等一般另在详图中表示局部系统轴测图。

自动喷水灭火系统表示喷淋立管、横管、消防水池、高位消防水箱、喷淋泵房、水泵接合器等内容，以及消防管道上湿式报警阀、阀门、止回阀、减压阀及减压孔板、金属软管以及每层喷淋干管上的监控阀、水流指示器等附件的情况。

第四节　建筑给排水施工图识读

一、识读建筑给排水施工图的目的和要求

识读建筑给排水施工图的目的是为了了解工程设计意图，以便根据设计要求进行施工及验收。施工图的识读应达到下列基本要求：

（1）了解建筑物给排水各种系统的设置情况，各种给排水系统的类型及所达到的使用要求等。

（2）了解各种系统的技术特点、所采用的材料及施工的要求和方法。

二、读图的方法和步骤

在阅读给排水施工图时，应首先对照图纸目录，了解整套图样由哪些部分组成及图样是否完整，每张图样的图名是否与图纸目录中的名称相符，确认无误后再进行读图。读图过程中应将平面图和系统图对照阅读，以便相互说明补充，使管道、附件、器具、设备等形成空间的立体布置。

某些卫生器具或用水设备的安装尺寸、要求、接管方式等，还需参考相应的安装详图或安装标准图。

具体的识读方法是以系统为单位，沿水流方向看下去。即给水系统的看图顺序是自室外给水引入管、干管、立管、支管至用水设备或卫生器具的进水接口。排水系统的看图顺序是自卫生器具、器具排水管、排水横支管、排水立管至排出管。消防系统的看图顺序与给水系统一致。

三、建筑给排水施工图识读举例

以一幢 3 层的幼儿园建筑给排水施工图为例（见图 3—12 ~ 图 3—21），说明建筑给排水图的识读方法。

图纸目录一般按设计施工说明、各层给排水平面图、给排水系统图、消防系统图、详图的顺序列出。

给排水设计施工说明中包括了以下内容：

1. 设计依据简述。
2. 本工程的概况，幼儿园的规模、层数、高度等内容。
3. 给排水系统概况。主要包括用水量指标，排水量指标，给水系统、排水系统简述，室内消火栓系统简述等。
4. 说明主要设备、管材、阀门等的选型。
5. 管道敷设要求、施工要求，管道、设备的试压冲洗要求。
6. 图例。
7. 主要设备材料表。

一层给排水平面图主要表达了给排水设施在首层的布置、给排水管道的平面走向、给排水立管的编号、室外给水引入管的位置、排水排出管和室外检查井的位置等。图中表明，本建筑给水排水管道主要包括公共卫生间和幼儿班级内卫生间，以及室内消火栓等内容。给水引入管根据用水单元情况设置了多个引入管，引入管上设置了阀门，各供水系统均类似，给水引入管进入建筑内部后供应两侧卫生间的用水，立管接向上部各层。

图纸目录
DRAWING LIST

工程名称 PROJECT：上海浦江镇128-3地块　　设计号 PROJECT No.：2010-041-A

项目名称 ITEM：幼儿园　　图别 DESIGN PHASE：水施　　第 1 页 PAGE　共 1 页 TOTAL PAGE

序号 DRAWING No.	图纸名称 DESIGNATION	图幅 SIZE	序号 DRAWING No.	图纸名称 DESIGNATION	图幅 SIZE
1	给排水设计施工说明	A1			
2	一层给排水平面图	A1			
3	二层给排水平面图	A1			
4	三层给排水平面图	A1			
5	屋顶层给排水平面图	A1			
6	给水系统图	A1			
7	排水系统图	A1			
8	消防系统图	A1			
9	消防泵房管道详图	A1			
10	卫生间管道详图	A1			
11	给水总平面图	A1			

工程项目所使用标准图集
STANDARD COLLECTIVE DRAWINGS IN THE PROJECT

图集名称 NAME OF COLLECTIVE DRAWINGS	编号 CODE No	图集名称 NAME OF COLLECTIVE DRAWINGS	编号 CODE No

项目负责人 PROJECT DIRECTION	马新华			
设计人 DESIGNER	秦景峰		日期 DATE	2011年05月

总工程师办公室2010年8月发布

图 3—12　图纸目录

二、三层给排水平面图类似，主要表达了各层给排水管道的平面布置，给排水立管位置与一层一致，图中主要是立管的位置以及室内消火栓立管和消火栓的位置。

给水系统图主要表达了给水系统编号，管道、阀门、附件的相互关系、位置及标高，各管段管径、管道埋深等。阅读室内给水系统图时应结合各层平面图，从室外给水引入管开始，沿水流方向经干管、支管到用水设备。图中 JL-4 及 JL-5 立管引入管径 *DN*50，标高 -0.90，进户后分为 2 根立管接入各层幼儿班级内卫生间。

排水系统图主要表达了排水系统编号，管道、附件的相互关系、位置及标高，各管段管径、管道埋深等。阅读室内排水系统图时应自上而下，自排水设备开始沿排水方向经支管、立管、干管到排出管。图中 WL-6 及 FL-6 立管均排入 W10 污水井，管径分别为 De110 及 De75，标高为 -1.10，立管上设检查口及伸顶通气管。排水支管上卫生器具的排水情况见给排水管道详图。

消防系统图主要表达了室内消火栓系统编号，管道、阀门、附件的相互关系、位置及标高，消火栓管道管径。应结合各层平面图阅读消防系统图，从消防泵房出水管开始，经干管、立管到各层室内消火栓。图中 XL-8 消防立管管径为 *DN*100，各层共接 3 个室内消火栓，每层一个，最上部设了一个自动排气阀。

卫生间管道详图主要表达了卫生间内各给排水设备末端的位置，给排水支管的布置、尺寸、标高等。每个详图应结合平面图和轴测图阅读。卫生间的给水支管位置、标高，排水排出口位置、管径等都能从图中获得。

消防泵房详图表示了消防泵房内消防泵的基础，消防泵、稳压泵的管道布置情况以及阀门、止回阀、压力表等的设置情况。本例消防泵房设置消防泵 2 台，稳压泵 2 台，还设置了稳压罐，消防设备从室外消防管道直接取水。

第四章　识读通风空调与室内采暖工程图

第一节　通风空调工程概述

一、通风空调工程的定义

通风是利用换气的方法，向室内输送新鲜空气（称为新鲜空气或新风），同时将室内被污染的空气排到室外，以使室内环境满足人们生活或生产的需要。

空调是空气调节的简称，是指对室内空气进行处理和控制，使之达到一定的温度、湿度、风速和洁净度，从而保证生产工艺的顺利进行或达到人们的舒适要求。

通风空调为人们的生产生活创造了良好的空气环境条件（如温度、湿度、空气流速、洁净度等），对保障人们的健康、提高劳动生产率、保证产品质量是必不可少的。

二、通风系统的分类

1. 按处理空气方式不同分类

（1）送风

将新鲜空气送入房间，以改善空气质量。

（2）排风

将房间内被污染的空气经处理后排往室外。

2. 按作用范围分类

（1）局部通风

为改善房间中局部位置的工作条件而进行的通风换气。

（2）全面通风

为改善整个房间空气质量而进行的通风换气。

3. 按作用动力分类

（1）自然通风

借助室内外压差产生的风压[1]和室内外温差产生的热压[2]进行通风换气的方式，如图4—1所示。

1. 风压

建筑物的迎风面上产生正压，背风面上产生负压，两者的压力差促使空气从迎风面的门、窗流入室内，而室内空气则从背风面孔口排出。

2. 热压

如果室内温度高于室外，建筑物的上部将会有较高的压力，而下部存在较低的压力。当这些位置存在孔口时，空气通过较低的开口进入，从上部流出。

如果室内温度低于室外温度，气流方向相反。

（2）机械通风

依靠机械动力（风机风压）进行通风换气，如图 4—2 所示。

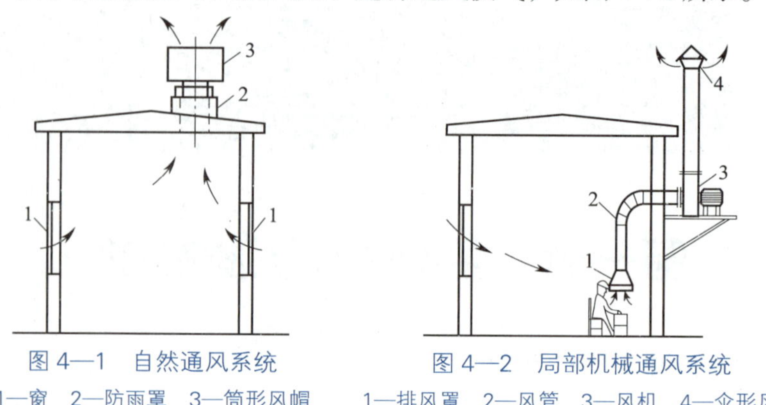

图 4—1　自然通风系统

1—窗　2—防雨罩　3—筒形风帽

图 4—2　局部机械通风系统

1—排风罩　2—风管　3—风机　4—伞形风帽

三、通风系统的组成

常用的集中式空调系统（见图 4—3）的主要组成部分如下：

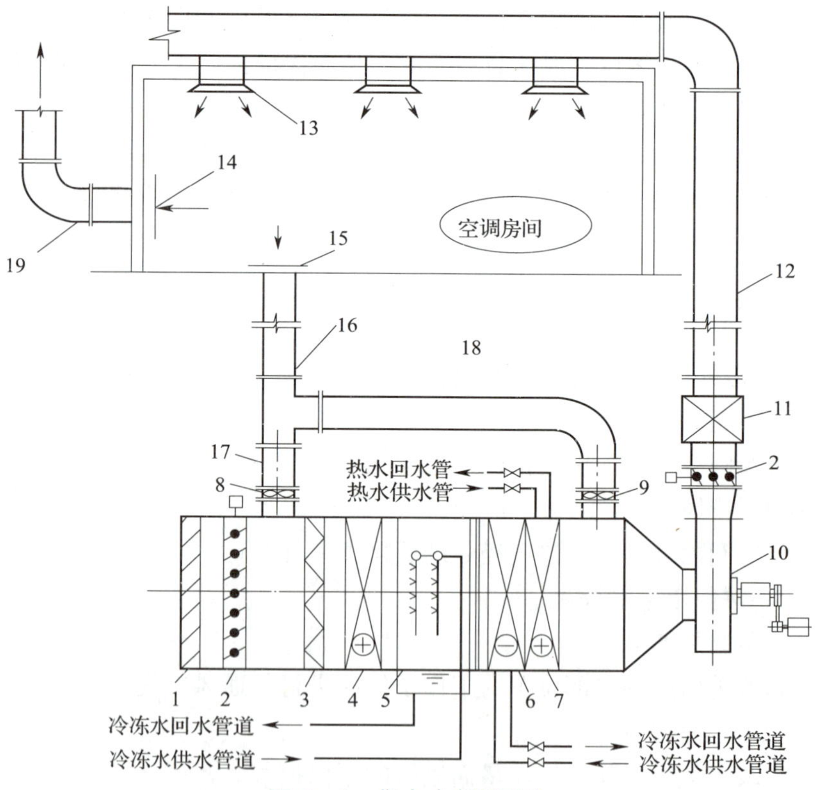

图 4—3　集中式空调系统

1—新风百叶窗　2—电动多叶调节阀　3—过滤器　4—预加热器　5—喷淋室　6—表冷器　7—二次加热器　8—一次回风阀　9—二次回风阀　10—离心送风机　11—消声器　12—送风管道　13—送风口　14—排风口　15—回风口　16—回风管道　17—一次回风管道　18—二次回风管道　19—排风管道

1. 空气处理部分

空气处理部分包括新风采入、空气净化、空气加湿与减湿、空气加热与冷却。

2. 空气输送部分

空气输送部分包括送风机[3]、排（回）风机、风道、风量调节装置。

3. 空气分配部分

空气分配部分包括设置在不同位置的各种类型的送风口和排（回）风口。

第二节 空调通风施工图的组成和图样

一、空调通风施工图的组成

1. 设计和施工说明

（1）通风与空调工程风管[4]管材。

（2）风管保温材料及厚度、保温做法。

（3）风管施工质量要求。

（4）风管穿越机房、楼板、防火墙、沉降缝、变形缝等处的做法。

（5）空调水管管材、连接方式、防腐、保温的要求。

（6）空调机组、新风机组、热交换器、风机盘管机组[5]等设备安装要求。

其他未说明部分可以参照《通风与空调工程施工质量验收规范》（GB 50243—2002）、《机械设备安装工程施工及验收通用规范》（GB 50231—2009）、《建筑设备施工安装图集》（91SB6）及国家标准和行业标准执行。

2. 设备材料明细表

内容包括通风与空调系统中主要设备（如通风机、电动机、阀门[6]等）的名称、规格及数量。

3. 平面图

标有通风与空调系统管道和设备在建筑物内的平面布置情况及尺寸。

4. 剖面图

标有通风与空调系统管道和设备在建筑物高度上的布置情况及尺寸，并标注建筑物地面和楼面的标高。

5. 系统图

系统图是采用轴测投影方法所绘制的风管、部件及附属设备之间的

3. 送风机

送风机的作用是依靠机械能，增加气体压力并排送气体。

主要有离心式、轴流式和贯流式送风机。

4. 风管

风管的作用是输送空气。

风管的材料有金属（不锈钢、铝板、薄钢板）和非金属（玻璃钢、硬聚氯乙烯、钢筋混凝土、砖等）。

风管的断面形式有矩形和圆形两种。

5. 风机盘管机组

风机盘管机组由风机、盘管和过滤器组成，它作为空调系统的末端装置，分散地装设在各个空调房间内，可独立地对空气进行处理，而

空气处理所需的冷热水则由空调机房集中制备，通过供水系统提供给各个风机盘管机组。

6. 阀门

阀门的作用是启动风机、控制和调节风量。

常用的阀门有插板阀、蝶阀。

相对位置和空间关系的图。通风与空调系统管道和设备采用单线图或双线图。

6. 大样图

表达通风与空调系统管道和设备的具体构造和安装情况，如加工制作和安装的节点图、标准图等。

二、图样画法

通风空调施工图中的平面图和剖面图（见图 4—4）采用正投影法绘制，通风空调施工图中的系统图（轴测图）采用斜等轴测投影法绘制。

1. 常见管道的画法（见图 4—5、图 4—6、图 4—7）

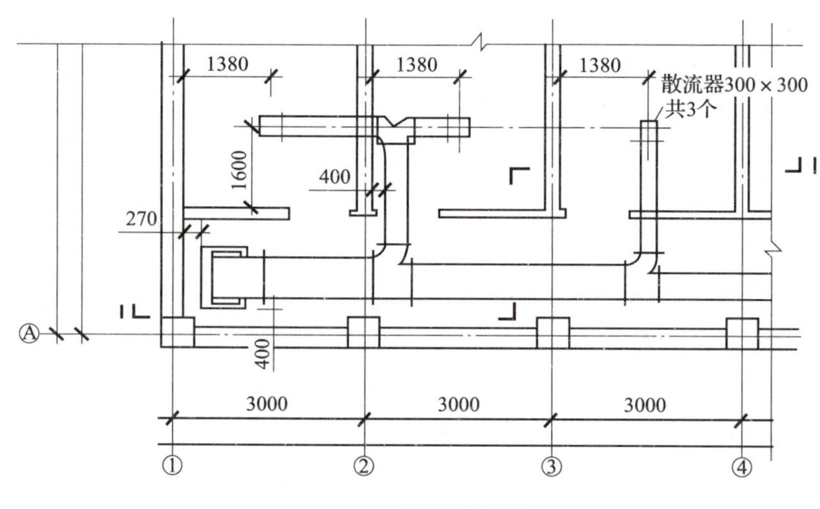

图 4—4　通风空调施工图中的平、剖面图

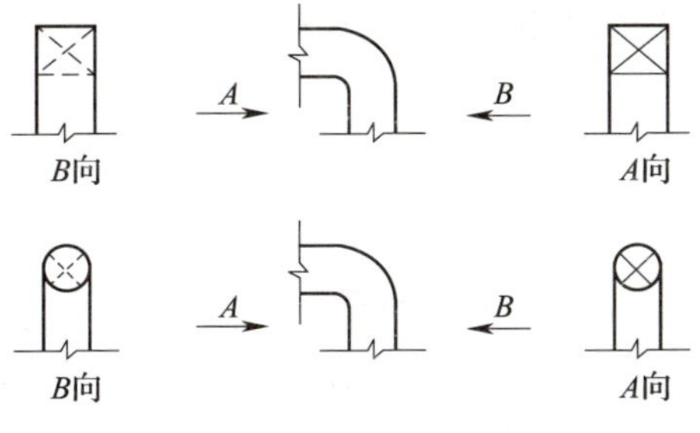

图 4—5　送风管转向的画法

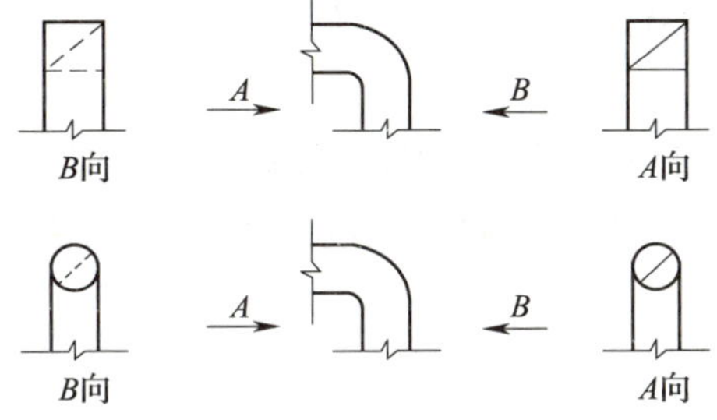

图 4—6　回风管转向的画法

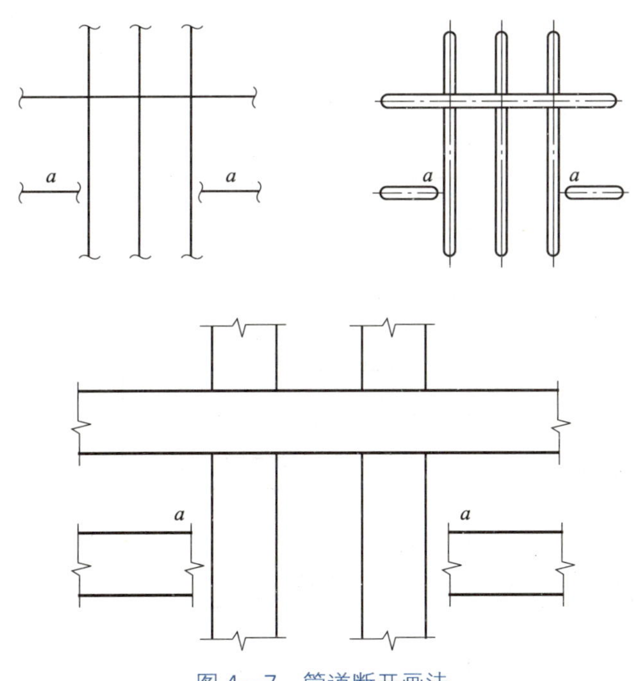

图 4—7　管道断开画法

2. 管道轴测图的画法

管道轴测图采用斜等轴测投影法绘制，即在平面图中的所有水平方向（左右走向）的管线在轴测图中仍为水平方向；在平面图中竖直方向（前后走向）的管线在轴测图中为 45° 斜线方向；在剖面图中的垂直方向（上下走向）的管线在轴测图中仍为垂直（上下）方向。

三、管道标注

1. 标高

矩形风管所注标高未说明时表示管底标高，圆形风管所注标高未说明时表示管中心标高。平面图中无坡度要求的管道标高可以标注在管道截面尺寸后的括号内，如 *DN*50（3.2）表示圆形管道直径为 50 mm，管中心标高为 3.2 m；400 × 200（3.2）表示矩形管道截面尺寸为 400 mm × 200 mm，400 mm 为投影图可见边的边长尺寸，管底标高为 3.2 m。

2. 图例

通风空调施工图中所采用的图例按照《暖通空调制图标准》（GB/T 50114—2010）的有关规定绘制。表 4—1 介绍了几种常用图例。

表 4—1　　风道、阀门及附件图例

序号	名称	图例	备注
1	矩形风管	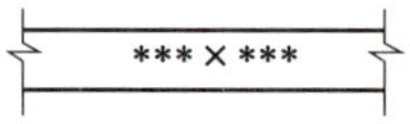 *** × ***	宽 × 高（mm）
2	圆形风管	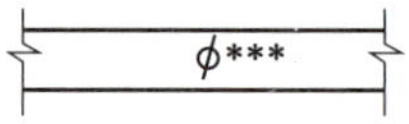 ϕ***	ϕ 直径（mm）
3	风管向上	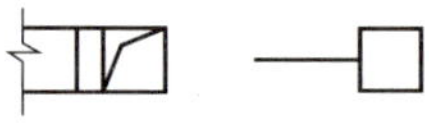	—
4	风管向下	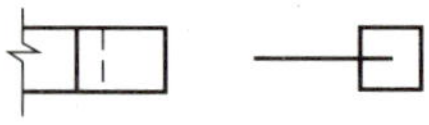	—
5	风管上升摇手弯		—
6	风管下降摇手弯		—
7	天圆地方	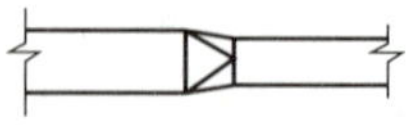	左接矩形风管，右接圆形风管
8	软风管		—

续表

序号	名称	图例	备注
9	圆弧形弯头		—
10	带导流片的矩形弯头		—
11	消声器		
12	消声弯头		—
13	消声静压箱		—
14	风管软接头		—
15	对开多叶调节风阀		—
16	蝶阀		—
17	插板阀		—
18	止回风阀		—
19	余压阀	DPV DPV	—
20	三通调节阀		—

续表

序号	名称	图例	备注
21	防烟、防火阀	*** ***	*** 表示防烟、防火阀名称代号，代号说明另见附录A防烟、防火阀功能表
22	方形风口		—
23	条缝形风口		—
24	矩形风口		—
25	圆形风口		—
26	侧面风口		—
27	防雨百叶		—
28	检修门	J J	—
29	气流方向		左为通用表示法，中表示送风，右表示回风
30	远程手控盒	B	防、排烟用
31	防雨罩		—

第三节　识读空调通风施工图

一、识读顺序

按照系统图或原理图、平面图、剖面图、轴测图、详图的顺序，并按照空气流动方向逐段识读。例如可按进风口、进风管道、空气处理器或通风机、主干管、支管、送风口顺序识读。

二、识读方法及注意事项

1. 通过原理图或系统图了解工程概况、设备组成及连接关系。

2. 平面图与剖面图结合识读。

3. 通过设备材料表和平面图、剖面图结合了解设备、材料技术参数、规格尺寸、数量。

4. 通过详图了解系统细部尺寸。

5. 通过设计施工说明了解设计意图、材料材质、施工技术要求。

[例4—1]　识读某会议室空调系统施工图的吊顶平面图（见图4—8）。

识读内容：（1）空调系统形式；（2）管路走向及与设备间的连接；（3）设备型号规格。

识读方法：首先通过设计施工说明了解工程概况，通过系统图了解设备组成，管路连接，通过设备材料表了解设备型号规格及数量；通过机房平面图、剖面图确定机房位置及安装尺寸；通过管道平面图、剖面图确定管道及风口等部件的安装位置及规格数量。

该会议室空调系统设为集中式全空气空调系统，会议室位置于该办公楼第二层，位于第一层（F1）空调机房的空气组合器处理后的空气，由组合器内送风机经过1 000 mm×1 250 mm的矩形竖井风道送入吊顶，第二层（F2）的气流组织主要为方形散流器顶送风（型号为“CT211-24”，见吊顶风管平面图），处理后的空气均匀分散到两支800 mm×1 000 mm的风管，再经过250 mm×250 mm送风支管到达每个会议室。

各分支管上均接出430 mm×430 mm方形散流器送风口，共计24个，见图上标注。回风管道另外单独设计，管道由第二层会议室吊顶内引出，标高11.60 m，断面尺寸是变化的，有500 mm×500 mm，630 mm×630 mm，800 mm×630 mm，800 mm×800 mm，800 mm×1 000 mm，1 000 mm×1 250 mm等，同时设置500 mm×500 mm方形单层百叶回风口，共计24个。回风经管道送入竖井风道，经空调组合器处理后又送入每个会议室，如此循环处理。

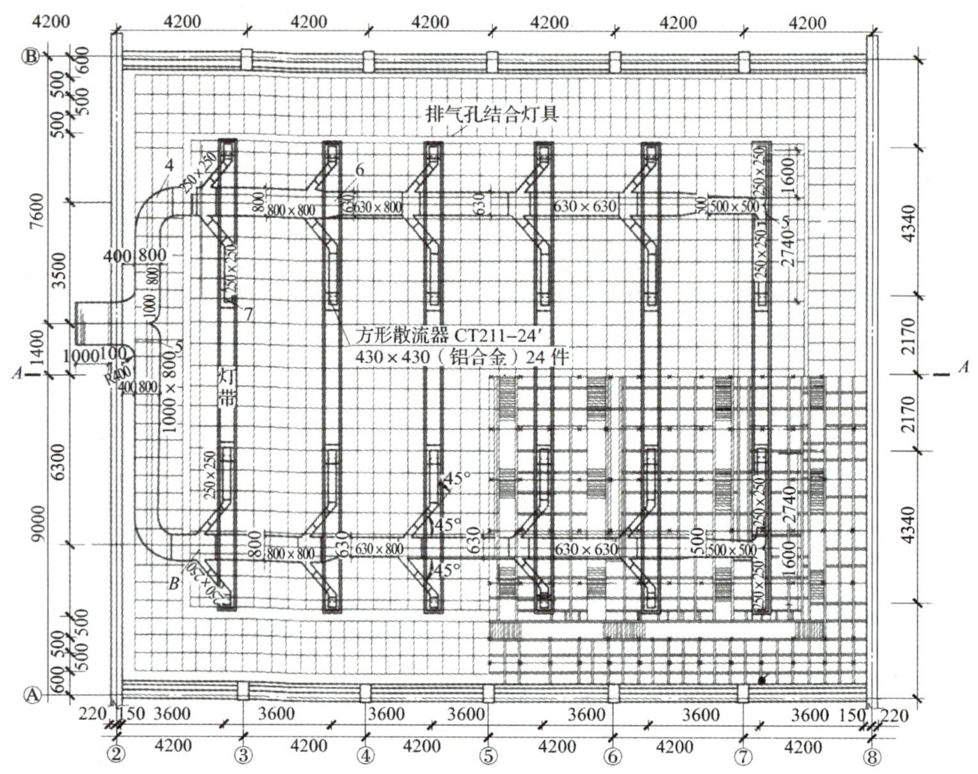

a) 吊顶内风管平面图

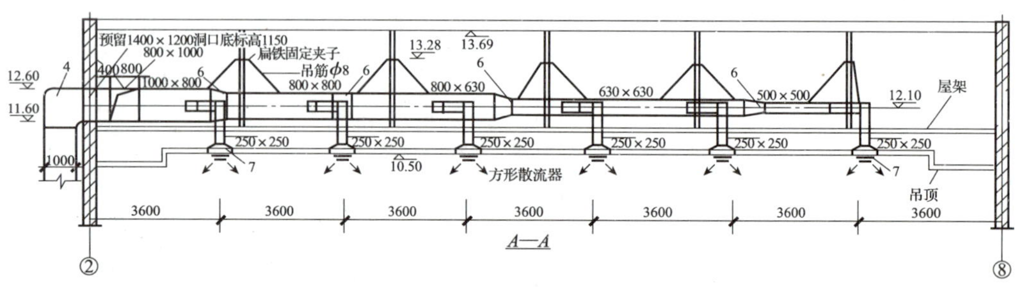

A—A剖面图

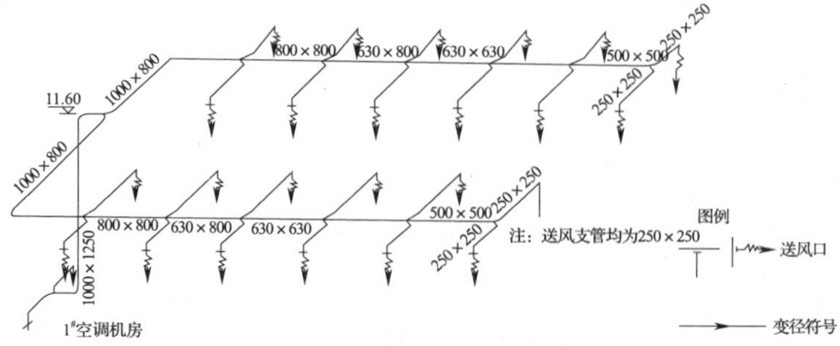

b) 风管系统图

图 4—8　某会议室空调系统施工图

由剖面图可以看出，竖井风道尺寸为 1 000 mm × 1 250 mm，处理后的空气由第一层经竖井风道送入第二层风管，断面尺寸为 800 mm × 1 000 mm，风管标高 11.60 m，吊顶内主风管中心尺寸标高 12.10 m，吊筋为 ϕ8，吊点标高 13.28 m，第二层含吊顶总标高 13.69 m。

系统图则是可以表达通风与空调系统中管道和设备在空间的立体走向的一种图示，注有相应的尺寸（见图 4—8b）。平面图中水平方向的管线在系统图中仍为水平方向，平面图中竖直方向的管线在系统图画成 45° 斜线。图中标明了风管的断面尺寸 500 mm × 500 mm，630 mm × 630 mm，800 mm × 630 mm，800 mm × 800 mm，800 mm × 1 000 mm，1 000 mm × 1 250 mm，标高 11.60 m。连接送风口方管的尺寸以及送风口的位置，所标注尺寸应与平面图中对应的尺寸相同。

图中箭头所示为送风口的气流方向。

[例 4—2]　识读如图 4—9 所示的某别墅通风系统工程图。

该别墅采用集中式全新风系统，送风采用矩形风管，散流器送风，顶棚回风方式。从通风系统轴测图可以看出该别墅的空调机组设置在第三层（F3）楼梯间的南侧，中心标高为 7.000 m，主风道断面尺寸 800 mm × 630 mm，从空调机组的西侧向下，至二层（F2）标高为 5.500 m 引出二层风管。再向下至一层（F1）引出一层风管。

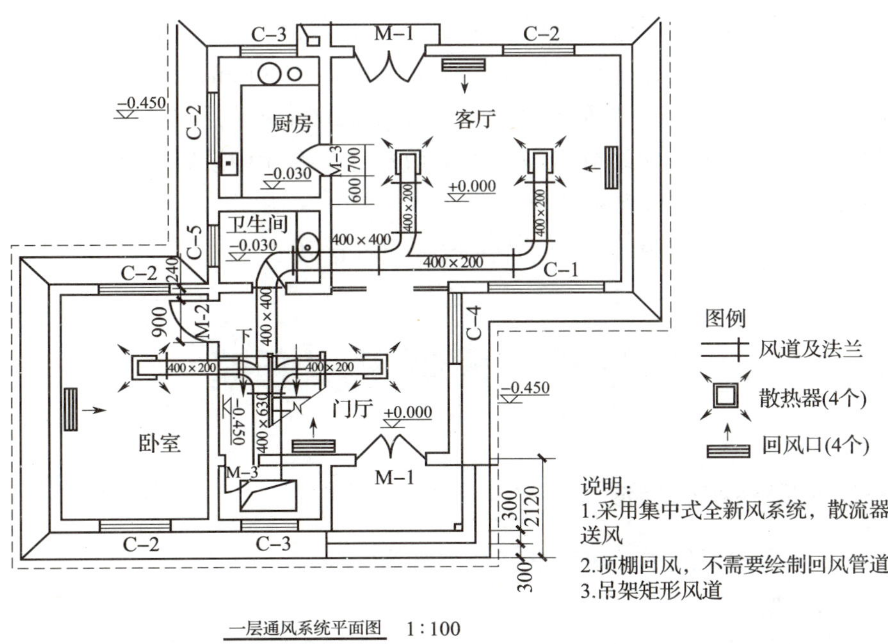

a）别墅一层通风系统平面图

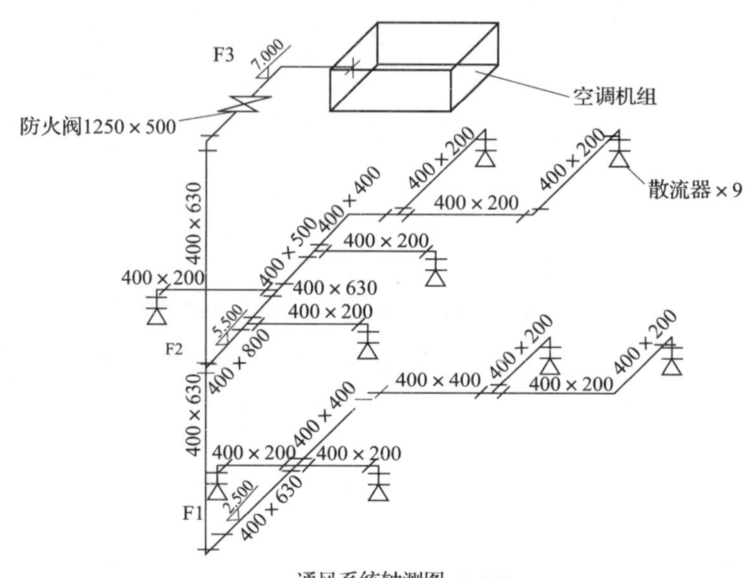

b）别墅通风系统轴测图

图 4—9 某别墅空调系统施工图

识读一层通风系统平面图可以看出，一层风管为由南至北的方向，风管断面尺寸为 400 mm × 630 mm，标高 2.500 m，首先经由断面尺寸为 400 mm × 200 mm 的分支风管分别引入卧室和门厅，风管末端分别设有方形散热器。回风口分别设置在卧室的西墙上和门厅的南墙上。然后二层风管继续向北，断面尺寸变成 400 mm × 400 mm，在卫生间上方转向 90° 向东，经由断面尺寸为 400 mm × 200 mm 的两个分支风管分别引入客厅，风管末端分别设有方形散流器。客厅中设置两个回风口，分别位于客厅的北墙和东墙上。

该别墅采用顶棚回风，不需要设置回风管道 。

第四节 采暖工程概述

一、采暖系统的组成

室内采暖系统主要由以下三个主要部分组成：

1. 热源

使燃料燃烧产生热，将热媒[7]加热成热水或蒸汽，如锅炉房、热交换站等。

7. 热媒

热媒是指传递热量的媒介物质。如热水、蒸汽，热空气。

2. 供热管道

供热管道是指热源和散热设备之间的连接管道。

3. 散热设备

将热量传至所需空间的设备，如散热器[8]、暖风机等。

8. 散热器
散热器是用来传导、释放热量的装置。

二、采暖系统的分类

（一）根据作用的范围分类

1. 局部采暖系统

是由热源、热网、散热器三部分在构造上合在一起的采暖系统，如火炉采暖、简易散热器采暖、煤气采暖和电热采暖，如图 4—10 所示。

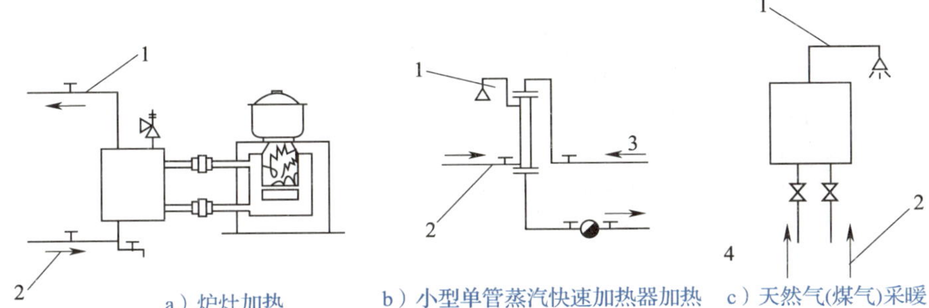

图 4—10　局部采暖系统

1—热水　2—冷水　3—热媒　4—煤气

2. 集中供暖系统

是热源和散热设备分别设置，用热网连接，由热源向各个房间或建筑物供给热量的采暖系统，如图 4—11 所示。

3. 区域采暖系统

是以区域性锅炉房作为热源，供一个区域的许多建筑物采暖的系统。

（二）根据采暖系统热媒不同分类

1. 热水采暖系统

以热水为热媒的采暖系统，应用广泛。

2. 蒸汽采暖系统

以蒸汽为热媒的采暖系统，用于工业建筑。

3. 热风采暖系统

以热空气为热媒的采暖系统，用于一些工业车间。

该别墅采用顶棚回风，不需要设置回风管道。

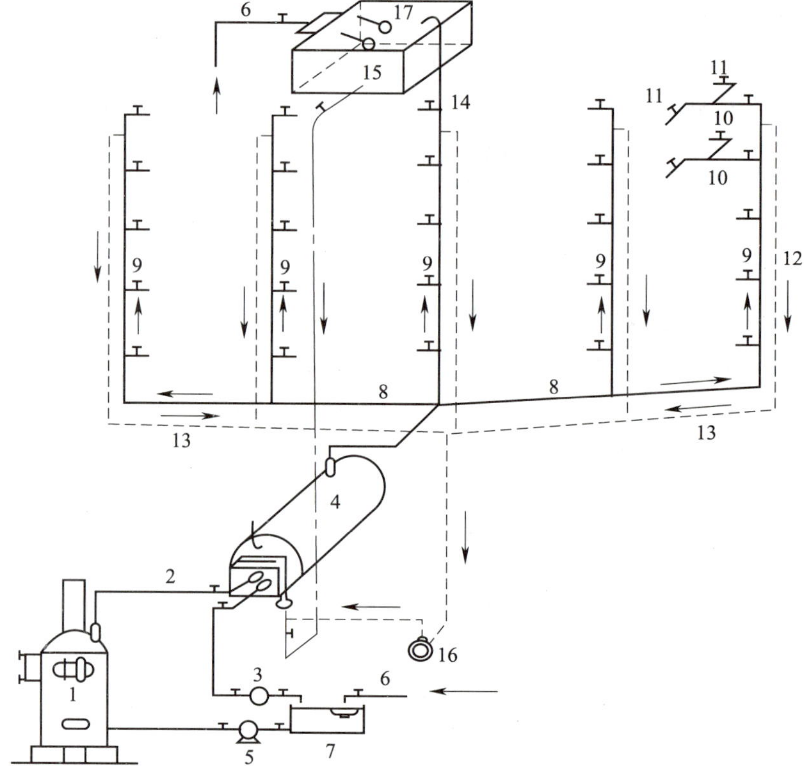

图 4—11　集中供暖系统

1—锅炉　2—热媒上升管（蒸汽管）　3—热媒下降管（凝结水管）　4—水加热器　5—给水泵（凝结水泵）　6—给水管（凝结水箱）　7—蓄水池　8—配水干管　9—配水立管　10—配水支管　11—配水龙头　12—回水立管　13—回水干管　14—透气管　15—冷水箱　16—循环水泵　17—浮球阀

第五节　识读采暖施工图

一、采暖工程图的内容

（一）首页

设计依据，采暖设计概况，管道的敷设方式、防腐、保温、水压试验要求，图例，设备材料表等内容。简单的工程首页内容可与首层平面放在一张图上。

（二）平面图

包括底层平面图、标准层平面图、顶层平面图等。图中涉及内容如下：

1. 应绘出墙、柱、门窗、踏步、楼梯、轴线号，注明开间尺寸、

总尺寸、室内外地面标高、房间名称，首层右上角绘指北针。

2. 绘出散热器位置并注明片数或长度、立管位置及编号、管道及阀门、放风及泄水、固定卡、伸缩器、入口装置、疏水器、管沟及人孔，管道要注明管径、安装尺寸及起终点标高。

3. 采暖入口有两处以上时，应在平面图上分别注明各入口的热量与系统阻力。

（三）轴测图

轴测图应按 45° 或 60° 轴测投影绘制，比例应与平面图一致。轴测图自入口起，将干管、立管、支管及散热器、阀门等系统配件全部绘出。轴测图应标注散热器规格、各段管径、起终点标高、伸缩器及固定卡位置等。

（四）详图大样

凡施工安装图册及国家标准图中未有且需详细交代的内容，均需另绘详图大样。

二、室内采暖工程图的识读要点

（一）平面图的识读要点

1. 从平面图上可看出建筑物内散热器的平面位置、种类、片数以及散热器的安装方式，即散热器是明装还是暗装。

2. 了解供、回水水平干管及凝结水干管的布置、敷设、管径及阀门、支架、补偿器等的平面位置和型号。

3. 通过立管编号查清系统立管的数量和布置位置。

4. 在热水供暖平面图上还标有膨胀水箱、集气罐等设备的位置、型号以及设备上连接管道的平面布置和管道直径。

5. 在蒸汽供暖平面图上还有疏水器[9]的平面位置及其规格尺寸。识读时要注意疏水器的规格及疏水装置的组成。一般在平面上仅注出控制阀门和疏水器所在，安装时还要参考有关的详图。

6. 查明热媒入口及入口地沟情况。热媒入口无节点图时，平面图上一般将入口组成的设备如减压阀、分水器、分汽缸、除污器等和控制阀门表示清楚，并注有规格，同时还注出管径、热媒来源、流向、参数等。如果热媒入口主要配件、构件与国家标准图相同，则注明规格和标准图号，识读时可按给定的标准图号查阅标准图。当有热媒入口节点图时，平面图上注有节点图的编号，识读时可按给定的编号查找热媒入口节点详图进行识读。

（二）系统轴测图的识读要点

1. 查明管道系统的连接，各管段管径大小、坡度、坡向、水平管

9. 疏水器

疏水器的作用是将蒸汽系统中的凝结水、空气和二氧化碳气体尽快排出；同时最大限度地自动防止蒸汽的泄漏。

道和设备的标高，以及立管编号等。有了供暖系统轴测图可以对管道的布置形式一目了然，它清楚地表明干管与立管之间以及立管、支管与散热器之间的连接方式、阀门的安装位置和数量。散热器支管有一定的坡度，其中，供水支管坡向散热器，回水支管坡向回水立管。

2. 了解散热器类型、规格及片数。当散热器为翼型散热器或柱型散热器时，要查明规格与片数以及带脚散热器的片数；当采用其他供暖设备时，应弄清设备的构造和底部或顶部的标高。

3. 注意查清其他附件与设备在系统中的位置，凡注明规格尺寸者，都要与平面图和材料表等进行核对。

4. 查明热媒入口处各种设备、附件、仪表、阀门之间的关系，同时弄清热媒来源、流向、坡向、标高、管径等，如有节点详图时要查明详图编号，以便查找。

（三）详图的识读

供暖标准图主要包括以下内容：

1. 膨胀水箱和凝结水箱的制作、配管与安装。
2. 分汽缸、分水器、集水器的构造、制作与安装。
3. 疏水器、减压阀、调压板的安装与组成形式。
4. 散热器的连接与安装。
5. 供暖系统立、支管的连接。
6. 管道支、吊架的制作与安装。
7. 集气罐的制作与安装。
8. 水泵基础及安装等。

三、供暖系统常用图例（见表 4—2）

表 4—2　　供暖系统常用图例

序号	名称	图例	说明	序号	名称	图例	说明
1	管道		用于一张图内只有一种管道	3	滑动支架		
			用图例表示管理类别	4	固定支架		左图：单管 右图：多管
2	丝堵	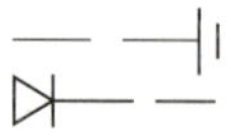		5	截止阀	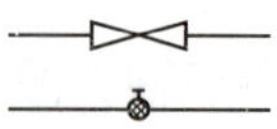	

续表

序号	名称	图例	说明	序号	名称	图例	说明
6	闸阀			15	角阀	或	
7	止回阀			16	管道泵		
8	安全阀			17	三通阀	或	
9	减压阀	或	左侧：低压 右侧：高压	18	四通阀		
10	膨胀阀			19	散热器		左图：平面 右图：立面
11	自动排气阀			20	集气罐		
12	采暖供水（汽）管、回（凝结）水管			21	除污器（过滤器）		左为立式除污器 中为卧式除污器 右为Y形过滤器
13	方形伸缩器			22	流水器		
14	球阀						

四、识图步骤

1. 在识读图样前应查阅和掌握有关的图例。

2. 按照图样种类，先读平面图，然后对照平面图读系统图，最后读详图。

3. 读平面图时，先读底层平面图，再读各楼层平面图。读底层平面图时，按照热水或蒸汽的流向，从锅炉或热媒入口开始，经供水干管、供水立管、回水立管、回水干管、水泵，回锅炉的顺序识读。

4. 读系统图时，先找系统图与平面图相同编号的立管，然后对照平面图识读。

结合图样说明来识读平面图和系统图，以了解设备管道材料、安装要求及所需的标准图和详图。

[例 4—3] 识读某厂房供暖系统施工图（见图 4—12）

该厂房采用上供下回式热水供暖系统；设计为 60 ~ 80℃ 的热水，供暖热负荷为 762 kW，水流量为 33 t/h。室内采暖设计温度为 10℃，散热器选用钢制弯管柱型散热器 NGWZ-600，散热器均挂墙安装，散热器的各支管管径设计为 *DN*25 和 *DN*20，采暖管道均选用低压流体输送用焊接钢管，管道 *DN* 大于等于 40 mm 采用焊接连接，*DN* 小于 40 mm 采用螺纹连接；室内部分的切断阀门选用截止阀。

从平面图可以清楚知道该厂房总体布局，热水来源泵房尺寸及位置，电控室尺寸及位置等。

从采暖系统图知道此系统主供水管道和回水管道均为 *DN*50 mm，标高为 5.80 m，供水干管经过各个支管 *DN*25 mm × 20 mm 供给散热器，散热器片数如图所示，每个散热器热水出口处均设计截止阀，供水干管与回水干管坡度为 0.2%（见系统图），在整个系统的最高处或者标高大于 5.80 m 的地方设计自动排气阀 ZP-Ⅱ，便于排除系统内空气，提高采暖效率。整个系统回水最后经过 *DN*50 mm 干管回到加热设备再次进行加热，再经热水站循环水泵供水，如此循环。

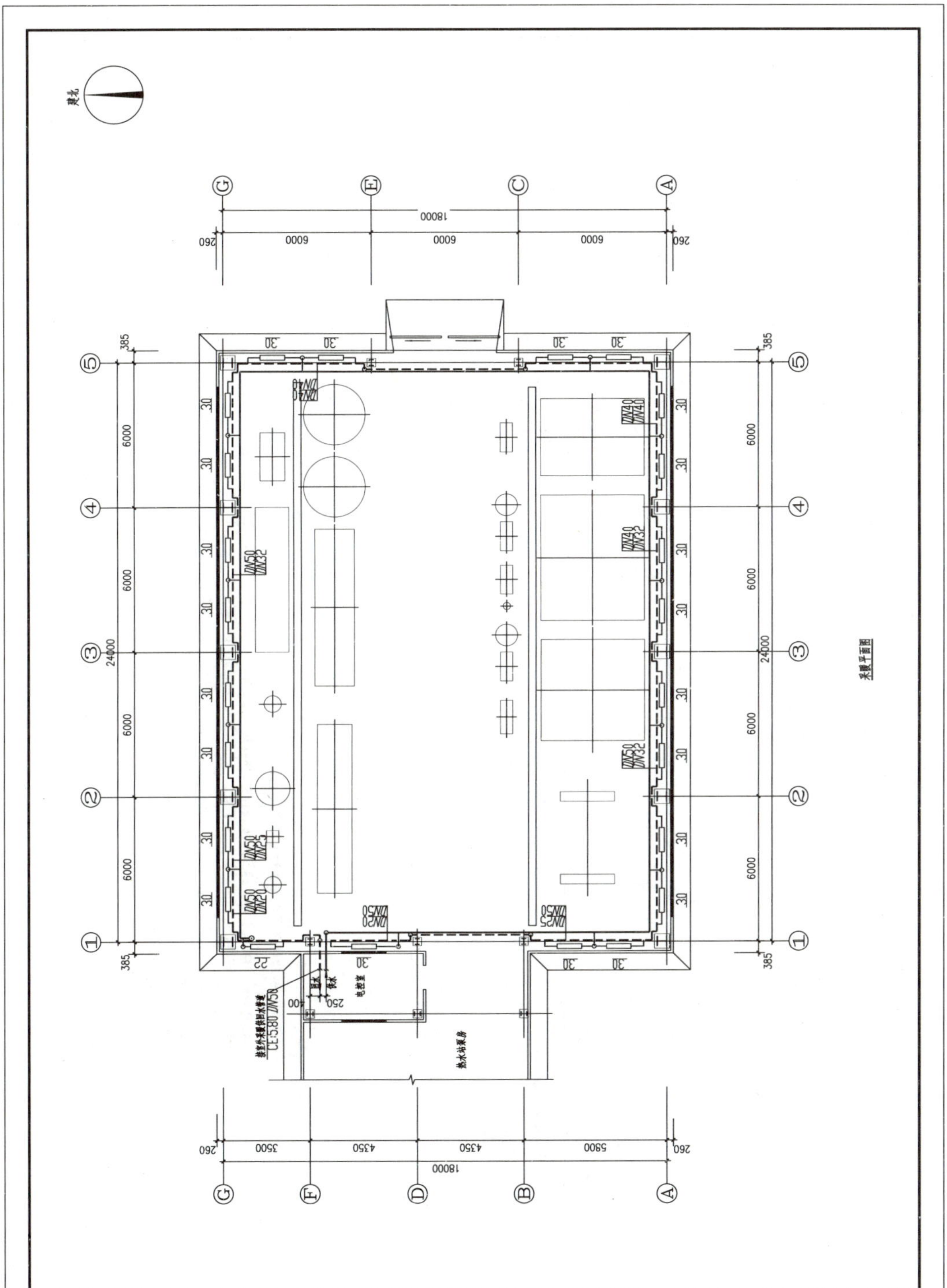

a）某厂房采暖平面图

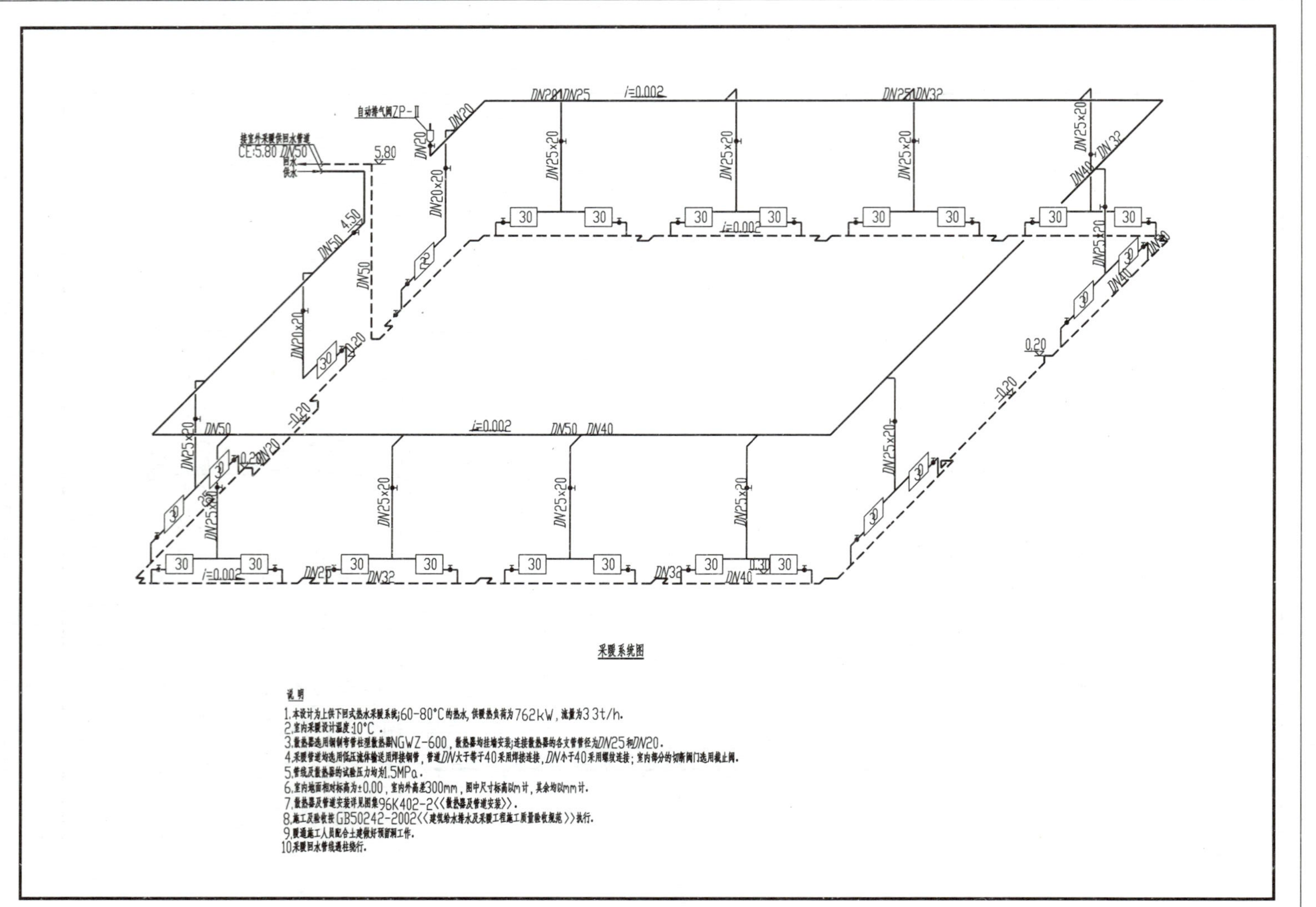

b）某厂房采暖系统图

图 4—12　某厂房采暖系统施工图

第五章 识读建筑设备的零件图与安装图

第一节 概 述

建筑设备工程图是建筑给水排水及消防工程、建筑采暖及通风空调工程、建筑电气工程等设备工程图的总称。它们一般是用管道、设备等的图形符号来表达的图样内容，而其中建筑设备的零件图及安装图则是用接近实际的图样及实际尺寸来表达的图样内容，用于工厂或施工现场指导加工及安装，满足实际工程施工操作的需要。

管材、附件、设备等的零件图以及它们在施工现场的详细安装图，按所表达的专业内容可以分为给排水设备零件图及安装图、采暖通风空调设备零件图及安装图、强弱电设备的零件图及安装图等。

图 5—1 所示为排水设备中潜水排污泵[1]的零件及外形图，图 5—2 所示为通风设备中家用换气扇的零件及安装图，图 5—3 所示为电气设备中配电箱的零件及外形图。

1. 潜水排污泵 可将污水中长纤维、袋、带、草、布条等物质撕裂、切断，然后顺利排放，特别适合于输送含有坚硬固体、纤维物的液体以及特别脏、黏、滑的液体的水泵。

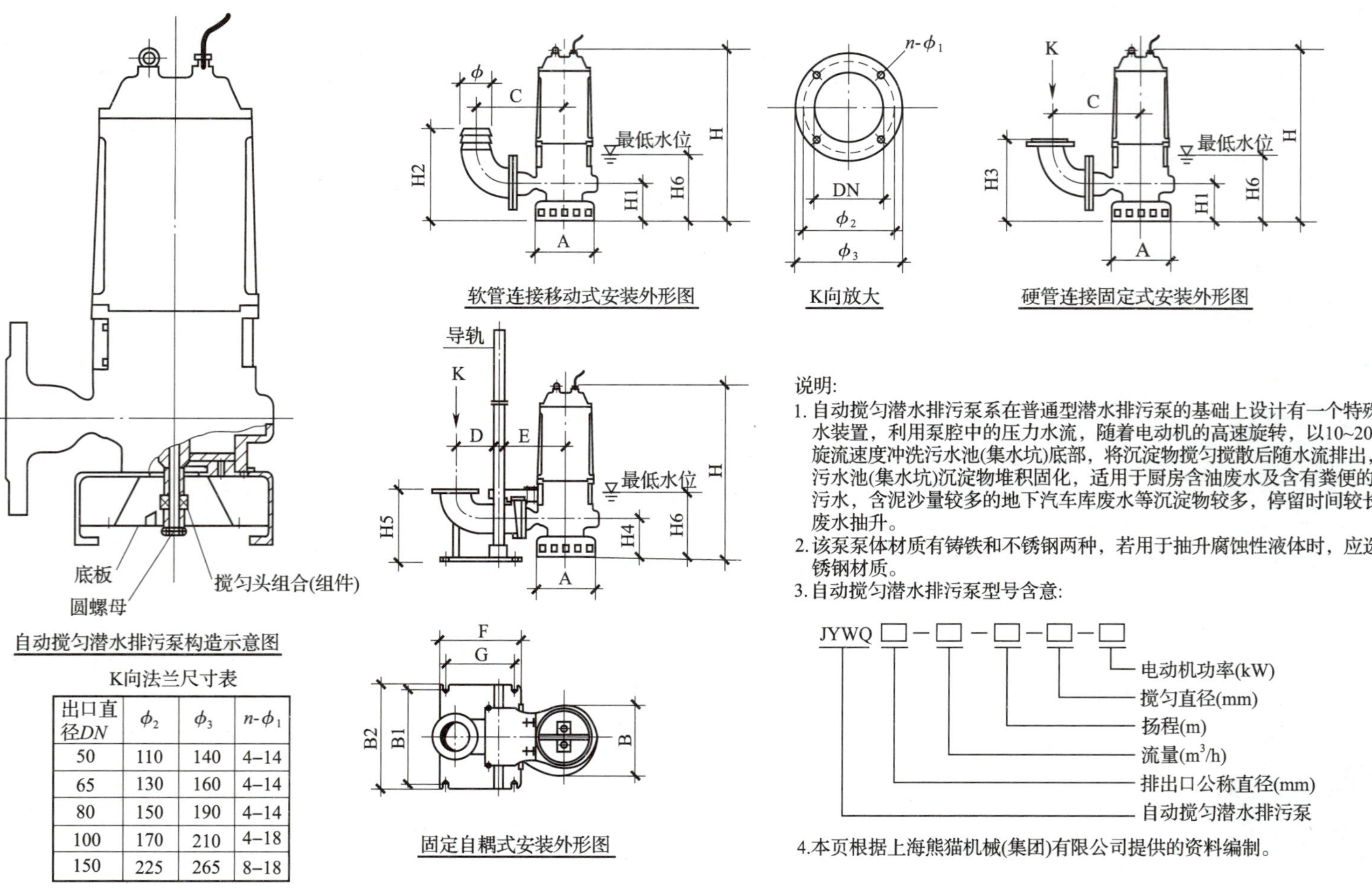

K向法兰尺寸表

出口直径DN	ϕ_2	ϕ_3	n-ϕ_1
50	110	140	4–14
65	130	160	4–14
80	150	190	4–14
100	170	210	4–18
150	225	265	8–18

说明:

1. 自动搅匀潜水排污泵系在普通型潜水排污泵的基础上设计有一个特殊的引水装置，利用泵腔中的压力水流，随着电动机的高速旋转，以10~20m/s的旋流速度冲洗污水池(集水坑)底部，将沉淀物搅匀搅散后随水流排出，防止污水池(集水坑)沉淀物堆积固化，适用于厨房含油废水及含有粪便的生活污水，含泥沙量较多的地下汽车库废水等沉淀物较多，停留时间较长的污、废水抽升。
2. 该泵泵体材质有铸铁和不锈钢两种，若用于抽升腐蚀性液体时，应选用不锈钢材质。
3. 自动搅匀潜水排污泵型号含意:

JYWQ □－□－□－□－□

- 电动机功率(kW)
- 搅匀直径(mm)
- 扬程(m)
- 流量(m^3/h)
- 排出口公称直径(mm)
- 自动搅匀潜水排污泵

4. 本页根据上海熊猫机械(集团)有限公司提供的资料编制。

图 5—1　潜水排污泵的零件及外形图

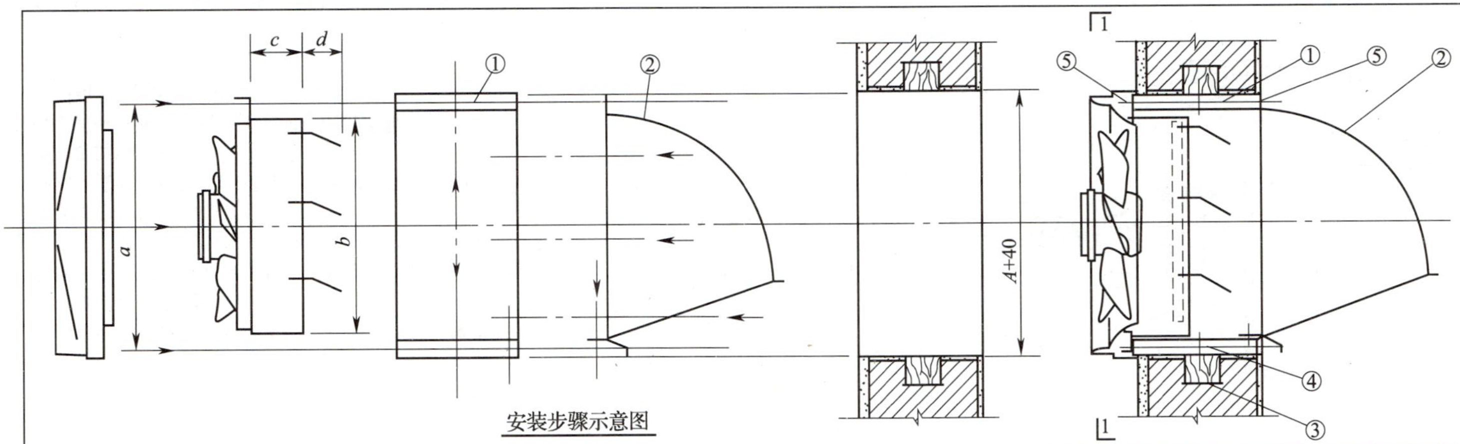

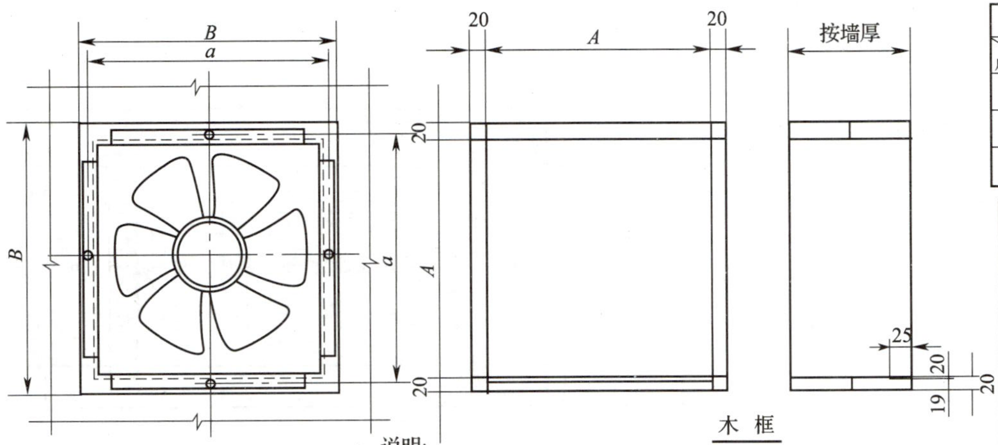

尺寸表

尺寸 \ 型号	A	B	a	b	c	d
200	248	288	260	240	80	50
250	316	356	308	290	93	60
300	374	474	366	340		74

编号	名 称	规 格	单位	数量	备 注
5	木螺钉	3×25	个	16	
4	木螺钉	4×40	个	4	
3	木 砖	100×100×100	个	4	
2	防雨罩	镀锌钢板	个	1	
1	木 框	硬杂木	个	1	

材料表

KHG-25B型家用交流换气扇墙上安装(一)				图集号	94T117
审核	校对	设计		页	41

说明:

1. 本图按KHG-25h型交流换气扇尺寸编制，其他型号可参照本图安装。
2. 本安装图适用于砖、混凝土、保湿夹心等外墙。

图 5—2 家用换气扇的零件及安装图

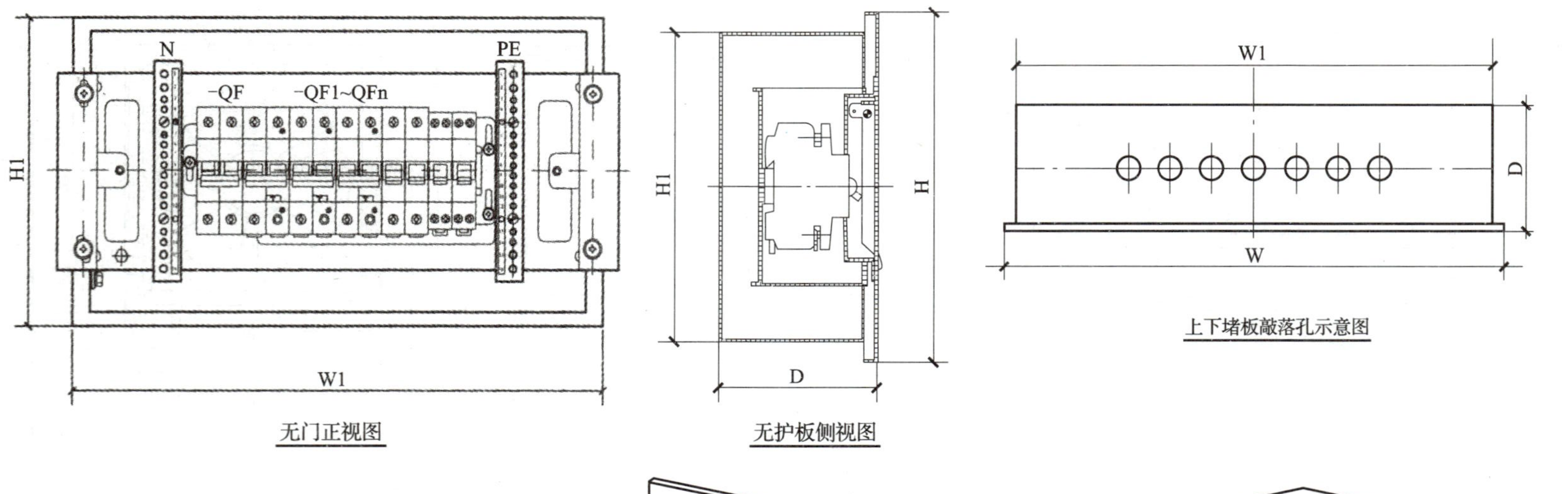

注:

1. 微型断路器采用箱体高度方向对称排列，配电箱采用上进线或下进线，箱内均保证不小于70mm的进出线空间。

2. 箱体上下堵板若开制敲落孔，采用中心对称排列，数量按进出线数，敲落孔大小为工程设计排管直径加1~2mm（工程特殊要求除外）。

3. 嵌入式安装，墙体留洞尺寸为箱体尺寸两侧共加15mm，上下共加25mm。

4. PE、N线应通过采用端子与对应的汇流排连接。

5. 本图箱体系列代号为LB101~LB105。

LB101~LB105系列

图 5—3　配电箱的零件及外形图

第二节　建筑给排水设备的零件图及安装图

随着生活水平的提高，建筑规模的扩大及建筑功能的复杂化，建筑给排水工程管材及设备所涉及的内容也越来越繁多。零件图包括各种管材、附件的零件图，给水设备、排水设备、消防设备的零件图等。

一、管材、附件的零件图及安装图

目前建筑管材一般包括金属管材和非金属管材两大类，常用的金属管材有镀锌钢管、不锈钢管、铜管、铸铁管等，常用的非金属管材有硬聚氯乙烯（PVC-U）塑料管、聚乙烯（PE）管、聚丙烯（PP-R）管等，另外还有复合管材。

给水系统、排水系统、消防系统中可以根据不同需要选用相应的管材。

图5—4所示为金属管道承插三通的零件图，图中表明了各零件外形，管径、壁厚等实际尺寸还需查尺寸规格表。图5—5所示为金属管道法兰连接[2]三通的零件图。图5—6所示为金属管道双承和单承弯管配件图。

管端用螺纹和沟槽连接的钢管尺寸见表5—1。

2. 法兰连接

法兰连接就是把两个管道、管件或器材，先各自固定在一个法兰盘上，两个法兰盘之间加上法兰垫，用螺栓紧固在一起，完成连接。有的管件和器材已经自带法兰盘，也属于法兰连接。

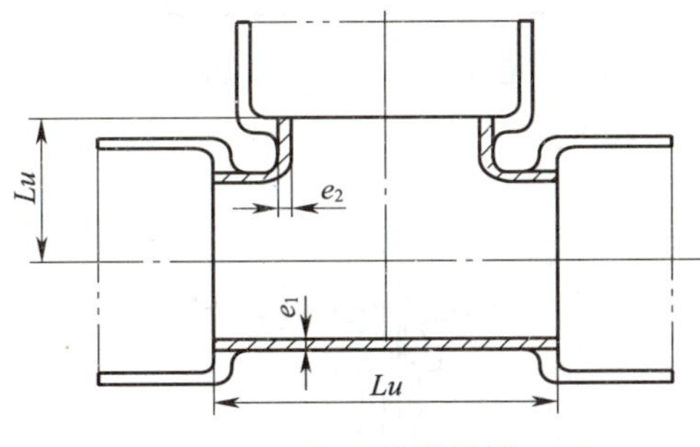

图5—4　金属管道承插三通

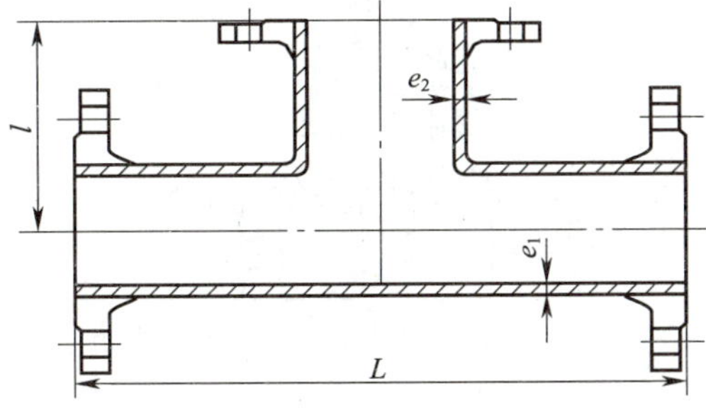

图5—5　金属管道法兰连接三通

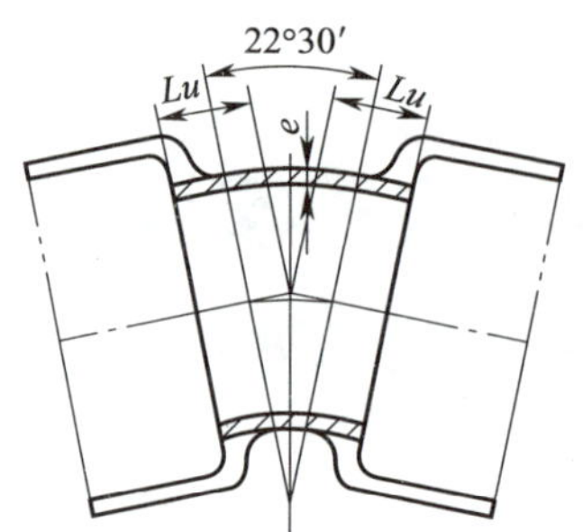

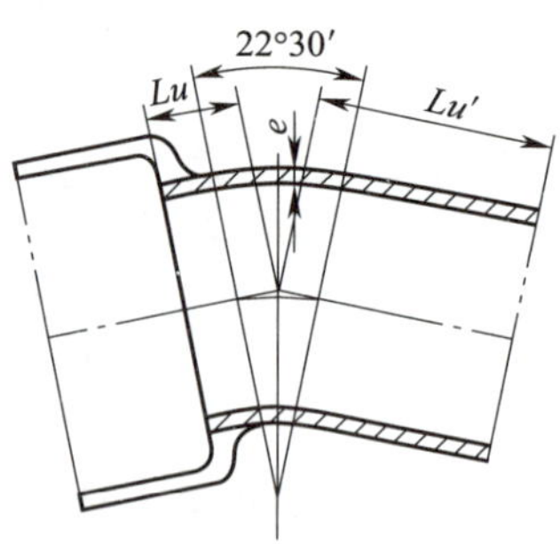

图 5—6 金属管道双承和单承弯管配件

表 5—1 管端用螺纹和沟槽连接的钢管尺寸

公称直径（mm）	外径（mm）	壁厚（mm）	
		普通钢管	加厚钢管
6	10.2	2.0	2.5
8	13.5	2.5	2.8
10	17.2	2.5	2.8
15	21.3	2.8	3.5
20	26.9	2.8	3.5
25	33.7	3.2	4.0
32	42.4	3.5	4.0
40	48.3	3.5	4.5
50	60.3	3.8	4.5
65	76.1	4.0	4.5
80	88.9	4.0	5.0
100	114.3	4.0	5.0
125	139.7	4.0	5.5
150	168.3	4.5	6.0

注：表中的公称直径系近似内径的名义尺寸，不表示外径减去两个壁厚所得的内径。

图 5—7 所示为给水管道上常用的闸阀的零件图。图 5—8 所示为排水管道上存水弯[3]的零件图。

3. 存水弯

存水弯指的是在卫生器具内部或器具排水管段上设置的一种内有水封的配件。存水弯中会保持一定的水，可以将下水道下面的空气隔绝，防止臭气进入室内。分为 S 形存水弯和 P 形存水弯两种。

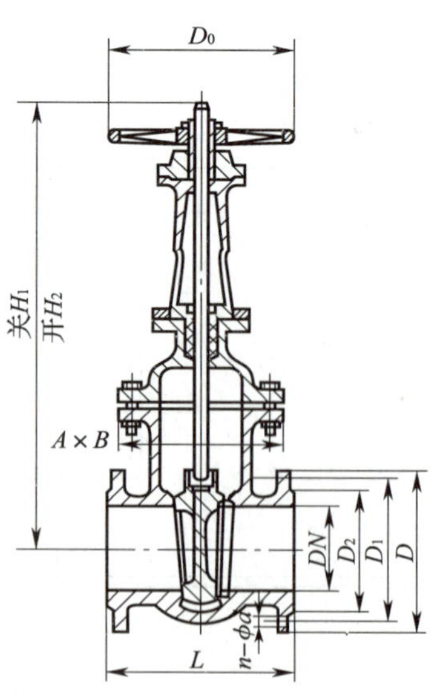

图 5—7 Z41T-10 明杆闸阀

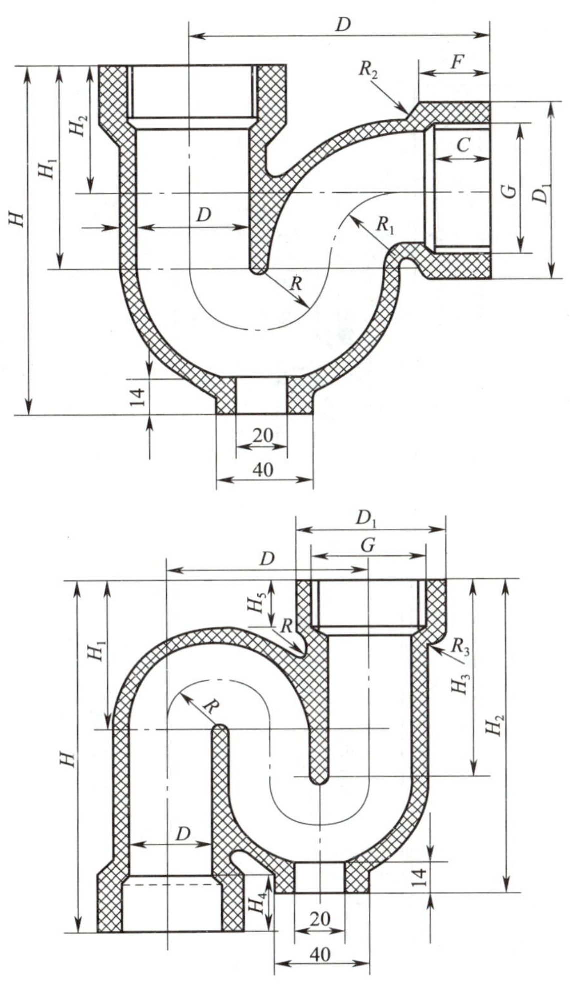

图 5—8　存水弯的零件图

二、给排水设备的零件图及安装图

给排水设备种类较多，包括卫生器具设备、水泵、热水器等，隔油器、化粪池等，室内消火栓、消防水泵接合器[4]等。

卫生器具是用来满足日常生活中洗浴、洗涤等卫生要求并收集排除所产生的污水的设备。图 5—9 所示为洗脸盆的外形及安装图，图 5—10 所示为坐便器的外形及安装图，图 5—11 所示为浴缸及淋浴器的安装图。图中所标出的各部件尺寸可查阅图中尺寸表，不同产品的细部尺寸略有差异，可根据产品样本选用。

离心泵常用于供水加压或供应消防用水所需压力，在建筑中应用广泛。图 5—12 所示为 TSWA 型卧式水泵的外形及安装图，图中所标出的各零件尺寸均可在相关尺寸表中查到。

4. 消防水泵接合器

通常与建筑物内的自动喷水灭火系统或消火栓等消防设备的供水系统相连。当发生火灾时，消防车的水泵可迅速方便地通过该接合器的接口与建筑物内的消防设备相连，并送水加压，从而使室内的消防设备得到充足的压力水源，用以扑灭不同楼层的火灾。

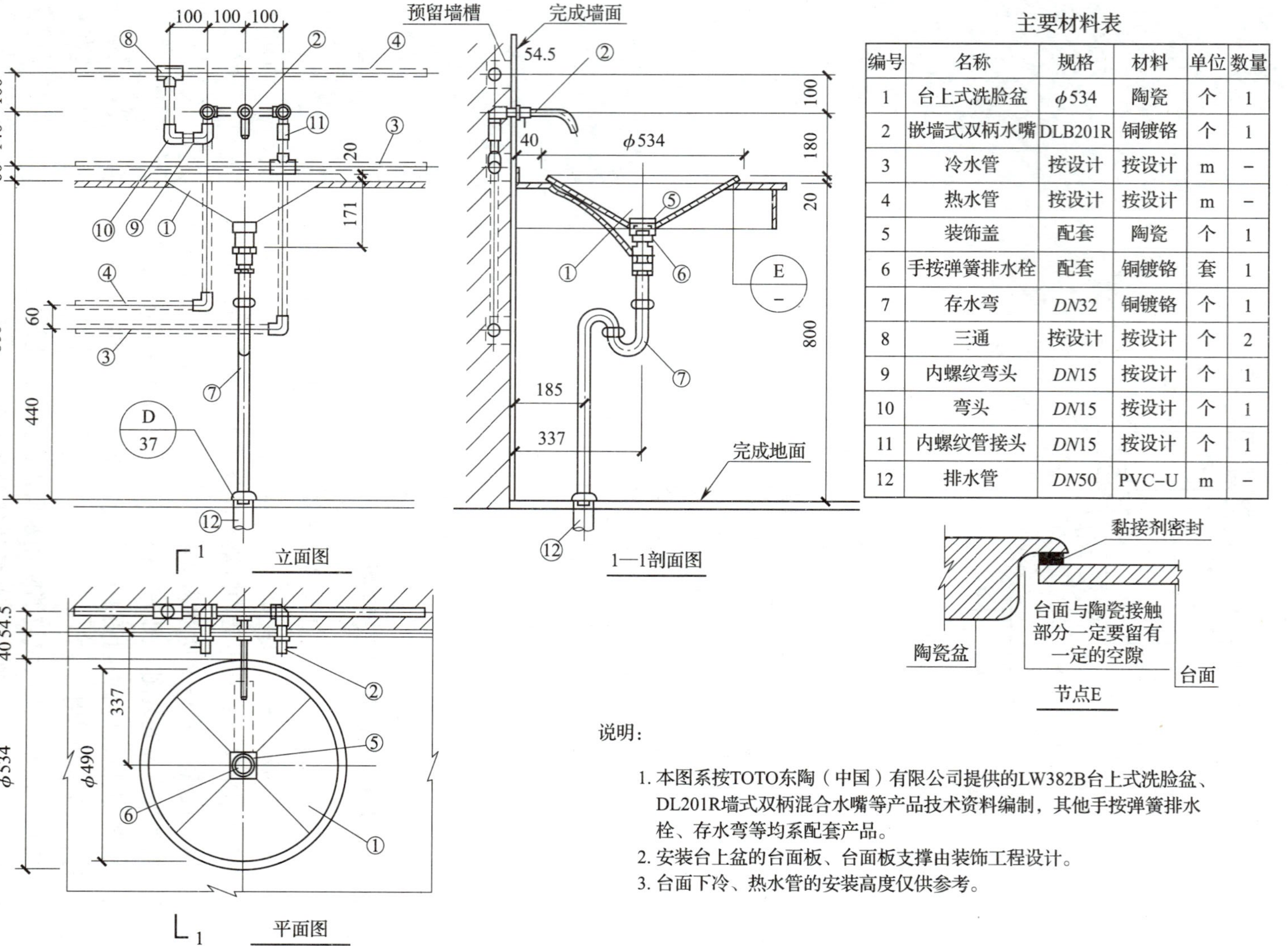

主要材料表

编号	名称	规格	材料	单位	数量
1	台上式洗脸盆	ϕ534	陶瓷	个	1
2	嵌墙式双柄水嘴	DLB201R	铜镀铬	个	1
3	冷水管	按设计	按设计	m	–
4	热水管	按设计	按设计	m	–
5	装饰盖	配套	陶瓷	个	1
6	手按弹簧排水栓	配套	铜镀铬	套	1
7	存水弯	*DN*32	铜镀铬	个	1
8	三通	按设计	按设计	个	2
9	内螺纹弯头	*DN*15	按设计	个	1
10	弯头	*DN*15	按设计	个	1
11	内螺纹管接头	*DN*15	按设计	个	1
12	排水管	*DN*50	PVC–U	m	–

说明：

1. 本图系按TOTO东陶（中国）有限公司提供的LW382B台上式洗脸盆、DL201R墙式双柄混合水嘴等产品技术资料编制，其他手按弹簧排水栓、存水弯等均系配套产品。
2. 安装台上盆的台面板、台面板支撑由装饰工程设计。
3. 台面下冷、热水管的安装高度仅供参考。

图 5—9　洗脸盆外形及安装图

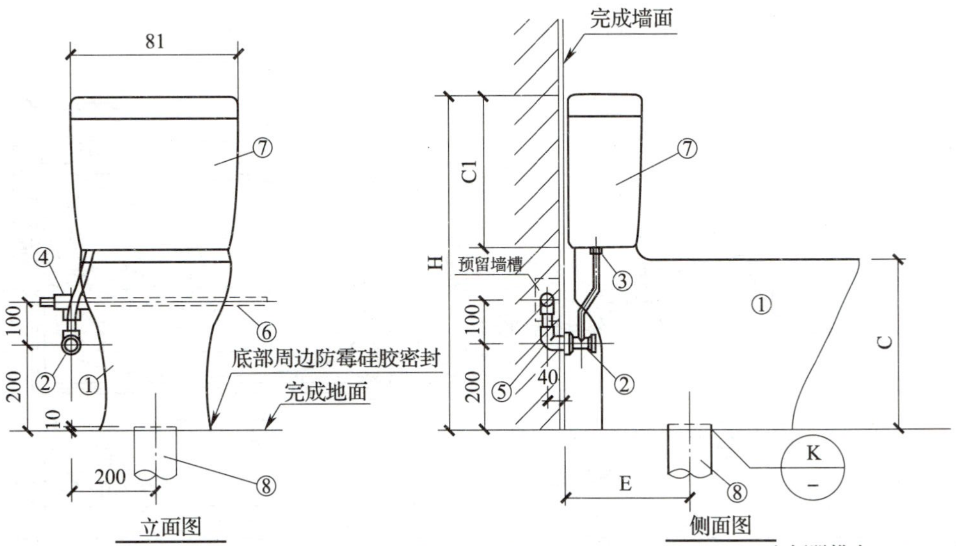

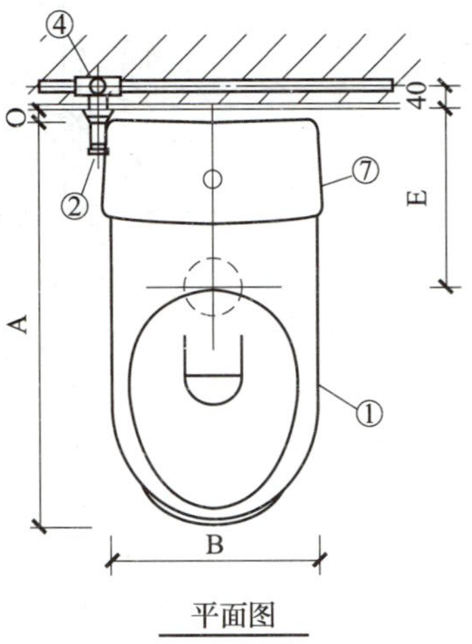

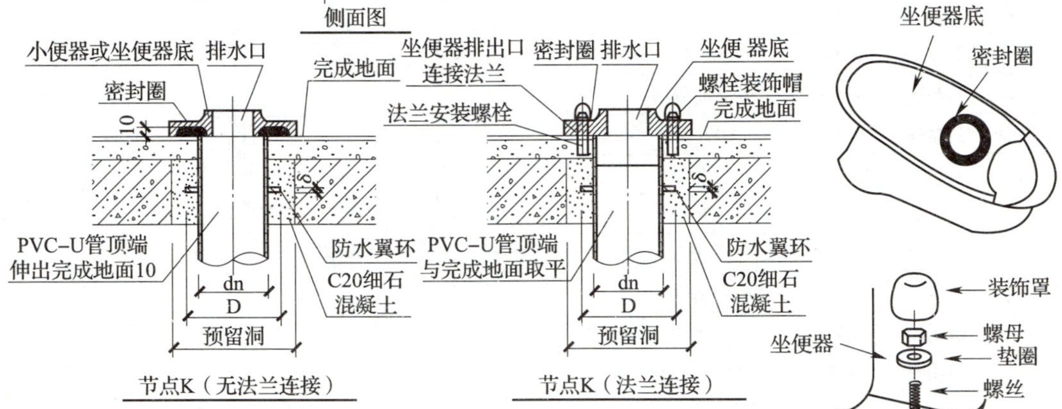

主要材料表

编号	名称	规格	材料	单位	数量
1	坐便器	加长型	陶瓷	个	1
2	角式截止阀	*DN*15	铜镀铬	个	1
3	进水阀配件	*DN*15	配套	套	1
4	三通	按设计	按设计	个	1
5	内螺纹弯头	*DN*15	按设计	个	1
6	冷水管	按设计	按设计	m	–
7	分体式低水箱	3L/6L	陶瓷	个	1
8	排水管	*DN*110	PVC–U	m	–

dn	D	δ	预留洞
50	80	8	ϕ100
75	105	8	ϕ150
110	160	10	ϕ200

图 5—10　坐便器的外形及安装图

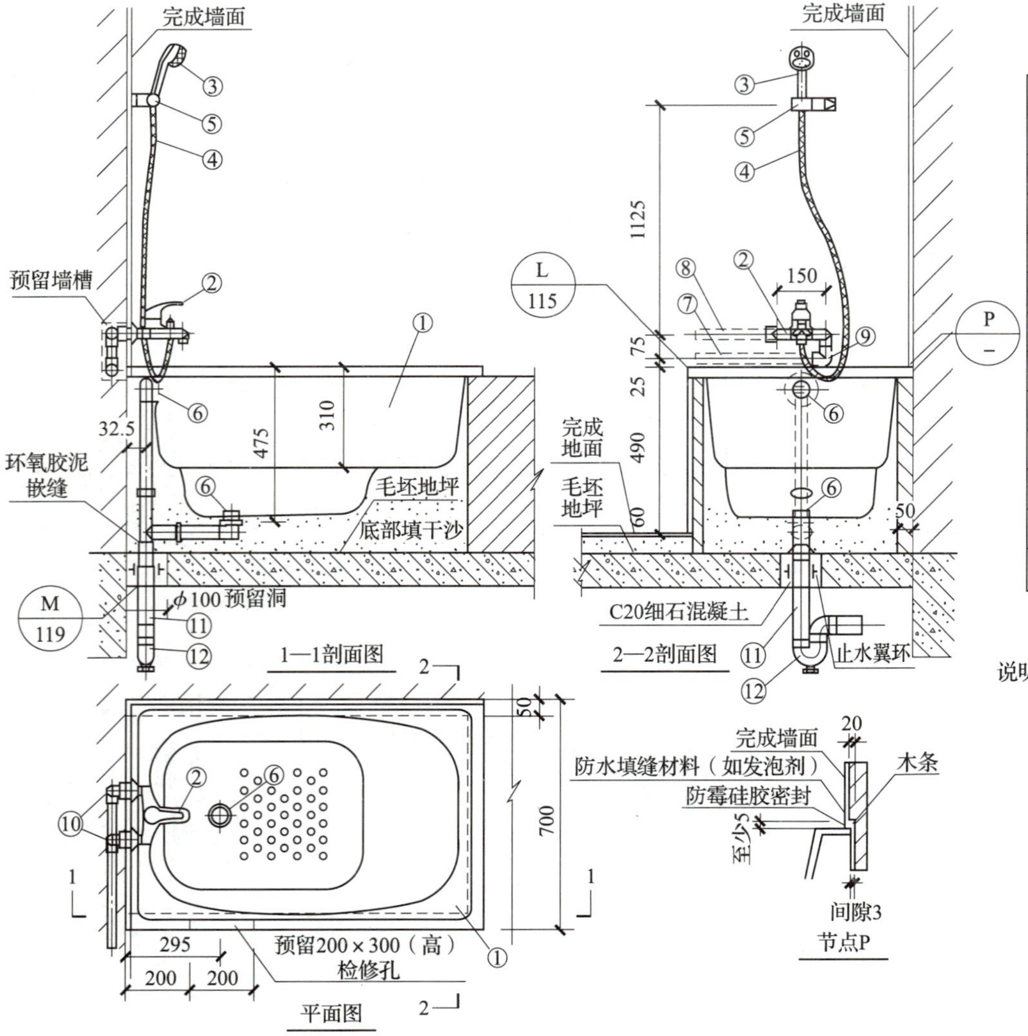

主要材料表

编号	名称	规格	材料	单位	数量
1	坐泡式浴盆	1100×700	钢板搪瓷	个	1
2	单柄浴盆水嘴	*DN*15	铜镀铬	个	1
3	手提式花洒	*DN*15	铜镀铬	个	1
4	金属软管	*DN*15	铜镀铬	m	1.5
5	可调式花洒座	–	铜镀铬	个	1
6	脚踏式浴盆排水栓	*DN*40	浴盆配套	套	1
7	冷水管	*DN*15	按设计	m	–
8	热水管	*DN*15	按设计	m	–
9	90° 弯头	*DN*15	按设计	个	1
10	内螺纹弯头	*DN*15	按设计	个	2
11	排水管	*DN*50	PVC–U	m	–
12	存水弯	*DN*50	PVC–U	个	1

说明：

1. 本图系按市售1100×700坐泡式浴盆、单柄浴盆水嘴、手提式花洒、金属软管、可调式花洒座及脚踏式浴盆排水器等技术资料编制。
2. 浴盆外侧在安装前由建筑装修配合预留200×300检修孔，经通水试验无渗漏后再封门。

图 5—11　浴缸及淋浴器安装图

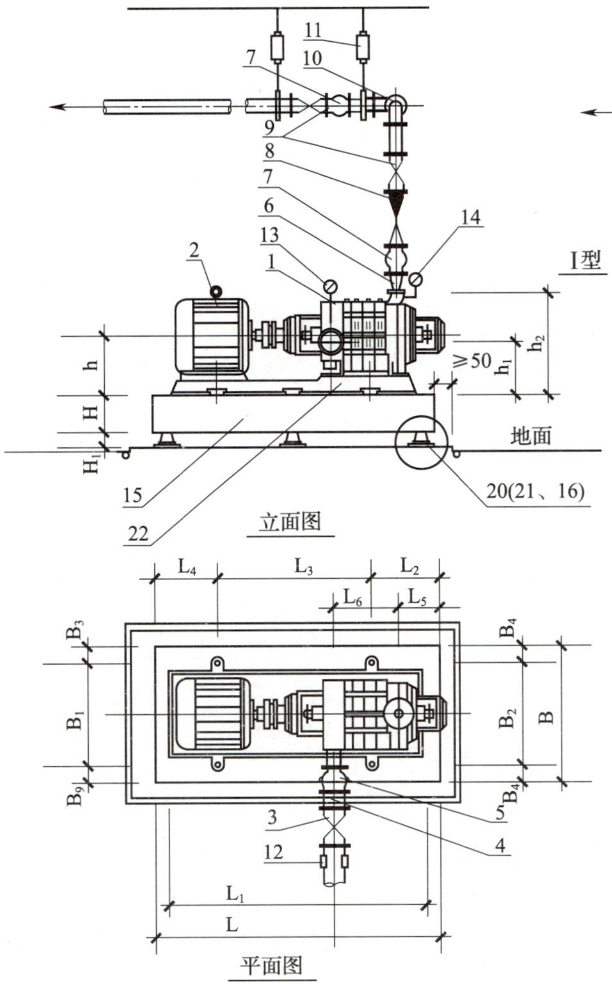

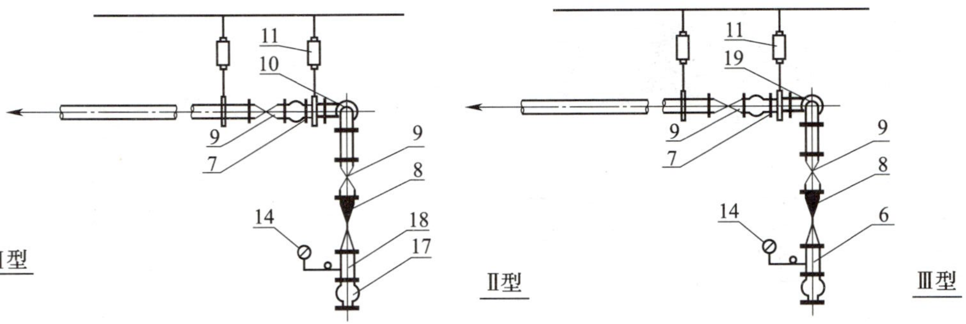

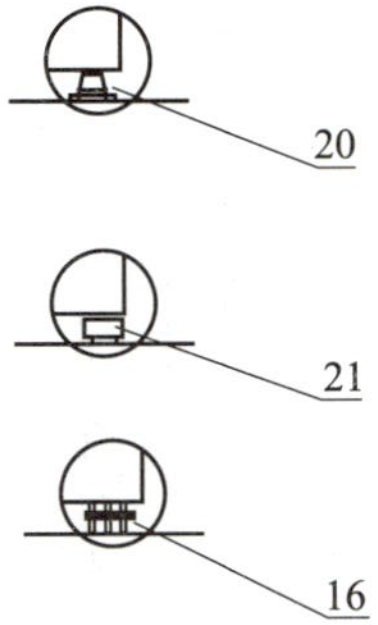

名称表

编号	名　称	编号	名　称
1	水泵	12	弹性托架
2	电动机	13	真空表
3	阀门	14	压力表
4	钢制短管	15	钢筋混凝土基座或型钢基座
5	可曲挠偏心异径橡胶接头	16	SD型橡胶隔振垫
6	钢制异径管	17	可曲挠同心异径橡胶接头
7	可曲挠橡胶接头	18	钢制短管
8	消声止回阀	19	可曲挠90°橡胶弯头
9	阀门	20	JSD型橡胶隔振器
10	钢制90°弯头	21	ST或ZT型弹簧隔振器
11	弹性吊架	22	水泵机组底座

说明：

1. 安装尺寸详见图98S102–37~38，设备材料详见图98S102–39，基座详见图98S102–54~57、65、68~71、79，安装大样详见图98S102–82~85,机组隔振元件选用详见图98S102–40~43。
2. 水泵进出水管其他布置形式由设计人员自行确定。
3. 出水管配件和附件安装形式由设计人员在Ⅰ、Ⅱ、Ⅲ型中选择。
4. 本图三种隔振元件JSD型隔振器、ST型或ZT型隔振器和SD型隔振垫可由设计人员根据具体情况任选一种。

图 5—12　TSWA 型卧式水泵的外形及安装图

图 5—13 所示为家用热水器的外形及安装图。

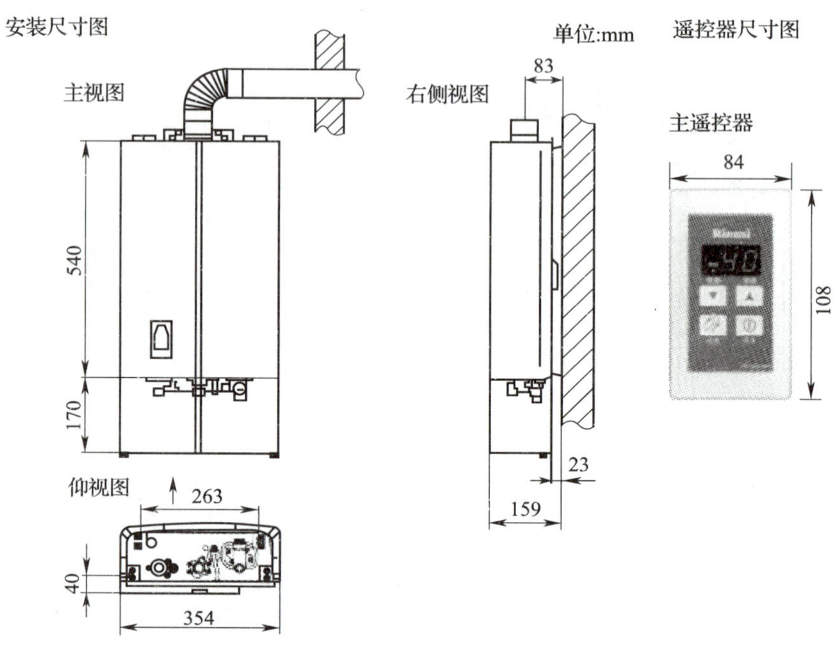

图 5—13　家用热水器的外形及安装图

图 5—14 所示为厨房废水隔油器的外形及安装图。箱体及盖板等用不锈钢板焊制，用于厨房废水的油污分离。图 5—15 所示为室内消火栓的外形及安装图，图 5—16 所示为建筑消防水泵接合器的外形及安装图。它们均是室内消防常用的设备。

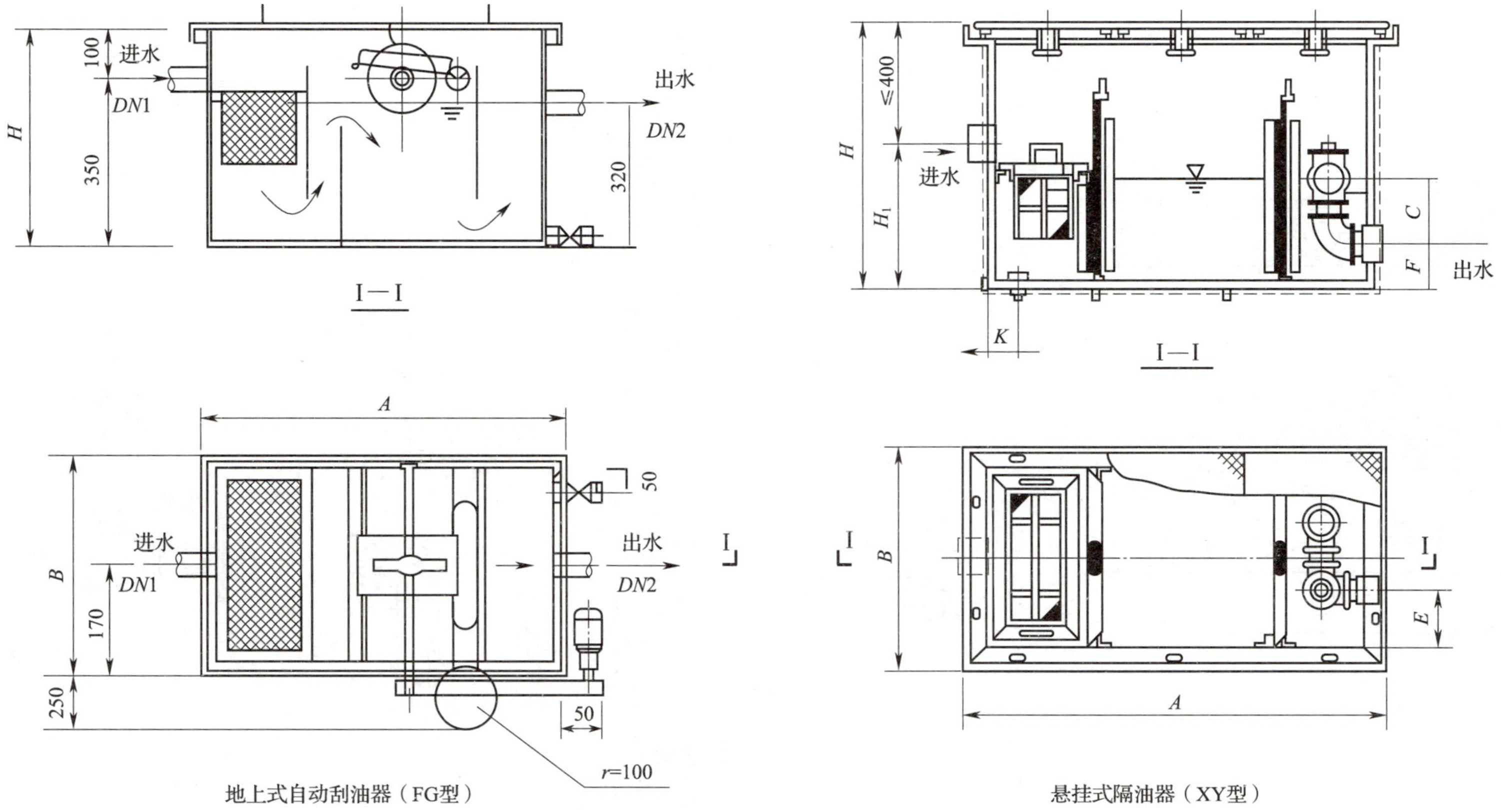

悬挂式隔油器（XY型）

地上式自动刮油器（FG型）

图 5—14 废水隔油器的外形及安装图

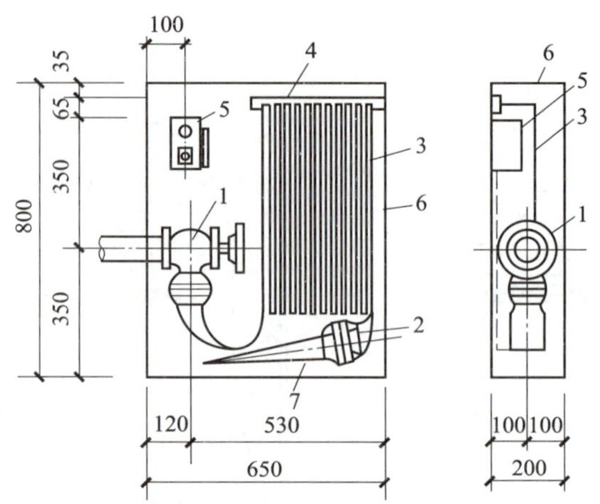

图 5—15　室内消火栓安装图

1—消火栓　2—水带接口　3—水带　4—挂架　5—消防水泵按钮　6—消火栓箱　7—水枪

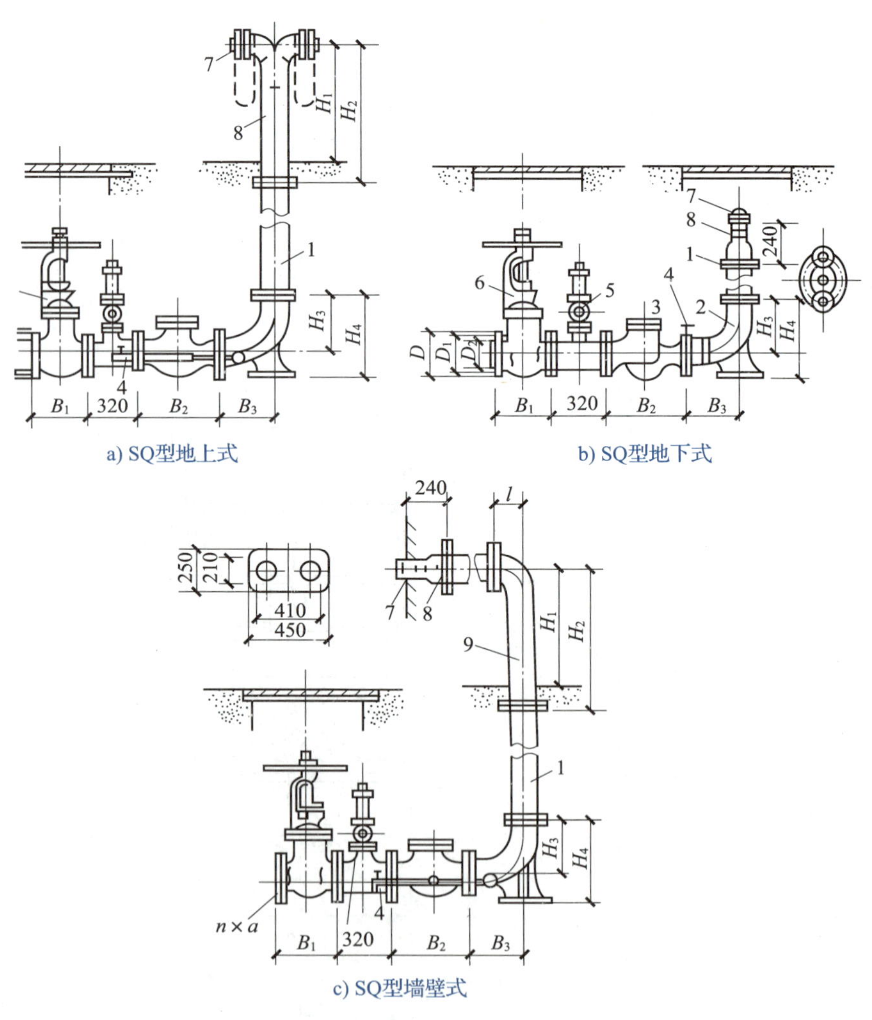

图 5—16　消防水泵接合器的外形及安装图

第三节　采暖通风空调设备的零件图及安装图

建筑采暖通风及空调系统所采用的管材与给排水系统类似，一般多采用金属管材。

图 5—17 所示为板式散热器的外形及安装图。散热器一般采用金属材料制成，以对流方式向房间传热。

图 5—18 所示为轴流风机的外形及安装图。轴流风机用于为空气流动提供动力，当叶轮由电动机带动旋转时，空气从吸风口进入。

图 5—19 所示为送回风口的外形及安装图。送风口是送风系统中风道的末端装置，由送风道输入的空气通过送风口分配至指定的送风点。回风口是回风系统的始端吸入装置。

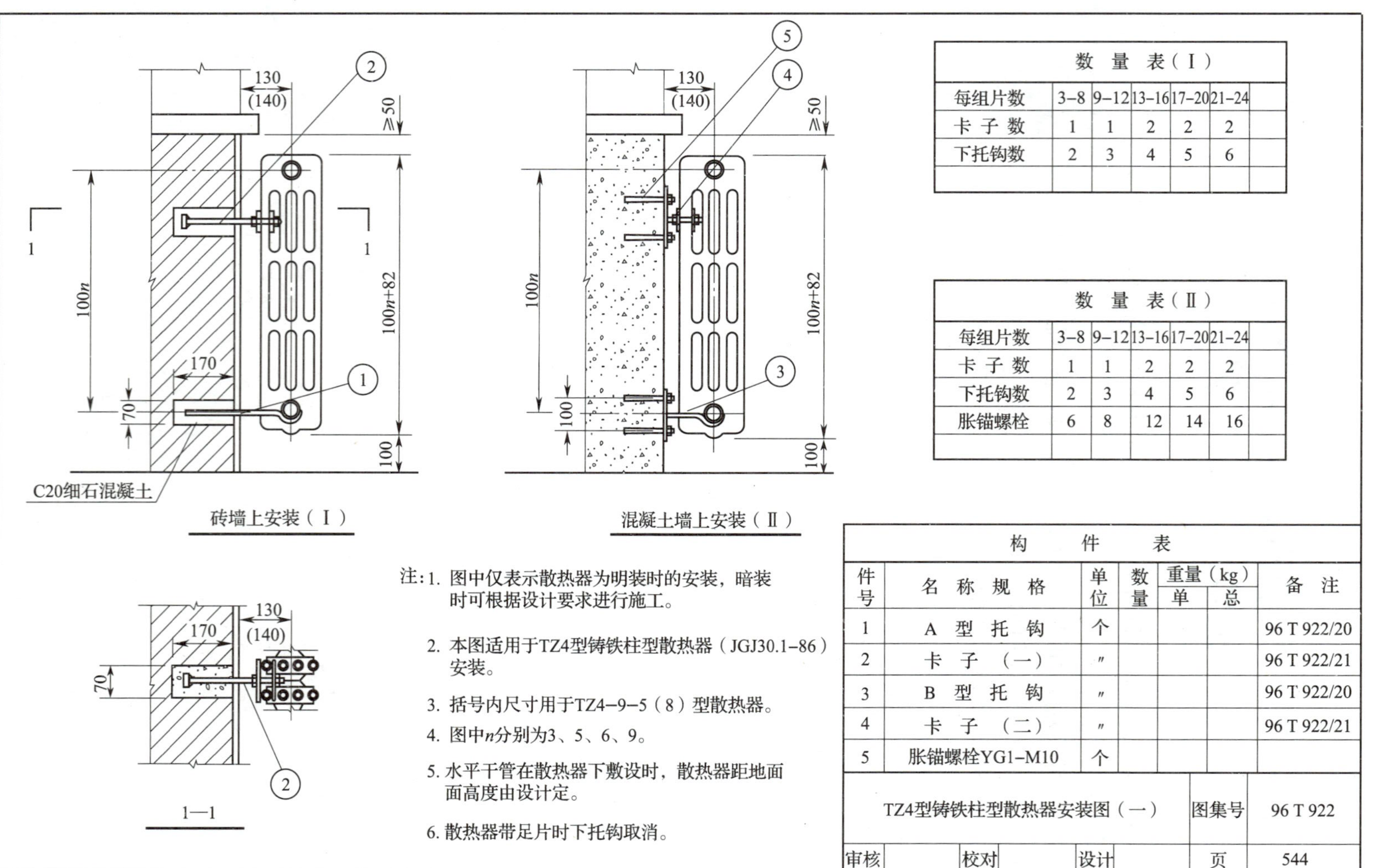

数 量 表（Ⅰ）

每组片数	3–8	9–12	13–16	17–20	21–24	
卡 子 数	1	1	2	2	2	
下托钩数	2	3	4	5	6	

数 量 表（Ⅱ）

每组片数	3–8	9–12	13–16	17–20	21–24	
卡 子 数	1	1	2	2	2	
下托钩数	2	3	4	5	6	
胀锚螺栓	6	8	12	14	16	

构 件 表

件号	名 称 规 格	单位	数量	重量（kg）单	重量（kg）总	备 注
1	A 型 托 钩	个				96 T 922/20
2	卡 子 （一）	〃				96 T 922/21
3	B 型 托 钩	〃				96 T 922/20
4	卡 子 （二）	〃				96 T 922/21
5	胀锚螺栓YG1–M10	个				

TZ4型铸铁柱型散热器安装图（一）			图集号	96 T 922
审核	校对	设计	页	544

图 5—17 板式散热器的外形及安装图

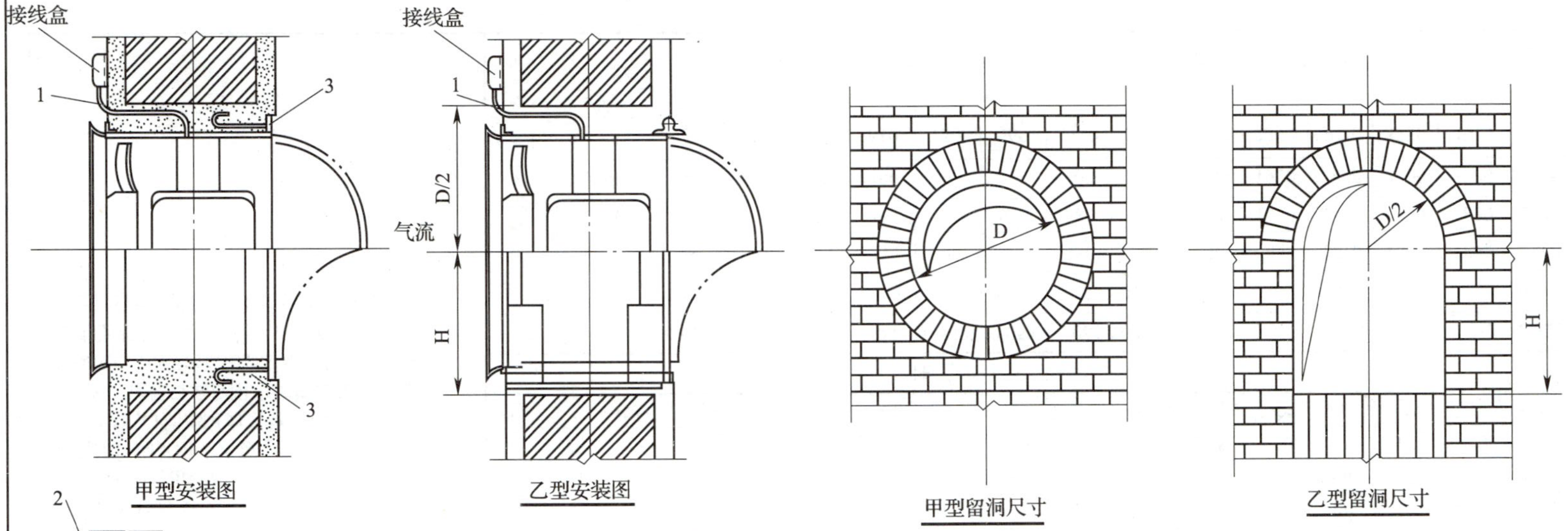

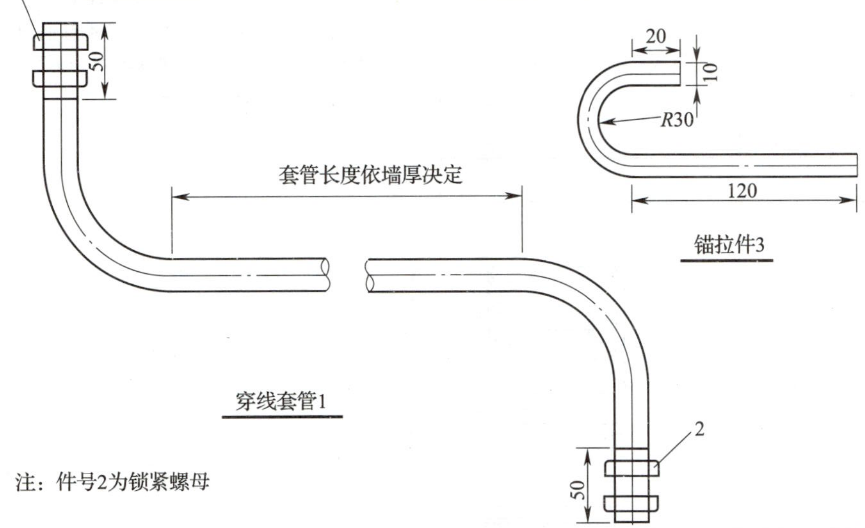

接线盒
1
3
3
甲型安装图

接线盒
1
D/2
气流
H
乙型安装图

D
甲型留洞尺寸

D/2
H
乙型留洞尺寸

2
50
套管长度依墙厚决定
穿线套管1
2
50

20
10
R30
120
锚拉件3

注：件号2为锁紧螺母

说明：
1. 选用砖拱或混凝土框内设计决定，并在土建设计图上表示
2. 安装时应先将风机壳体上的电源线盒拆除，换成穿线套管引到墙外后再浇灌混凝土
3. 安装水平后用细石混凝土将墙洞的空隙填实粉光

尺　寸　表

安装形式	型号	2.8	3.15	3.55	4	4.5	5	5.6	6.3	7.1
甲型	D	390	435	485	535	595	675	745	835	935
乙型	D/2	195	217	242	267	297	332	372	417	467
	H	230	260	280	310	350	360	410	450	510

T35-11，BT35-11 2.8-7.1号轴流式通风机墙内甲型、乙型安装						图集号	94T197
审核		校对		设计		页	36

图 5—18　轴流风机的外形及安装图

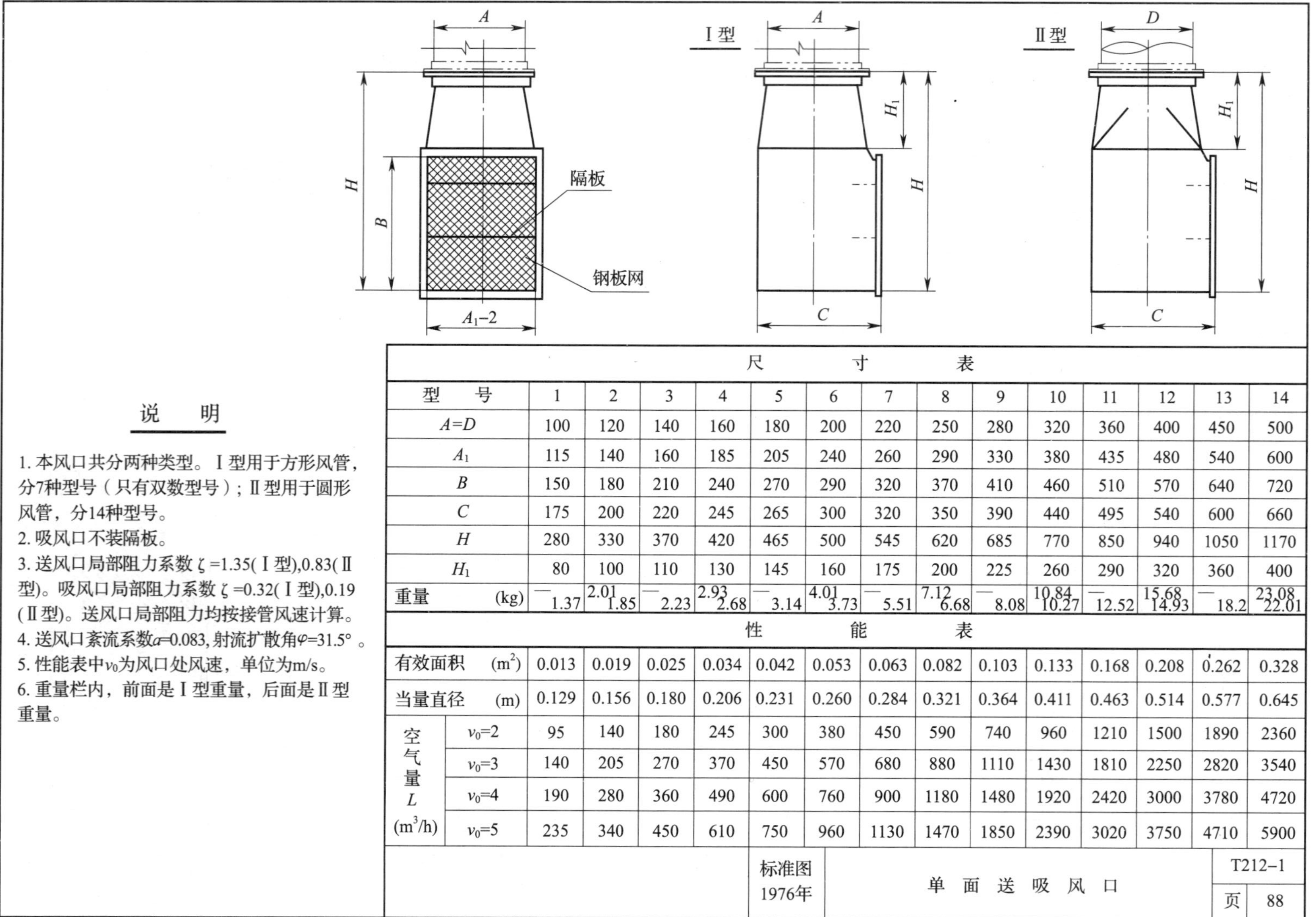

尺寸表														
型号	1	2	3	4	5	6	7	8	9	10	11	12	13	14
$A=D$	100	120	140	160	180	200	220	250	280	320	360	400	450	500
A_1	115	140	160	185	205	240	260	290	330	380	435	480	540	600
B	150	180	210	240	270	290	320	370	410	460	510	570	640	720
C	175	200	220	245	265	300	320	350	390	440	495	540	600	660
H	280	330	370	420	465	500	545	620	685	770	850	940	1050	1170
H_1	80	100	110	130	145	160	175	200	225	260	290	320	360	400
重量 (kg)	—/1.37	2.01/1.85	—/2.23	2.93/2.68	—/3.14	4.01/3.73	—/5.51	7.12/6.68	—/8.08	10.84/10.27	—/12.52	15.68/14.93	—/18.2	23.08/22.01

性能表															
有效面积 (m^2)		0.013	0.019	0.025	0.034	0.042	0.053	0.063	0.082	0.103	0.133	0.168	0.208	0.262	0.328
当量直径 (m)		0.129	0.156	0.180	0.206	0.231	0.260	0.284	0.321	0.364	0.411	0.463	0.514	0.577	0.645
空气量 L (m^3/h)	$v_0=2$	95	140	180	245	300	380	450	590	740	960	1210	1500	1890	2360
	$v_0=3$	140	205	270	370	450	570	680	880	1110	1430	1810	2250	2820	3540
	$v_0=4$	190	280	360	490	600	760	900	1180	1480	1920	2420	3000	3780	4720
	$v_0=5$	235	340	450	610	750	960	1130	1470	1850	2390	3020	3750	4710	5900

标准图 1976年	单面送吸风口	T212-1
		页 88

说明

1. 本风口共分两种类型。Ⅰ型用于方形风管，分7种型号（只有双数型号）；Ⅱ型用于圆形风管，分14种型号。
2. 吸风口不装隔板。
3. 送风口局部阻力系数 $\zeta=1.35$(Ⅰ型),0.83(Ⅱ型)。吸风口局部阻力系数 $\zeta=0.32$(Ⅰ型),0.19(Ⅱ型)。送风口局部阻力均按接管风速计算。
4. 送风口紊流系数a=0.083,射流扩散角φ=31.5°。
5. 性能表中v_0为风口处风速，单位为m/s。
6. 重量栏内，前面是Ⅰ型重量，后面是Ⅱ型重量。

图 5—19 送回风口外形及安装图

第四节　建筑电气设备的零件图及安装图

电气设备的导线和电缆用于传送电能，常用铜心或铝心橡胶绝缘线，用 BX 或 BLX 表示，或者铜心或铝心聚氯乙烯绝缘线，用 BV 或 BLV 表示。

电气设备包括配电设备、照明设备、弱电设备等。图 5—20 所示为庭院灯的外形及安装图，图 5—21 所示为配电设备嵌墙安装图，图 5—22 所示为避雷器的外形及安装图。

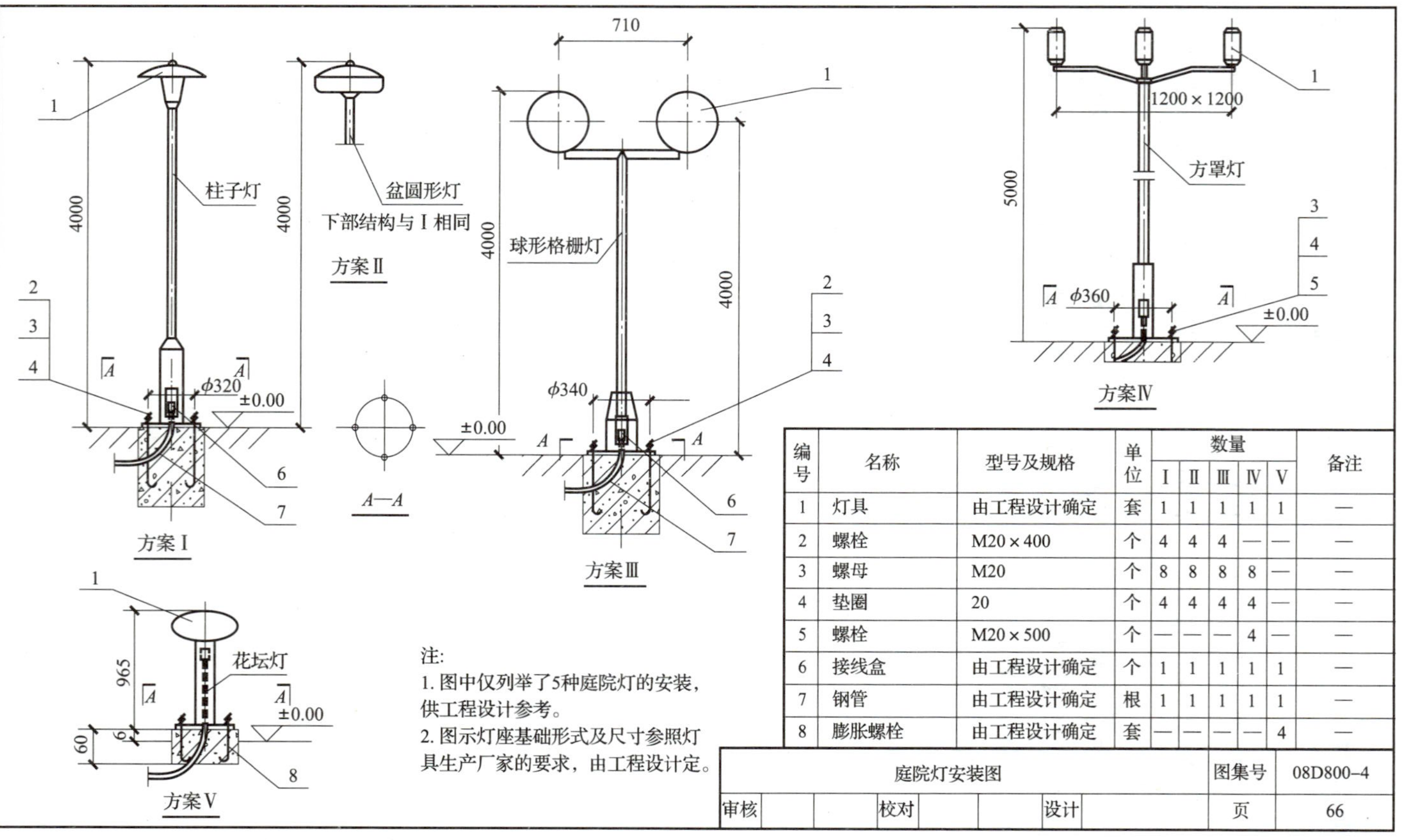

编号	名称	型号及规格	单位	数量 Ⅰ	Ⅱ	Ⅲ	Ⅳ	Ⅴ	备注
1	灯具	由工程设计确定	套	1	1	1	1	1	—
2	螺栓	M20×400	个	4	4	4	—	—	—
3	螺母	M20	个	8	8	8	8	—	—
4	垫圈	20	个	4	4	4	4	—	—
5	螺栓	M20×500	个	—	—	—	4	—	—
6	接线盒	由工程设计确定	个	1	1	1	1	1	—
7	钢管	由工程设计确定	根	1	1	1	1	1	—
8	膨胀螺栓	由工程设计确定	套	—	—	—	—	4	—

图 5—20 庭院灯的外形及安装图

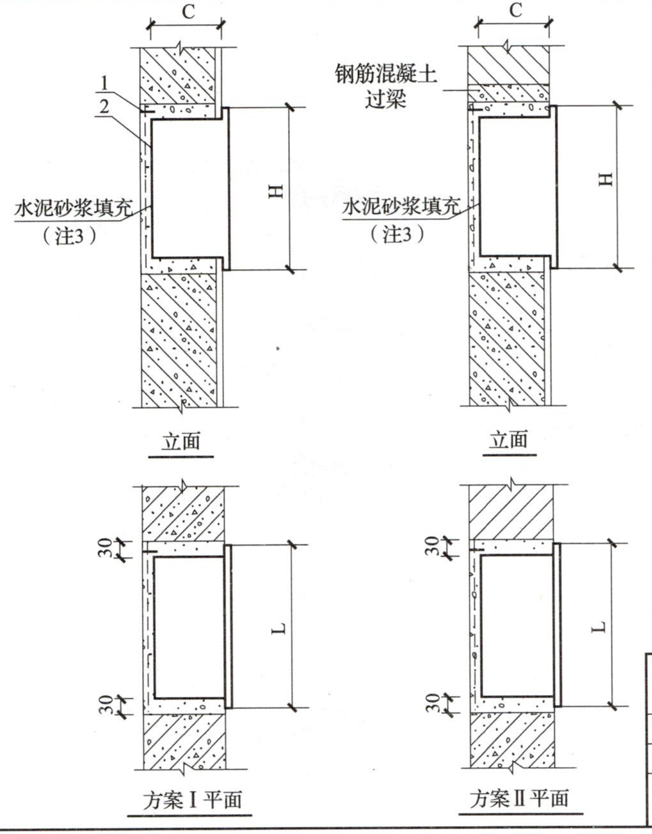

C

1
2
水泥砂浆填充
（注3）
H
立面

C
钢筋混凝土
过梁
水泥砂浆填充
（注3）
H
立面

30
30
L
方案Ⅰ平面

30
30
L
方案Ⅱ平面

注：
1. 本图适用于配电箱、插座箱等嵌墙安装。
2. 图中尺寸C、H、L见相关厂家设备产品样本。
3. 当水泥砂浆厚度小于30mm时，需钉铁丝网以防开裂。
4. 箱体宽度大于600mm时宜加预制混凝土过梁（过梁设计由结构专业完成）。
5. 方案Ⅰ适用于混凝土墙；方案Ⅱ适用于实心砖墙。

编号	名称	型号及规格	单位	数量		备注
				Ⅰ	Ⅱ	
1	钢钉	7号	个	4	4	—
2	铁丝网	0.5厚	块	1	1	—
配电设备嵌墙安装				图集号		08D800-5

图 5—21　配电设备嵌墙安装图

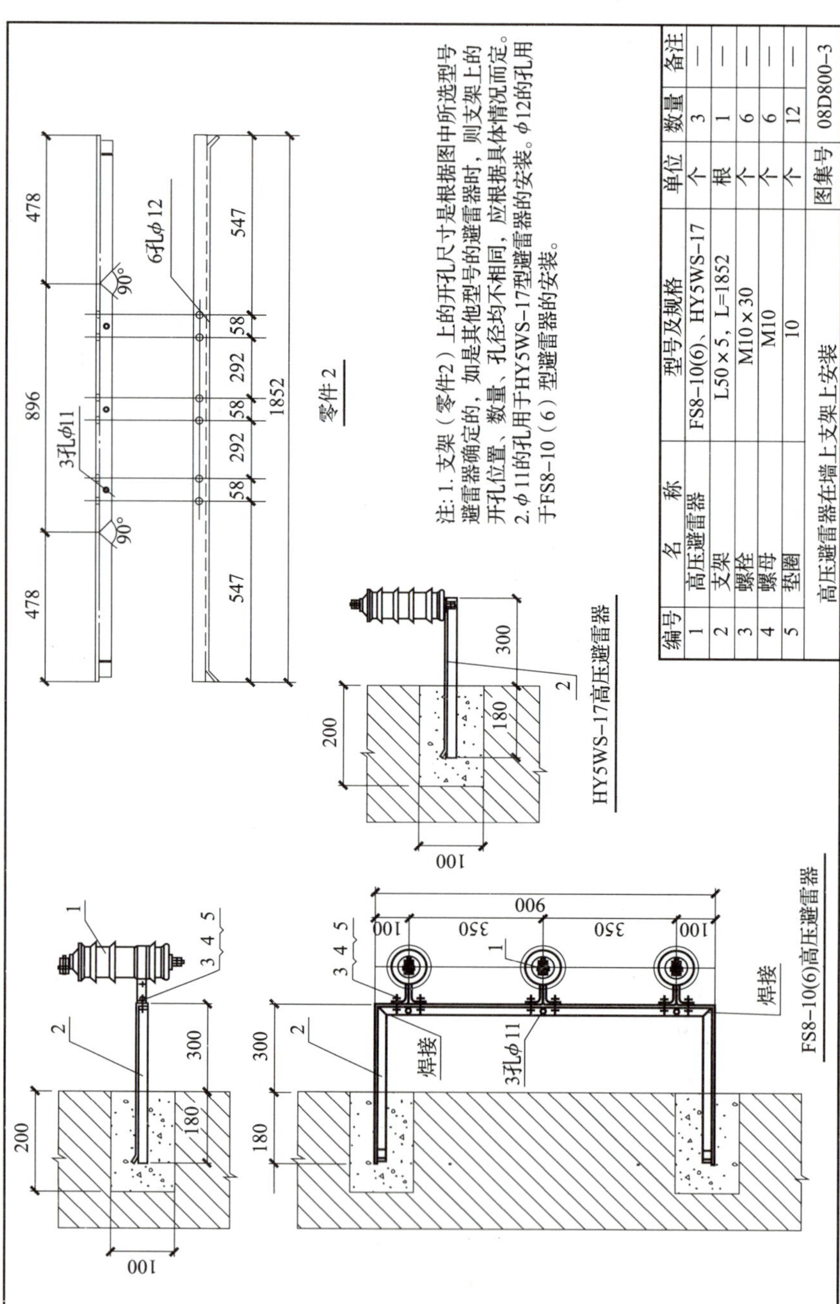

编号	名称	型号及规格	单位	数量	备注
1	高压避雷器	FS8-10(6)、HY5WS-17	个	3	—
2	支架	L50×5，L=1852	根	1	—
3	螺栓	M10×30	个	6	—
4	螺母	M10	个	6	—
5	垫圈	10	个	12	—
高压避雷器在墙上支架上安装			图集号	08D800-3	

图 5—22 避雷器外形及安装图

第六章　建筑构造与建筑材料基本知识

第一节　民用建筑的构造组成

通常把用建筑材料构筑的空间和实体，供人们居住和进行各种活动的场所称为建筑物（见图 6—1a）。其他如水塔、蓄水池、烟囱等不能居住的建造物称为构筑物（见图 6—1b、c）。

a) 建筑物

b) 水塔

c) 烟囱

图 6—1　建筑物与构筑物

建筑构造就是研究房屋的构造组成、各组成部分的构造原理和构造方法。构造原理研究各组成部分的要求，以及满足这些要求的理论。构造方法则研究在构造原理指导下，用建筑材料和制品构成构件和配件，以及构配件之间连接的方法。

一般民用建筑[1]是由基础、墙或柱、楼地层、楼梯、屋顶、门窗等主要部分组成的，如图 6—2 所示。民用建筑各主要组成部分的作用及构造要求分述如下。

1. 民用建筑　供人们居住、生活、工作和从事文化、商业、医疗、交通等公共活动的房屋。

一、基础

基础是房屋最下面的部分，埋在地坪以下。它承受房屋的全部荷载，并把这些荷载传递给下面的土层——地基。基础是房屋的重要组成部分。因此要求基础应该坚固、稳定、有足够的承载能力、能经受冰冻和地下水及其所含化学物质的侵蚀。

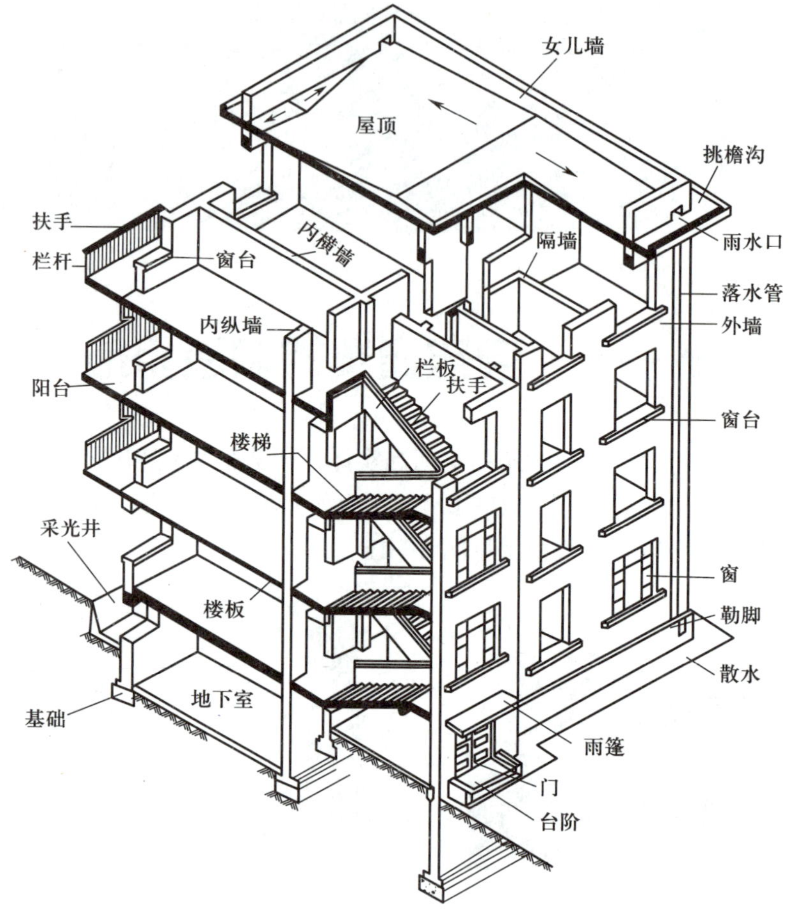

图 6—2　民用建筑的构造组成

二、墙和柱

墙和柱是房屋的垂直承重构件，它们承受楼地层和屋顶传来的荷载，并把这些荷载传给基础。墙不仅是一个承重构件，同时也是房屋的围护结构。外墙阻隔雨水、风雪、寒暑对室内的影响，内墙把室内空间分隔为独立的房间，避免使用时互相干扰等。当用柱作为房屋的承重构件时，填充在柱间的墙仅起围护作用。

墙和柱应该坚固、稳定。同时墙还应该具有良好的保温隔热能力、防火能力、隔声、防水和耐久等性能。

三、楼地层

楼地层包括底楼的地坪层和二楼及以上各层的楼板层。楼板层是房屋的水平承重和分隔部分，包括面层、楼板和顶棚三部分。楼板把建筑空间在垂直方向划分为若干层，将其所承受的荷载传给墙或柱。楼板支

撑在墙上，对墙也有水平支撑作用。面层直接承受各种荷载，它把荷载传给楼板，或传给地坪层及地基。顶棚在楼板下面，具有改善房间声、光等效果以及装饰作用。

楼地层应具有一定的强度和刚度，并应耐磨和有一定的隔声能力，防潮、防水等。

四、楼梯

楼梯是建筑物中联系上下各层的垂直交通设施。平时供人们上下楼层，在火灾、地震等事故状态时供人们紧急疏散。

楼梯应坚固、安全和有足够的通行能力，防火、防滑等。

五、屋顶

屋顶是房屋顶部的承重和围护部分，它由屋面、承重结构和保温隔热层三大部分组成。屋面的作用是阻隔雨水、风雪对室内的影响，并将雨水排除。承重结构则承受屋顶的全部荷载，并把这些荷载传给墙或柱。保温隔热层的作用是防止冬季室内热量散失或夏季太阳辐射热进入室内。

屋顶应能防水、排水、保温、隔热，它的承重结构应有足够的强度和刚度。同时还应该具有美观的作用。

六、门和窗

门是供人们及家具设备进出房屋和房间的建筑配件。有的门还兼有采光和通风的作用。门应有足够的宽度和高度。窗的作用是采光、通风和供人眺望，窗应有足够的面积。

门和窗安装在墙上，因而是房屋围护结构的组成部分。要求它们防水、防风沙、保温和隔声。

房屋除上述基本组成部分外，还有一些其他配件和设施，如雨篷、散水[2]，通风道、阳台、勒脚[3]、台阶、墙裙、栏杆等。

2. 散水
是指房屋四周室外地坪与墙体交接的部位。为了迅速把雨水排到远离房屋的地方，散水通常用不透水的面层材料制作，并有一定的向外坡度。

3. 勒脚
勒脚是外墙墙面与地面交接的部位。为了保持墙体的干燥，勒脚部位通常用水泥砂浆或外墙面砖等不透水材料保护起来。

第二节　建筑的分类

建筑可按不同的方式进行分类。

一、按使用性质分

1. 工业建筑

供人们从事各类工业生产的房屋，包括生产用房屋及辅助用房屋。

2. 农业建筑

供人们从事农牧业的种植、养殖、畜牧、储存等用途的房屋，如塑料薄膜大棚、畜舍、温室、种子库房等。

3. 民用建筑

供人们居住、生活、工作和从事文化、商业、医疗、交通等公共活动的房屋。根据用途不同，民用建筑可分为 15 类。

（1）居住类建筑

供人们居住、生活的房屋，包括住宅和宿舍。

（2）办公类建筑

供行政和企事业单位办公用的房屋。

（3）教育科研类建筑

供教学、科学研究等使用的房屋，包括学校建筑、科研建筑等。

（4）文化娱乐类建筑

供集会、参观、阅览、演出与娱乐等使用的房屋，包括集会建筑、博览建筑、文娱建筑等。

（5）体育类建筑

供体育运动使用的房屋，如体育馆、体育场、游泳馆、各种竞技训练房、射击场等。

（6）商业服务类建筑

供营业性和服务性使用的房屋以及供储存商品使用的房屋，包括商业建筑和商业仓库建筑等。

（7）旅馆类建筑

供来往旅客住宿的房屋，如宾馆、旅馆、招待所等。

（8）医疗福利类建筑

包括医疗建筑、托幼建筑和福利建筑。

（9）交通类建筑

供铁路、公路、水运、航空用的房屋，如火车站、汽车站、多层车库、轮船客运站、候机楼、航空港等。

（10）邮电类建筑

包括邮电建筑和广播建筑。

（11）司法类建筑

供公安部门、法院使用的房屋，如公安局、法院、法庭、监狱、看守所等。

（12）纪念类建筑

供纪念历史人物或事件的房屋，如纪念堂等。

（13）园林类建筑

供游览、休憩的公园、动物园、植物园，以及园中的房屋等。

（14）市政公用设施类建筑

供某区域公用的房屋，如消防站、急救站、加油站、煤气调压站、变电站等。

（15）综合性建筑

兼有两类或两类以上使用用途的房屋。如底层商店住宅等。

上述 15 类建筑中，2 ~ 15 类称为公共建筑。

二、按主要承重结构的材料分

1. 生土—木结构建筑

以土坯、版筑[4]等生土墙和木屋架作为主要承重结构的建筑，称为生土—木结构建筑。这种建筑的墙用生土构成，不经焙烧，可节约能源。生土—木结构建筑（见图 6—3）可用于村镇建筑，就地取材，降低建造费用，冬暖夏凉、保护环境。

图 6—3　生土—木结构建筑（福建永定土楼[5]）

2. 砖[6]木结构建筑

用砖墙（或柱）、木屋架作为主要承重结构的建筑，称为砖木结构建筑（见图 6—4）。

a) 山西平遥古城

b) 哈尔滨索菲亚大教堂

图 6—4　砖木结构

4. 版筑

在相对的两块木板间填入黏土，然后用重力夯实所建造的墙体。俗称干打垒。

5. 福建永定土楼

位于中国福建省龙岩市，以生土作为主要建筑材料，掺上细沙、石灰、糯米饭、红糖、竹片、木条等，经过反复揉、舂、压建造而成。楼顶覆以火烧瓦盖，经久不损。土楼高可达四五层，供三代或四代人同楼聚居。

6. 砖

建筑用的人造小型块材，分烧结砖（主要指黏土砖）和非烧结砖（灰砂砖、粉煤灰砖等）。黏土砖以黏土（包括页岩、煤矸石等粉料）为主要原料，经泥料处理、成形、干燥和焙烧而成。

3. 砖混结构建筑

用砖墙（或柱）作为竖向承重构件，以钢筋混凝土楼板和屋顶板作为水平承重构件的建筑，称为砖—钢筋混凝土混合结构建筑，简称砖混结构，也称为砌体结构。

4. 钢筋混凝土[7]结构建筑

主要承重构件全部采用钢筋混凝土材料的建筑，称为钢筋混凝土结构建筑（见图6—5）。这种结构类型主要用于大型公共建筑和高层建筑。

图6—5 钢筋混凝土结构建筑（朗香教堂[8]）

5. 钢结构建筑

主要承重构件全部采用钢材制作的建筑称为钢结构建筑（见图6—6）。它与钢筋混凝土结构相比，具有自重轻、工业化施工程度高和力学性能好等优点。钢结构主要用于大型公共建筑、高层建筑和工业建筑。

图6—6 钢结构建筑（北京国家体育场）

7. 钢筋混凝土

钢筋混凝土是指通过在混凝土中加入钢筋与之共同工作来改善混凝土力学性质的一种组合材料。钢筋混凝土的发明者是一位法国名叫莫尼埃的园艺师。他将铁丝仿照花木根系编成网状，然后和水泥、砂石一起搅拌，做成十分牢固的花坛。

8. 朗香教堂

位于法国东部的浮日山区，由法国建筑大师勒•柯布西耶设计，1955年落成。朗香教堂是现代主义建筑的代表作之一。

三、按层数分

1. 低层建筑

1 ~ 3 层的建筑。

2. 多层建筑

4 ~ 6 层的建筑。

3. 中高层建筑

指 7 ~ 9 层的建筑。按《住宅建筑设计规范》规定，7 层及 7 层以上的住宅应设置电梯，以保证居住者的健康。但设置电梯必将增加建筑的造价和使用维护费用，故应控制中高层建筑的建造。

4. 高层建筑

10 ~ 30 层的建筑或总高度超过 24 m 的公共建筑及综合性建筑（不包括高度超过 24 m 的单层主体建筑）。高层建筑的造价高，故应适当控制其建造量。

5. 超高层建筑

高度超过 100 m 的公共建筑。

四、按规模和数量分

1. 大量性建筑

指建造数量较多、分布广、规模不大的民用建筑，包括居住建筑和为居民服务的一些中小型公共建筑。如住宅楼、中小学校、托儿所、幼儿园、诊疗所、小商店、地铁车站、医院等。

2. 大型性建筑

指建造数量较少，单栋建筑体量大的公共建筑，如大型体育馆、影剧院、航空站、火车站等。

第三节　影响建筑构造的因素和建筑等级

房屋受到各种因素的影响，这些影响包括自然界因素的影响和人为因素的影响。在进行房屋构造设计时，必须考虑这些因素，采取必要措施，以提高房屋抵御外界影响的能力，提高使用质量和耐久性，满足人们的使用要求。

一、影响建筑构造的因素

（一）外界环境的影响

1. 房屋结构上的作用

房屋结构上的作用是指使结构产生效应（结构或构件的内力、应力、位移、应变、裂缝等）的各种原因的总称，包括直接作用和间接作用。

直接作用指直接作用在结构上的力，称为荷载。荷载分为永久荷载、可变荷载和偶然荷载三类。

永久荷载也称恒荷载，指在使用期间，其数值不随时间变化或其变化很小的荷载，例如房屋的自重、土压力等。

可变荷载也称活荷载，指在使用期间其数值随时间变化，且其变化值较大的荷载。这类荷载作用位置和作用时间等经常变化。例如人群、家具、设备的重量，落在屋顶上的雪的重量，作用于墙面和屋顶上的风压力等。

偶然荷载指在使用期间不一定出现，一旦出现，其值很大且持续时间较短的荷载，例如爆炸力、撞击力等。

间接作用指使房屋结构产生效应，但不直接以力的形式出现的作用，例如温度变化、材料的收缩和徐变[9]、地基变形等。

9. 徐变
徐变是指混凝土在长期应力作用下，其应变随时间而持续增长的特性。

2. 自然界的其他影响

我国幅员辽阔，各地区气候、地质和水文等差异较大。房屋在自然界中要经受日晒、雨淋、冰冻、地下水的侵蚀等影响。因而房屋的相关部位要采取保温、隔热、防水、防温度变形、防冻胀、隔蒸汽等构造措施。避免由于这些影响因素引起房屋的破坏，保证房屋能正常使用。

3. 各种人为因素的影响

人们所从事的生产、工作、学习与生活活动，也将对房屋产生影响。如机械振动、化学腐蚀、噪声、爆炸和火灾等就是人为因素的影响。为了防止这些影响造成危害，房屋的相应部位要采取防振、耐腐蚀、隔声、防爆、防火等构造措施。

（二）建筑技术条件的影响

建筑技术条件是指建筑材料技术、结构技术和施工技术等。随着科技的进步，这些技术也不断发展和变化，建筑构造技术水平受它们的影响和制约也在不断改变。所以建筑构造和建筑技术条件密切相关。

（三）建筑标准的影响

建筑构造设计必须考虑建筑标准。标准高的建筑，质量要求高，设施齐全，装修档次高，相应的造价也较高。其构造做法也考究。反之，

则较低。因此，建筑构造的选材、工艺和细部做法都要求和建筑标准一致。

二、建筑构造设计原则

房屋构造设计应妥善处理各种影响因素，满足使用、安全、经济、美观等各项要求。

（一）满足房屋的各项使用功能要求

房屋由于所在地区不同、用途不同，因而有不同的技术要求。如采暖地区的建筑要求保温，而炎热地区的建筑则要求隔热，播音室要求吸声，有振动设备时要求防振，产生腐蚀性介质时则要求防腐蚀，医院的X光室要求防射线等。在构造设计时，必须综合运用有关技术知识进行计算，选择合理的构造方案，做出符合要求的构造设计。

（二）确保结构安全

房屋设计除了根据荷载大小进行结构计算，确定构件的必需尺寸外，在构造上还必须采取措施，以保证构件的整体刚度和构件之间连接的可靠。在房屋中有一些受力的配件，如楼梯扶手和阳台栏杆要承受水平推力，选择这类配件的构造方案时更要注意安全。

（三）适应建筑工业化的需要

为了促进建筑工业化的发展，在进行构造设计时，应积极推广先进技术，尽量采用各种新型建筑材料，采用标准设计和构配件定型通用图等，为构配件生产工厂化、施工机械化创造条件。

（四）执行技术政策，做到经济合理

技术政策是国家在一定时期的技术经济规定。例如根据我国木材资源现状规定了节约木材、以钢代木、研制木材代用品的政策。在构造设计中，必须尽量节约木材。同样为了节约能源、降低能耗，对住宅类建筑有保温隔热等构造要求。

在构造设计中，还必须注意降低造价、节约主要建筑材料。要从各地实际情况出发，因地制宜、就地取材，降低材料费用，从而降低工程造价。

（五）注意美观

房屋的美观主要取决于建筑设计中体型组合和立面处理、材料的色彩与质感、细部构造处理和刻画。例如抹灰的线脚、栏杆的形式、门窗的类型等，都直接影响房屋的整体美观效果。因而，在进行构造设计时也必须注意美观。

总之，在构造设计中，必须全面贯彻各项技术政策，做到坚固实用、技术先进、经济合理、美观大方。应该认真进行不同构造方案的分

析、比较，采用最佳方案。

三、建筑等级

建筑物的等级是从防火性能、耐久年限、规模大小和复杂程度等不同角度进行划分。进行构造设计时，应根据不同等级对房屋各组成部分的不同要求，选择恰当的构造方案。民用建筑可按以下方式划分等级。

（一）按防火性能分级

建筑火灾是对建筑物影响较大的灾害，一旦发生将对人民的生命、财产造成巨大损失。为了从建筑构造上预防和控制火灾的发生和蔓延。我国《建筑设计防火规范》（GB 50016—2006）规定，建筑物的耐火等级分为四级。耐火等级标准是依据建筑主要构件的燃烧性能和耐火极限确定的。

1. 燃烧性能

燃烧性能指组成建筑物的主要构件在明火或高温作用下，燃烧与否以及燃烧的难易程度。按燃烧性能建筑构件分为非燃烧体、难燃烧体和燃烧体。

非燃烧体指用非燃烧材料制成的构件。非燃烧材料是指在空气中受到火烧或高温作用时不起火、不微燃、不炭化的材料。如建筑中常用的金属材料和天然或人工的无机矿物材料（石材、砖、混凝土等）均为非燃烧材料。

难燃烧体指用难燃烧材料制成的构件，或用带有非燃烧材料保护层的燃烧材料制成的构件。难燃烧材料指在空气中受到火烧或高温作用时难起火、难微燃、难炭化，当火源移走后燃烧或微燃立即停止的材料。如沥青混凝土、经过防火处理的木材、用有机物填充的混凝土和水泥刨花板等均为难燃烧材料。

燃烧体指用燃烧材料制成的构件。燃烧材料是指在空气中受到火烧或高温作用时，立即能起火燃烧或微燃，且火源移走后仍继续燃烧或微燃的材料，如木材等。

2. 耐火极限

耐火极限指建筑构件遇火后能支持的时间。对任一建筑构件按时间—温度标准曲线进行耐火实验，从受到火的作用起，到失去支持能力或完整性被破坏或失去隔火作用时为止的这段时间，用小时（h）表示，即为该构件的耐火极限。

构件遇火后可能会失去稳定性或完整性被破坏或失去隔火作用，只要建筑构件达到上述三个状态之一，就达到了耐火极限。这是因为失去稳定性指构件自身解体或垮塌，将导致建筑倒塌。完整性被破坏指楼

板、隔墙等具有分隔作用的构件，出现穿透裂缝或较大的孔隙。此时火焰会透过裂缝或孔隙使火势蔓延。失去隔火作用指具有分隔作用的构件，背火面平均温升到达 140℃（不包括背火面的起始温度），或背火面任意一点温升到达 180℃或背火面任一点的温度到达 220℃ 。此时靠近背火面的构件将开始燃烧、微燃或炭化，同时失去隔火作用。

《建筑设计防火规范》（GB 50016—2006）规定建筑物各耐火等级构件的燃烧性能和耐火极限不应低于表 6—1 的规定。

表 6—1　　建筑构件的燃烧性能和耐火极限

构建名称 \ 燃烧性能、耐火极限（h） \ 耐火等级		一级	二级	三级	四级
墙	防火墙	非燃烧体 4.00	非燃烧体 4.00	非燃烧体 4.00	非燃烧体 4.00
	承重墙、楼梯间电梯井的墙	非燃烧体 3.00	非燃烧体 2.50	非燃烧体 2.50	难燃烧体 0.50
	非承重外墙、疏散走道两侧的隔墙	非燃烧体 1.00	非燃烧体 1.00	非燃烧体 0.50	难燃烧体 0.25
	房间隔墙	非燃烧体 0.75	非燃烧体 0.50	非燃烧体 0.50	难燃烧体 0.25
柱	支撑多层的柱	非燃烧体 3.00	非燃烧体 2.50	非燃烧体 2.50	难燃烧体 0.50
	支撑单层的柱	非燃烧体 2.50	非燃烧体 2.00	非燃烧体 2.00	燃烧体
梁		非燃烧体 2.00	非燃烧体 1.50	非燃烧体 1.00	难燃烧体 0.50
楼板		非燃烧体 1.50	非燃烧体 1.00	非燃烧体 0.50	难燃烧体 0.25
屋面承重构件		非燃烧体 1.50	非燃烧体 0.50	燃烧体	燃烧体
疏散楼梯		非燃烧体 1.50	非燃烧体 1.00	非燃烧体 1.00	燃烧体
吊顶（包括搁栅）		非燃烧体 0.25	非燃烧体 0.25	非燃烧体 0.15	燃烧体

（二）按耐久年限分

以建筑主体结构确定的耐久年限分为下列四级，见表 6—2。

表 6—2　　建筑耐久年限等级

建筑等级	耐久年限	适用建筑类型
一	100 年以上	重要的建筑和高层建筑
二	50 ~ 100 年	一般性建筑
三	25 ~ 50 年	次要建筑
四	15 年以下	临时性建筑

（三）按建筑的规模大小、复杂程度分

建筑按照其规模大小、复杂程度分为特级、一级、二级、三级、四级和五级六个等级，见表 6—3。

表 6—3　　建筑等级

工程级别	主要特征	工程范围
特级	1. 列为国家重点项目或以国际性活动为主的特高级大型公共建筑 2. 有全国性历史意义或技术要求特别复杂的中小型工建筑 3. 30 层以上的建筑 4. 高大空间有声、光等特殊要求的建筑物	国宾馆、国家大会堂、国际会议中心、国际体育中心、国际贸易中心、国际大型空港、国际综合俱乐部、重要历史纪念建筑、国家级图书馆、博物馆、美术馆、剧院、音乐厅、三级以上人防工程
一级	1. 高级大型公共建筑 2. 有地区性历史意义或技术要求复杂的中小型公共建筑 3. 16 层以上 29 层以下或超过 50 m 高的公共建筑	高级宾馆、旅游宾馆、高级招待所、别墅、省级展览馆、博物馆、图书馆、科学实验研究楼、≥ 300 个床位医院、疗养院、大型诊楼、室内游泳馆、大城市火车站、候机楼、行运站、摄影棚、邮电通信楼、高级餐厅、四级人防、五级平战综合人防
二级	1. 中高级、大中型公共建筑 2. 技术要求较高的中小型建筑 3. 16 层以上 29 层以下住宅	大专院校教学楼、档案楼、礼堂、电影院、部省级机关办公楼、文化馆、少年宫、俱乐部、300 个床位以下医院、报告厅、风雨操场、邮电局、多层综合商场、高级小住宅
三级	1. 中级、中型公共建筑 2. 7 层以上（包括 7 层）15 层以下有电梯住宅或框架结构建筑	重点中学、中等专科学校教学实验楼、电教室、浴室、门诊部、百货楼、托儿所、幼儿园、综合服务楼、一二层商场、多层食堂、小型车站
四级	1. 一般中小型公共建筑 2. 7 层以下无电梯住宅、宿舍及砖混结构建筑	一般办公楼、中小学教学楼、单层食堂、单层汽车库、消防站、蔬菜门市部、杂货店、阅览室
五级	一二层单一功能、一般小跨度结构建筑	

第四节　建筑标准化与建筑模数协调

建筑业是国民经济的支柱之一，在经济建设中，建筑业要走在国民经济各部门的前列，为这些部门创造条件，建造房屋、设施以及进行相应的居住区建设。为了满足大规模经济建设的需要，必须改变建筑业长

期以来分散的、手工业的生产方式，用集中的、大工业的生产方式进行生产。建筑业同其他行业一样，必须实现工业化。建筑工业化[10]的内容是：设计标准化，构件与配件生产工厂化，施工机械化，管理现代化。设计标准化是实现其他目标的前提。这样才能有效促进建筑工业的现代化。

设计标准化就是从统一设计构配件入手，尽量减少它们的类型，进而形成单元或整个房屋的标准设计。构配件生产工厂化就是构配件生产集中在工厂进行，逐步做到商品化。施工机械化就是用机械取代繁重的体力劳动，用机械在施土现场安装构件与配件。管理现代化就是运用现代企业管理方法提高企业的核心竞争力，提高效率，节约成本。

10. 建筑工业化 法国是世界上推行建筑工业化最早的国家之一。从20世纪50年代开始走过了一条以全装配式大板和工具式模板现浇工艺为标志的建筑工业化道路。在这一阶段进行了大规模成片住宅建设。1978年法国住房部提出推广构造体系。构造体系是以尺寸协调规则为基础，由施工企业或设计事务所提出主体结构体系；它由一系列能相互代换的定型构件组成，形成该体系的构件目录。建筑师可以采用其中的构件，像搭积木一样组成多样化的建筑。

一、建筑标准化

建筑标准化包括两个方面：一是建筑设计的标准方面，包括制定各种建筑法规、规范、标准、定额与指标；二是建筑的标准设计方面，即根据上述各项设计标准，设计通用的构件、配件、单元和房屋。

建筑标准设计的内容随着建筑材料和施工技术水平的发展而不断变化。当采用砖墙、现浇钢筋混凝土楼盖的砖混结构时，标准设计的内容主要是配件（门、窗等）通用图和建筑构造节点详图。当采用预制装配式钢筋混凝土构件的砖混结构时，标准设计的内容便成为供工厂预制的通用构件图和配件图，以及相应的单元标准设计。当房屋为完全预制装配式时，标准设计也向专用体系和通用体系的体系化方向发展。

标准设计的主要形式有三种。

（一）标准构件、配件设计

由国家或地方编制一般建筑常用的构件和配件图，供设计人员选用，以减少不必要的重复劳动。

（二）整个房屋或单元的标准设计

由国家或地方编制整个房屋或单元的设计图，供建设单位选用。整个房屋的设计图，经地基验算后即可据其建造房屋。单元标准设计需经设计单位用若干单元拼成一个符合要求的组合体，成为一栋房屋的设计图。我国曾编制过一些专用性和通用性车间的定型设计、中小型公共建筑的定型设计，都取得了很好的效果。特别是在住宅设计方面，各地区采用定型单元组合住宅，对减少重复设计劳动、缩短设计周期、推动住宅建设方面起了很大的作用。

（三）工业化建筑体系

为了适应建筑工业化的要求，不仅要使房屋的构配件和水、暖、电等设备标准化，还相应地对它们的用料、生产、运输、安装乃至组织管理等问题进行通盘设计，做出统一的规定，称为工业化建筑体系。工业化建筑体系分为专用体系和通用体系两种。

专用体系有一套专用的构配件和特定的生产方法，构配件只能在本体系内使用。专用体系的优点是定型化程度高，缺点是不够灵活。

通用体系的构配件可以在各体系内互换，甚至可以进行商品化生产。这些构配件不仅可以在民用建筑之间通用，还可以在某些民用建筑与工业建筑之间通用。通用体系的优点是灵活性高，缺点是组织实现不如专用体系容易。

二、建筑模数协调

在采用标准设计、通用设计时，为了使建筑制品、建筑构配件和组合件实现工业化大规模生产，使不同材料、不同形式和不同制造方法的建筑构配件、组合件具有较大的通用性和互换性，以加快设计速度，提高施工质量和效率，降低建筑造价，建筑物及其各部分的尺寸必须统一协调。为此，我国制定了《建筑模数协调统一标准》(GBJ 2—1986)，用以约束和协调建筑的尺度关系。在这个标准中重新规定了模数和模数协调原则。

(一)模数

建筑模数是选定的标准尺寸单位，作为建筑空间、构配件以及建筑设备尺度协调中的增值单位。

1. 基本模数

基本模数是模数协调中选用的基本尺寸单位，基本模数的数值为100 mm，其符号为M，即1 M=100 mm。整个建筑物和建筑物的一部分以及建筑组合件的模数化尺寸应是基本模数的倍数。

2. 导出模数

导出模数分为扩大模数和分模数。扩大模数是基本模数的整数倍数，分模数是整数除以基本模数的商值。

模数基数是建筑中普遍需要而又符合建筑工业发展的有限又互相协调的几个基本尺寸的数值，它是组成各模数数列的基础。

水平扩大模数基数为3 M、6 M、12 M、15 M、30 M、60 M，其相应尺寸分别为300 mm、600 mm、1 200 mm、1 500 mm、3 000 mm、6 000 mm。

竖向扩大模数基数为3 M和6 M，其相应的尺寸为300 mm、600 mm。

分模数基数为1/10 M、1/5 M、1/2 M，其相应的尺寸为10 mm、20 mm、50 mm。

3. 模数数列

模数数列是以选定的模数基数为基础而展开的数值系统，它可以确保不同类型的建筑物及其各组成部分间的尺寸统一与协调，减少尺寸的范围以及使尺寸的叠加和分割有较大的灵活性。建筑物中的所有尺寸，除特殊情况外，都必须按表 6—4 的模数数列采用。

表 6—4　　模数数列　　mm

模数名称	基本模数	扩大模数						分模数		
模数基数	1 M	3 M	6 M	12 M	15 M	30 M	60 M	1/10 M	1/20 M	1/50 M
基数数值	100	300	600	1 200	1 500	3 000	6 000	10	20	50
模数数列	100	300						10		
	200	600	600					20	20	
	300	900						30		
	400	1 200	1 200	1 200				40	40	
	500	1 500			1 500			50		50
	600	1 800	1 800					60	60	
	700	2 100						70		
	800	2 400	2 400	2 400				80	80	
	900	2 700						90		
	1 000	3 000	3 000		3 000	3 000		100	100	100
	1 100	3 300						110		
	1 200	3 600	3 600	3 600				120	120	
	1 300	3 900						130		
	1 400	4 200	4 200					140	140	
	1 500	4 500			4 500			150		150
	1 600	4 800	4 800	4 800				160	160	
	1 700	5 100						170		
	1 800	5 400	5 400					180	180	
	1 900	5 700						190		
	2 000	6 000	6 000	6 000	6 000	6 000	6 000	200	200	200
	2 100	6 300							220	
	2 200	6 600		6 600					240	
	2 300	6 900								250
	2 400	7 200	7 200	7 200					260	
	2 500	7 500			7 500				280	
	2 600		7 800						300	300
	2 700		8 400	8 400					320	
	2 800		9 000		9 000	9000			340	
	2 900		9 600	9 600						350
	3 000				10 500				360	
	3 100			10 800					380	
	3 200			12 000	12 000	12 000	12 000		400	400
	3 300					15 000				450
	3 400					18 000	18 000			500
	3 500					21 000				550
	3 600					24 000	24 000			600

4. 模数数列的适用范围

在基本模数数列中，水平基本模数 1 M~20 M 的数列主要用于门窗洞口和构配件截面等处，竖向基本模数 1 M~36 M 的数列主要用于建筑物的层高、门窗洞口和构配件截面等处。

在扩大模数数列中：水平扩大模数 3 M、6 M、12 M、15 M、30 M、60 M 的数列，主要用于建筑物的开间或柱距、进深或跨度、构配件尺寸和门窗洞口等处。

竖向扩大模数 3 M 数列主要用于建筑物的高度、层高和门窗洞口等处。

分模数 1/10 M、1/5 M、1/2 M 的数列主要用于缝隙、构造节点、构配件截面等处。

第五节　建筑材料基本知识

建筑材料指建筑物中使用的各种材料及制品。建筑材料是建筑工程的物质基础。对建筑材料的基本要求是：必须具备足够的强度，能安全地承受设计荷载；材料自身的质量以轻为宜，以减小下部结构和地基的荷载；具有与使用环境相适应的耐久性，以减少维修费用；有一定的装饰性；具有相应的功能性，如隔热、防水、隔声等。另外，由于建筑材料费用一般要占建筑物总造价的 50% 左右，有的甚至高达 70%，所以还要求建筑材料具有一定的经济性，以降低建筑物的造价。

一、建筑材料的分类及发展趋势

（一）建筑材料的分类

1. 按建筑材料化学成分分类

可分为无机材料、有机材料和复合材料三大类（见图 6—7）。

2. 按在建筑物中的功能分类

可分为承重和非承重材料、保温材料、隔热材料、吸声材料、隔音材料、防水材料、装饰材料等。

3. 按用途分类

可分为结构材料、墙体材料、屋面材料、地面材料、饰面材料，以及其他用途材料等。

（二）建筑材料的发展趋势

随着社会生产力和科学技术水平的提高，建筑材料的发展趋势如下：

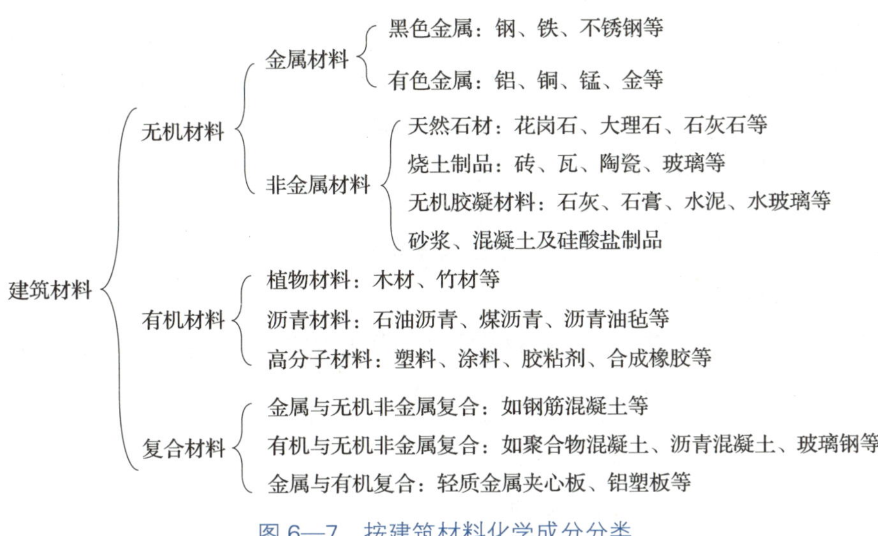

图 6—7 按建筑材料化学成分分类

1. 研制高性能材料

如轻质、高强、高耐久性、优异装饰性和多功能的材料，充分发挥各种材料的特性，采用复合技术，制造出具有特殊功能的复合材料。

2. 充分利用地方材料

大力开发利用工业废渣作为建筑材料的来源，保护自然资源和维护生态环境的平衡。

3. 节约能源

优先开发和生产低能耗的建筑材料以及降低建筑使用能耗的节能型建筑材料。

4. 提高经济效益

大力发展和使用性能优异并同时具有良好经济效益的建筑材料。

（三）建筑材料的标准化

我国标准分为四级：国家标准（GB）、建材行业标准（JC）、地方标准（DB）、企业标准（QB）。

标准代号如下：国际标准，ISO；美国材料试验学会标准，ASTM；日本工业标准，JIS；德国工业标准，DIN；英国标准，BS；法国标准，NF 等。

例如《硅酸盐水泥、普通硅酸盐水泥》（GB 175—1999），表示国家标准，编号为 175，批准年份为 1999 年。

二、材料的基本物理性质

材料的基本性质是指材料处于不同的使用条件和使用环境时，通常必须考虑的最基本的、共有的性质。因为土木建筑材料所处建（构）筑物的部位不同、使用环境不同，人们对材料的使用功能要求不同，所起的作用不同，要求的性质也就有所不同。材料的基本性质主要包括材料的物理性质，如材料的密度、亲水性与憎水性、吸湿性与吸水性、耐水性、抗冻性、抗渗性及导热性等；材料的力学性质，如材料的强度、弹性与塑形、脆性与韧性等；材料的耐久性。

（一）材料的密度、表观密度与堆积密度

1. 材料的密度

材料的密度是指材料在绝对密实状态下单位体积的质量，按下式计算：

$$\rho=\frac{m}{V}$$

式中 ρ——密度，kg/m^3；

m——材料的质量，g 或 kg；

V——材料在绝对密实状态下的体积[11]，m^3。

测试时，材料必须是绝对干燥状态。含孔材料则必须磨细后采用排开液体的方法来测定其体积。

2. 材料的表观密度（俗称“容重”）

表观密度是指材料在自然状态下单位体积的质量。按下式计算：

$$\rho_0=\frac{m}{V_0}$$

式中 ρ_0——材料的表观密度，kg/m^3；

m——材料的质量，kg；

V_0——材料的表观体积，m^3。

材料的表观体积是指包括内部孔隙在内的体积。因为大多数材料的表观体积中包含内部孔隙，其孔隙的多少、孔隙中是否含有水及含水的多少均可能影响其总质量（有时还影响其表观体积）。因此，材料的表观密度除了与其微观结构和组成有关外，还与其内部构成状态及含水状态有关。

3. 材料的堆积密度

堆积密度是指粉状或粒状材料，在堆积状态下单位体积的质量。按下式计算：

$$\rho_0'=\frac{m}{V_0'}$$

式中 ρ_0'——材料的堆积密度 ,kg/m^3；

m——材料的质量，kg；

V_0'——材料的堆积体积，m^3。

粉状或粒状材料的质量是指填充在一定容器内的材料质量，其堆积体积是指所用容器的容积而言。因此，材料的堆积体积包含了颗粒之间

11. 绝对密实状态下的体积
是指材料内固体物质所占的体积，不包括材料内部孔隙的体积。
测量密度时，由于一般材料的内部均含有一些孔隙，为了获得绝对密实状态的试样，须将材料磨成细粉以排除其内部孔隙，再用排液法求出材料的绝对密实体积。

的空隙。

在土木建筑工程中，计算材料用量、构件的自重、配料计算以及确定堆放空间时经常要用到材料的密度、表观密度和堆积密度等数据。常用的相关数据见表 6—5。

表 6—5　常用建筑材料的密度、表观密度及堆积密度

材料	密度 ρ （kg/m³）	表观密度 ρ_0 （kg/m³）	堆积密度 ρ'_0 （kg/m³）
石灰石	2 600	1 800 ~ 2 600	—
花岗岩	2 800	2 500 ~ 2 900	—
碎石（石灰岩）	2 600	—	1 400 ~ 1 700
砂	2 600	—	1 450 ~ 1 650
普通黏土砖	2 500	1 600 ~ 1 800	—
黏土空心砖	2 500	1 000 ~ 1 400	—
水泥	3 100	—	1 200 ~ 1 300
普通混凝土	—	2 100 ~ 2 600	—
轻骨料混凝土	—	800 ~ 1 900	—
木材	1 550	400 ~ 800	—
钢材	7 850	7 850	—
泡沫塑料[12]	—	20 ~ 50	—

12. 泡沫塑料
由大量气体微孔分散于固体塑料中而形成的一类高分子材料，具有质轻、隔热、吸声、减振等特性。在建筑中主要用做保温、隔声。比较常用的有聚苯乙烯泡沫塑料板(EPS)、挤塑聚苯乙烯泡沫塑料板(XPS)等。

（二）密实度与孔隙率

1. 材料的密实度

密实度是指固体材料体积内被固体物质充实的程度。密实度的计算式如下：

$$D=\frac{V}{V_0}=\frac{\rho_0}{\rho}\times 100\%$$

式中 D——密实度；

ρ——密度；

ρ_0——材料的表观密度。

对于绝对密实材料（如玻璃），因 $\rho_0=\rho$，故密实度 $D=100\%$。对于大多数土木工程材料，因 $\rho_0<\rho$，故密实度 $D<100\%$。

2. 孔隙率

材料的孔隙率是指材料内部孔隙的体积占材料总体积的百分率。孔隙率 P 按下式计算：

$$P=\frac{V_0-V}{V_0}=\left(1-\frac{\rho_0}{\rho}\right)\times 100\%$$

式中 V——材料的绝对密实体积，m³；

V_0——材料的表观体积，m³；

ρ_0——材料的表观密度，kg/m³；

ρ——密度，kg/m³。

由以上两式可知：材料的密实度和孔隙率之和为 1，即 $D+P=1$。

（三）填充率与空隙率

1. 填充率

填充率是指散粒材料在某堆积体积内被其颗粒填充的程度，按下式计算：

$$D'=\frac{V}{V'_0}=\frac{\rho'_0}{\rho}\times 100\%$$

式中 ρ_0——材料的表观密度；

ρ'_0——材料的堆积密度。

2. 空隙率

空隙率是指散粒材料在其堆积体积中，颗粒之间的空隙体积所占的比例。空隙率 P' 按下式计算：

$$P'=\frac{V'_0-V}{V_0}=\left(1-\frac{\rho'_0}{\rho}\right)\times 100\%$$

式中 ρ_0——材料的表观密度；

ρ'_0——材料的堆积密度。

空隙率的大小反映了散粒材料的颗粒互相填充的致密程度。空隙率可作为控制混凝土骨料级配与计算含砂率的依据。填充率和孔隙率之和为 1，即 $D'+P'=1$。

（四）材料的亲水性和憎水性[13]

13. 材料的亲水性和憎水性

建筑材料的亲水性在建筑工程中可以帮助其他材料增强与水的融合。比如，在混凝土的添加剂里有种称为减水剂的，它就可以帮助增强水泥与水的融合，减少用水量，提高强度。

在防水材料中经常用具有憎水性的材料，如沥青等。

材料与水接触时，有些材料能被水润湿，称为亲水性材料；而有些材料则不能被水润湿，称为憎水性材料。

材料具有亲水性或憎水性的根本原因在于材料的分子结构。亲水性材料与水分子之间的分子亲和力大于水分子本身之间的内聚力；反之，憎水性材料与水分子之间的亲和力小于水分子本身之间的内聚力。

材料的亲水性或憎水性通常以润湿角的大小划分。润湿角是在材料、水和空气的交点处，沿水滴表面的切线与水和固体接触面所成的夹角。其中润湿角越小，表明材料越易被水润湿。当材料的润湿角 $\theta\leqslant 90°$ 时，为亲水性材料；当材料的润湿角 $\theta>90°$ 时，为憎水性材料，如图 6—8 所示。水在亲水性材料表面可以铺展开，且能通过毛细管作用自动将水吸入材料内部；水在憎水性材料

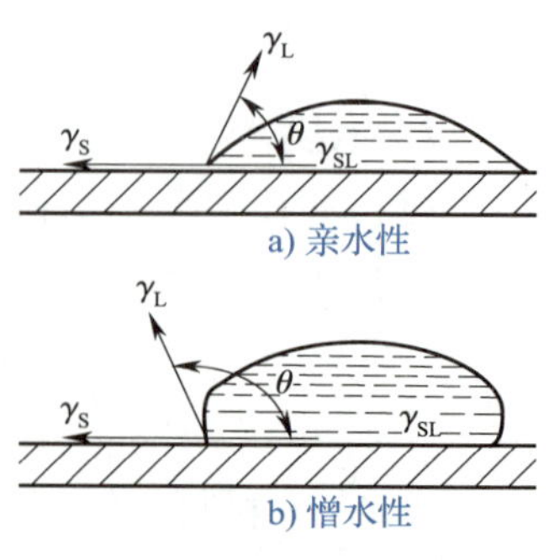

图 6—8 材料的润湿角

表面不仅不能铺展开，而且水分不能渗入材料的毛细管中。

1. 材料的吸水性

材料在水中能吸收水分的性质称为吸水性。

（1）质量吸水率

质量吸水率是指材料在吸水饱和时，所吸水量占材料在干燥状态下的质量百分比，并以 W_m 表示。质量吸水率 W_m 的计算公式为：

$$W_m=\frac{m_b-m_g}{m_g}\times 100\%$$

式中　m_b——材料吸水饱和状态下的质量，kg；

m_g——材料在干燥状态下的质量，kg。

（2）体积吸水率

体积吸水率是指材料在吸水饱和时，所吸水的体积占材料自然体积的百分率，并以 W_V 表示。体积吸水率 W_V 的计算公式为：

$$W_v=\frac{m_b-m_g}{V_0}\times\frac{1}{\rho_w}\times 100\%$$

式中　m_b——材料吸水饱和状态下的质量，kg；

m_g——材料在干燥状态下的质量，kg；

V_0——材料在自然状态下的体积，m^3；

ρ_w——水的密度，kg/m^3，常温下取 1 000 kg/m^3。

材料的吸水率与其孔隙率有关，更与其孔的特征有关。因为水分是通过材料的开口孔隙[14]吸入并经过连通孔渗入内部的。材料的开口孔隙越多，其吸水率就越大。

2. 材料的吸湿性

材料的吸湿性是指材料在潮湿空气中吸收水分的性质。干燥的材料处在较潮湿的空气中便会吸收空气中的水分，当较潮湿的材料处在较干燥的空气中便会向空气中放出水分。前者是材料的吸湿过程，后者是材料的干燥过程。由此可见，在空气中，某一材料含水多少是随空气的湿度变化的。

材料在任一条件下含水的多少称为材料的含水率，并以 W_h 表示，其计算公式为：

$$W_h=\frac{m_s-m_g}{m_g}\times 100\%$$

式中　m_s——材料吸湿状态下的质量，g 或 kg；

m_g——材料在干燥状态下的质量，g 或 kg。

显然，材料的含水率受所处环境中空气湿度的影响。当空气中湿度在较长时间内稳定时，材料的吸湿和干燥过程处于平衡状态，此时材料

14. 开口孔隙

开口孔隙指与外界相连通的细小孔隙。与外界不连通的细小孔隙称为闭口孔隙。

自然状态下的材料体积包括开口和闭口孔隙，可以用吸水饱和状态下的质量减去完全烘干状态下的质量，然后除以水的密度，得到开口孔隙的体积。

15. 强度

强度是指物体抵抗外力破坏的能力。强度是建筑结构保证正常工作的前提条件。

16. 耐久性

耐久性是材料在长期使用过程中抵抗其自身及环境因素长期破坏作用，保持其原有性能而不变质、不破坏的能力。

的含水率保持不变，其含水率称为材料的平衡含水率。

材料的吸水性和吸湿性都会对材料的性能产生不利影响。材料吸水后会导致其自身质量增大，绝热性能降低，强度[15]和耐久性[16]将产生不同程度的下降。材料吸湿还会引起体积变形，影响使用。不过利用材料的吸湿性可起到降湿作用，常用于保持环境的干燥。

（五）材料的耐水性

材料的耐水性是指材料长期在饱和水的作用下不破坏，强度也不显著降低的性质。衡量材料耐水性的指标是材料的软化系数 K_R：

$$K_R=\frac{f_b}{f_g}$$

式中 K_R——材料的软化系数；

f_b——材料吸水饱和状态下的抗压强度，MPa；

f_g——材料在干燥状态下的抗压强度，MPa。

软化系数反映了材料吸水饱和后强度降低的程度，是材料吸水后性质变化的重要特征之一。一般材料吸水后，水分会分散在材料内微粒的表面，削弱其内部结合力，强度则有不同程度的降低。当材料内含有可溶性物质时（如石膏、石灰等），吸入的水还可能溶解部分物质，造成强度的严重降低。

材料耐水性限制了材料的使用环境，软化系数小的材料耐水性差，其使用环境尤其受到限制。软化系数的波动范围在 0 ~ 1。工程中通常将 $K_R > 0.85$ 的材料称为耐水性材料，可以用于水中或潮湿环境中的重要工程。用于一般受潮较轻或次要的工程部位时，材料软化系数也不得小于 0.75。

（六）材料的抗渗性

抗渗性是材料在压力水作用下抵抗水渗透的性能。土木建筑工程中许多材料常含有孔隙、孔洞或其他缺陷，当材料两侧的水压差较高时，水可能从高压侧通过内部的孔隙、孔洞或其他缺陷渗透到低压侧。这种压力水的渗透不仅会影响工程的使用，而且渗入的水还会带入能腐蚀材料的介质，或将材料内的某些成分带出，造成材料的破坏。

（七）抗冻性

材料吸水后，在 0℃以下，水在材料毛细孔内冻结成冰，体积膨胀所产生的冻胀压力造成材料的局部破坏。随着冻融循环的反复，材料的破坏作用逐步加剧，这种破坏称为冻融破坏。

抗冻性是指材料在吸水饱和状态下，能经受反复冻融循环作用而不破坏，强度也不显著降低的性能。

（八）材料导热性能

当材料两面存在温度差时，热量从材料一面通过材料传导至另一面的性质称为材料的导热性。导热性用导热系数 λ 表示。导热系数的定义和计算式如下：

$$\lambda \frac{Q\delta}{At(T_2-T_1)}$$

式中　λ——导热系数，W/（m・K）[17]；

Q——传导的热量，J；

δ——材料厚度，m；

A——热传导面积，m^2；

t——热传导时间，h；

T_2-T_1——材料两面温度差，K。

材料的导热系数越小，其绝热性能越好。各种材料的导热系数差别很大，如泡沫塑料的导热系数 0.035 W/（m・K），而大理石的导热系数 3.48 W／（m・K）。工程中通常把 λ<0.23 W/（m・K）的材料称为绝热材料。为降低建筑的使用能耗，保证建筑物室内适宜的温度，要求建筑材料具有良好的绝热性。

除个别材料以外，多数材料在温度升高时体积膨胀，温度下降时体积收缩。这种变化表现在单向尺寸时，为线膨胀或线收缩，相应的技术指标为线膨胀系数。

17. W／（m・K）导热系数的单位，读作瓦／米・开。W-瓦特，1 W=1 J/s 即 1 焦耳／秒。K 是开氏温度单位符号。摄氏度的数值加 273.15 即为开氏温度数值。

三、材料的基本力学性质

（一）材料的强度

材料的强度是材料在应力作用下抵抗破坏的能力。通常情况下，材料内部的应力多由外力（荷载）作用而引起，随着外力增加，应力也随之增大，直至应力超过材料的强度极限，材料发生破坏。

在工程上，通常采用破坏试验法对材料的强度进行实测。将预先制作的试件放置在材料试验机上，施加外力（荷载）直至破坏，根据试件尺寸和破坏时的荷载值，计算材料的强度。

根据外力作用方式的不同，材料强度有抗拉、抗压、抗剪、抗弯（抗折）强度等。材料的抗拉、抗压、抗剪强度的计算式如下：

$$f=\frac{F_{max}}{A}$$

式中　f——材料强度，MPa；

F_{max}——材料破坏时的最大荷载，N。

A——试件受力面积，mm^2。

18. 混凝土
混凝土是由胶凝材料、水和粗、细骨料按适当比例配合、拌制成拌和物，经一定时间硬化而成的人工石材。简称砼。通常讲的混凝土一词是指用水泥作胶凝材料，砂、石作集料，与水按一定比例配合，经搅拌、成型、养护而得的水泥混凝土，也称普通混凝土。

相同种类的材料，随着其孔隙率及构造特征的不同，材料的强度也有较大的差异。一般孔隙率越大的材料强度越低。砖、石、混凝土[18]和铸铁等材料的抗压强度较高，抗拉和抗弯强度很低，多用于承受压力，如房屋的墙和基础。钢材的抗拉、抗弯和抗压强度都很高，适用于承受各种外力的构件。常用材料的强度见表 6—6。

表 6—6　　常用材料的强度

材料	抗压强度（MPa）	抗拉强度（MPa）	抗弯强度（MPa）
花岗石	100 ~ 250	5 ~ 8	10 ~ 14
普通黏土砖	5 ~ 20	—	1. 6 ~ 4. 0
普通混凝土	5 ~ 60	1 ~ 9	—
松木（顺纹）	30 ~ 50	80 ~ 120	60 ~ 100
建筑钢材	240 ~ 1500	240 ~ 1500	—

（二）弹性和塑性

材料在外力作用下产生变形，当外力取消后能够完全恢复原来形状的性质称为弹性。这种能完全恢复的变形称为弹性变形。材料在外力作用下产生变形，如果外力取消后，仍能保持变形后的形状和尺寸，并且不产生裂缝的性质称为塑性。这种不能恢复的变形称为塑性变形。

（三）脆性和韧性

材料受力达到一定程度时，突然发生破坏，并无明显的变形，材料的这种性质称为脆性。大部分无机非金属材料均属脆性材料，如天然石材，烧结普通砖、陶瓷、玻璃、普通混凝土、铸铁、砂浆等。脆性材料的抗压强度高，而抗拉、抗折强度低。在工程中，通常采用脆性材料来承担压力。钢材、木材的抗拉、抗压、抗弯强度都比较高，在破坏之前会有较大的变形，称为塑性材料。

在冲击、振动荷载作用下，材料能够吸收较大的能量，同时也能产生一定的变形而不破坏的性质称为韧性（或冲击韧性）。材料的韧性可通过冲击试验来测定。

四、材料的耐久性

材料的耐久性是泛指材料在使用过程中，受到各种自然因素及有害介质作用，而能长久地保持其正常使用性能的性质。

材料在建筑物之中，除要受到各种外力的作用之外，还经常要受到环境中许多自然因素的破坏作用。这些破坏作用包括物理、化学、机械及生物的作用。

物理作用有干湿变化、温度变化及冻融变化等。这些作用将使材料发生体积的胀缩，或导致内部裂缝的扩展。时间长久之后会使材料逐渐

破坏。在寒冷地区，冻融变化对材料起着显著的破坏作用。在高温环境下，经常处于高温状态的建筑物或构筑物所选用的建筑材料要具有耐热性能。在民用和公共建筑中，考虑安全防火要求，须选用具有抗火性能的难燃或不燃的材料。

化学作用包括大气、环境水以及使用条件下酸、碱、盐等液体或有害气体对材料的侵蚀作用。

机械作用包括使用荷载的持续作用，交变荷载引起材料疲劳[19]，冲击、磨损、磨耗等。

生物作用包括菌类、昆虫等的作用而使材料腐朽、蛀蚀而破坏。

砖、石料、混凝土等矿物材料，多是由于物理作用而破坏，也可能同时会受到化学作用的破坏。金属材料主要是由于化学作用引起的腐蚀。木材等有机质材料常因生物作用而破坏。沥青材料、高分子材料在阳光、空气和热的作用下，会逐渐老化而使材料变脆或开裂。

材料的耐久性指标是根据工程所处的环境条件来决定的。例如处于冻融环境的工程，所用材料的耐久性以抗冻性指标来表示。处于暴露环境的有机材料，其耐久性以抗老化能力来表示。

提高材料耐久性的措施有：提高材料的密实度，改变孔隙构造；降低湿度；适当改变成分，进行憎水处理或防腐处理；做保护层，如抹灰、刷涂料等。

19. 材料疲劳
机械零件，如轴、齿轮、轴承、弹簧等，在工作过程中各点的应力随时间做周期性的变化，这种随时间作周期性变化的应力称为交变应力。在交变应力的作用下，虽然零件所承受的应力低于材料的屈服强度，但经过较长时间的工作后产生裂纹或突然发生完全断裂的现象称为金属的疲劳。金属的疲劳破坏主要是由于材料内部产生了微小的裂纹，随着裂纹的延伸，最终产生了断裂。

第七章 基础与基础材料

第一节 地基与基础的基本概念

基础是房屋最下面的部分。它的作用是把房屋的自重以及房屋内所承载的人和各种设备、屋顶积雪、墙和屋顶所受到的风的作用等所有的荷载传给它下面的土层。基础下面承受荷载的那部分土层称为地基。

如图 7—1 所示，该基础为三合土[1]或 C10 混凝土浇筑的条形基础（沿基础墙体的下方设置），基础底面的标高为 -2.000，从基础

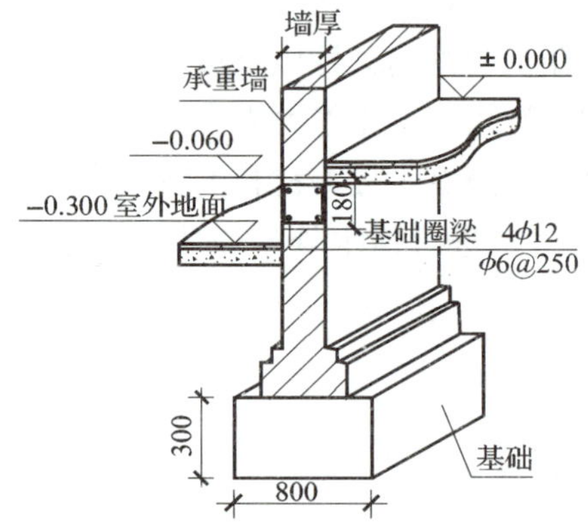

图 7—1 条形基础

1. 三合土

三合土是三种材料经过配制、夯实而得的一种建筑材料。比较普遍的三合土的材料为泥土、熟石灰、沙。泥土的含沙量多，则沙的量减少。熟石灰一般占 30%。我国明代有石灰、陶粉和碎石组成的三合土。清代，除石灰、黏土和细砂组成的三合土外，还有石灰、炉渣和砂子组成的三合土。

底面到室外地坪（-0.300）的距离是 1.7 m，建筑工程中把它称为基础埋深为 1.7 m。基础宽度为 800 mm，高度为 300 mm；砖砌承重墙与基础相接的部位采用阶梯状的设计，称为大放脚；另外，在基础墙中还为了提高墙体的整体刚度[2]而设置了钢筋混凝土圈梁，其中配置了 4 根直径为 12 mm 的纵向钢筋以及直径为 6 mm、间距为 250 mm 的箍筋。

2. 刚度
刚度是指结构或构件抵抗变形的能力。它不仅与结构或构件的组成材料本身的性质有关，也与其截面的尺寸和形状有关。

一、地基土的分类

1. 天然地基

凡天然土层具有足够的承载力，不需要经过人工加固，可直接在其上建造房屋的土层称为天然地基。

2. 人工地基

人工地基指土层的承载力差，必须进行人工加固处理后，才能承受建筑物全部荷载的地基。

地基土的具体分类见表 7—1。

表 7—1 地基土分类

分类	种类	说　明
天然地基	岩石	颗粒间牢固联结，呈整体或具有节理裂隙的岩体
	碎石土	指粒径大于 2 mm 的颗粒含量超过总质量 50% 的土
	砂土	粒径大于 2 mm 的颗粒含量不超过总质量 50% 的土。按照其颗粒大小及不同颗粒的数量比分为砾砂、粗砂、中砂、细砂和粉砂
	粉土	性质介于砂土与黏性土之间
	黏性土	可分为粉质黏土和黏土
人工地基	淤泥	颜色灰黑，有臭味
	人工填土	素填土为碎石土、砂土、粉土、黏性土等组成的填土；杂填土为含有建筑垃圾、工业废料、生活垃圾等杂物的填土；冲填土为水力冲填泥沙形成的填土

二、对地基和基础的要求

1. 地基应具有良好的稳定性[3]

地基在荷载作用下沉降均匀，才能保证房屋的沉降均匀。如果地基土质分布不均匀，处理不好就会产生不均匀沉降，此时极易产生墙身开裂、房屋倾斜甚至破坏的情况。

3. 稳定性
稳定性是指构件维持原有形态、保持平衡的能力。
某些细长杆件（或薄壁构件）在轴向压力达到一定的数值时，会失去原来的平衡形态而丧失工作能力，这种现象称为失稳。

2. 基础应有足够的强度

基础具有足够的强度，才能稳定地把荷载传给地基。如果基础在承受荷载后受到破坏，必然会使房屋出现裂缝，甚至坍塌。所以，房屋基础所用的材料应符合基础的强度要求。

3. 基础应满足耐久性要求

基础所用材料和构造的选择应与上部建筑的建筑等级相适应，符合耐久性要求。如果基础先于上部结构破坏，检查和加固都十分困难，将严重影响房屋的寿命。

4. 基础工程应注意经济效益

基础工程的造价，按结构类型不同占房屋总造价的 5% ~ 10%，甚至更高。所以应尽量选择土质好的地段建造房屋，以降低基础工程的造价。当地段不能选择时，应采用恰当的基础形式及构造方案，尽量节省工程费用。除了上述措施之外，就近采用地方材料，减少运输费用，同样可以减少基础工程的开支，从而降低整个房屋的造价。

三、基础的埋置深度

由室外设计地面到基础底面的距离称为基础的埋置深度。基础埋深不超过 5 m 的属于浅基础，大于 5 m 的属于深基础。在确定基础埋深时，应优先选择浅基础。它的优点是不需要特殊施工设备，施工技术也较简单。基础埋深越浅，工程造价越低。但当基础埋深过小时，地基受到压力后有可能把四周的土挤走，使基础失去稳定。基础埋得过浅，还易受各种侵蚀和影响，从而造成基础破坏。在一般情况下，基础的埋深应不小于 500 mm。

4. 毛石

毛石是不成型的石料，处于开采以后的自然状态。它是岩石经爆破后所得形状不规则的石块，形状不规则的称为乱毛石，有两个大致平行面的称为平毛石。

第二节　基础的分类与构造

基础按材料及受力特点可以分为刚性基础和柔性基础。刚性基础抗压强度高，但抗弯、抗剪强度比较低，包括砖基础、毛石[4]基础、混凝土基础等；柔性基础指用钢筋混凝土制成的抗压、抗拉强度均较高的基础。按构造形式分，有条形基础、独立基础、桩基础、整片基础等。

一、按材料及受力特点分类

1. 刚性基础

有些材料，如砖、石、混凝土等，它的抗压强度高，但抗弯、抗剪强度却很低。用这类材料建造基础时，应设法不使它产生拉应力。由于

地基承载力在一般情况下低于墙或柱等上部结构的抗压强度，故基础底面宽度要大于墙或柱的宽度。刚性基础多用于地基承载力高的地基上建造的低层和多层房屋。

（1）砖基础

砖是一种取材容易、价格低廉的材料。由于砖的强度、耐久性均较差，故砖基础多用于地基土质好、地下水位较低、五层以下的砖木结构或砖混结构建筑。砖基础（见图 7—2）由于刚性角的限制，要求采用台阶式向下逐级放大。大放脚的宽高比应为 1∶1.5。

（2）三合土基础

三合土基础是由石灰、砂、骨料（碎砖或石子）按体积比 1∶3 ∶6 或 1∶2 ∶4 加水拌和夯实而成。三合土基础适用于四层及四层以下的建筑。

（3）石基础

石基础（见图 7—3）是由毛石或料石[5]与砂浆砌筑而成，通常采用水泥砂浆砌筑。由于石材强度高、抗冻、耐水性能好，水泥砂浆同样是耐水材料，所以石基础可以用于地下水位较高、冻结深度较深的地区。由于我国各地石材产量丰富，故被广泛用于低层及多层民用建筑。

5. 料石

料石（也称条石）是由人工或机械开采出的较规则的六面体石块，经加工凿琢成厚度不小于 250 mm 的石料。

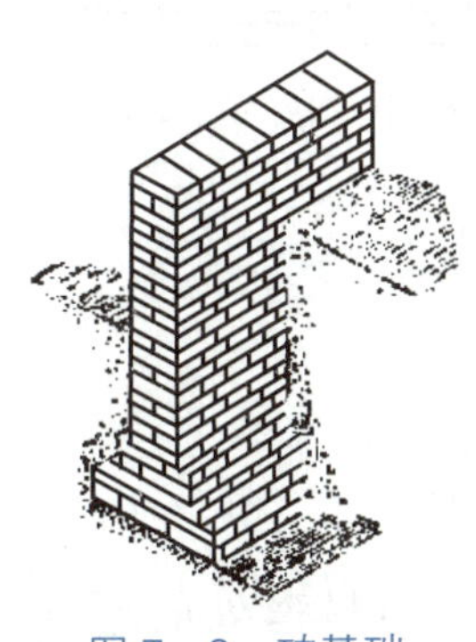

图 7—2　砖基础

图 7—3　石基础

（4）混凝土基础

混凝土基础（见图 7—4）具有坚固、耐久、耐水的特点，常用于有地下水和冰冻作用的地方。由于混凝土是可塑的，基础的断面形式不仅可以做成矩形和阶梯形，当底面宽度大于 2 000 mm 时还可以做成锥形，锥形断面能节约混凝土，从而减轻基础自重。为了节约混凝土，可以在混凝土中加入粒径不超过 300 mm 的毛石。这种混凝土基础称为毛石混凝土基础（见图 7—5）。

2. 钢筋混凝土基础

钢筋混凝土基础（见图 7—6）相当于一个受均布荷载的悬臂

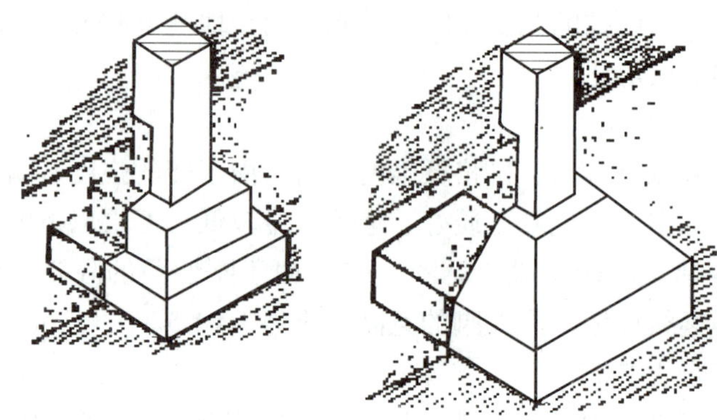

图 7—4 混凝土基础

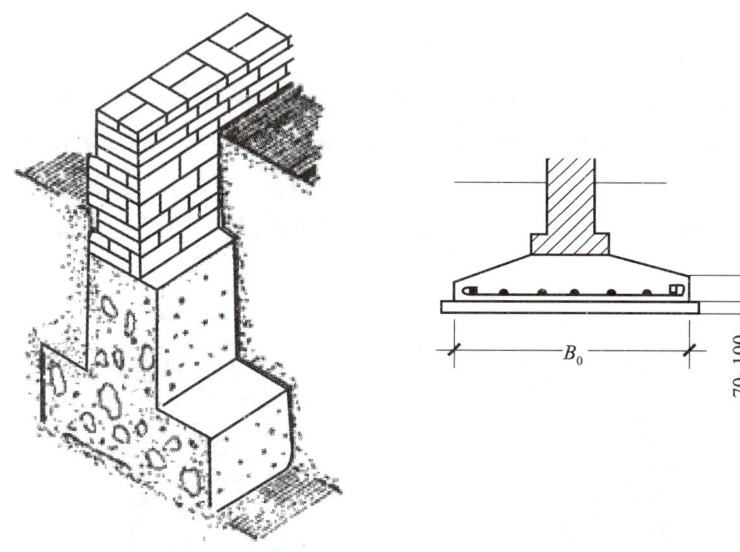

图 7—5 毛石混凝土基础

图 7—6 钢筋混凝土基础

梁，所以它的截面高度向外逐渐变小，但最薄处的厚度不应小于 200 mm。截面如做成阶梯形，每步高度为 300 ~ 500 mm。基础中受力钢筋的数量应通过计算确定，但钢筋直径不宜小于 8 mm，净距不宜大于 200 mm。基础混凝土的强度等级不宜低于 C15。

为了使基础底面均匀传递对地基的压力，常在基础下用强度等级为 C7.5 或 C10 的混凝土做一个垫层，其厚度宜为 50 ~ 100 mm。有垫层时，钢筋距基础底面的保护层厚度不宜小于 35 mm，不设垫层时，钢筋距基础底面不宜小于 70 mm，以保护钢筋免遭锈蚀。

二、按基础的构造形式分类

基础形式主要是由上部承重结构和地基承载力决定的。如墙的基础

一般应为连续的条形基础，柱下基础可为独立基础，当荷载大而地基承载力小时，则应做桩基础或整片基础。

1. 条形基础

条形基础（见图 7—7）呈连续的带状，故也称带形基础。条形基础一般用于墙下，也可用于柱下。

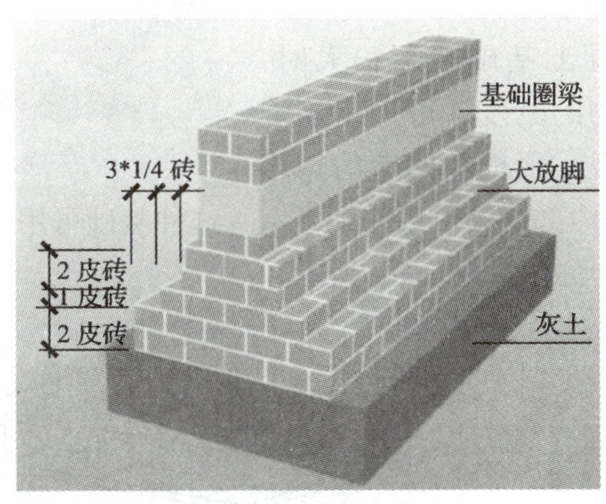

图 7—7　条形基础

当房屋为墙承重结构时，承重墙下一般采用通长的条形基础。中小型建筑常采用砖、石、混凝土、灰土、三合土等刚性材料的刚性条形基础。当荷载较大、地基软弱时，也可采用钢筋混凝土条形基础。

2. 独立基础

独立基础呈柱墩形，也称单独基础，当房屋为框架承重结构或内框架承重结构时，承重柱下扩大形成独立基础，常用断面形式有阶梯形、锥形、杯形等。当柱子的独立基础置于较弱地基上时，基础底面积可能很大，彼此相距很近甚至碰到一起，这时应该把柱下独立基础连起来，形成柱下条形基础、柱下十字交叉基础（见图 7—8）。

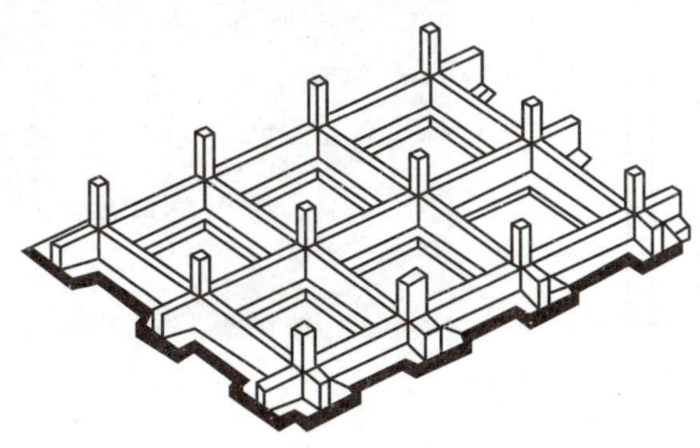

图 7—8　柱下十字交叉基础

3. 整片基础

整片基础包括筏形基础和箱形基础。

图 7—9　筏形基础

筏形基础（见图 7—9）具有减少基底压力、提高地基承载力[6]和调整地基不均匀沉降的能力。

6. 地基承载力　房屋的全部荷载是通过基础传给地基的。地基承受荷载有一定的限度，每 m^2 面积所能承受的最大垂直压力，称为地基承载力。

当钢筋混凝土基础埋深很大时，为了增加建筑物的刚度，可用钢筋混凝土筑成有底板、顶板和四壁的箱形基础。箱形基础内部空间可用作地下室。这种基础可用于荷载很大的高层建筑，其构造形式如图 7—10 所示。

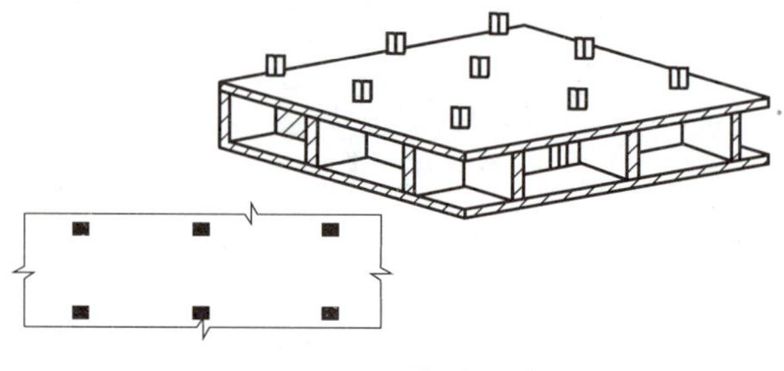
图 7—10　箱型基础

4. 桩基础

当建筑物荷载较大，地基的软弱土层厚度在 5 m 以上，基础不能埋在软弱土层内，或对软弱土层进行人工处理困难或不经济时，常采用桩基础（见图 7—11）。

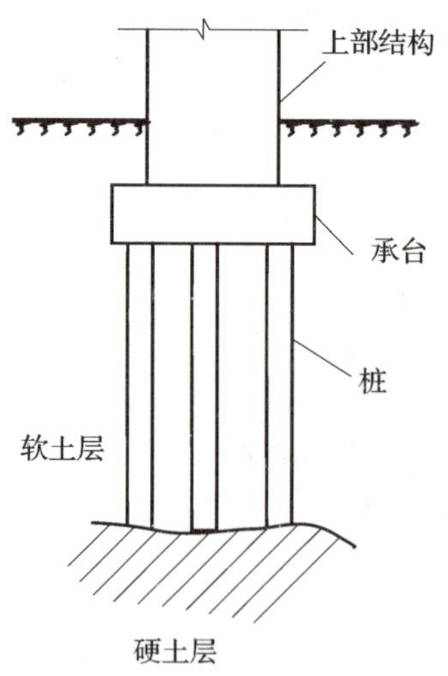

图 7—11　桩基础及其施工现场

采用桩基础能节省基础材料，减少挖填土方工程量，改善工人的劳动条件，缩短工期。在严寒地区冬季进行基础施工时，要开挖冻土，耗费人工，进度迟缓。采用桩基础能避开挖掘冻土这一繁重劳动，因此近年来桩基础采用量逐年增加。

第三节　地　下　室

建筑物底层下部的空间称为地下室。

一、地下室的分类

1. 按使用性质分可以分为普通地下室和人防地下室。

2. 按埋入地下深度可以分为全地下室（地下室地面低于室外地坪面的高度超过该房间净高 1/2）和半地下室（地下室地面低于室外地坪面高度超过该房间净高 1/3 且不超过 1/2 者）。

二、地下室的防潮与防水做法

地下室的防潮、防水做法取决于地下室地坪与地下水位的关系。设计最高地下水位低于地下室底板 300 ~ 500 mm 时，采用防潮做法；设计最高地下水位高于地下室标高时，采用防水做法。

1. 地下室防水（见图 7—12）

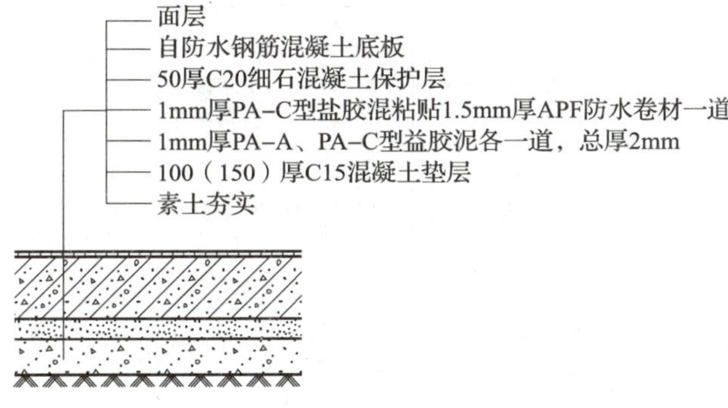

图 7—12　地下室防水

（1）自防水

通过调整混凝土配合比或在混凝土中掺外加剂等手段，改善混凝土自身的密实性来达到防水目的，抗渗能力大于 0.6 MPa（抗渗等级大于等于 S6）。

常用的防水混凝土有普通防水混凝土和掺外加剂防水混凝土。

（2）材料防水（见图 7—13）

- 防水卷材[7]防水 —— 有较好的耐水性、耐腐蚀性、耐侵蚀性、耐候性，并能承受在设计允许范围内的应力变形：有较高的抗拉强度和较大的延伸率，能承受一定荷载的冲击，适应基层的伸缩与开裂。可外防外贴、外防内贴
- 水泥砂浆[8]防水 —— 刚性防水，高强度、抗刺穿
- 涂料防水
  - 有机防水涂料[9]：延伸性、整体性、耐蚀性良好，适宜在迎水面使用
  - 无机防水涂料[10]：与水泥砂浆、混凝土基层具有良好的湿干黏结性、耐磨性和抗刺穿性，宜用于潮湿基层
  - 金属防水[11]：主要用于工业厂房地下烟道、电炉基坑、热风道等有高温高湿的地下防水工程以及振动较大、防水要求严格的地下防水工程

图 7—13　材料防水

2. 地下室防潮（见图 7—14）

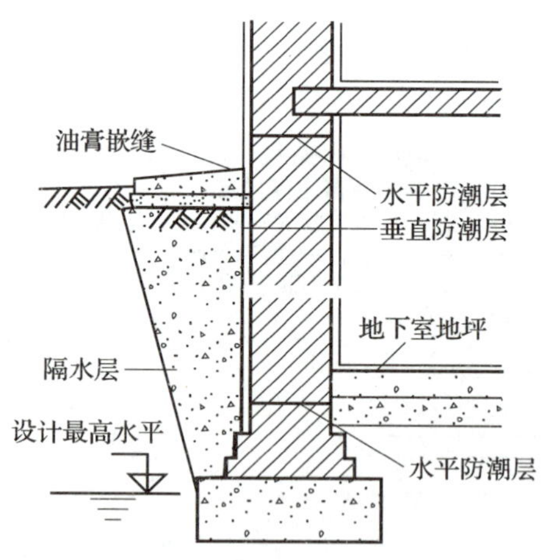

图 7—14　地下室防潮

（1）适用于设计最高地下水位低于地下室底板标高的工程中。

（2）防水涂料或水泥砂浆防水层。

7. 防水卷材
防水卷材是由厚纸或纤维织物为胎基，经浸涂沥青或其他合成高分子防水材料而成的成卷防水材料。

8. 水泥砂浆
水泥、沙子和水的混合物称为水泥砂浆。通常所说的 1∶3 水泥砂浆是用 1 份水泥和 3 份沙子配合。

9. 有机防水涂料
有机防水涂料是指那些成膜物质为有机物的防水涂料。如沥青基防水涂料、橡胶沥青防水涂料及合成高分子防水涂料等。

10. 无机防水涂料
无机防水涂料是指那些成膜物质为无机物的防水涂料。

11. 金属防水
金属防水是利用铝锰镁板、铜板、钛锌板、不锈钢板或镀铝锌板等金属板材用于屋面防水或地下室防水及墙面防水。

第四节 基础材料

如前所述，各种类型的基础中所使用的材料多种多样，其中目前使用最为广泛的是混凝土。本节主要介绍混凝土的主要组成材料——水泥，以及和水泥一样同样属于无机胶凝材料的用于三合土的主要材料——石灰。

建筑上将能够把沙子、石子、砖、砌块等散粒或块状材料黏结为一体的材料称为胶凝材料。只能在空气中硬化、保持或继续发展强度的无机胶凝材料称为气硬性无机胶凝材料；不仅能在空气中，而且能更好地在水中硬化、保持或继续发展强度的无机胶凝材料称为水硬性无机胶凝材料。胶凝材料的分类如图 7—15 所示。

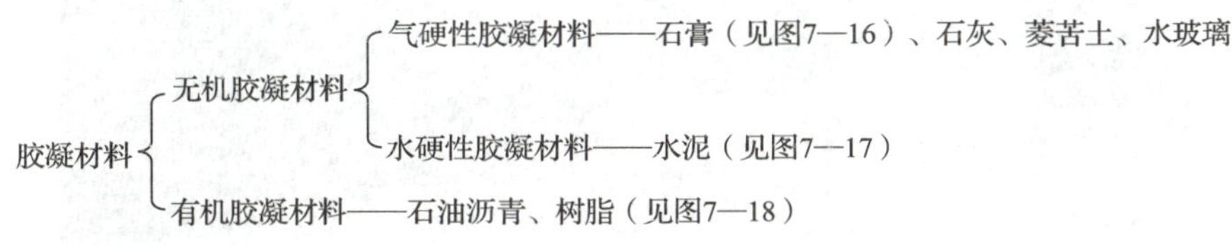

图 7—15 胶凝材料分类

图 7—16 石膏制品

图 7—17 压纹水泥地面

图 7—18 树脂制品

一、石灰 [12]

天然碳酸岩类岩石（石灰石、白云石）经高温煅烧，其主要成分 $CaCO_3$ 分解为以 CaO 为主要成分的生石灰，其化学反应可表示如下：

$$CaCO_3 \xrightarrow{900℃} CaO+CO_2$$

生石灰（堆积密度为800～1 000 kg/m^3）一般为白色或黄灰色块灰，块灰碾碎磨细即为生石灰粉。

（一）生石灰的熟化和陈伏

工地上使用石灰时，通常将生石灰加水，使之消解为消（熟）石灰——氢氧化钙，这个过程称为石灰的消解，又称熟化。

12. 石灰

公元前 8 世纪古希腊人已用于建筑，中国也在公元前 7 世纪开始使用石灰。至今石灰仍然是用途广泛的建筑材料。由于其原料分布广，生产工艺简单，成本低廉，在土木工程中应用广泛。

$$CaO+H_2O \longrightarrow Ca(OH)_2$$

生石灰烧制过程中，往往由于石灰石原料的尺寸过大或窑中温度不均匀等原因，生石灰中残留有未烧透的内核，这种石灰称为欠火石灰。欠水石灰中含有未分解的碳酸钙，加水后不能熟化，因此降低了石灰的利用率。如果由于煅烧的温度过高或时间过长，使得石灰表面出现裂缝或玻璃状的外壳，体积收缩明显，颜色呈灰黑色，这种石灰称为过火石灰。过火石灰表面常被黏土杂质融化形成的玻璃釉状物包覆，熟化很慢。当石灰已经硬化后，过火石灰才开始熟化，并产生体积膨胀，引起隆起鼓包和开裂，影响工程质量。

为了消除过火石灰的危害，生石灰熟化形成的石灰浆应在储灰坑中放置两周以上，这一过程称为石灰的陈伏，如图 7—19 所示。

图 7—19　石灰的陈伏

（二）石灰的硬化

石灰浆体在空气中逐渐硬化，是由以下两个同时进行的过程来完成的。

1. 结晶作用

游离水分蒸发，氢氧化钙逐渐从饱和溶液中结晶。

2. 碳化作用

氢氧化钙与空气中的二氧化碳化合生成碳酸钙结晶，释出水分并被蒸发：

$$Ca(OH)_2+CO_2+nH_2O \xrightarrow{\text{硬化}} CaCO_3+(n+1)H_2O$$

纯石灰浆不易硬化，强度和硬度很低，收缩性大，容易产生裂缝，所以石灰浆在使用中一般需掺入砂子配制成石灰砂浆，或加入纤维材料，制成石灰麻刀灰[13]、石灰纸筋灰[14]等。

（三）石灰的技术性质

建筑生石灰粉的技术指标见表 7—2。

石灰具有如下特性：

13. 石灰麻刀灰　简称麻刀灰，是把麻绳或竹条抽打成絮状的麻丝团，然后用来和石灰浆和在一起，以达到防裂、加强作用。

14. 石灰纸筋灰　简称纸筋灰，是一种用草或者纤维物质加工成浆状，按比例均匀拌入抹灰砂浆内，作用是防止墙体抹灰层裂缝，增加灰浆连接强度和稠度。

表 7—2 建筑生石灰粉的技术指标

项目	钙质生石灰			镁质生石灰		
	优等品	一等品	合格品	优等品	一等品	合格品
(CaO+MgO)含量(%,不小于)	90	85	80	85	80	75
未消化残渣含量(5 mm 圆孔筛余)(%,不大于)	5	10	15	5	10	15
CO_2 含量(%,不大于)	5	7	9	6	8	10
产浆量(L/kg,不小于)	2.8	2.3	2.0	2.8	2.3	2.0

注:生石灰粉中 MgO 含量≤ 5% 为钙质生石灰;MgO > 5% 为镁质生石灰。

1. 保水性[15]与可塑性[16]好

氢氧化钙颗粒极细,比表面积很大,每一颗粒均吸附一层水膜,使得石灰浆具有良好的保水性和塑性。因此,土木工程中常用来改善水泥砂浆的保水性和塑性。

2. 凝结硬化慢、强度低

石灰浆凝结硬化时间一般需要数周,硬化后强度一般小于 1 MPa。如 1∶3 的石灰砂浆强度仅为 0.2 ~ 0.5 MPa。但通过人工碳化,可使强度大幅度提高。如碳化石灰板及其制品。

3. 耐水性[17]差

石灰浆在水中或潮湿环境中没有强度,在流水中还会溶解流失。但固化后的石灰制品经人工碳化处理后,耐水性大大提高。

4. 干燥收缩大

石灰浆体中的游离水,特别是吸附水蒸发,引起硬化时体积收缩、开裂。碳化过程也引起体积收缩。因此,石灰一般不宜单独使用,通常掺入砂子、麻刀、纸筋等以减少收缩或提高抗裂能力。

(四)石灰在建筑中的应用

1. 石灰乳和石灰砂浆

将消石灰粉或熟化好的石灰膏加入多量的水搅拌稀释,成为石灰乳,是一种廉价的涂料,主要用于内墙和天棚刷白,增加室内美观和亮度。我国农村也用于外墙。石灰砂浆是将石灰膏、砂加水拌制而成,按其用途可分为砌筑砂浆和抹面砂浆(见图 7—20)。

2. 石灰混合砂浆

石灰、水泥和砂按一定比例与水配制成混合砂浆,用于砌筑和抹面。

3. 三合土

石灰、黏土、煤渣加适量的水充分拌和后,经碾压或夯实,在潮湿环境中使石灰与黏土发生反应,生成具有水硬性的水化硅酸钙或水化铝

15. 保水性
是指消石灰在与砂拌和的塑性砂浆中保持游离水不离析和拌和物稠度的能力。

16. 可塑性
是指材料在外力作用下,可以形成任意形状而不破坏其整体性,在外力取消后仍能保持其变形后形态的性质。

17. 耐水性
是指材料长期在饱和水作用下而不受破坏,强度也不显著降低的性质。

酸钙，适于在潮湿环境中使用。可用于建筑物基础或道路地基。

4. 生产灰砂砖和硅酸盐制品

以石英砂、粉煤灰、矿渣、炉渣等为原料，其中的活性氧化硅和氧化铝与氢氧化钙在蒸汽养护或蒸压养护条件下生成水化硅酸钙和水化铝酸钙并形成一定强度（见图 7—21、图 7—22）。

图 7—20 石灰乳涂料

图 7—21 灰砂砖

二、水泥

图 7—22 碳化石灰板隔墙

水泥是无机水硬性胶凝材料，是重要的建筑材料之一。我国建筑工程中常用的水泥主要有硅酸盐水泥、普通硅酸盐水泥、矿渣硅酸盐水泥、火山灰质硅酸盐水泥、粉煤灰硅酸盐水泥和复合硅酸盐水泥。在一些特殊工程中，还使用铝酸盐水泥、膨胀水泥、快硬水泥、低热水泥和耐硫酸盐水泥等。

（一）硅酸盐水泥

由硅酸盐水泥熟料、0 ~ 5% 石灰石或高炉矿渣、适量石膏[18]磨细制成的水硬性胶凝材料称为硅酸盐水泥。

18. 石膏

石膏的主要化学成分是硫酸钙（$CaSO_4$）。它可用于水泥缓凝剂、石膏建筑制品、油漆填料等。

1. 硅酸盐水泥的生产

生产硅酸盐水泥的原料主要是石灰石和黏土（见图 7—23、图 7—24）。为了补充铁质及改善煅烧条件，还可加入适量铁粉、萤石等。

图 7—23 石灰石原料

图 7—24 黏土原料

生产水泥的基本工序可以概括为“两磨一烧”：先将原材料破碎并按其化学成分配料后，在球磨机中研磨为生料。然后入窑煅烧至部分熔融，所得以硅酸钙为主要成分的水泥熟料，配以适量的石膏及混合材料在球磨机中研磨至一定细度，即得到硅酸盐水泥。

2. 硅酸盐水泥熟料的矿物组成

（1）硅酸三钙

硅酸三钙的化学成分为 $3CaO \cdot SiO_2$，可简写为 C_3S。它是硅酸盐水泥熟料中最主要的矿物成分，占水泥熟料总量的 36% ~ 60%。硅酸三钙遇水后能够很快与水产生水化反应，并产生较多的水化热。它对促进水泥的凝结硬化，特别是对水泥 3 ~ 7 天的早期强度以及后期强度都起主要作用。

（2）硅酸二钙

硅酸二钙的化学成分为 $2CaO \cdot SiO_2$，可简写为 C_2S，约占水泥熟料总量的 15% ~ 37%。硅酸二钙遇水后反应较慢，水化热也较低。它不影响水泥的凝结，对水泥的后期强度起主要作用。

（3）铝酸三钙

铝酸三钙的化学成分是 $3CaO \cdot Al_2O_3$，可简写为 C_3A，占水泥熟料总量的 7% ~ 15%。铝酸三钙遇水后反应极快，产生的热量大而且很集中。铝酸三钙对水泥的凝结起主导作用，但其水化产物强度较低，主要对水泥的早期强度有些作用。

（4）铁铝酸四钙

铁铝酸四钙的化学成分为 $4CaO \cdot Al_2O_3 \cdot Fe_2O_3$，可简写为 C_4AF，占水泥熟料总量的 10% ~ 18%。铁铝酸四钙遇水时水化反应也很快，水化热较低，水化产物的强度不高，对水泥的抗压强度作用不大，主要对抗折强度作用较大。

19. 钙矾石的生长规律
水泥水化形成的钙矾石的生长速率和最终的长度受3个因素影响：化学因素、浆体微观结构以及混凝土或砂浆的微观结构。
研究表明水灰比对钙矾石的生长有显著的影响。在相同条件下，水灰比越大，水泥石结构越疏松，钙矾石的生成就有空间。水灰比小，水泥石结构较紧密，孔隙较小，生成的钙矾石数量较少，晶体产生各向异性生长而呈针状。

3. 硅酸盐水泥的水化

硅酸盐水泥遇水后，水泥中的各种矿物成分会很快发生水化反应，生成各种水化物：水化硅酸钙（50%）、氢氧化钙（25%）、水化铝酸钙、水化铁酸钙及水化硫铝酸钙等新生矿物。

4. 硅酸盐水泥的凝结和硬化

水泥加水拌和后产生剧烈的水化反应：一方面使水泥浆中起润滑作用的自由水分逐渐减少；另一方面，水化产物在溶液中很快达饱和或过饱和状态而不断析出，水泥颗粒表面的新生物厚度逐渐增大，使水泥浆中固体颗粒间的间距逐渐减小，越来越多的颗粒相互连接形成了骨架结构。此时，水泥浆便开始慢慢失去可塑性，表现为水泥的初凝。

由于铝酸三钙水化极快，会使水泥很快凝结，为使工程使用时有足够的操作时间，水泥中加入了适量的石膏。水泥加入石膏后，一旦铝酸三钙开始水化，石膏会与水化铝酸三钙反应生成针状的钙矾石[19]。钙矾石很难溶解于水，可以形成一层保护膜覆盖在水泥颗粒的表面，从而阻碍铝酸三钙的水化，阻止了水泥颗粒表面水化产物的向外扩散，降低了水泥的水化速度，使水泥的初凝时间得以延缓。

当掺入水泥的石膏消耗殆尽时，水泥颗粒表面的钙矾石覆盖层一旦被水泥水化物的积聚物胀破，铝酸三钙等矿物的再次快速水化得以继续进行，水泥颗粒间逐渐相互靠近，直至连接形成骨架。水泥浆的塑性逐渐消失，直到终凝。

随着水化产物的不断增加，水泥颗粒之间的毛细孔不断被填实，加之水化产物中的氢氧化钙晶体、水化铝酸钙晶体不断贯穿于水化硅酸钙等凝胶体之中，逐渐形成了具有一定强度的水泥石，从而进入了硬化阶段。水化产物的进一步增加，水分的不断丧失，使水泥石的强度不断发展。

随着水泥水化的不断进行，水泥浆结构内部孔隙不断被新生水化物填充和加固的过程称为水泥的凝结。随后产生明显的强度并逐渐变成坚硬的人造石——水泥石，这一过程称为水泥的硬化。如图 7—25 所示。

实际上，水泥的水化过程很慢，较粗水泥颗粒的内部很难完全水化。因此，硬化后的水泥石是由晶体、胶体、未完全水化颗粒、游离水及气孔等组成的不均质体。

5. 硅酸盐水泥的技术性质（GB 175—2007/XG1—2009）

（1）细度

水泥颗粒的粗细程度对水泥的使用有重要影响。水泥颗粒粒径一般在 7 ~ 200 μm 范围内。国家标准规定 0.08 mm 方孔筛筛余不超过10%。水泥细度不合要求不得出厂。

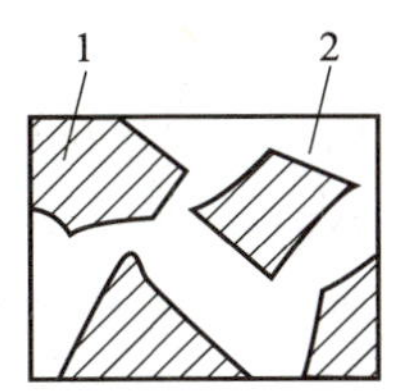

a）分散在水中未水化的水泥颗粒

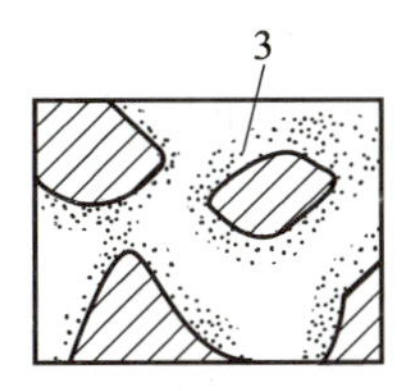

b）在水泥颗粒表面形成水化物膜层

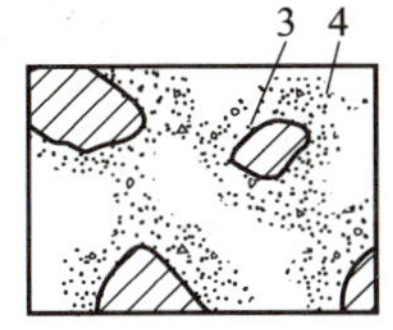

c）膜层长大并互相连接（凝结）

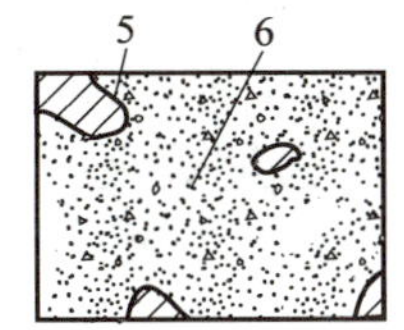

d）水化物进一步发展，填充毛细孔

图 7—25　水泥的凝结和硬化

1—水泥颗粒　2—水分　3—凝胶　4—晶体

5—未水化的水泥颗粒内核　6—毛细孔

（2）标准稠度[20]用水量

标准稠度用水量是水泥浆达到一定流动度时的需水量。硅酸盐水泥的标准稠度用水量一般为 21% ~ 28%。

（3）凝结时间

水泥从加水开始到失去流动性，即从液体状态发展到较致密的固体状态的过程称为水泥的凝结过程。这个过程所需要的时间称为凝结时间。凝结时间分为初凝时间和终凝时间。初凝时间为水泥加水拌和至标准稠度的净浆完全失去可塑性所需的时间。终凝时间为水泥加水拌和至标准稠度的净浆完全失去可塑性并开始产生强度所需的时间。

国家标准规定，水泥的凝结时间是以标准稠度的水泥净浆，在规定温度及湿度环境下用水泥净浆凝结时间测定仪测定。硅酸盐水泥的初凝时间不得早于 45 min，终凝时间不得迟于 6 h 30 min。

（4）体积安定性

水泥浆体硬化后体积变化的均匀性称为水泥的体积安定性。即水泥硬化浆体能保持一定形状，不开裂，不变形，不溃散的性质。体积安定性不良的水泥应作为废品处理，不得应用于工程中，否则将导致严重后果。

导致水泥安定性不良的主要原因一般是由于熟料中的游离氧化钙、游离氧化镁或掺入石膏过多等原因造成的。安定性不良的水泥不得用于工程，应废弃。

20. 稠度

稠度是表示砂浆的稀稠程度。砂浆中加水太多就变稀，砂浆太稀抹涂时砂浆易流淌；砂浆中加水过少就变稠，砂浆太稠抹涂时砂浆不易抹平。

21. 预应力钢筋混凝土
为了避免钢筋混凝土结构的裂缝过早出现，充分利用高强度钢筋及高强度混凝土，设法在混凝土结构或构件承受使用荷载前，通过施加外力使得构件受到的拉应力减小，甚至处于压应力状态下的混凝土构件。

22. 大体积混凝土工程
一般指一次浇筑量大于1000m³或混凝土结构实体最小尺寸等于或大于2m的混凝土工程。
现代建筑中时常涉及大体积混凝土施工，如高层楼房基础、水利大坝等。它的主要特点就是体积大，表面系数比较小，水泥水化热释放比较集中，内部温升比较快。混凝土内外温差较大时，会使混凝土产生温度裂缝，影响结构安全和正常使用。

（5）强度

水泥的强度是按照《水泥胶砂强度检验方法（ISO法）》（GB/T 17671—1999）的标准方法制作的水泥胶砂试件，在（20±1）℃的水中，养护到规定龄期时检测的强度值。其中标准试件尺寸为40 mm×40 mm×160 mm，胶砂中水泥与标准砂之比为1∶3（W/C=0.5），标准试验龄期分别为3天和28天，分别检验其抗压强度和抗折强度。按照测定结果，将硅酸盐水泥分为42.5、42.5R、52.5、52.5R、62.5、62.5R六个强度等级。各等级硅酸盐水泥在不同龄期的强度要求见表7—3。

表7—3　硅酸盐水泥在不同龄期的强度要求（GB 175—2007—XG1—2009）

强度等级	抗压强度		抗折强度	
	3天	28天	3天	28天
42.5	≥17.0	≥42.5	≥3.5	≥6.5
42.5R	≥22.0		≥4.0	
52.5	≥23.0	≥52.5	≥4.0	≥7.0
52.5R	≥27.0		≥5.0	
62.5	≥28.0	≥62.5	≥5.0	≥8.0
62.5R	≥32.0		≥5.5	

注：表中R表示早强型，其他为普通型。

6. 硅酸盐水泥的性能特点与应用

（1）凝结硬化快，早期及后期强度均高，适用于有早强要求的工程（如冬季施工、预制、现浇等工程），高强度混凝土工程（如预应力钢筋混凝土[21]，大坝溢流面部位混凝土）。

（2）抗冻性好，适合水工混凝土和抗冻性要求高的工程。

（3）耐腐蚀性差，因水化后氢氧化钙和水化铝酸钙的含量较多，较易与其他物质反应。

（4）水化热高，不宜用于大体积混凝土工程[22]，但有利于低温季节蓄热法施工。

（5）抗碳化性好。因水化后氢氧化钙含量较多，故水泥石的碱度不易降低，对钢筋的保护作用强。适用于空气中二氧化碳浓度高的环境。

（6）耐热性差。因水化后氢氧化钙含量高。不适用于承受高温作用的混凝土工程。

（7）耐磨性好，适用于高速公路、道路和地面工程。

（二）掺混合材料的硅酸盐水泥

水泥用混合材料可按其活性的不同，分为活性混合材料和非活性混合材料。

1. 水泥混合材料

混合材料磨成细粉并与石灰或石膏混合均匀，用水拌和后，在常温下可生成具有水硬性的水化物，这种性质称为混合材料的火山灰活性。混合材料分为活性混合材料和非活性混合材料。常用的活性混合材料有粒化高炉矿渣、火山灰质混合材料和粉煤灰等。非活性混合材料有磨细石英砂、石灰石、黏土、缓冷矿渣等。它们掺入水泥，不与水泥成分起化学反应或化学反应很弱，主要起填充作用，可调节水泥强度，降低水化热[23]及增加水泥产量等。

2. 普通硅酸盐水泥

凡以适当成分的生料烧至部分熔融，所得以硅酸钙为主的水泥熟料加入 6% ~ 15% 的混合材料和适量石膏磨细制成的水硬性胶凝材料称为普通硅酸盐水泥（简称普通水泥），代号 P.O。

普通硅酸盐水泥分为 32.5、32.5R、42.5、42.5R、52.5、52.5R 六个强度等级。

普通硅酸盐水泥的主要性能特点如下：

（1）早期强度略低，后期强度高。

（2）水化热略低。

（3）抗渗性[24]好，抗冻性好，抗碳化能力强。

（4）抗侵蚀、抗腐蚀能力稍好。

（5）耐磨性较好，耐热性能较好。

普通硅酸盐水泥的应用范围和硅酸盐水泥相同。

3. 矿渣硅酸盐水泥

由硅酸盐水泥熟料和 20% ~ 70% 的粒化高炉矿渣及适量石膏混合磨细而成的水硬性胶凝材料称为矿渣硅酸盐水泥（简称矿渣水泥），代号 P.S。

矿渣硅酸盐水泥的主要性能特点如下：

（1）早期强度低，后期强度高。对温度敏感，适宜于高温养护。

（2）水化热较低，放热速度慢。

（3）具有较好的耐热性能。

（4）具有较强的抗侵蚀、抗腐蚀能力。

（5）需水量大，干缩较大。

（6）抗渗性差，抗冻性较差，抗碳化能力差。

矿渣水泥适用于大体积混凝土、耐热混凝土、水工及海工混凝土，

23. 水化热
是指水泥遇水化合，发生放热反应，在整个水化、凝结、硬化过程中释放出来的热量。

24. 抗渗性
指材料在水油等压力作用下抵抗渗透的性质。

不适于受冻融或干湿交替作用的混凝土。

4. 火山灰质硅酸盐水泥

由硅酸盐水泥熟料和 20% ~ 50% 的火山灰质混合材料及适量石膏混合磨细而成的水硬性胶凝材料称为火山灰质硅酸盐水泥（简称火山灰水泥），代号 P.P。

火山灰水泥的主要性能特点如下：

（1）早期强度低，后期强度高，对温度敏感，适宜于高温养护。

（2）水化热较低，放热速度慢。

（3）具有较强的抗侵蚀、抗腐蚀能力。

（4）需水量大，干缩率较大。

（5）抗渗性好，抗冻性较差，抗碳化能力差，耐磨性差。

火山灰水泥适用于蒸汽养护的混凝土构件、大体积混凝土、抗软水和硫酸盐侵蚀的工程，特别适用于有抗渗要求的混凝土构件。

5. 粉煤灰硅酸盐水泥

由硅酸盐水泥熟料和 20% ~ 40% 的粉煤灰及适量石膏混合磨细而成的水硬性胶凝材料称为粉煤灰硅酸盐水泥（简称粉煤灰水泥），代号 P.F。

粉煤灰水泥的主要性能特点如下：

（1）早期强度低，后期强度高。对温度敏感，适宜于高温养护。

（2）水化热较低，放热速度慢。

（3）具有较强的抗侵蚀、抗腐蚀能力。

（4）需水量低，干缩率较小，抗裂性好。

（5）抗冻性较差，抗碳化能力差，耐磨性差。

粉煤灰水泥适用于大体积水工混凝土工程及地下和海港工程，对承受荷载较迟的工程更为有利。

（三）水泥的验收、运输与储存

水泥的验收应先检查核对水泥生产厂的质量证明书，并核对销售合同中水泥的品种、强度等级和数量；然后检查外观，硅酸盐水泥、普通水泥、矿渣水泥都呈灰绿色，火山灰水泥呈现淡红或淡绿色，粉煤灰水泥则为灰黑色；最后检验数量，每袋净重 50 kg，随机抽取 20 袋，总质量不少于 1 000 kg。

水泥应按不同生产厂家，不同品种、强度等级、批号分别储运，严禁混杂。储存必须注意防潮和防止空气流动。水泥储存期规定为三个月。为了减少水泥安定性不良现象，对新出厂的水泥应存放 10 天左右。

第八章　墙体与墙体材料

第一节　墙 体 概 述

墙体是建筑物的重要组成部分，既是建筑的围护结构，又是建筑主要的竖向承重构件。在砖混结构的建筑中，墙体的重量占建筑总重的40% ~ 65%，墙体造价占工程总造价的30% ~ 40%。因此，如何选择墙体材料和构造方法是一个非常重要的问题。

一、墙体的作用

墙体的作用主要有以下三个方面：

1. 承重作用

承重墙承担建筑地上部分的全部荷载及风荷载，它上承屋顶，中搁楼板，下接基础，是组成建筑空间的主要的竖向承重构件。

2. 围护作用

外墙是建筑围护结构的主体，担负着抵御自然界中风、雨、雪及噪声、温度变化、太阳辐射等不利因素侵袭的责任。

3. 分隔作用

墙体是划分建筑内部空间的主要构件，把建筑内部划分成不同的空间。

二、墙体的分类

1. 按墙体的位置与方向分

沿建筑四周边缘布置的墙体称为外墙，被外墙所包围的墙体称为内墙；沿着建筑物长轴方向布置的墙称为纵墙，建筑物两端的纵墙称为檐墙[1]；沿着建筑物短轴方向布置的墙体称为横墙，两端的横墙俗称山墙[2]；在同一道墙上门窗洞口之间的墙体称为窗间墙，门窗洞口上下的墙体称为窗上或窗下墙。墙体的类型如图8—1所示。

2. 按受力情况分

凡是承担上部构件传来荷载的墙称为承重墙，不承担上部构件传来荷载的墙称为非承重墙。在砖混结构中，非承重墙可以分为自承重墙和隔墙，自承重墙仅承受自身的重量，并把自重传递给基础；隔墙则把自

1. 檐墙

檐墙即建筑物两端的外纵墙。因为外纵墙是沿着屋檐设立的，所以被称为檐墙。中国古建筑中通常把门窗开在檐墙上。

重传递给楼板层或者附加小梁。框架结构中，非承重墙可以分为填充墙[3]和幕墙[4]。填充墙是位于框架梁柱之间的墙体，悬挂于框架梁柱的外侧起围护作用的墙体称为幕墙。

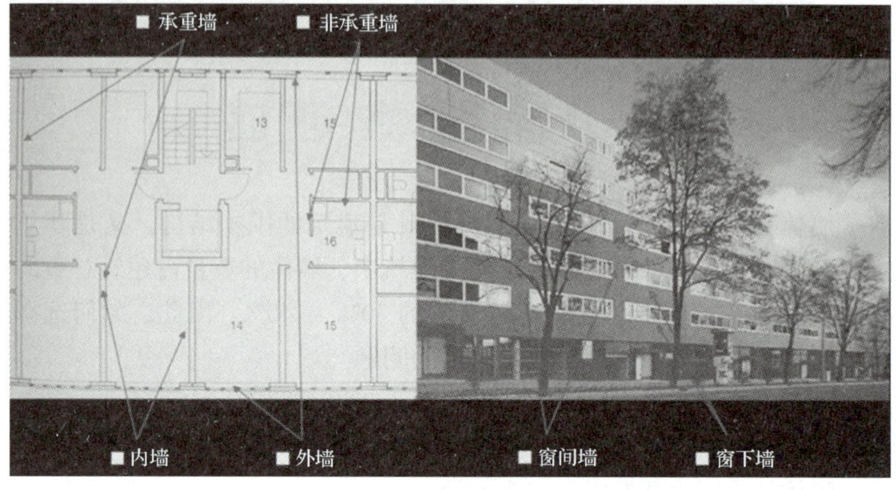

图 8—1　墙体的类型

3. 按材料分

墙体还可按砌墙材料的不同来分类，较常见的有砖墙、砌块墙、石墙、土墙、混凝土墙等。

4. 按施工方法分

主要有叠砌式、板筑式、装配式三种。叠砌式是用砂浆等胶结材料将砖石块材等组砌而成，如砖墙、石墙及各种砌块墙。板筑式是在现场立模板，现浇而成。装配式是将工厂制作的大、中型墙体构件在施工现场用机械吊装拼合而成的墙体，如大板建筑、盒子建筑等。

三、墙体的构造要求

1. 具有足够的强度和稳定性

墙体的强度与构成墙体的材料有关，在确定墙体材料的基础上应通过结构计算来确定墙体的厚度，以满足强度的要求。

墙体的稳定性也是关系到墙体正常使用的重要问题。一般可以采用增加墙体厚度和加设圈梁、构造柱、墙垛的方法增加墙体稳定性。

2. 满足热工方面的要求

建筑在使用中对热工环境舒适性的要求带来一定的能耗，从节能的角度出发，也为了降低建筑长期的运营费用，要求作为围护结构的外墙具有良好的热稳定性。

炎热地区夏季太阳辐射强烈，外墙应具有足够的隔热能力，可以通

2. 山墙
山墙即建筑物两端的外横墙。古代建筑一般都有山墙，它的作用主要是与邻居的住宅隔开和防火。

3. 填充墙
框架结构的填充墙仅起围护和分隔作用，其重量由梁柱承担。

4. 幕墙
幕墙是建筑物的外墙护围，不承重，像幕布一样挂上去，故又称为悬挂墙，是现代大型和高层建筑常用的带有装饰效果的轻质墙体。按照材料可以分为玻璃幕墙和石材幕墙。

过选用热阻大、重量大的外墙材料，例如砖墙、土墙等，减少外墙内表面的温度波动，也可以在外墙表面选用光滑、平整、浅色的材料，来增加对太阳光的反射能力。

寒冷地区冬季室内温度高于室外，热量易从高温一侧向低温一侧传递，为了减少热损失，可以选用孔隙率高、密度小、导热系数小的材料作为框架填充墙，或者增加外墙厚度来减少传热。

3. 满足隔声的要求

墙体是建筑的水平方向划分空间的构件，为了使人们获得安静的工作和生活环境，避免相互干扰，墙体必须要有足够的隔声能力，并应符合国家有关隔声标准的要求。

噪声的传播途径有两种：一种是空气传声，另一种是固体传声。前者如说话声、吹号声等都是通过空气来传播的。后者如步履声、移动家具对地板的撞击声等是通过固体（楼板）来传递的。控制噪声一般可以采取以下措施：

（1）加强墙体的密缝处理。如对墙体与门窗、通风管道等的缝隙进行密缝处理。

（2）增加墙体密实度和厚度。

（3）采用有空气间层或多孔材料的夹层墙。由于空气或玻璃棉等多孔材料具有减振和吸声作用，从而提高了墙体的隔声能力。

4. 其他要求

（1）防火要求

作为建筑墙体的材料及厚度，应满足有关防火规范中对燃烧性能和耐火极限的要求。

（2）防水防潮要求

在卫生间、厨房、地下室等有水的房间应采取防水防潮措施，使室内保持良好的卫生环境。

（3）建筑工业化要求

在民用建筑中，墙体工程量占工程总量的40% ~ 50%，要逐步改革以普通黏土砖为主的墙体材料，采用预制装配式墙体材料和构造方案，为生产工厂化、施工机械化创造条件。

四、墙体的承重方案

1. 横墙承重方案（见图8—2a）

将楼板及屋面板等水平承重构件搁置在横墙上。楼面荷载通过楼板、横墙、基础传递给地基。适用于房间开间尺寸不大的宿舍、住宅等建筑。

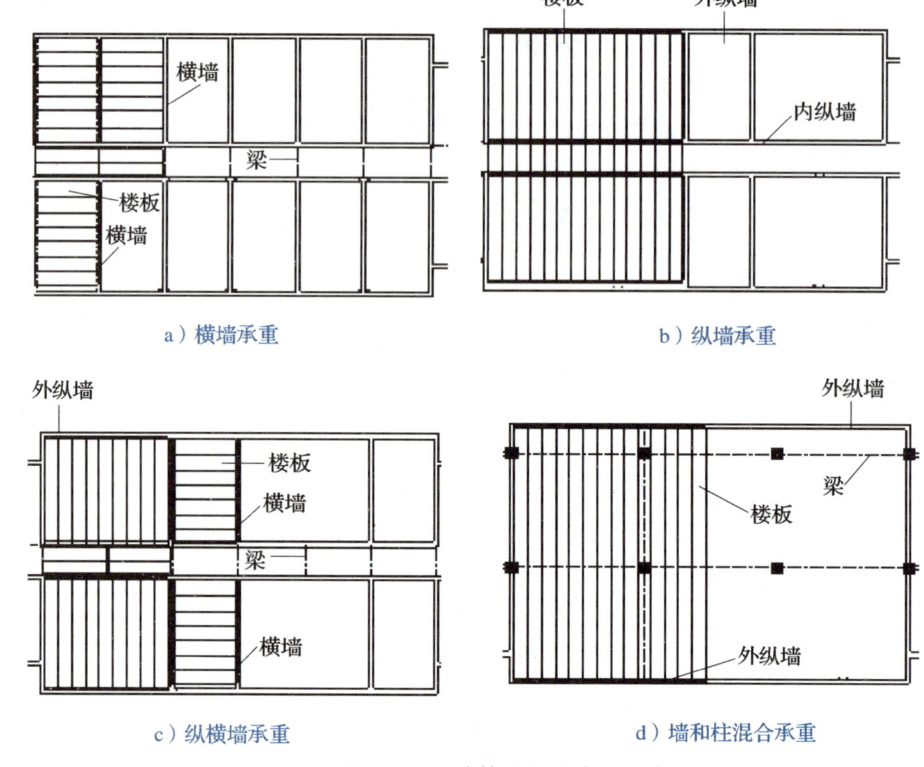

a）横墙承重　b）纵墙承重
c）纵横墙承重　d）墙和柱混合承重

图 8—2　墙体承重方案

横墙承重方案的优点在于：由于横墙间距一般比纵墙小，此时水平承重构件的跨度小、截面高度也小，可以节省混凝土和钢材；又由于横墙较密，又有纵墙拉结，房屋的整体性好，横向刚度大，有利于抵抗水平荷载（风荷载、地震作用等）；当横墙承重而纵墙为非承重墙时，在檐墙上开窗灵活；内纵墙可以自由布置，增加了建筑平面布局的灵活性。

它的缺点在于：由于横墙间距受到限制，建筑开间尺寸不够灵活；墙的结构面积较大，房屋的使用面积相对较小，墙体材料耗费较多。

2. 纵墙承重方案（见图 8—2b）

楼板及屋面板等水平承重构件均搁置在纵墙上，横墙只起分隔空间和连接纵墙的作用。楼面荷载依次通过楼板、梁、纵墙、基础传递给地基。适用于对空间的使用上要求有较大空间以及划分较灵活的建筑。如办公楼、餐厅、商店等，也适用于旅馆、住宅、宿舍等建筑。

纵墙承重方案的优点在于：开间划分灵活，能分隔出较大的房间，以适应不同的需要；楼板、进深梁等水平承重构件的规格少，便于工业化；横墙厚度小，可节省墙体材料；北方地区檐墙因保温需要，其厚度往往大于承重所需要的厚度，纵墙承重可以使檐墙充分发挥作用。

它的缺点在于：水平承重构件的跨度比横墙承重方案大，因而单件重量大，施工时需用一定的起重运输设备；在纵墙上开设门窗洞口受到限制，不易组织室内通风；由于横墙不承受垂直荷载，抵抗水平荷载的能力比承重的横墙差，所以这种房屋的整体刚度较差。

3. 纵横墙承重方案（见图 8—2c）

纵墙和横墙都是承重墙。

纵横墙承重方案的优点在于：平面布置灵活，房屋刚度较好。楼面荷载依次通过楼板、梁、纵墙和横墙、基础传递给地基。适用于房间开间和进深尺寸较大、房间类型较多以及平面复杂的建筑，前者如教学楼、医院等建筑，后者如托儿所、幼儿园等建筑。

它的缺点在于：水平承重构件类型多，施工复杂；墙的结构面积大，消耗墙体材料较多。

4. 墙与柱混合承重方案（见图 8—2d）

当房屋内部采用柱、梁组成的内框架时，梁的一端搁置在墙上，另一端搁置在柱上，由墙和柱共同承受水平承重构件传来的荷载，即墙与柱混合承重。适用于室内需要大空间的建筑，如大型商店、餐厅等。

它的优点在于室内空间较大，划分灵活、空间刚度好。缺点是耗费钢材、水泥比较多。

第二节 块材墙的构造

块材墙是用砂浆等胶凝材料将砖石块材等黏结而成的墙体，如砖墙、石墙及砌块墙等，也称为砌体。块材墙具有一定的保温隔热隔声性能和承载能力，生产及施工操作简单，不需要大型的施工设备，但是现场湿作业较多、施工速度慢、劳动强度大。

一、墙体材料

（一）常用块材

1. 砖

按照砖的外观形状可以分成普通实心砖（标准砖）、多孔砖和空心砖。

砖的强度等级为 MU30、MU25、MU20、MU15、MU10、MU7.5 六个等级（MU20 表示砖的抗压强度平均值≥ 20 N/mm^2）。

标准砖的规格为 53 mm × 115 mm × 240 mm，如图 8—3 所示。在

工程实际中经常以一个砖宽加一个灰缝（115 mm+10 mm=125 mm）为砖砌体的组合模数。

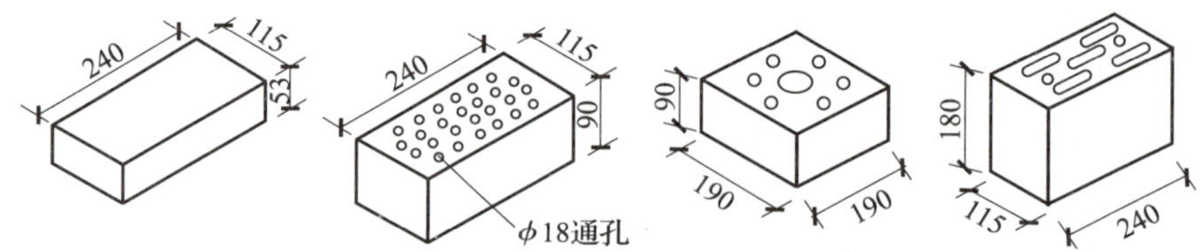

图 8—3　黏土砖和黏土空心砖的规格

2. 砌块

砌块是利用混凝土、工业废料（炉渣、粉煤灰等）或地方材料（如火山渣、陶粒等）制成的人造块材，外形尺寸比砖大，具有设备简单、砌筑速度快等优点，符合建筑工业化发展中墙体改革的要求。

砌块按尺寸大小分成小型、中型、大型三种。高度为 115 ~ 380 mm 的称为小型砌块，高度为 380 ~ 980 mm 的称为中型砌块，高度在 980 mm 以上的称为大型砌块。

3. 石材

天然石材是应用历史最为悠久的块材。天然石材按其重力密度分为重石和轻石两种，其重力密度大于 18 kN/m^3 的为重石，如花岗岩[5]、砂岩、石灰石等；其重力密度小于 18 kN/m^3 为轻石，如凝灰岩、贝壳岩等。重石的强度高、抗冻性、耐水性都较好，常用于建筑物的基础、挡土墙等。

石材的强度等级可以采用边长为 70 mm 的立方体试块的抗压强度平均值表示。有 MU100[6]、MU80、MU60、MU50、MU40、MU30、MU20。

（二）砂浆

砌筑砂浆将块材黏结在一起形成砖砌体，使块材传力均匀，并提高墙体的防潮、隔热和隔声性能。砌筑墙体的砂浆主要有水泥砂浆、水泥石灰混合砂浆和石灰砂浆三种。水泥砂浆强度高、防潮性能好，主要用于受力和防潮要求高的墙体或基础砌筑中；混合砂浆由水泥、石灰、砂拌和而成，有一定的强度，和易性好，使用广泛；石灰砂浆的强度和防潮性都较差，但和易性好，用于强度要求低的墙体。

砂浆的强度等级为 M15[7]、M10、M7.5、M5、M2.5、M1 和 M0.4 七个等级。在同一段砌体中，砂浆和块材的强度有一定的对应关系，以保证砌体的整体强度不受影响。

5. 花岗岩
花岗岩是一种岩浆在地表以下冷却凝结形成的火成岩，主要成分是长石和石英。花岗岩不易风化，颜色美观，外观色泽可保持百年以上，由于其硬度高、耐磨损，除了用做高级建筑装饰工程、大厅地面外，还是露天雕刻的首选之材。

6. MU100
在建筑中 MU 是 masonry unit 的缩写，意思是块材。用 MU+ 数字来表示砖、砌块或石材的强度等级。如 MU100 表示石材的抗压强度标准值为 100 MPa。

7. M15
M 是英文砂浆 mortar 的第一个字母。用 M+ 数字来表示砂浆的强度等级。如 M15 表示砂浆的抗压强度标准值为 15 MPa。

二、砖墙的尺寸和组砌方式

（一）墙厚

墙厚主要由块材和灰缝的尺寸组合而成，以常用的实心砖规格 53 mm × 115 mm × 240 mm 为例，用砖的三个方向的尺寸作为墙厚的基数，当错缝或墙厚超过砖块尺寸时，均按灰缝 10 mm 进行砌筑。

（二）砖墙的组砌方式

砖墙在砌筑时应遵循“内外搭接、上下错缝”的原则，砖与砖之间搭接和错缝的距离一般不小于 60 mm。

砖墙的组砌方式有很多，常见的组砌方式有全顺式、一顺一丁式、梅花丁式等（见图 8—4）。

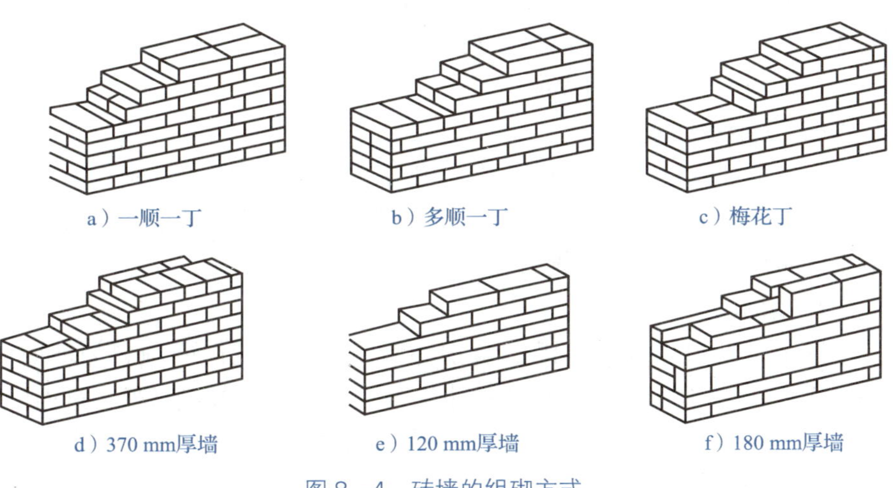

图 8—4　砖墙的组砌方式

三、砖墙的细部构造

（一）勒脚

勒脚是外墙接近室外地面的部分。勒脚的作用一是保护接近地面的墙身不受雨、雪的侵蚀而受潮、受冻以致破坏，并防止对墙身的各种机械性损伤；二是美观，对建筑物的立面处理产生一定效果。

自室外地坪算起，勒脚的高度一般应在 500 mm 以上，有时为了建筑立面形象的要求，经常把勒脚顶部提高至首层窗台处。目前勒脚通常用饰面的做法，即在墙体外表面采用密实度大的材料来处理勒脚。常见的有水泥砂浆抹灰，水刷石[8]、斩假石[9]、贴面砖、贴天然石材等。

一般勒脚的做法（见图 8—5）如下：

（1）在勒脚部位抹 20 ~ 30 mm 厚的 1∶2（或 1∶2.5）水泥砂浆，或做水刷石。

8. 水刷石
水刷石是一种墙面装饰方法，即用水泥、石屑、小石子或颜料等加水拌和，抹在建筑物的表面，待其半凝固后，用硬毛刷蘸水刷去表面的水泥浆而使石屑或小石子半露。

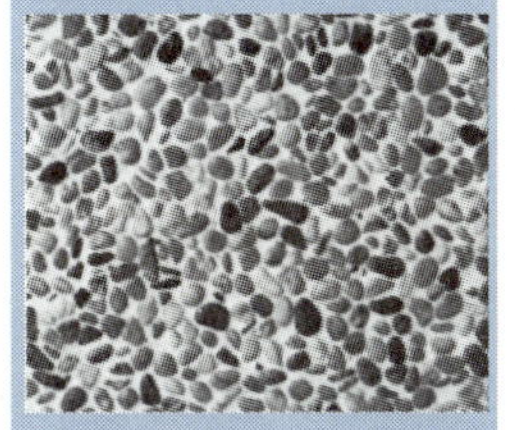

9. 斩假石
斩假石又称剁斧石。是将掺有石屑及石粉的水泥砂浆涂抹在建筑物表面，在硬化后，用斩凿方法使其成为有纹路的墙面装饰方法。

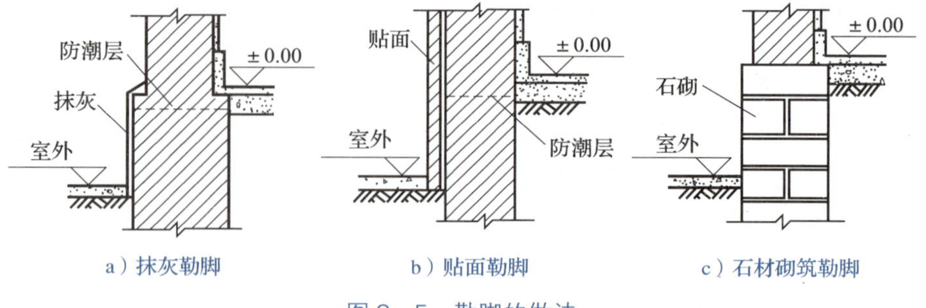

a）抹灰勒脚　b）贴面勒脚　c）石材砌筑勒脚

图 8—5　勒脚的做法

（2）在勒脚部位将墙加厚 60 ~ 120 mm，再用水泥砂浆或水刷石罩面。

（3）在勒脚部位镶贴天然石材。如花岗石等，贴面勒脚耐久性强、装饰效果好，用于标准较高的建筑。

（4）用天然石材砌筑勒脚。

（二）散水和明沟

为了保证建筑四周地下部分不受雨水侵蚀，尽量控制基础周围土壤的含水率，确保基础的使用安全。经常采用在建筑物外墙根部四周设置散水或明沟的办法，把建筑物上部下落的雨水排走。

1. 散水

散水（见图 8—6）是沿建筑物外墙四周设置的向外倾斜的坡面，又称散水坡、护坡。散水的作用是把屋面下落的雨水排到远处，进而保护建筑四周的土壤，降低基础周围土壤的含水率。

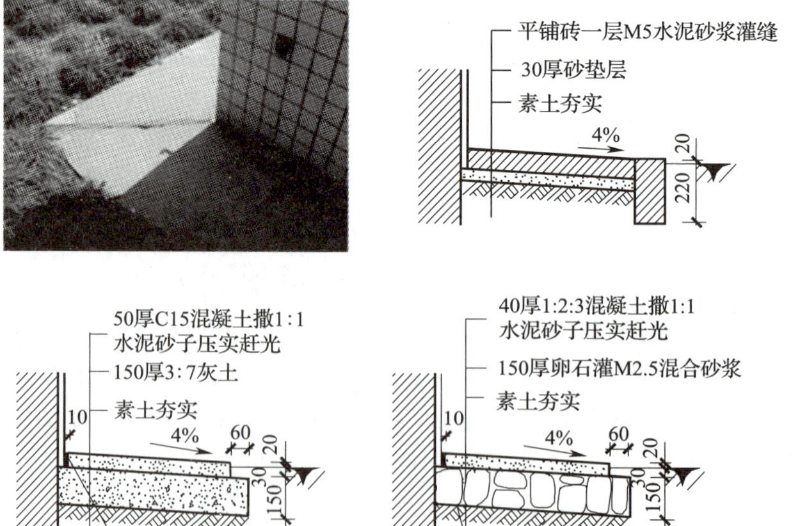

图 8—6　散水的构造做法及尺寸

散水的宽度一般为 600 ~ 1 000 mm。当屋面采用无组织排水方式时，散水的宽度应比屋檐的挑出宽度大 200 mm 左右，坡度一般为 3% ~ 5%。

散水最好采用不透水的材料做面层，如混凝土、砂浆等。散水一般采用混凝土或碎砖混凝土做垫层，土壤冻深在 600 mm 以上的地区，宜在散水垫层下面设置砂垫层，以免散水被土壤冻胀破坏。砂垫层的厚度与土壤的冻胀程度有关，通常砂垫层的厚度在 300 mm 左右。在降水量较少的地区或临时建筑也可以用砖、块石做散水。

散水垫层为刚性材料时，每隔 6 ~ 15 m 需要设置伸缩缝[10]，伸缩缝及散水与建筑外墙交界处应用沥青填充。

2. 明沟

明沟（见图 8—7）又称阳沟、排水沟。明沟一般在降雨量较大的地区采用，布置在建筑物的四周。其作用是把屋面下落的雨水引导至集水井，进入排水管道。明沟通常采用混凝土浇筑，也可以用砖、石砌筑，并用水泥砂浆抹面。明沟的断面尺寸一般不少于宽 180 mm，深 150 mm，沟底应有不小于 1% 的纵向坡度。

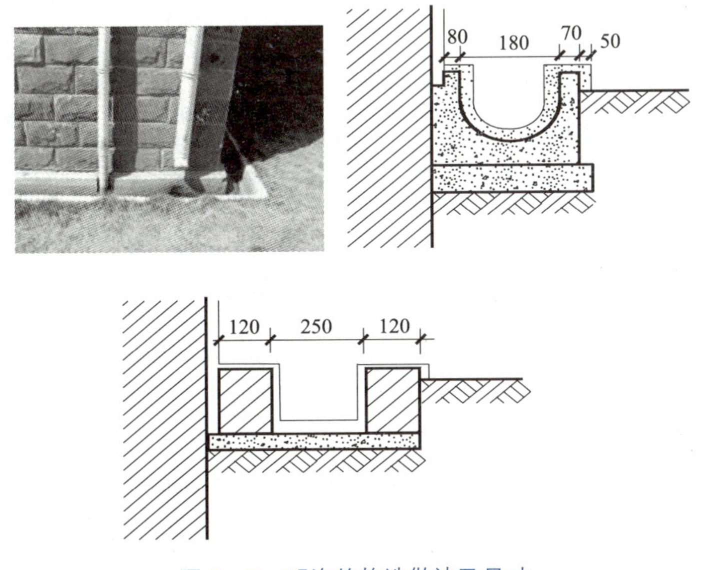

图 8—7　明沟的构造做法及尺寸

（三）墙身防潮层[11]

建筑物被埋置在地下部分的墙体和基础会受到土壤中潮气的影响，土壤中的潮气进入地下部分的墙体和基础材料的孔隙内形成毛细水，毛细水沿墙体上升，会逐渐使地上部分墙体潮湿，影响建筑的正常使用和安全。为了隔阻毛细水的上升，在墙体中设置防潮层，防潮层分为水

10. 伸缩缝
是指为防止建筑物构件由于温度变化产生裂缝或破坏而设置的一条构造缝。散水中的伸缩缝是将散水从垫层到面层完全分成若干个各自独立的部分，使其可做自由伸缩。

11. 墙身防潮层
在墙体外侧勒脚的保护下，加上墙身水平防潮层和地坪下的水平防潮层的共同保护，潮气被阻挡在室内地坪以下。

平防潮层和垂直防潮层两种。

水平防潮层的高度应在室内地坪与室外地坪之间，且距室外地面至少 150 mm 以上，以地面不透水层中部最为理想。

当室内地面出现高差或室内地面低于室外地面时，两地面高差范围内的墙体外侧为潮湿环境。为了保证这部分墙的干燥，除了要分别按高差不同在墙内设置两道水平防潮层之外，还要对两道水平防潮层之间的墙体做防潮处理，即垂直防潮层。具体做法是：在墙体靠回填土一侧用 20 mm 厚 1∶2 水泥砂浆抹灰，涂冷底子油一道，再刷两遍热沥青防潮，也可以抹 25 mm 厚防水砂浆。在另外一侧墙面，最好用水泥砂浆抹灰，如图 8—8 所示。

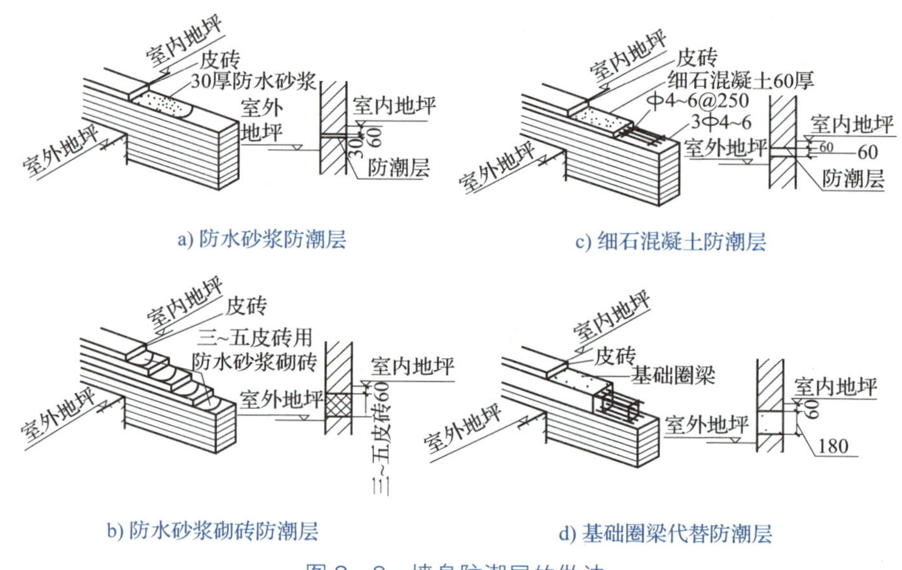

a) 防水砂浆防潮层　c) 细石混凝土防潮层

b) 防水砂浆砌砖防潮层　d) 基础圈梁代替防潮层

图 8—8　墙身防潮层的做法

防潮层的做法有油毡防潮层、防水砂浆防潮层、细石混凝土防潮层。

1. 油毡防潮层

油毡防潮层分为干铺和粘贴两种。干铺油毡防潮层是在防潮层部位抹 20 mm 厚 1∶3 水泥砂浆找平层，在找平层上干铺油毡一层。粘贴做法是在砂浆找平层上刷一道冷底子油，而后用热沥青粘贴油毡，再在油毡上涂刷一层热沥青，形成一毡二油的防潮层。为了确保防潮效果，不论干铺还是粘贴，油毡的宽度应比墙宽 20 mm，油毡搭接应大于 100 mm。干铺油毡的做法是把防潮层上下的砌体分开，破坏了墙的整体性，不能用于地震区。

2. 防水砂浆防潮层

防水砂浆防潮层是在防潮层部位抹 25 mm 厚掺入防水剂的 1∶2 水

泥砂浆。防水剂与水泥混合凝结，能填充微小孔隙和堵塞、封闭毛细孔，从而阻断毛细水。常用的防水剂为成品防水粉，防水粉的掺量一般为水泥重量的 5%。

3. 细石混凝土[12]防潮层

细石混凝土防潮层是在防潮层部位设置不小于 60 mm 厚与墙体宽度相同的细石混凝土带，内配 3Φ6 或 3Φ8 钢筋。混凝土比砂浆密实，能在一定程度上阻断毛细水。配置钢筋之后，能防止基础不均匀沉降造成的混凝土带开裂。

12. 细石混凝土 细石混凝土是指粗骨料最大粒径不大于 15 mm 的混凝土。由于细石混凝土中的石子粒径远小于普通混凝土中的石子，而且其石子和砂子的粒径配合比都经过科学计算和设计，所以细石混凝土的密实度和防水性能都远优于普通混凝土，多被用于有防水或防潮要求的部分。如墙身防潮层或屋面防水层等。

（四）窗台

窗台（见图 8—9）是设在窗洞口下部的构件，分为内窗台和外窗台两种。外窗台的作用主要是排出窗面雨水，保证下部墙体的干燥，同时也对建筑的立面起到装饰作用。采暖地区的建筑通常把暖气散热片设在窗下，当墙体厚度在 370 mm 以上时，为了节省暖气占地面积，一般将窗下墙体内凹 120 mm，此时应设置内窗台，以挡住暖气片。

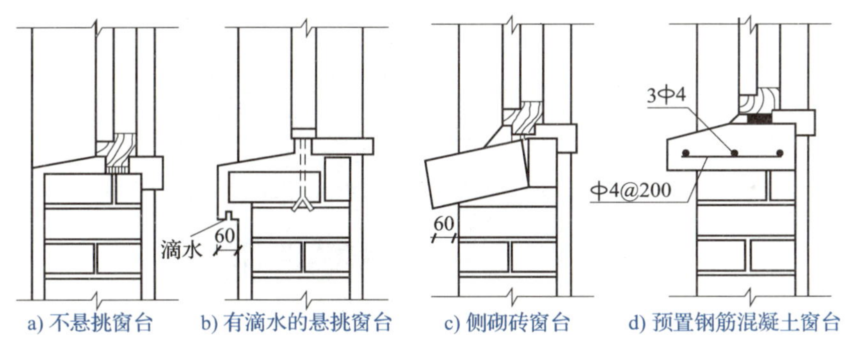

a) 不悬挑窗台　b) 有滴水的悬挑窗台　c) 侧砌砖窗台　d) 预置钢筋混凝土窗台

图 8—9　窗台的构造做法

外窗台有悬挑和不悬挑两种。悬挑窗台常用砖砌或采用预制钢筋混凝土，其挑出的尺寸应不小于 60 mm。砖砌外窗台有平砌和侧砌两种，窗台的坡度可以利用斜砌的砖形成，也可以由砖面抹灰形成。悬挑外窗台应在下边缘做滴水，一般为半圆形凹槽，以免排水时雨水沿窗台底面流至下部墙体。

由于目前建筑外墙装饰材料的档次不断提高（如大量采用外墙釉面砖），因此不少建筑取消了悬挑窗台，而用不悬挑窗台代替，即只在窗洞口下部用不透水材料做成斜坡。

在寒冷和严寒地区，一般在窗下墙体预留暖气卧，此时应设置内窗台。

13. 砖拱过梁

在古典建筑中通常把利用块料之间的侧压力建成的门窗洞口的砖或石过梁称为券；用此法砌成的穹窿称为拱壳。

砖砌平拱过梁

砖砌半圆拱过梁

（五）过梁

为了满足使用要求，在墙体中要开设门窗洞口。为了支撑洞口上传来的荷载并把这些荷载传递给洞口两侧的墙体，常在门窗洞口上设置横梁，即门窗过梁，如图 8—10 所示。

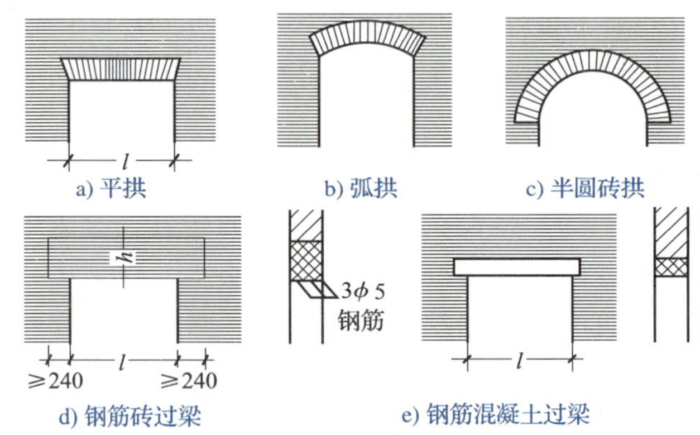

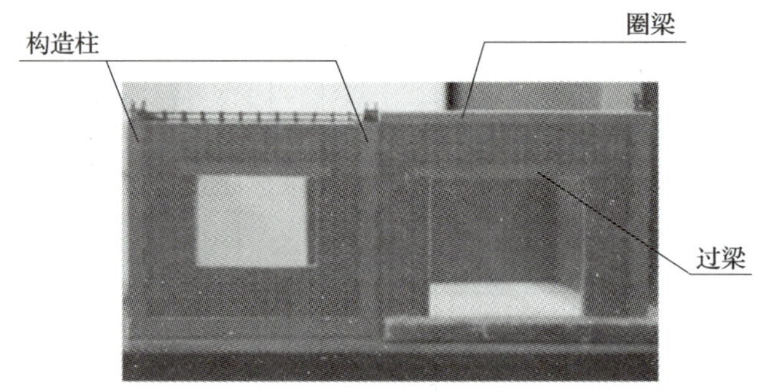

钢筋混凝土过梁

图 8—10　过梁的种类

1. 砖拱过梁[13]

砖拱过梁是应用历史很长的传统做法，有平拱和弧拱两种形式。目前只在简易建筑中采用。

2. 钢筋砖过梁

钢筋砖过梁是由平砌砖砌体，并在灰缝中加设适量钢筋而形成的过梁。钢筋砖过梁的跨度可达 2 m 左右。

3. 钢筋混凝土过梁

钢筋混凝土过梁的适应性较强，目前在建筑中大量采用。按照施工方式的不同，钢筋混凝土过梁分成现浇和预制两种。

钢筋混凝土过梁的截面尺寸和材料的配置，应根据上部荷载及过梁的跨度通过计算确定。过梁两端伸入墙体的长度应在 240 mm 以上。为

了便于过梁两端墙体的砌筑，钢筋混凝土过梁的高度应与砖砌体皮数尺寸相配合，如 120 mm、180 mm、240 mm。钢筋混凝土过梁的宽度通常与墙厚相同，当墙面不抹灰时（俗称清水墙），过梁的宽度应比墙厚小 20 mm。钢筋混凝土过梁的截面形式有矩形和 L 形两种。矩形截面的过梁，一般用于内墙或南方地区的抹灰外墙（俗称混水墙）。L 形截面的过梁多在严寒或寒冷地区外墙中采用。这是因为钢筋混凝土的导热系数要大于砖砌体的导热系数，如在这些地区建筑的外墙中采用矩形截面的过梁，就会在过梁处产生热桥，过梁的内表面将会结露，影响室内的环境和美观。按照热工原理，保温性能好的材料应放置在低温区，所以 L 形截面过梁的缺口应面向室外。

（六）圈梁[14]

圈梁（见图 8—11）是沿外墙及部分内墙设置的连续闭合的梁。圈梁可以增强建筑的整体刚度和整体性，对建筑起到腰箍的作用，防止由于地基不均匀沉降、振动及地震引起的墙体开裂。

14. 圈梁

现浇钢筋混凝土圈梁支模，准备浇注混凝土

浇注好的圈梁

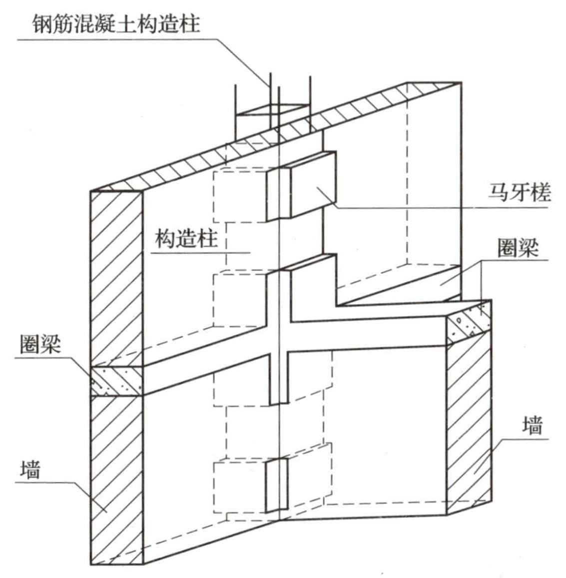

图 8—11 圈梁

圈梁多采用钢筋混凝土材料，其宽度宜与墙体厚度相同。当墙厚大于 240 mm 时，圈梁的宽度可以比墙体厚度小，但应不小于 2/3 墙厚。圈梁的高度一般不小于 120 mm，通常与砖的皮数尺寸相配合。由于圈梁的受力较复杂，而且不易事先估计确定，因此圈梁一般均采用按构造配置钢筋，一般纵向钢筋不应小于 4Φ8，箍筋间距不大于 300 mm，纵向钢筋对称布置。

圈梁通常设置在基础墙处，檐口处和楼板处。当屋面板、楼板与窗洞口间距较小，而且抗震设防等级较低时，也可以把圈梁设在窗洞口上皮，兼做过梁使用。圈梁在建筑中往往不止设置一道，其数量应视建筑的高度、层数、地基情况和防震要求而定。单层建筑至少设置一道，多层建筑一般隔层设置一道。在地震设防地区，往往要层层设置圈梁。圈梁除了在外墙和承重内纵墙中设置之外，应根据建筑的结构及防震要求，每隔 6 ~ 32 m 在横墙中设置圈梁，以使圈梁腰箍的作用能够充分发挥。

按照要求，圈梁（见图 8—12）应当连续、封闭地设置在同一水平面上。当圈梁被门窗洞口（或楼梯间窗洞口）截断时，应在洞口上方或下方设置附加圈梁。附加圈梁与圈梁的搭接长度不应小于两者垂直净距的两倍，且不应小于 1 m。地震设防地区的圈梁应当完全封闭，不宜被洞口截断。

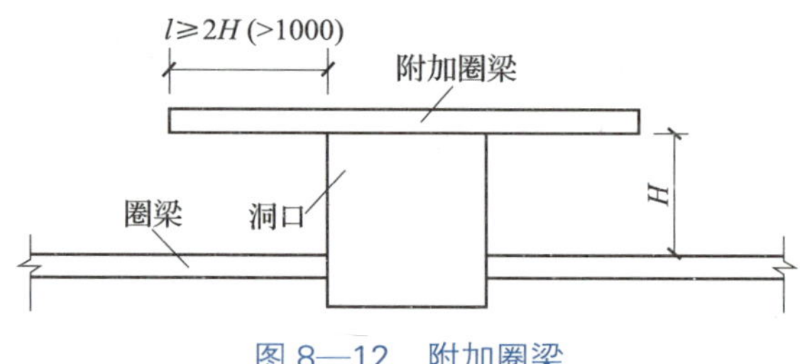

图 8—12　附加圈梁

（七）构造柱[15]

由于砖墙的整体性较差，为了提高墙体的抗震能力和稳定性，我国有关规范对于地震设防地区砖混结构建筑的层数、高度、横墙间距、圈梁及墙垛的尺寸均做出了一定的限制。设置构造柱（见图 8—13）是加强建筑整体性的有效手段之一，可以使墙体的抗剪强度提高 10% ~ 30%。我国《设置钢筋混凝土构造柱多层砖房抗震技术规程》对此做出了明确的规定。

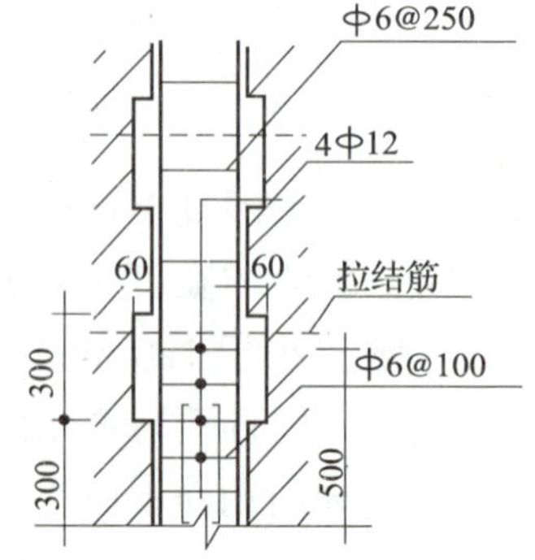

图 8—13　构造柱

15. 构造柱
在 1976 年唐山大地震后的建筑调查中，建筑专家发现圈梁和纵向柱子结合起来，能够使砖墙在震裂、震酥的情况下仍然不倒。这种纵向柱子被命名为构造柱。
1978 年，构造柱被写入了《建筑抗震设计规范》。

构造柱是从构造角度考虑而设置的，它与从承重角度考虑设置的柱在作用上完全不同。构造柱在墙体内部与水平设置的圈梁相连，形成了具有较大刚度的空间骨架，极大地增强了建筑的整体刚度，提高了墙体抗变形的能力。构造柱一般设置在建筑物的四角，内外墙交接处、楼梯间、电梯间及部分较长墙体的中部。

构造柱的下端应锚固在钢筋混凝基础或基础圈梁中，上部与楼层圈梁连接。如圈梁为隔层设置时，应在无圈梁的楼层设置配筋砖带。由于女儿墙的上部是自由端而且位于建筑的顶部，易受地震破坏，一般情况下，构造柱应当通至女儿墙顶部，并与钢筋混凝土压顶相连，而且女儿墙中的构造柱间距应当加密。构造柱的截面尺寸应不小于 180 mm × 240 mm。主筋采用 4Φ12 为宜，箍筋间距不大于 250 mm。墙与柱之间应沿墙每 500 mm 设 2Φ6 拉结钢筋，每边伸入墙内长度不小于 1 000 mm。构造柱在施工时应当先砌墙体，并留出马牙槎，随着墙体的上升逐段现浇钢筋混凝土。

第三节　隔　　墙

建筑中不承重，只起分隔室内空间作用的墙体称为隔墙。隔墙起到分隔建筑内部空间的作用。不承受外来荷载的，是非承重的内墙，考虑到建筑的经济性，隔墙在满足稳定性条件下，应越薄越好；隔墙应越轻越好，目的是减轻加给楼板的荷载；隔墙要根据需要满足隔声、防水防潮、耐火等要求；为适应房间适用性质的改变，隔墙要便于拆装。

隔墙根据材料和构造的不同有多种不同的形式。

一、块材隔墙

常用做法有 120 mm 厚砖砌隔墙、加气混凝土砌块隔墙、水泥焦渣空心砖隔墙和玻璃空心砖[16]隔墙等。

16. 玻璃空心砖
玻璃空心砖一般是由两块压铸成的凹形玻璃，经熔接或胶结成整块的空心砖。砖面可为光平，也可在内、外面压铸各种花纹。玻璃空心砖的腔内可为空气，也可填充玻璃棉等。

二、立筋类隔墙

立筋类隔墙（见图 8—14）一般采用木材、薄壁型钢做骨架，用灰板条抹灰、钢丝网抹灰、纸面石膏板、吸声板或其他装饰面板罩面的隔墙。这种隔墙具有自重轻、占地小，装饰较方便的特点，是建筑中应用较多的一种隔墙。

玻璃空心砖

玻璃砖隔墙

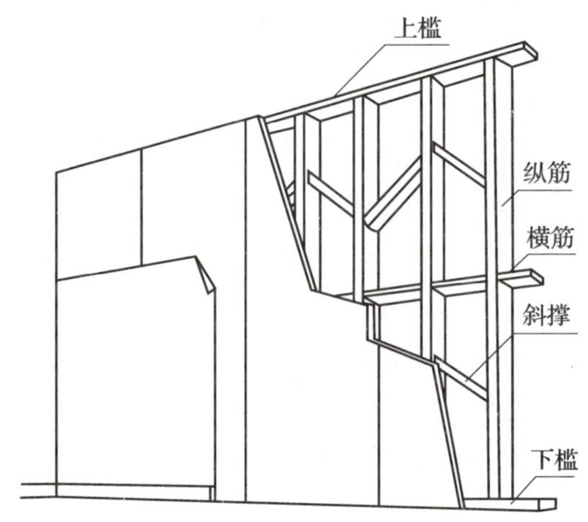

图 8—14　立筋类隔墙

1. 石膏板隔墙

石膏板隔墙是目前在建筑中使用较多的一种隔墙。石膏板的自重轻、防火性能好，加工方便，价格不高。用于隔墙时多选用 12 mm 厚石膏板。有时为了提高隔墙的耐火极限，也可以采用双层石膏板。

石膏板隔墙的骨架可以采用薄壁型钢、木方和石膏板条。目前采用薄壁型钢骨架的较多，称为轻钢龙骨石膏板。轻钢骨架由上槛、下槛、竖（主）龙骨、横（次）龙骨组成。组装骨架的薄壁型钢是工厂生产的定型产品，并配有组装需要的各种连接构件。竖龙骨的间距不大于 600 mm，横龙骨的间距不大于 1 500 mm。当墙体高度在 4 m 以上时，还应适当加密。

轻钢龙骨石膏板隔墙（见图 8—15）用自攻螺钉解决石膏板与龙骨的连接问题，钉的间距约为 200 mm，钉帽应压入板内约 2 mm。石膏板条龙骨隔墙采用专用黏结剂连接板材和龙骨。石膏板在表面刮腻子之后就可以饰面。

图 8—15　轻钢龙骨石膏板隔墙

2. 木板条抹灰隔墙

板条抹灰隔墙内上槛、下槛、墙筋和横挡、斜撑组成骨架。具体做法是先立边框木墙筋，撑住上下槛，并在上下槛之间每隔 400 mm 或 600 mm 竖立木墙筋，截面为 50 mm × 100 mm 左右，再用木横档或斜撑每隔 1.5 m 在墙筋之间设置 1 道，以加固墙筋，然后在骨架两侧钉板条，板条缝为 9 mm 左右，最后抹纸筋灰。

板条抹灰隔墙具有质轻、价低等特点，是以前轻质隔墙的主要形式，但由于其施工方法落后，再加上防火、防潮和隔声性能差，现已经很少用到。

三、条板隔墙

条板隔墙是采用在构件生产厂家生产的轻质板材在现场装配而成的隔墙。这种隔墙装配性好，属干作业施工，施工速度快，防火性能好，但价格偏高。目前条板隔墙的材料及种类较多，常见的主要有石膏条板、水泥玻璃纤维空心条板（GRC 板）等。

GRC 板安装时（见图 8—16），先固定顶部和底部的连接件，随后安装板材，调节连接件的高度。

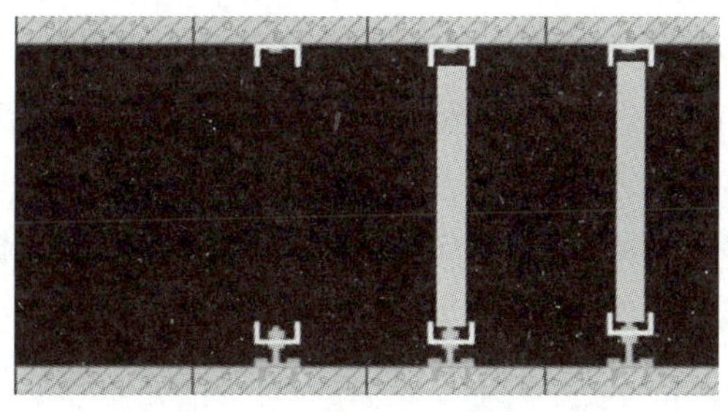

图 8—16 GRC 板的安装

第四节 墙体材料

一、砌墙砖

砌墙砖按孔洞率分为实心砖（普通砖，孔洞率小于 15%）、多孔砖（孔洞率不小于 15%，孔的尺寸小而数量多）、空心砖（孔洞率不小于 15%，孔的尺寸大而数量少）。

按制造工艺分为烧结砖、蒸养（压）砖、免烧（蒸）砖。

17. 粉煤灰
粉煤灰是从煤燃烧后的烟气中捕捉下来的细灰，是燃煤电厂排出的主要固体废物。粉煤灰可用做水泥、砂浆、混凝土的掺合料，并成为水泥、混凝土的组分。粉煤灰作为原料代替黏土生产水泥熟料的原料、制造烧结砖、蒸压加气混凝土、泡沫混凝土、空心砌砖、烧结或非烧结陶粒，铺筑道路等。

（一）烧结砖

1. 烧结普通砖

烧结普通砖是以黏土、页岩、煤矸石、粉煤灰[17]为主要原材料，经焙烧而成的尺寸为240 mm × 115 mm × 53 mm的直角六面体块材。

烧结普通砖根据抗压强度分为MU30、MU25、MU20、MU15、MU10五个强度等级，见表8—2。

表8—1　烧结普通砖强度等级划分规定　MPa

强度等级	抗压强度平均值$\bar{f}$ ≥	变异系数 δ ≤ 0.21	变异系数 δ > 0.21
		强度标准值f_k ≥	单块最小抗压强度值f_{mia} ≥
MU30	30.0	22.0	25.0
MU25	25.0	18.0	22.0
MU20	20.0	14.0	16.0
MU15	15.0	10.0	12.0
MU10	10.0	6.5	7.5

强度和抗风化性能合格的砖，根据尺寸偏差、外观质量、泛霜和石灰爆裂等分为优等品（A）、一等品（B）和合格品（C）三个质量等级。

当生产烧结砖的原料中含有有害杂质或生产工艺不当时，均可造成烧结砖的质量缺陷，影响砖的耐久性。烧结砖的主要缺陷如下：

（1）烧结砖的泛霜

当生产烧结砖的原料中含有可溶性无机盐时，会隐含在成品烧结砖的内部，砖吸水后再次干燥时，水分会向外迁移，这些可溶性盐随水渗到砖的表面，水分蒸发后便留下白色粉末状的盐，形成白霜，这就是泛霜现象，如图8—17所示。

泛霜严重时，由于大量盐类的溶出和结晶膨胀会造成砖砌体表面粉化及剥落，内部孔隙率增大，抗冻性显著下降。国家标准规定优等砖不得有泛霜现象，合格砖不得严重泛霜。

（2）烧结砖的石灰爆裂

图8—17　砖的泛霜

有时生产烧结砖的原料中夹有石灰石等杂物，经焙烧后砖内形成了颗粒状的石灰块等物质。处于干燥条件下时，这些杂质不会影响砖的性能，一旦吸水后，就会产生局部体积膨胀，导致砖体开裂甚至崩溃。石灰爆裂不仅造成砖体的外观缺陷和强度降低，

还可能造成对砌体的严重危害。

（3）欠火砖与过火砖[18]

烧结砖的形成是砖坯经高温焙烧，使部分物质熔融，冷凝后将未经熔融的颗粒黏结在一起成为整体。当焙烧温度不足时，熔融物太少，难以充满砖体内部，黏结不牢，这种砖称为欠火砖。欠火砖孔隙率大，强度低，抗冻性差，外观颜色较浅，为有缺陷砖。

当焙烧温度过高时，砖内熔融物过多，造成高温下的砖体变软，此时砖易产生弯曲变形，这种砖是过火砖。它也属于有缺陷砖。欠火砖与过火砖均为不合格产品。

烧结普通砖具有一定的强度和较好的耐久性，可用于砌筑承重或非承重的内外墙、柱、拱和基础等。优等品砖可用于清水墙[19]建筑，合格品砖可用于混水墙建筑。

2. 烧结多孔砖

烧结多孔砖（见图 8—18）通常指砖内孔径不大于 22 mm，孔洞率不小于 15% 的烧结砖。外形尺寸可为长度 290 mm、240 mm、190 mm，宽度 240 mm、190 mm、180 mm、175 mm、140 mm、115 mm，高度 90 mm 的不同组合而成。

图 8—18　烧结多孔砖

烧结多孔砖内的孔洞尺寸小而数量多，孔洞分布在大面尚且均匀合理，非孔部分砖体较密实，所以强度较高。工程中使用时常以孔洞垂直于承压面，以充分利用砖的抗压强度。烧结多孔砖根据抗压强度分为 MU30、MU25、MU20、MU15、MU10 五个强度等级。

3. 烧结空心砖

烧结空心砖（见图 8—19）是指孔洞率大于 15%，孔尺寸大而孔数量少的砖。烧结空心砖的尺寸一般较大，空洞通常平行于承压面，抗压强度较低。依据抗压强度可划分为 MU5.0、MU3.0 和 MU2.0 三种强度等级。

18. 如何鉴别欠火砖和过火砖

欠火砖砖色浅，敲击时音哑，打开来看内部呈黑色；过火砖则色深，音清脆，打开来看内部颜色较浅，外观往往不合格。

19. 清水墙

清水墙就是砖墙砌成后，只需要勾缝，不需要进行墙面装饰的墙体。其砌砖质量要求高，灰浆饱满，砖缝规范美观。相对混水墙而言，其外观质量要求比较高。

墙面抹灰的墙称为混水墙。

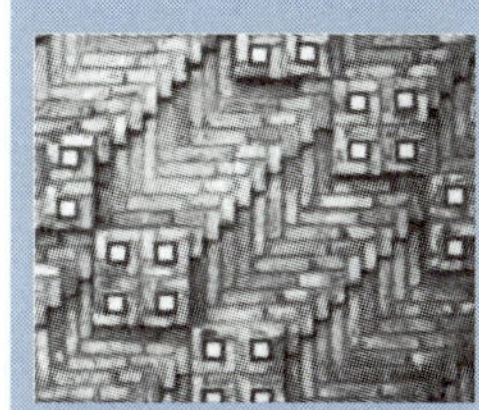

清水砖墙

图 8—19　烧结空心砖

根据空心砖（含空洞）的表观密度划分为 800、900、1 100 kg/m^3 三个等级的空心砖。每个密度级别根据外观质量、强度等级、尺寸偏差和物理性能，又分为优等品（A）、一等品（B）与合格品（C）三个等级。

多孔砖、空心砖可节省黏土，节省资源，且砖的自重轻、热工性能好。使用多孔砖尤其是空心砖，既可提高建筑施工效率、降低造价，还可减轻墙体自重，改善墙体的隔热保温性能。

（二）蒸养（压）砖

蒸养（压）砖以石灰和含硅材料（砂子、粉煤灰、煤矸石、炉渣和页岩等）加水拌和，经压制成型、蒸汽养护或蒸压养护而成。

1. 灰砂砖（又称蒸压灰砂砖）

灰砂砖是由磨细生石灰或消石灰粉、天然砂和水按一定配比，经搅拌混合、陈伏、加压成形，再经蒸压养护而成。实心灰砂砖的规格尺寸与烧结普通砖相同，其表观密度为 1 800 ~ 1 900 kg/m^3。《蒸压灰砂砖》（GB 11945—1999）规定，按砖的尺寸偏差、外观质量、强度及抗冻性分为优等品、一等品、合格品。按砖浸水 24 h 后的抗压强度和抗折强度分为 MU25、MU20、MU15、MU10 4 个等级。MU25、MU20、MU15 的砖可用于基础及其他建筑，MU10 的砖仅可用于防潮层以上的建筑。

2. 粉煤灰砖

粉煤灰砖是以粉煤灰、石灰为主要原料，掺加适量石膏和骨料经坯料制备、压制成形、常压或高压蒸汽养护而成。

粉煤灰砖为热电厂等处理了大量废渣，减少了处理费用，同时又为建材工业生产开辟了新的资源，变废为宝，发展了循环经济；节约农田；生产周期短；不需焙烧，仅需提供养护用的蒸汽，故燃料消耗低，减少了对大气的污染；自重轻，导热系数小。

按建材行业标准《粉煤灰砖》(JC 239—2001）规定，根据砖的抗压强度和抗折强度分为MU30、MU25、MU20、MU15、MU10 5个等级。

粉煤灰砖是深灰色，表观密度为1 550 kg/m^{3}左右。粉煤灰砖可用于工业与民用建筑的墙体和基础，适用于基础或易受冻融和干湿交替作用的建筑部位必须使用一等品或优等品。

3. 煤渣砖

煤渣砖是以煤燃烧后的炉渣为主要原料，加入适量石灰、石膏和水搅拌均匀，并经陈伏、轮碾、压制成形、蒸汽养护而成。

煤渣砖按抗压强度和抗折强度分为MU20、MU15、MU10 3个等级。

煤渣砖是黑灰色，表观密度为1 500 ~ 1 800 kg/m^3。煤渣砖可用于一般工程的内墙和非承重墙。

二、墙用砌块

砌块是用于砌筑的人造块材，外形多为直角六面体，也有各种异形的。

砌块按规格可分为大砌块（高度大于980 mm)、中砌块（高度为380 ~ 980 mm)、小砌块（高度为115 ~ 380 mm)。

（一）混凝土小型空心砌块

混凝土小型空心砌块（见图8—20）是以水泥为胶凝材料，添加砂石等粗细骨料，经计量配料、加水搅拌，振动加压成型，经养护制成的具有一定空心率的砌块材料。

工程中常用的混凝土空心砌块尺寸一般为390 mm × 190 mm × 190 mm、290 mm × 190 mm × 190 mm和190 mm × 190 mm × 190 mm，孔洞率一般为35% ~ 60%。强度等级分别为MU3.5、MU5.0、MU7.5、MU10、MU15.0和MU20.0六个等级。按其尺寸偏差和外观质量分为优等品（A)、一等品（B）和合格品（C）三个等级。

图8—20　陶粒混凝土空心砌块

混凝土砌块使用前，应首先检验外观质量和尺寸偏差，合格后再检验其抗压强度及相对含水率。必要时检验其抗渗性和抗冻性。其中相对含水率是指砌块的实际含水率与其最大吸水率之比。

当混凝土砌块使用轻集料[20]时，空心砌块的重量大为减轻，其表观密度（含孔洞）有 500 ~ 1 000 kg/m^3 不等。常用的轻集料有陶粒、煤渣、自燃煤矸石和膨胀珍珠岩等。

20. 轻集料
指堆积密度小于 1 000 kg/m^3 的多孔集料。它主要用以配制轻集料混凝土、保温砂浆等。天然轻集料包括浮石、火山渣和多孔凝灰岩等；人造轻集料有陶粒、膨胀珍珠岩、膨胀蛭石、自燃煤矸石等。

（二）蒸压加气混凝土砌块

蒸压加气混凝土砌块（见图8—21）是用钙质材料（如水泥、石灰）和硅质材料（如砂子、粉煤灰、矿渣）的配料中加入铝粉作为加气剂，经加水搅拌、浇注成形、发气膨胀、预养切割，再经高压蒸汽养护而成的多孔硅酸盐砌块。

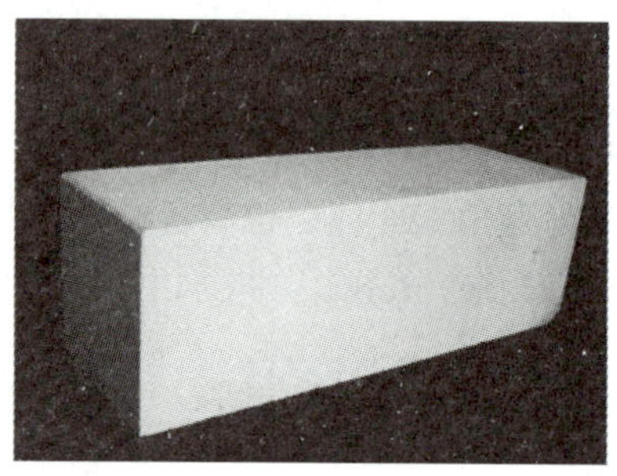
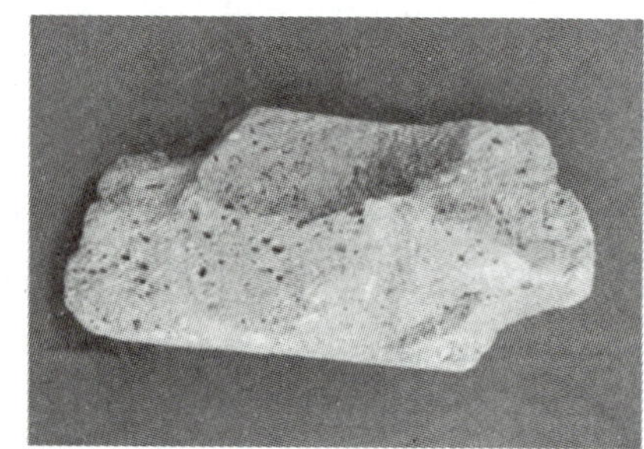

图 8—21　蒸压加气混凝土砌块

加气混凝土砌块可用于一般建筑物的墙体，可做多层建筑的承重墙和非承重墙及内隔墙，也可用于屋面保温。

（三）粉煤灰硅酸盐中型砌块

粉煤灰硅酸盐中型砌块是以粉煤灰、石灰、石膏和骨料等为原料，经加水搅拌、振动成形、蒸汽养护而制成的密实砌块。通常采用炉渣作为砌块的骨料。

粉煤灰砌块主规格外形尺寸为 880 mm × 380 mm × 240 mm 及 880 mm × 430 mm × 240 mm。表观密度为 1 300~1 550 kg/m^3。

粉煤灰砌块可用于一般工业和民用建筑的墙体和基础。但不宜用于有酸性介质侵蚀的建筑部位，也不宜用于经常处于高温影响下的建筑物。

三、墙用板材

（一）石膏板

石膏板是以建筑石膏为主要原料制成的一种轻质墙板。它具有防火、隔声、隔热、轻质、高强、收缩率小等特点且稳定性好、不老化、

防虫蛀，可用钉、锯、刨、粘等方法施工。石膏板已广泛用于住宅、办公楼、商店、旅馆和工业厂房等各种建筑物的内隔墙、墙体覆面板（代替墙面抹灰层）、天花板、吸音板和各种装饰板等。

石膏板可分为普通纸面石膏板、纤维石膏板、装饰石膏板等。

（二）GRC 空心隔墙条板

GRC 空心隔墙条板（见图 8—22）是以低碱水泥为胶结材料，抗碱玻璃纤维网格布为增强材料，膨胀珍珠岩为骨料，并配以起泡剂和防水剂等，经配料、搅拌、浇筑、成形、养护而成。

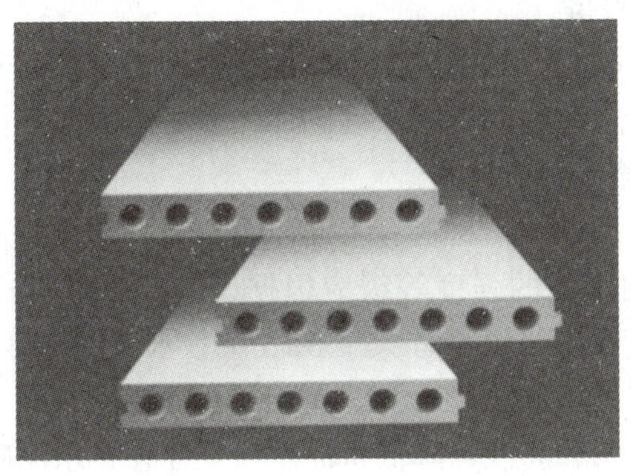

图 8—22　GRC 空心隔墙条板

GRC 空心隔墙条板具有质轻、强度高、隔热、隔声、不燃以及加工方便等特点。

GRC 空心隔墙条板主要用于工业和民用建筑的内隔墙。

（三）纤维增强水泥平板（TK 板）

TK 板是以低碱水泥、中碱玻璃纤维和短石棉为原料，加水混合制浆，经圆网机抄取、制坯、蒸养而成。

TK 板具有质轻、强度高、防火、防潮、不易变形和可锯、可钻、可钉、可表面装饰等优点。

TK 板适用于各类建筑，特别是高层建筑有防火、防潮要求的隔墙。

（四）泡沫复合墙板

泡沫复合墙板（见图 8—23）以玻镁板[21]、膨胀珍珠岩粉、聚苯乙烯[22]颗粒、菱镁发泡水泥、多种改性剂等复合而成。墙体结构两面是由玻镁板与轻集料混凝土芯体组成。

图 8—23　泡沫复合墙板

具有轻质、实心、薄体、高强、隔声、隔热、防火、防水、耐老化、吊挂力强、耐

21．玻镁板
是以氧化镁、氯化镁和水三元体系，经配置和加改性剂制成的新型不燃性装饰板材。可替代木质胶合板做墙裙、门窗、门板、家具等。

22．聚苯乙烯
聚苯乙烯是指由苯乙烯单体经自由缩聚反应合成的聚合物，英文名称为 Polystyrene，简称 PS。它是一种无色透明的塑料，一次性泡沫饭盒就是用聚苯乙烯制作的。

冲击等特点，广泛应用于各类建筑的内外墙。

四、建筑砂浆

砂浆是由胶结料、细骨料、掺加料或外加剂和水按照适当比例配制而成的建筑材料。建筑砂浆是建筑工程中用量大、用途广泛的一种建筑材料。根据不同的用途，建筑砂浆主要可分为砌筑砂浆、抹面砂浆、防水砂浆、装饰砂浆等。按胶凝材料不同，砂浆又可以分为水泥砂浆、石灰砂浆和混合砂浆[23]。

23. 混合砂浆
混合砂浆一般由水泥、石灰膏、砂子拌和而成，一般用于地面以上的砌体。混合砂浆由于加入了石灰膏，改善了砂浆的和易性，操作起来比较方便，有利于砌体密实度和工效的提高。

（一）砌筑砂浆

将砖、石、砌块等黏结成为砌体的砂浆称为砌筑砂浆。砌筑砂浆起着胶结块材和传递荷载的作用，是砌体的重要组成部分。

1. 砌筑砂浆的组成材料

砌筑砂浆常用的胶凝材料有水泥、石灰膏、建筑石膏等。

砌筑砂浆用水泥的强度等级应根据设计要求进行选择。水泥砂浆采用的水泥，其强度等级不宜大于 32.5 级；水泥混合砂浆采用的水泥，其强度等级不宜大于 42.5 级。

为改善砂浆的和易性，降低水泥用量，往往在水泥砂浆中掺入部分石灰膏、黏土膏或粉煤灰等，这样配制的砂浆称为水泥混合砂浆。这些材料不得含有影响砂浆性能的有害物质，含有颗粒或结块时应用 3 mm 的方孔筛过滤。消石灰粉不得直接用于砌筑砂浆中。

砌筑砂浆用砂宜选用中砂，其中毛石砌体宜选用粗砂。砂的含泥量不应超过 5%。强度等级为 M2.5 的水泥混合砂浆，砂的含泥量不应超过 10%。

与混凝土中掺加外加剂一样，为改善砂浆的某些性能，也可加入塑化、早强、防冻、缓凝等作用的外加剂。一般应使用无机外加剂，其品种和掺量应经试验确定。

2. 砌筑砂浆拌和物的技术性质

（1）砂浆的流动性

表示砂浆在自重或外力作用下流动的性能称为砂浆的流动性，也称稠度。表示砂浆流动性大小的指标是沉入度，它是用砂浆稠度仪测定的，其单位为 mm。工程中对砂浆稠度选择的依据是砌体类型和施工气候条件，可参考表 8—2 和选用。

影响砂浆流动性的因素有：砂浆的用水量、胶凝材料的种类和用量、集料的粒形和级配、外加剂的性质和掺量、拌和的均匀程度等。

表 8—2　砌筑砂浆的稠度　mm

砌体种类	砂浆稠度
烧结普通砖砌体	70 ～ 90
轻骨料混凝土小型空心砌块砌体	60 ～ 90
烧结多孔砖，空心砖砌体	60 ～ 80
烧结普通砖平拱式过梁 空斗墙，筒拱砌体 普通混凝土小型空心砌块 加气混凝土砌块砌体	50 ～ 70
石砌体	30 ～ 50

（2）砂浆的保水性

搅拌好的砂浆在运输、停放和使用过程中，阻止水分与固体料之间、细浆体与集料之间相互分离，保持水分的能力称为砂浆的保水性。加入适量的微沫剂或塑化剂，能明显改善砂浆的保水性和流动性。

砂浆的保水性用砂浆分层度仪测定，以分层度（mm）表示。分层度过大，表示砂浆易产生分层离析不利于施工及水泥硬化。砌筑砂浆分层度不应大于 30 mm。分层度过小，容易发生干缩裂缝，故通常砂浆分层度不宜小于 10 mm。

（3）凝结时间

建筑砂浆凝结时间以贯入阻力达到 0.5 MPa 为评定依据。水泥砂浆不宜超过 8 h，水泥混合砂浆不宜超过 10 h，加入外加剂后应满足设计和施工的要求。

（4）砂浆的强度

砂浆以抗压强度作为其强度指标。标准试件尺寸为 70.7 mm 立方体试件一组 6 块，标准条件养护至 28 天，测定其抗压强度平均值（MPa）。砌筑砂浆按抗压强度划分为 M20、M15、M7.5、M5.0、M2.5 六个强度等级。砂浆的强度除受砂浆本身的组成材料及配比影响外，还与基层的吸水性能有关。

（二）抹面砂浆

抹面砂浆也称抹灰砂浆，用以涂抹在建筑物或建筑构件的表面，兼有保护基层、满足使用要求和增加美观的作用。

抹面砂浆的主要组成材料仍是水泥、石灰或石膏以及天然砂等，对这些原材料的质量要求同砌筑砂浆。但根据抹面砂浆的使用特点，对其主要技术要求不是抗压强度，而是和易性及其与基层材料的黏结力。为此，常需多用一些胶结材料，并加入适量的有机聚合物以增强黏结力。另外，为减少抹面砂浆因收缩而引起开裂，常在砂浆中加入一定量纤维材料。

工程中配制抹面砂浆和装饰砂浆时，常在水泥砂浆中掺入占水泥质量 10% 左右的聚乙烯醇缩甲醛胶（俗称 107 胶）或聚醋酸乙烯乳液等。砂浆常用的纤维增强材料有麻刀、纸筋、稻草、玻璃纤维等。

常用的抹面砂浆有石灰砂浆、水泥混合砂浆、水泥砂浆、麻刀石灰浆（简称麻刀灰）、纸筋石灰浆（简称纸筋灰）等。水泥砂浆宜用于潮湿或强度要求较高的部位，混合砂浆多用于室内底层或中层或面层抹灰，石灰砂浆、麻刀灰、纸筋灰多用于室内中层或面层抹灰。对混凝土基层多用水泥石灰混合砂浆。对于木板条基底及面层，多用麻刀灰或纸筋灰。

（三）装饰砂浆

装饰砂浆是指涂抹在建筑物内外墙表面，具有美观装饰效果的一种抹面砂浆。

装饰砂浆所采用的胶凝材料有普通水泥、矿渣水泥、火山灰水泥和白水泥、彩色水泥以及石灰、石膏等。骨料常采用大理石、花岗石等有颜色的细石渣或玻璃、陶瓷碎粒。

装饰砂浆饰面可分为两类，即灰浆类饰面和石渣类饰面。

灰浆类饰面是通过水泥砂浆的着色或水泥砂浆表面形态的艺术加工，获得一定色彩、线条、纹理质感的表面装饰。

石渣类饰面是在水泥砂浆中掺入各种彩色石渣作为骨料，配制成水泥石渣浆抹于墙体基层表面，然后用水洗、斧剁、水磨等手段除去表面水泥浆皮，呈现出石渣颜色及其质感的饰面。

外墙面的装饰砂浆（见图 8—24）有以下常用的做法：

1. 拉毛

先用水泥砂浆做底层，再用水泥石灰砂浆做面层，在砂浆尚未凝结时，用抹刀将表面拍拉成凹凸不平的形状。

2. 水刷石

用细颗粒石渣拌制的砂浆做面层，在水泥初凝时，喷水冲刷表面，使石渣半露。

3. 干粘石

在水泥砂浆表面，黏结彩色小石渣或彩色玻璃碎粒。

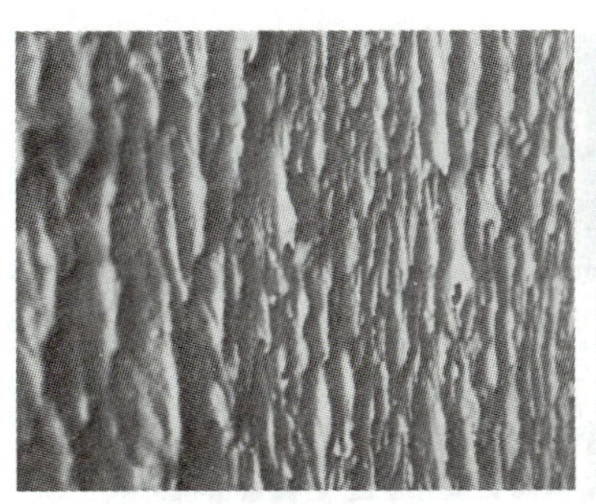

a) 水泥拉毛

b) 干粘石

c) 辊涂

图 8—24　装饰砂浆

4. 斩假石

在水泥砂浆硬化之后，用斧刃将表面剁毛并露出石渣，使其具粗面花岗岩效果。

5. 假面砖

将普通砂浆用木条在水平方向压出砖缝印痕，用钢片在竖面方向压出砖印，再涂刷涂料。

装饰砂浆还可以采取喷涂、弹涂、辊涂等施工方法，做成各种装饰面层。

第九章　楼地层及楼地层材料

第一节　楼地层的组成与分类

楼地层包括楼板层和地坪层。楼板层是将楼层分隔成上下空间的水平分隔构件，地坪层是分隔建筑物底层与地基的水平分隔构件。它们又是承重构件，承受着本身的自重和上部荷载，并将这些荷载传递给墙或柱，同时楼板还对墙体起到水平支撑作用，帮助墙体抵抗风及地震所产生的水平力，增加建筑物的整体刚度；同时还在一定程度上起着隔声、防火、防水等作用。

一、楼地层的组成

1. 楼板层的组成

楼板层由面层、结构层、顶棚三部分组成，如图 9—1 所示。

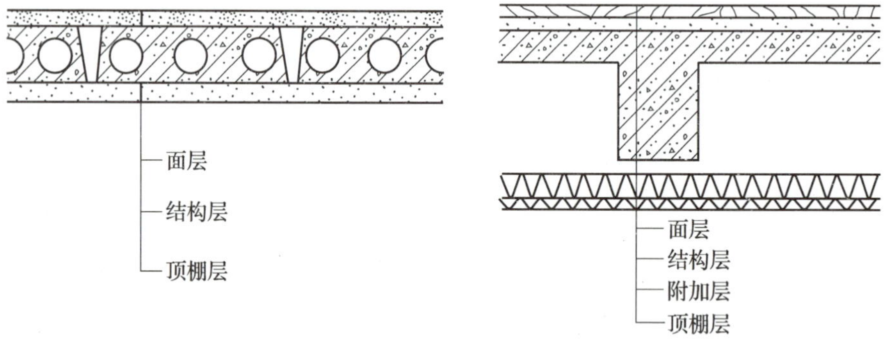

图 9—1　楼板层的组成

（1）面层

面层又称楼面或地面，起着保护楼板、承受并传递荷载的作用，同时对室内有很重要的清洁和装饰作用。由于面层直接与家具、人员、设备接触，必须坚固耐磨、平整，具有必要的隔热、防水、隔声性能。

（2）结构层

即楼板的承重构件，包括楼板和梁。它承受着本身的自重和上部荷载，并将这些荷载传递给墙或柱，同时楼板还对墙体起到水平支撑作用，增加建筑物的整体刚度。因此要求结构层具有足够的强度和刚度，

以确保安全和正常使用。

（3）顶棚

又称天花板，是结构层的底部。顶棚应该表面光洁、平整、美观。

另外，还可以根据需要在楼板层里设置保温、隔声、防水、敷设管道等的附加层。

2. 地坪层的组成

地坪层（见图 9—2）由面层、垫层和基层组成，也可以增加找平、防水、防潮等附加层。

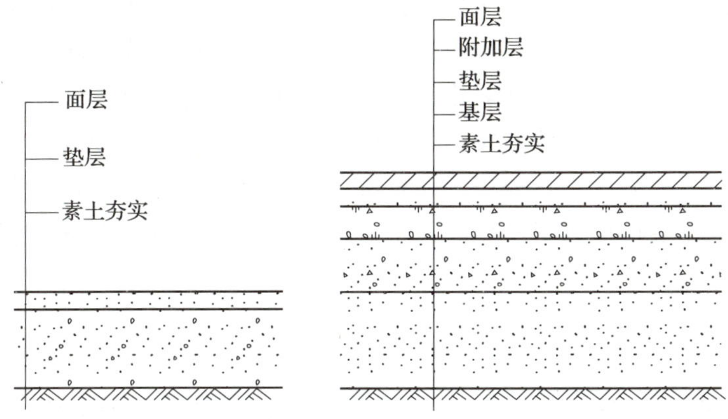

图 9—2　地坪层的组成

（1）面层

地坪层的面层直接承受作用在它上面的各种荷载，并传递给垫层。要求同楼板层的面层。

（2）垫层

垫层是位于基层与面层间的结构层，它承担面层传来的荷载，并将荷载均匀传到基层上去。垫层需要有足够的强度、厚度和耐久性。垫层分为刚性垫层和柔性垫层两种。刚性垫层刚度大，受力后变形很小，如强度等级较低的 C10 混凝土、碎砖三合土等，一般用于整体面层和块料面层的地面中，如水磨石地面、陶瓷锦砖地面、地砖地面等；柔性垫层刚度小，受力后易产生变形，常用砂、碎石、矿渣做成，常用于面层材料厚而且强度较高的地面中，如砖地面、预制混凝土板地面等。

（3）基层

基层是垫层下面的土层。对于承载力较好土层或上部荷载较小时，一般采用素土夯实；当土层承载力较差或上部荷载较大时，可以对基层进行加固处理，如掺入碎砖、石子等骨料夯实。

二、楼地层的设计要求

1. 具有足够的强度和刚度，以保证结构的安全及变形要求。

2. 满足隔声、防火、防水、防潮、保温和隔热等方面的要求，以满足建筑物的正常使用及保证人身和财产的安全，便于楼板层中各种管道、线路的敷设，使建筑的功能更加完善。

为了防止噪声通过楼板传到上下相邻的房间，楼板层应该具有一定的隔声能力。噪声的传播有空气传播和固体传声[1]两种，楼板层隔声主要是针对固体传声。

楼板层隔声（见图 9—3）的第一种方法是在楼板面层铺设弹性面层，如铺设地毯、塑胶等，来减弱撞击声，减轻楼板的振动。这种方法比较简单，而且可以装饰美化室内，应用比较广泛。第二种方法是在面层下放设置片状、条状或块状的弹性垫层，形成浮筑式楼板，减少固体传声。第三种方法是在楼板下面设置吊顶，吊顶与楼板间有空气层，可以防止振动直接传入下层空间，也可以在吊顶上铺设吸声材料来进一步加强隔声效果。

1. 固体传声
固体传声是指步履声、家具搬动的撞击声、洗衣机振动等噪声通过固体（楼板层）传递。由于声音在固体中传播，声能衰减得少，所以固体传声比空气传声的影响更大。

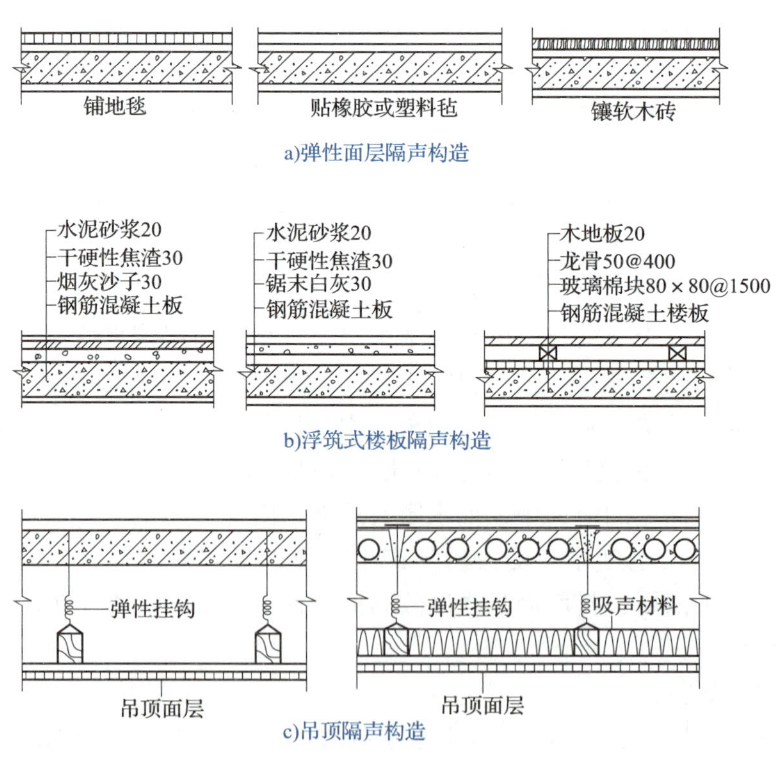

图 9—3　楼板隔声构造

3. 满足经济性要求

一般来说，多层房屋楼板的造价占房屋总造价的 20% ~ 30%，因此，应该尽量选择经济合理的结构形式和构造方法，尽量减少材料的消耗和楼板层的自重，为建筑工业化创造条件，节约投资。

三、楼板的类型

根据所采用材料的不同，楼板可分为木楼板、钢筋混凝土楼板、压型钢板组合楼板。

1. 木楼板

木楼板是在由墙或梁支撑的木搁栅上铺钉木板，木搁栅间设置增强稳定性的剪刀撑[2]构成的。木楼板具有自重轻、构造简单、吸热指数小、舒适、节约钢材水泥等优点，但耐久和耐火性能差，耗费大量木材，除林区外现已极少采用。

2. 剪刀撑
木搁栅间的斜向支撑。用以加强木搁栅的水平刚度。

2. 钢筋混凝土楼板

钢筋混凝土楼板的强度高、刚度大、耐久和耐火性能好，且混凝土可塑性大，能浇筑成各种形状和尺寸，便于工业化生产，因而被广泛采用。根据钢筋混凝土楼板的施工方法不同可以分为现浇式、装配式和装配整体式。

3. 压型钢板组合楼板

压型钢板组合楼板是用截面为凹凸形压型钢板与现浇混凝土面层组合形成的整体性很强的一种楼板结构。压型钢板既为混凝土的模板，又增加了楼板的侧向和竖向刚度，使结构的跨度加大，梁的数量减少，楼板自重减轻，加快了施工进度。这种楼板具有承载能力大、刚度大、整体性好、施工方便，且有利于各种管线的敷设等优点，但耗钢量较大，目前在大空间建筑及高层建筑中被广泛采用。

压型钢板组合楼板（见图 9—4）主要由楼面层、组合板（现浇混凝土和钢衬板）与钢梁等几部分组成。组合板的构造形式较多，根据压型板的形式不同，有单层衬板支撑的楼板和双层 L 格式支撑的楼板。采用双层孔格式钢衬板可提高楼板的隔声效果，并可在孔内敷设各种管线。

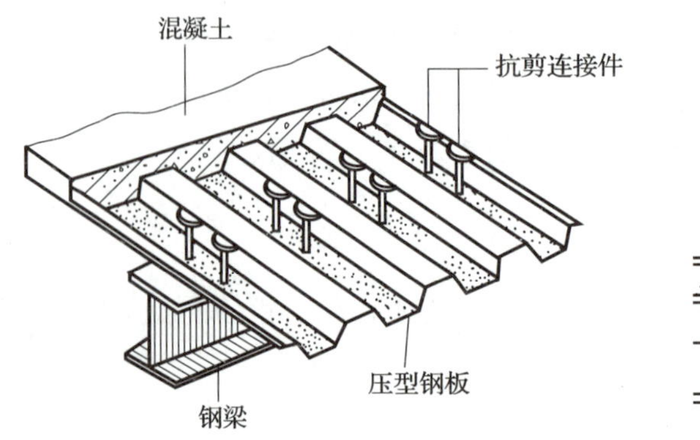

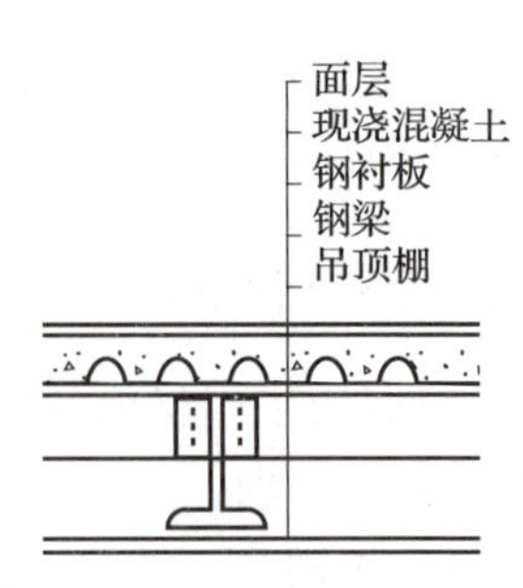

图 9—4　压型钢板组合楼板构造

第二节　钢筋混凝土楼板

钢筋混凝土楼板按施工方式可以分为现浇钢筋混凝土楼板、预制装配式钢筋混凝土楼板及装配整体式钢筋混凝土楼板三种。

现浇钢筋混凝土楼板整体性好，刚度大，有利于抗震，防水性好，梁板布置灵活，能适应各种不同规格形状、预留孔洞等的需要，但模板[3]材料耗用量大，施工速度慢。

3. 模板
即建筑模板，它是一种临时性结构，按设计要求制作，使混凝土结构、构件按规定的位置、几何尺寸成形，保持其正确位置，并承受建筑模板自重及作用在其上的荷载。

装配式钢筋混凝土楼板能节省模板，并能改善工人的劳动条件，有利于提高劳动生产率、加快施工进度，但楼板的整体性较差，房屋刚度较小。

装配整体式楼板可以节省模板、加快施工进度，楼板的整体性和房屋的刚度也得到了加强。

以下重点介绍现浇钢筋混凝土楼板。

现浇钢筋混凝土楼板是在现场支模、绑扎钢筋、浇捣混凝土梁、板，经养护而成。

这种楼板具有成形自由、整体性和防水性好的优点，但模板用量大、工期长、工人劳动强度大，且受施工季节的影响较大。

现浇钢筋混凝土楼板根据受力和传力情况分为板式、梁板式、井式和无梁式楼板。

一、板式楼板

板内不设梁，板直接搁置在墙上，称为板式楼板（见图 9—5）。这种板具有所占建筑空间小、顶棚平整、美观、施工方便的优

图 9—5　板式楼板

点，适用于有许多小开间房间的建筑物，特别是墙承重体系的建筑物，例如住宅、旅馆等，或其他建筑的走道、厨房、卫生间等。

二、梁板式楼板

由板、主梁、次梁现浇而成的楼板称为梁板式楼板（又称为肋形楼板，见图 9—6）。其荷载传递途径为板—次梁—主梁—墙（柱）。

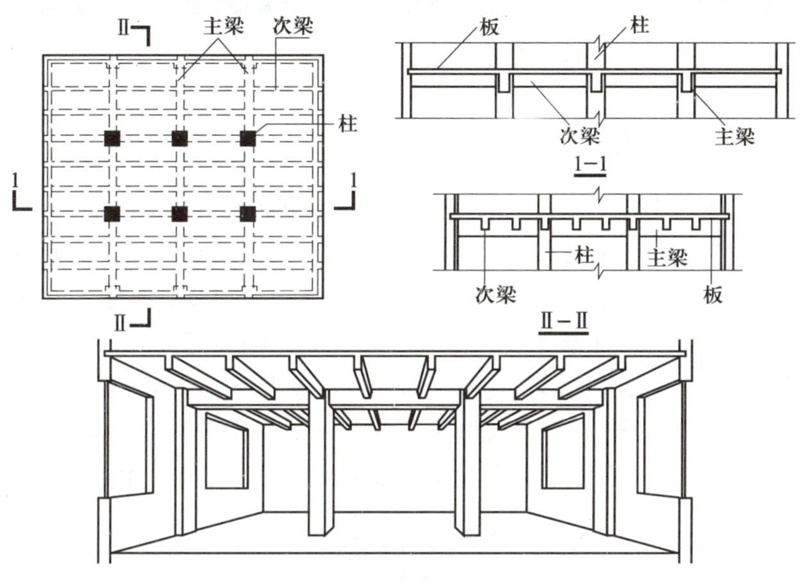

图 9—6 现浇肋形楼板

根据板的受力状况不同，有单向板肋梁楼板和双向板肋梁楼板。当板的长边与短边之比大于 2 时，板基本上沿短边方向传递荷载，这种板称为单向板，板内受力钢筋[4]沿短边方向布置。梁高一般为跨度的 1/12 ~ 1/10，板厚包括在梁高之内，梁宽取梁高的 1/3 ~ 1/2，梁的经济跨度为 4 ~ 6 m。

双向板的长边与短边之比不大于 2，荷载沿双向传递，短边方向内力较大，长边方向内力较小，受力主筋平行于短边并布置在下面。次梁的梁高为跨度的 1/15 ~ 1/10；主梁的梁高为跨度的 1/12 ~ 1/8，梁宽为梁高的 1/3 ~ 1/2。主梁和次梁在墙上或柱上的搭接长度不应小于 240 mm。

三、井式楼板

井式楼板（见图 9—7）是梁板式楼板的一种特殊形式。当房间尺寸较大并接近正方形时，常沿两个方向布置等距离、等截面的梁，从而形成井格式的梁板结构。这种结构无主次梁之分，中部不设柱子，常用于跨度为 10 m 左右，长短边之比小于 1.5 的形状近似方形的公共建筑的门厅、大厅等处。

4. 受力钢筋 是指钢筋混凝土结构中，按结构计算承受拉力或压力的钢筋，是梁或板、柱中所配置钢筋中的主要部分。

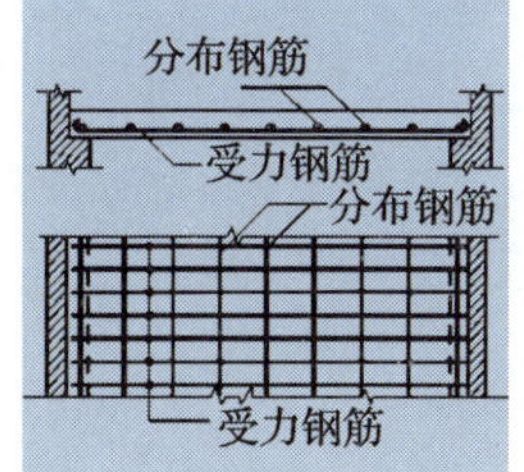

图 9—7　井式楼板

四、无梁式楼板

直接支撑在墙上和柱上的，不设梁的楼板称为无梁式楼板（见图 9—8）。可分为有柱帽和无柱帽两种。当楼面荷载较小时，可采用无柱帽无梁式楼板；当荷载较大时，为提高楼板的承载能力及其刚度，增加柱对板的支托面积并减小板跨，一般在柱顶加设柱帽或托板。无梁式楼板的柱网[5]一般宜布置为方形，柱距以 6 m 左右较为经济。由于板跨较大，板厚不宜小于 150 mm。无梁楼板采用的柱网通常为正方形或接近正方形，这样较为经济。常用的柱网尺寸为 6 m 左右，板厚 170 ～ 190 mm。

5. 柱网
是指在建筑结构中柱子在平面排列时形成的网格。柱网的尺寸由柱距和跨度确定。

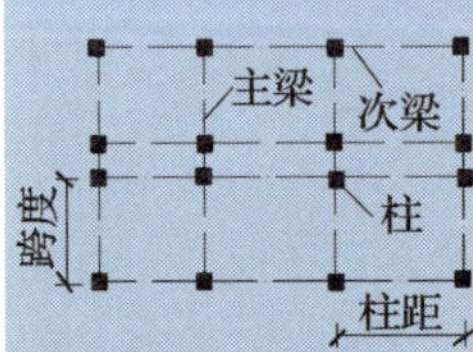

图 9-8　无梁式楼板

无梁式楼板顶棚平整，室内净空大，采光、通风和卫生条件好，便于工业化（升板法）施工。适用于楼层荷载较大的商场、仓库、展览馆、立体车库等建筑。

第三节　装配式钢筋混凝土楼板

装配式钢筋混凝土楼板是指用预制厂生产或现场预制的梁板构件，经现场安装拼合而成的楼板。这种楼板具有节约模板，减轻

工人劳动强度，施工速度快，便于组织工厂化、机械化的生产和施工的优点。但这种楼板的整体性差，房屋的刚度也不如现浇式的房屋好。

一、预制钢筋混凝土楼板的类型

预制钢筋混凝土楼板（见图 9—9）的常用类型有实心平板、槽形板、空心板三种。

a) 实心平板

b) 槽形板

c) 空心板

图 9—9　预制钢筋混凝土楼板的类型

1. 实心平板

预制实心平板的跨度一般在 2.4 m 以内；板厚不小于跨度的 1/30，一般为 60 ~ 100 mm；板宽为 500 ~ 1 000 mm。实心平板多用于跨度较小的走道和楼梯平台等处，也可作为搁板、沟盖板、阳台栏板等使用。板的两端支撑在墙上或梁上。施工时对起吊机械要求不高，造价低，但隔声效果差。

2. 槽形板

槽形板是一种梁板合一的构件，板肋即相当于小梁，作用在板上的荷载传给板肋，因而板可以做得很薄，仅有 25 ~ 30 mm，肋高为 120 ~ 300 mm。板的经济跨度也比实心平板大，一般为 3 ~ 6 m，板宽为 500 ~ 1 200 mm。为提高板的刚度和便于搁置，常将板的两端以肋封闭。当板长超过 6 m 时，每隔 1 000 ~ 1 500 mm 增设一道横肋。根据板的槽口向下和向上分别称为正槽板和反槽板。槽形板减轻了板的自重，具有节省材料、便于开洞等优点，但隔音效果差。

3. 空心板

空心板是一种板腹抽孔的钢筋混凝土楼板，孔的形状有倒棱孔、椭圆孔和圆孔等几种，由于圆孔空心板制作最为方便，因此应用最广。空心板也是一种梁板合一的预制构件，其结构计算理论与槽形板相似，材料消耗也相近，但空心板上下板面平整，且隔声效果好，因此是目前广泛采用的一种板。空心板的跨度一般为 2.4 ~ 7.2 m，板宽通常为 500 mm、600 mm、900 mm、1 200 mm，板厚有 120 mm、150 mm、180 mm、240 mm 等几种。

二、预制板的结构布置与细部构造

1. 板的布置

在进行板的结构布置时，首先应根据房间的开间和进深尺寸确定板的支撑方式，再根据现有板的规格进行合理安排，选择一种或几种板进行布置。板的支撑方式有板式和梁板式两种。预制板直接搁置在墙上的称为板式结构布置；若先搁梁，再将板搁置在梁上的称为梁板式布置。板式结构布置多用于房间的开间和进深尺寸都不大的建筑，如住宅、宿舍等。梁板式结构布置多用于房间的开间[6]和进深[7]尺寸都比较大的建筑，如教学楼。

当采用梁板式结构时，板在梁上的搁置方式有两种：一种是板直接搁置在矩形或 T 形梁顶上；另一种是将板搁置在花篮梁或十字梁上，使板面与梁顶面平齐。采用花篮梁（见图 9—10）和十字梁可在梁高不变的情况下有效地提高室内净空高度[8]，但此时板的长度应缩短一个梁顶的宽度，与轴线尺寸不一致。

6. 开间
是指相邻两个横墙的定位轴线间的距离。

7. 进深
是指相邻两个纵墙的定位轴线间的距离。

8. 净空高度
是指室内地坪顶面到顶棚（或梁）底面的垂直距离。

9. 净开间
是指相邻两个横墙间的距离。

10. 净进深
是指相邻两个纵墙间的距离。

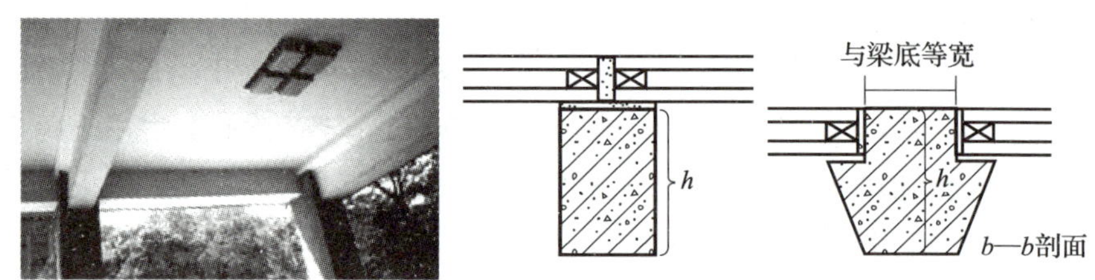

图 9—10　矩形梁与花篮梁

在楼板结构布置时，应尽量减少板的类型和规格，以方便施工。同时应避免出现三面支撑的情况，即板的长边不得伸入砖墙内，否则在荷载作用下，板会产生裂缝。在具体布置板时，当板宽尺寸之和与房间的净开间[9]（或净进深[10]）出现小于一个板宽的空隙时，可采取以下方法解决。

（1）增大板缝

当缝差在 60 mm 以内时，重新调整板缝的宽度，一般板缝为 10 ~ 20 mm，超过 20 mm 的板缝内应配钢筋。

（2）挑砖

当缝差为 60 ~ 120 mm 时，由平行于板边的墙挑砖，挑出的砖与板的上下表面平齐。

（3）现浇板带

当缝差为 120 ~ 200 mm 时，用局部现浇板带的方法解决，现浇板带一般位于墙边，以便于埋设穿越楼板的管道；或设于较重的隔墙下。

（4）重新选板或采用调缝板

当缝差超过 200 mm 时，应考虑重新选板或采用调缝板。

2. 细部构造

为保证楼板本身的整体性，使楼板与墙、梁等构件共同工作，提高建筑物的刚度，板与板之间，板与墙、梁之间必须有可靠的连接，对地震区尤为重要。

（1）板的搁置要求（见图 9—11）

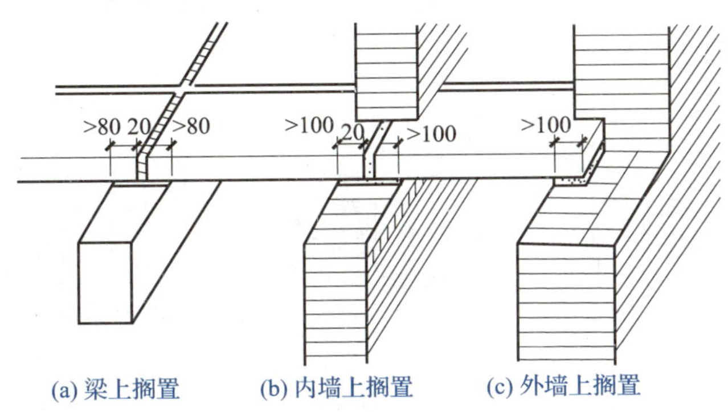

图 9—11　预制板在梁、墙上的搁置

预制板直接搁置在砖墙上或梁上时，均应有足够的支撑长度。当圈梁标高与板的标高不同时，板端伸进外墙的长度不应小于 120 mm，伸进内墙的长度不应小于 100 mm，支撑于梁上时不应小于 80 mm。其支撑面上应采用 20 mm 厚且不低于 M5 的水泥砂浆找平（俗称坐浆）。

（2）板与墙、梁的连接

为增强楼板的整体刚度，特别是在地基条件较差或地震地区，应在板与墙、梁之间及板端与板端连接处设置锚拉钢筋。

（3）板缝处理

板间的接缝有端缝和侧缝两种。端缝一般以细石混凝土灌注，必要时可将板端留出的钢筋交错搭接在一起，或加钢筋网片后再灌筑细石混凝土，以加强连接。侧缝一般有 V 形缝、U 形缝和凹槽缝三种形式，以凹槽缝最为常见。缝内应灌注细石混凝土，当缝宽大于 20 mm 时，须在缝内设纵向钢筋。

第四节　阳台和雨篷

一、阳台

阳台是多层及高层建筑中供人们室外活动的平台，是不可缺少的室内外过渡空间。住宅的阳台有生活阳台和服务阳台之分。生活阳台通常与客厅、起居室、卧室相连，主要供人们休息、活动、晾晒衣物用；服务阳台多与厨房相连，主要供人们从事家庭服务操作与存放杂物。阳台的设置大大改善了楼房的居住条件，同时又可以点缀和装饰建筑立面。

阳台按其与外墙的相对位置分，有凸阳台、凹阳台和半凸半凹阳台，如图 9—12 所示。凹阳台实为楼板层的一部分，构造与楼板层相同，而凸阳台的受力构件为悬挑构件，其挑出长度和构造做法必须满足结构抗倾覆的要求。

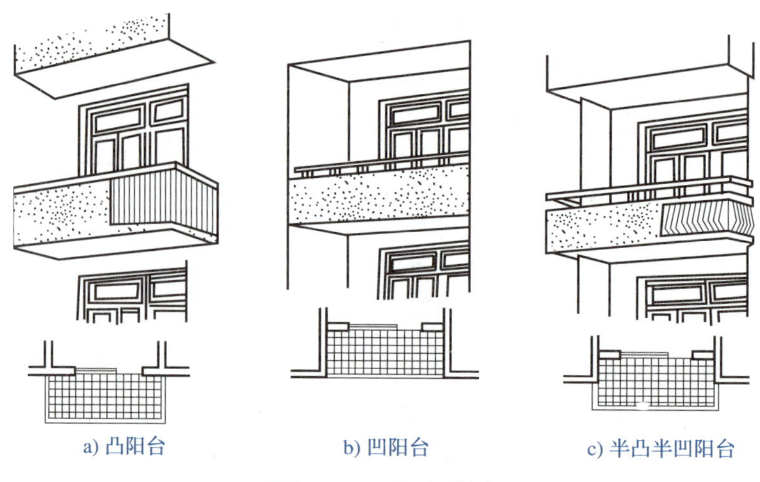

图 9—12　阳台类型

阳台由承重结构（梁、板）和栏杆组成。

（一）阳台的承重结构

阳台的承重结构形式主要有搁板式、挑梁式、挑板式三种。

1. 搁板式

也称墙承式，是将阳台板直接搁置在墙上来支撑，由于阳台板与楼板规格一致，施工较简单，适用于凹阳台。

2. 挑梁式

在阳台两端设置挑梁[11]，挑梁上搁板。其构造简单、施工方便，是较常用的一种方法。

11. 挑梁
指从主体结构延伸出来，一端没有支撑的梁。

3. 挑板式

由楼板悬挑出墙面而成。这种方式阳台板底面平整，造型简洁，阳台长度可以任意调节，但施工较麻烦。

（二）栏杆（栏板）与扶手

栏杆（栏板）是为保证人们在阳台上活动安全而设置的竖向构件，要求坚固可靠，舒适美观。其高度应高于人体的重心，即大于 1.1 m，但不宜超过 1.2 m。中高层、高层及寒冷、严寒地区住宅的阳台宜采用实体栏板。

栏杆一般由金属杆或混凝土杆制作，其垂直杆件间净距不应大于

110 mm，它应上与扶手、下与阳台板连接牢固。金属栏杆一般由圆钢、方钢、扁钢和钢管组成，它与阳台板的连接有两种方法：一是直接插入阳台板的预留孔内，用砂浆灌注；二是与阳台板中预埋的通长扁钢焊牢。扶手与金属栏杆的连接，根据扶手材料的不同有焊接、螺钉连接等方式。预制钢筋混凝土栏杆可直接插入扶手和面梁上的预留孔中，也可通过预埋件焊接固定。

栏板有砖砌栏板和钢筋混凝土栏板。砖砌栏板厚度一般为 120 mm，为确保安全，须在砌体内配置通长的钢筋或现浇扶手及加设小构造柱。钢筋混凝土栏板可与阳台板整浇在一起，也可在地面预制成（300 ~ 600）mm×1 000 mm 的预制板，与预埋铁件焊牢及与阳台板或梁焊牢。

阳台地面应低于室内地面 60 mm 左右，以免雨水流入室内，并应做一定的坡度和布置排水设施，如地漏和排水支管、雨水管或挑出墙面的水舌[12]，使排水顺畅。

12. 水舌
是指在阳台排水口内埋设的 ϕ40 ～ 50 mm 的镀锌钢管或塑料管。为了避免雨水溅到下层阳台，水舌的外挑长度不小于 60 mm。

二、雨篷

雨篷是建筑入口处为遮挡雨雪、保护外门免受雨淋的构件。通常采用钢筋混凝土雨篷或钢结构玻璃雨篷（见图 9—13）。较大的钢筋混凝土雨篷由梁、板、柱组成，其构造与楼板相同。较小的雨篷与凸阳台一样做成悬臂构件，一般由雨篷梁和雨篷板组成。雨篷梁为雨篷板的支撑并兼做门过梁，高度一般不小于 300 mm，宽度等于墙厚。板悬挑长度一般为 900 ~ 1 500 mm，宽出门洞 500 mm 以上，可形成变截面的板，根部厚度应不小于洞口跨度的 1/8，且不小于 100 mm，端部不小于 50 mm，如图 9—14 所示。

图 9—13　雨篷形式

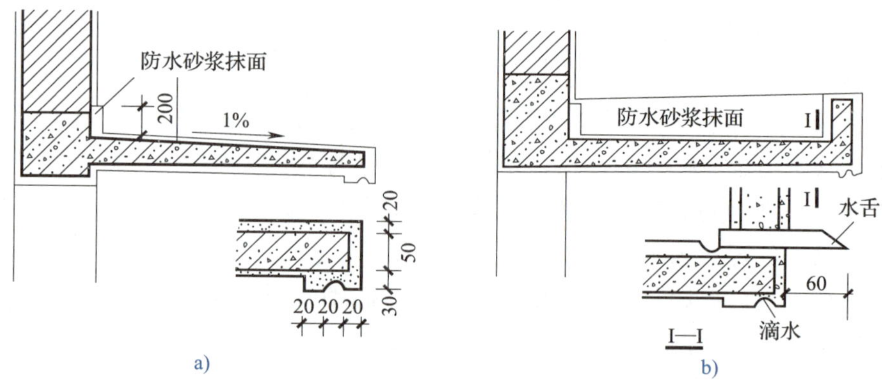

图 9—14　悬挑雨篷构造

雨篷在构造上要解决好两个问题：一是抗倾覆，保证梁上有足够的压重；二是板面要有利于排水。通常沿板四周用砖或现浇混凝土做翻口，高度不小于 60 mm，板面用防水砂浆向排水口做出 1% 的坡度。

第五节　混凝土和钢筋

混凝土是由胶凝材料、水和粗、细骨料按适当比例配合、拌制成拌和物，经一定时间硬化而成的人造石材。它是世界上用量最大的人造材料，广泛应用于工业与民用建筑、给水与排水工程、水利工程及地下工程、国防建设等。

一、普通混凝土

（一）普通混凝土的组成材料

普通混凝土（简称为混凝土，见图 9—15）是由水泥、砂、石和水所组成，另外还常加入适量的掺合料和外加剂。在混凝土中，砂、石起骨架作用，称为骨料；水泥与水形成水泥浆，水泥浆包裹在骨料表面并填充其空隙。在硬化前，水泥浆起润滑作用，赋予拌和物一定的流动性及和易性，便于施工。水泥浆硬化后，则将骨料胶结为一个坚实的整体。

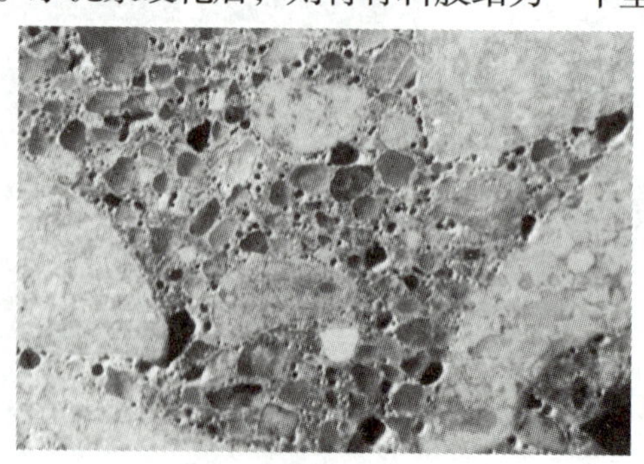

图 9—15　普通混凝土

1. 水泥

水泥是混凝土中最重要的组分。水泥品种的选择，应当根据混凝土工程性质与特点，工程的环境条件及施工条件，结合各种水泥特性进行合理的选择。 水泥强度等级的选择应当与混凝土的设计强度等级相适应。经验证明，配制 C30[13] 以下的混凝土，水泥强度等级为混凝土强度等级的 1.1 ~ 1.8 倍，配制 C40 以上的混凝土，水泥强度等级为混凝土强度等级的 1.0 ~ 1.5 倍，同时宜掺入高效减水剂。

13. C30 表示混凝土立方体抗压强度标准值为 30 MPa。

2. 细骨料

由自然风化、水流搬运和分选、堆积形成的、粒径小于 4.75 mm 的岩石颗粒（砂）称为细骨料。

不同粒径的砂粒，混合在一起后的总体的粗细程度称为砂的粗细程度，通常有粗砂、中砂与细砂之分。在相同用量条件下，细砂的总表面积较大，而粗砂的总表面积较小。在混凝土中，砂子的表面需要由水泥浆包裹，砂子的总表面积越大，则需要包裹砂粒表面的水泥浆就越多。因此，一般说用粗砂拌制混凝土比用细砂所需的水泥浆少。

砂中大小颗粒的搭配情况称为砂的颗粒级配。在混凝土中砂粒之间的空隙是由水泥浆填充的，为达到节约水泥和提高强度的目的，就应尽量减小砂粒之间的空隙。要减小砂粒间的空隙，就必须有大小不同的颗粒搭配。

因此，在拌制混凝土时，砂的颗粒级配和粗细程度应同时考虑。当砂中含有较多的粗粒径砂，并以适当的中粒径砂及少量细粒径砂填充其空隙，则可达到空隙及总表面积均较小，这样的砂比较理想，不仅水泥浆用量较少，而且还可提高混凝土的密实度与强度。

砂的颗粒级配和粗细程度常用筛分析的方法进行测定。用级配区表示砂的颗粒级配，用细度模数表示砂的粗细。筛分析的方法是用一套孔径为 9.50 mm、4.75 mm、2.36 mm、1.18 mm、0.60 mm、0.30 mm、0.15 mm 的标准筛，将 500 g 的干砂试样由粗到细依次过筛，然后称得各筛余留在各个筛上的砂的重量，并计算出各筛上的分计筛余百分率 a_i 及累计筛余[14] 百分率 A_i（各个筛和比该筛粗的所有分计筛余百分率之和）。

14. 累计筛余的计算

$A_1=a_1$

$A_2=a_1+a_2$

$A_3=a_1+a_2+a_3$

$A_4=a_1+a_2+a_3+a_4$

$A_5=a_1+a_2+a_3+a_4+a_5$

$A6=a_1+a_2+a_3+a_4+a_5+a_6$

细度模数的计算公式为：

$$M_x=\frac{(A_2+A_3+A_4+A_5+A_6)-5A_1}{100-A_1}$$

细度模数（M_x）越大，表示砂越粗，砂的细度模数范围一般为 3.7 ~ 0.7，其中，M_x 在 3.7 ~ 3. 1 为粗砂，M_x 在 3.0 ~ 2.3 为中砂，

M_x 在 2.2 ~ 1.6 为细砂，M_x 在 1.5 ~ 0.7 为特细砂。

普通混凝土用砂的细度模数一般在 2.2 ~ 3.2 较为适宜。

砂按技术要求分为三类：Ⅰ类宜用于强度等级大于 C60 的混凝土；Ⅱ类宜用于强度等级 C30 ~ C60 的混凝土及有抗冻抗渗或其他要求的混凝土；Ⅲ类宜用于强度等级小于 C30 的混凝土和建筑砂浆。砂中有害杂质含量的规定见表 9—1。

表 9—1　　砂中有害杂质含量的规定（GB/T 14684—2011）

类别	Ⅰ	Ⅱ	Ⅲ
含泥量（按质量计）/%	≤ 1.0	≤ 3.0	≤ 5.0
泥块含量（按质量计）/%	0	≤ 1.0	≤ 2.0
云母（按质量计）/%	≤ 1.0	≤ 2.0	
轻物质（按质量计）/%	≤ 1.0		
有机物	合格		
硫化物及硫酸盐（按 SO_3 质量计）/%	≤ 0.5		
氯化物（以氯离子质量计）/%	≤ 0.01	≤ 0.02	≤ 0.06
贝壳（按质量计）/%[a]	≤ 3.0	≤ 5.0	≤ 8.0

[a] 该指标仅适用于海砂，其他砂种不作要求。

砂中不应含有活性氧化硅，因为砂中含有的活性氧化硅能与水泥中的碱分起作用，使混凝土发生膨胀开裂。

3. 粗骨料

粒径大于 4.75 mm 的骨料为粗骨料（包括卵石 [15] 和碎石 [16]）。

15. 卵石
卵石指的是风化岩石经水流长期搬运而成的粒径为 60 ～ 200 mm 的无棱角的天然粒料。

16. 碎石
碎石指的是符合工程要求的岩石，经开采并按一定尺寸加工而成的有棱角的粒料。一般混凝土使用 5 ～ 25 mm 粒径的碎石。

石子的最大粒径增大，则相同质量石子的总表面积减小，混凝土中包裹石子所需水泥浆减少，即混凝土用水量和水泥用量都可减少。在一定的范围内，石子最大粒径增大，可因用水量的减少提高混凝土的强度。然而石子最大粒径过大时，由于骨料与水泥砂浆黏结面积下降等原因造成混凝土的强度下降。同时，最大粒径的选用要受结构上诸因素和施工条件等方面的限制。根据我国钢筋混凝土施工规范规定：混凝土用粗骨料的最大粒径不得大于结构物最小断面的短边长度的 1/4；不得大于钢筋最小净距的 3/4。除此之外还受搅拌机以及输送管道等条件的限制。

粗骨料的级配原理和要求与细骨料基本相同。级配试验采用筛分法测定，即用 2.36 mm、4.75 mm、9.5 mm、16.0 mm、19.0 mm、26.5 mm、31.5 mm、37.5 mm、53.0 mm、63.0 mm、75.0 mm 和 90 mm 十二种孔径的圆孔筛进行筛分析。

石子的颗粒级配可分为连续级配和间断级配。连续级配是石子粒级呈连续性，即颗粒由小到大，每级石子占一定比例。用连续级配的骨料配制的混凝土混合料，和易性较好，不易发生离析现象。连续级配是工程上最常用的级配。间断级配是人为地剔除骨料中某些粒级颗粒，从而使骨料级配不连续，大骨料空隙由小粒径颗粒填充，以降低石子的空隙率。由间断级配制成的混凝土，可以节约水泥。但由于其颗粒粒径相差较大，混凝土混合物容易产生离析现象，导致施工困难。

粗骨料中的有害杂质主要有：黏土、淤泥及细屑；硫酸盐及硫化物；有机物质；蛋白石及其他含有活性氧化硅的岩石颗粒等。它们的危害作用与在细骨料中相同。各种有害杂质的含量都不应超出规范的规定。

4. 水

在拌制和养护混凝土用的水中，不得含有影响水泥正常凝结与硬化的有害杂质，如油脂、糖类等。凡是能饮用的自来水和清洁的天然水都能用来拌制和养护混凝土。污水、pH 值小于 4 的酸性水、含硫酸盐（按 SO_3 计）超过水重 1% 的水均不得使用。海水中含有硫酸盐、镁盐和氯化物，对水泥石有侵蚀作用，对钢筋也会造成锈蚀，因此一般不得用海水拌制混凝土。

5. 外加剂

混凝土外加剂是指在拌制混凝土过程中掺入的，用以改善混凝土性能的物质。一般情况下掺量不超过水泥质量的 5%。

混凝土中掺入外加剂是行之有效的改善混凝土性能的措施。随着科学技术的不断进步，外加剂已越来越多地得到发展和使用。

常用外加剂有如下几种：

（1）减水剂[17]

减水剂是指在混凝土坍落度基本相同的条件下，能减少拌和用水量的外加剂。

（2）早强剂

能加速混凝土早期强度发展的外加剂，称为早强剂。

（3）引气剂

是指在混凝土搅拌过程中能引入大量均匀分布、稳定而封闭的微小气泡的外加剂。引入的这些微小气泡在拌和物中均匀分布，明显地改善混合料的和易性，提高混凝土的耐久性（抗冻性和抗渗性），使混凝土的强度和弹性模量有所降低。

（4）缓凝剂

17. 减水剂

减水剂的主要作用是分散作用，水泥加水拌和后，由于水泥颗粒分子引力的作用，使水泥浆形成絮凝结构，使 10% ～ 30% 的拌和水被包裹在水泥颗粒之中，不能参与自由流动和润滑作用。当加入减水剂后，由于减水剂分子能定向吸附于水泥颗粒表面，使水泥颗粒表面带有同一种电荷（通常为负电荷），形成静电排斥作用，促使水泥颗粒相互分散，絮凝结构破坏，释放出被包裹部分水，参与流动，从而有效地增加混凝土拌和物的流动性。

是指能延长混凝土凝结时间的外加剂。

（5）防冻剂

防冻剂是指能降低水泥混凝土拌和物液相冰点，使混凝土在相应负温下免受冻害，并在规定养护条件下达到预期性能的外加剂。

（二）普通混凝土的主要技术性质

混凝土在未凝结硬化以前称为混凝土拌和物。它必须具有良好的和易性，便于施工，以保证能获得良好的浇灌质量。混凝土拌和物凝结硬化以后，应具有足够的强度，以保证建筑物能安全地承受设计荷载，并应具有必要的耐久性。

1. 混凝土拌和物的和易性

和易性是指混凝土拌和物易于施工操作（拌和、运输、浇灌、捣实）并能获得质量均匀、成形密实的性能。和易性是一项综合的技术性质，包括流动性、粘聚性和保水性三方面的含义。

流动性是指混凝土拌和物在本身自重或施工机械振捣的作用下能产生流动，并均匀密实地填满模板的性能。流动性的大小取决于混凝土拌和物中用水量或水泥浆含量的多少。

粘聚性是指混凝土拌和物在施工过程中其组成材料之间有一定的黏聚力，不致产生分层和离析的性能。粘聚性的大小主要取决于细骨料的用量以及水泥浆的稠度等。

保水性是指混凝土拌和物在施工过程中具有一定的保水能力，不致产生严重泌水的性能。保水性差的混凝土拌和物，由于水分分泌出来会形成容易透水的孔隙，从而降低混凝土的密实性。

2. 和易性测定及评价指标

将混凝土拌和物按规定方法装入标准圆锥筒（坍落筒）中，逐层插捣并装满刮平后，垂直提起圆锥筒，混凝土拌和物由于自重将会向下坍落。量测坍落的高度（以毫米计）即为坍落度[18]。坍落度实验如图9—16所示。坍落度越大，则混凝土拌和物的流动性越大。

在做坍落度试验的同时，应观察混凝土拌和物的粘聚性、保水性及含砂等情况，以更全面地评定混凝土拌和物的和易性。坍落度法适用于骨料最大粒径不大于40 mm，坍落度值不小于10 mm的混凝土拌和物。

根据坍落度的不同，可将混凝土拌和物分为大流动性混凝土（坍落度大于160 mm）、流动性混凝土（坍落度为100 ~ 150 mm）、塑性混凝土（坍落度为50 ~ 90 mm）、低塑性混凝土（坍落度为10 ~ 40 mm）。

坍落度值小于10 mm的拌和物为干硬性混凝土。

18. 坍落度的选择基础或地面等的垫层及无配筋的大体积结构采用10 ～ 30 mm坍落度；板、梁、柱采用30 ～ 50 mm坍落度；配筋密列的薄壁和细柱等采用50 ～ 70 mm坍落度；配筋特密的结构采用70 ～ 90 mm坍落度。

图 9—16 坍落度实验

3. 影响和易性的因素

（1）水泥浆的数量

在混凝土拌和物中，水泥浆包裹骨料表面，填充骨料空隙，使骨料润滑，提高混合料的流动性；在水灰比不变的情况下，单位体积混合物内，随水泥浆的增多，混合物的流动性增大。若水泥浆过多，超过骨料表面的包裹限度，就会出现流浆现象，这既浪费水泥又降低混凝土的性能；如水泥浆过少，达不到包裹骨料表面和填充空隙的目的，使粘聚性变差，流动性低，不仅产生崩塌现象，还会使混凝土的强度和耐久性降低。混合物中水泥浆的数量以满足流动性要求为宜。

（2）水泥浆的稠度

水泥浆的稀稠取决于水胶比的大小。水胶比小，水泥浆稠，拌和物流动性就差，混凝土拌和物难以保证密实成形。若水胶比过大，又会造成混凝土拌和物的粘聚性和保水性不良，而产生流浆、离析现象。

水泥浆的数量和稠度取决于用水量和水胶比。实际上用水量是影响混凝土流动性最大的因素。当用水量一定时，水泥用量适当变化（增减 50 ~ 100 kg/m^3），基本上不影响混凝土拌和物的流动性，即流动性基本上保持不变。由此可知，在用水量相同的情况下，采用不同的水胶比可配制出流动性相同而强度不同的混凝土。

（3）砂率

砂率是指混凝土中砂的用量占砂、石总用量的百分率。

在混合料中，砂用于填充石子的空隙。在水泥浆一定的条件下，若砂率过大，则骨料的总表面积及空隙率增大，混凝土混合物就显得干稠，流动性差。如要保持一定的流动性，则要多加水泥浆，耗费水泥。若砂率过小，砂浆量不足，不能在粗骨料的周围形成足够的砂浆层起润滑和填充作用，也会降低混合物的流动性，同时会使粘聚性、保水性变差，使混凝土混合物显得粗涩，粗骨料离析，水泥浆流失，甚至出现溃散现象。因此，砂率既不能过大，也不能过小，应通过试验找出最佳砂率[19]。

19. 最佳砂率是指在水泥用量和用水量一定的情况下，能使混凝土拌和物获得最好的流动性而且保持粘聚性和保水性良好的砂率；或者是使混凝土拌和物获得所要求的和易性的前提下，水泥用量最少的砂率。

（4）其他影响因素

水泥品种、骨料种类、粒形和级配以及外加剂等都会对混凝土拌和物的和易性产生一定影响。水泥的标准稠度用水量大，则拌和物的流动性差。骨料的颗粒较大，形状圆整，表面光滑及级配较好时，则拌和物的流动性较好。此外，在混凝土拌和物中加入外加剂时（如减水剂）能显著地改善和易性。

混凝土拌和物的和易性还与时间、温度有关。拌和物拌制后，随时间的延长，流动性变差；温度越高，水分丢失越快，坍落度损失越大。

（三）混凝土的强度

1. 混凝土的强度等级

混凝土的强度等级以混凝土立方体抗压强度标准值划分。以边长为150 mm的立方体试件在标准条件（温度20±2℃，相对湿度在95%以上）下，养护28天，测得的具有95%保证率的抗压强度值为混凝土立方体抗压强度标准值，用$f_{cu,k}$表示。

按照《混凝土结构设计规范》（GB 50010—2010）规定，普通混凝土划分为14个等级，即C15、C20、C25、C30、C35、C40、C45、C50、C55、C60、C65、C70、C75、C80。如C25表示混凝土立方体抗压强度标准值为25 MPa（1 MPa=1 N/mm^2）。混凝土强度等级是混凝土结构设计时强度计算取值的依据，同时也是混凝土施工中控制工程质量和工程验收时的重要依据。

2. 混凝土的抗拉强度

混凝土受拉时，只能承受很小的变形就要开裂，是一种脆性破坏。混凝土的抗拉强度只有抗压强度的1/20～1/10。因此，混凝土在工作时一般不依靠其抗拉强度。但抗拉强度对于开裂现象有重要意义，在结构设计中抗拉强度是确定混凝土抗裂度的重要指标。

3. 影响混凝土强度的因素

（1）水泥强度与水胶比

水泥是混凝土中的活性组分，其强度直接影响混凝土的强度。在配合比相同的条件下，所用的水泥标号越高，制成的混凝土强度也越高。当用同一品种同一标号的水泥时，混凝土的强度主要取决于水

胶比。因为水泥水化时所需的结合水一般只占水泥重量的23%左右，但在拌制混凝土混合物时，为了获得必要的流动性，常需用较多的水（占水泥重量的40%～70%）。混凝土硬化后，多余的水分蒸发或残存在混凝土中，形成毛细管、气孔或水泡，它们减少了混凝土的有效断面，并可能在受力时于气孔或水泡周围产生应力集中，使混凝土强度下降。

在保证施工质量的条件下，水胶比越小，混凝土的强度就越高。但是，如果水胶比太小，拌和物过于干涩，在一定的施工条件下，无法保证浇灌质量，混凝土中将出现较多的蜂窝、孔洞，也将显著降低混凝土的强度和耐久性。试验证明，混凝土强度随水胶比增大而降低，呈曲线关系，而混凝土强度与灰水比呈直线关系，如图9—17所示。

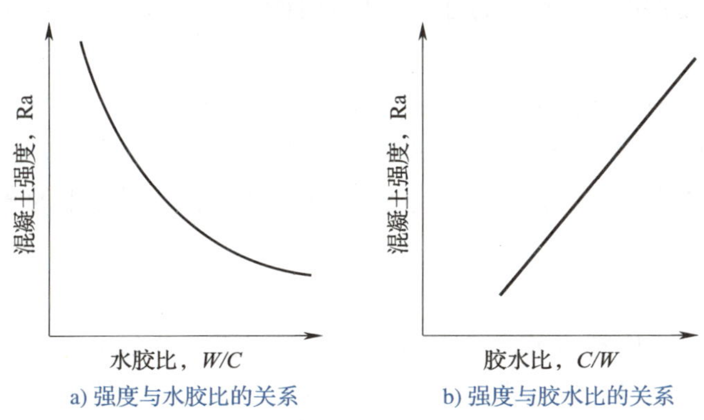

a) 强度与水胶比的关系　　b) 强度与胶水比的关系

图9—17　混凝土强度与水胶比及胶水比的关系

水泥与骨料的黏结力还与骨料的表面状况有关，表面粗糙的碎石比表面光滑的卵石（砾石）的黏结力大。在其他条件相同的情况下，碎石混凝土的强度比卵石混凝土的强度高。

（2）养护的温度和湿度

混凝土强度的增长，是水泥的水化、凝结和硬化的过程，必须在一定的温度和湿度条件下进行。在保证足够湿度的情况下，不同的养护温度的结果也不相同。温度高，水泥凝结硬化速度快，早期强度高，所以在混凝土制品厂常采用蒸汽养护的方法提高构件的早期强度，以提高模板和场地周转率。低温时水泥混凝土硬化比较缓慢，当温度低至0℃以下时，硬化不但停止，且具有冰冻破坏的危险。水泥的水化必须在有水的条件下进行，因此，混凝土浇筑完毕后必须加强养护，保持适当的温度和湿度，以保证混凝土不断地凝结硬化。

（3）龄期[20]

在正常养护条件下，混凝土强度将随着龄期的增加而增长。最初

20. 龄期

混凝土的龄期是指在正常养护条件下所经历的时间。以天数（day）计。

7 ~ 14 天内，强度增长较快，28 天以后增长较慢。但只要温度、湿度适宜，其强度仍随龄期增长。

（4）施工质量

施工质量的好坏对混凝土强度有非常重要的影响。施工质量包括配料准确，搅拌均匀，振捣密实，养护适宜等。任何一道工序忽视了规范管理和操作，都会导致混凝土强度的降低。

4. 提高混凝土强度的措施

（1）选用高强度水泥和低水胶比

硅酸盐水泥和普通硅酸盐水泥的早期强度比其他水泥的早期强度高。如采用高强度等级硅酸盐水泥或普通硅酸盐水泥，则可提高混凝土的早期强度。也可用快硬水泥，它的 3 天强度即可达到同强度等级普通硅酸盐水泥混凝土 28 天的强度。但这种水泥价格较高，会使工程造价提高。

水胶比是影响混凝土程度的重要因素，试验证明，水胶比增加 1%，则混凝土强度将下降 5%，在满足施工和易性和混凝土耐久性要求条件下，尽可能降低水胶比和提高水泥强度，这对提高混凝土的强度是十分有效的。

（2）掺用混凝土外加剂

在混凝土中掺入减水剂可减少用水量，提高混凝土强度；掺入早强剂，可提高混凝土的早期强度。在混凝土中掺入矿物外加剂（如磨细矿渣、粉煤灰、硅灰、沸石粉等），可以节约水泥，降低成本；减少环境污染，改善混凝土诸多性能。

（3）机械搅拌和机械振捣

采用机械搅拌、机械振捣的混合料，可使混凝土混合料的颗粒产生振动，降低水泥浆的黏度和骨料的摩擦力，使混凝土拌和物转入液体状态，在满足施工和易性要求条件下，可减少拌和用水量，降低水胶比。同时，混凝土混合物被振捣后，它的颗粒互相靠近，并把空气排出，使混凝土内部孔隙大大减少，从而使混凝土的密实度和强度大大提高。

（4）采用湿热处理

湿热处理可分为蒸汽养护和蒸压养护两类。蒸汽养护就是将成形后的混凝土制品放在 100℃以下的常压蒸汽中进行养护。以加快混凝土强度发展的速度。混凝土经 16 ~ 20 h 的蒸汽养护后，其强度即可达到标准养护条件下 28 天强度的 70% ~ 80%。蒸压养护混凝土是在 175℃温度和 8 个大气压的蒸压釜[21] 中进行养护，主要适用于硅酸盐混凝土拌和物及其制品。

21. 蒸压釜

蒸压釜又称蒸养釜，是一种体积庞大、重量较重的大型压力容器。蒸压釜用途十分广泛，大量应用于加气混凝土砌块、混凝土管桩、灰砂砖、煤灰砖、微孔硅酸钙板、保温石棉板、高强度石膏等建筑材料的蒸压养护。

（四）混凝土的变形

1. 化学收缩

混凝土在硬化过程中，由于水泥水化产物的体积小于反应物（水和水泥）的体积，混凝土产生收缩，称为化学收缩。其收缩量随着混凝土龄期的延长而增加，一般在混凝土成形后 40 天内收缩量增加较快，以后逐渐趋向稳定。化学收缩是不可恢复的，可使混凝土内部产生微细裂缝。

2. 塑性收缩

混凝土成形后尚未凝结硬化时属于塑性阶段，在此阶段往往由于表面失水而产生收缩称为塑性收缩。新拌混凝土若表面失水速率超过内部水向表面迁移的速率时，会造成毛细管内部产生负压，因而使浆体中固体粒子间产生一定引力，便产生了收缩，如果引力不均匀作用于混凝土表面，则表面将产生裂纹。预防塑性收缩开裂的方法是降低混凝土表面失水速率，采取防风、降温等措施。最有效的方法是凝结硬化前保持混凝土表面的湿润，如在表面覆盖塑料膜、喷洒养护剂等。

3. 干湿变形

混凝土的干湿变形主要取决于周围环境湿度的变化，表现为干缩湿胀。混凝土在干燥空气中存放时，混凝土内部吸附水分蒸发而引起凝胶体失水产生紧缩，以及毛细管内游离水分蒸发，毛细管内负压增大，也使混凝土产生收缩。如干缩后的混凝土再次吸水变湿后，一部分干缩变形是可以恢复的。混凝土在水中硬化时，体积不变，甚至有轻微膨胀。这是由于凝胶体中胶体粒子的吸附水膜增厚，胶体粒子间距离增大所致。混凝土的湿胀变形量很小，一般无破坏作用。但干缩变形对混凝土危害较大，干缩可能使混凝土表面出现拉应力而导致开裂，严重影响混凝土的耐久性。

影响混凝土干缩的因素有：水泥品种和细度、水泥用量和用水量等。火山灰质硅酸盐水泥比普通硅酸盐水泥干缩大；水泥越细，干缩也越大；水泥用量多，水灰比大，干缩也大；混凝土中砂石用量多，干缩小；砂石越干净，捣固越好，干缩也越小。

4. 温度变形

混凝土与其他材料一样，也具有热胀冷缩的性质，混凝土的热胀冷缩变形称为温度变形。混凝土温度膨胀系数约为 1×10^{-5}，即温度升高 1℃，每米膨胀 0.01 mm。

温度变形对大体积混凝土极为不利。混凝土在硬化初期，水泥水化放出较多的热量，而混凝土是热的不良导体，散热很慢，使混凝土内部温度升高，但外部混凝土温度则随气温下降，致使内外温差达

50 ~ 70℃，造成内部膨胀及外部收缩，使外部混凝土产生很大的拉应力，严重时使混凝土产生裂缝。

因此，对大体积混凝土工程，应设法降低混凝土的发热量，如采用低热水泥，减少水泥用量，采用人工降温措施以及对表层混凝土加强保温保湿等，以减小内外温差，防止裂缝的产生和发展。对纵向长度较大的混凝土及钢筋混凝土结构，应考虑混凝土温度变形所产生的危害，每隔一段长度应设置温度伸缩缝，以及在结构内配置温度钢筋。

5. 徐变

混凝土在恒定荷载长期作用下，随时间增长而沿受力方向增加的变形，称为混凝土的徐变。

混凝土徐变和很多因素有关。混凝土所受初应力越大，在混凝土制成后龄期较短时加荷，水灰比越大，水泥用量越多，都会使混凝土的徐变增大；另外混凝土弹性模量大，会减小徐变；混凝土养护条件越好，水泥水化越充分，徐变也越小。

混凝土的徐变会使构件的变形增加，在钢筋混凝土截面中引起应力的重新分布。对预应力钢筋混凝土结构，混凝土的徐变将使钢筋的预应力受到损失。但有时徐变也对工程有利，如徐变可消除或减小钢筋混凝土内的应力集中，使应力均匀地重新分布。对大体积混凝土，徐变能消除一部分由温度变形所产生的破坏应力。

（五）混凝土的耐久性

混凝土抵抗环境介质作用并长期保持其良好的使用性能和外观完整性，从而维持混凝土结构的安全、正常使用的能力称为混凝土的耐久性。提高混凝土耐久性，对于延长结构寿命，减少修复工作量，提高经济效益具有重要的意义。

环境对混凝土结构的物理化学作用以及混凝土结构低于环境作用的能力，是影响混凝土结构耐久性的因素。混凝土耐久性能主要包括抗渗、抗冻、抗侵蚀、碳化、碱骨料反应及混凝土中的钢筋锈蚀等性能。

提高混凝土耐久性的主要措施如下：

（1）合理选择水泥品种。

（2）适当控制混凝土的水胶比及水泥用量

水胶比的大小是决定混凝土密实性的主要因素，它不仅影响混凝土的强度，而且也严重影响其耐久性，故必须严格控制水胶比。保证足够的水泥用量，同样可以起到提高混凝土密实性和耐久性的作用。《普通混凝土配合比设计规程》（JGJ 55—2011）对建筑工程所用混凝土的最大水胶比及最小水泥用量作了规定，见表 9—2。

表 9—2　混凝土的最水胶凝材料用量（JGJSS—2011）　kg/m³

最大水胶比	最小胶凝材料用量		
	素混凝土	钢筋混凝土	预应力混凝土
0.60	250	280	300
0.55	280	300	300
0.50	320		
≤ 0.45	330		

（3）选用质量良好的砂石骨料

质量良好、技术条件合格的砂、石骨料，是保证混凝土耐久性的重要条件。改善粗细骨料级配，在允许的最大粒径范围内尽量选用较大粒径的粗骨料，可减小骨料的空隙率和比表面积，也有助于提高混凝土的耐久性。

（4）掺入引气剂或减水剂

掺入引气剂或减水剂对提高抗渗、抗冻等有良好的作用，在某些情况下，还能节约水泥。

（5）加强混凝土的施工质量控制

混凝土施工中，应当搅拌均匀、浇灌和振捣密实并加强养护，以保证混凝土的施工质量。

二、建筑钢材

建筑钢材有钢结构用型钢[22]（圆钢、角钢、槽钢、工字钢）、钢板和钢管，以及钢筋混凝土用的钢筋和钢丝，如图 9—18 所示。

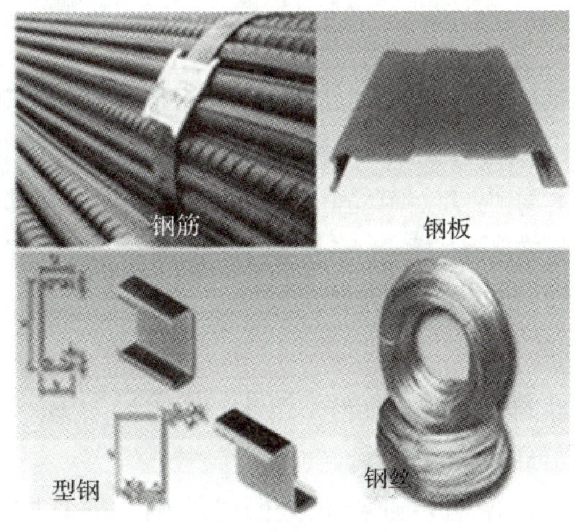

图 9—18　建筑钢材的种类

22. 型钢

型钢是一种有一定截面形状和尺寸的条形钢材。角钢是两边互相垂直T成角形的长条钢材。槽钢是截面为凹槽形的长条钢材。工字钢是截面为工字形的长条钢材。

钢材材质均匀，性能可靠，强度高，具有一定的可塑性、韧性，能承受较大的冲击荷载和振动荷载，可焊接、铆接、螺栓连接，便于装配。由各种型材组成的钢结构，安全性大，自重轻，适用于重型工业厂房、大跨结构、高耸结构与高层建筑等。但钢材也存在容易锈蚀，维护费用大，耐火性差的缺点。

（一）钢材的分类

1. 按化学成分分类

（1）碳素钢

碳素钢的化学成分主要是铁，其次是碳，故也称铁—碳合金。其含碳量为 0.02% ~ 2.06%。此外尚含有极少量的硅、锰和微量的硫、磷等元素。碳钢按含碳量又可分为低碳钢[23]（含碳量小于 0.25%）、中碳钢[24]（含碳量为 0.25% ~ 0.60%）、高碳钢（含碳量大于 0.60%）。

（2）合金钢

是指在炼钢过程中，加入一种或多种能改善钢材性能的合金元素而制得的钢种。常用合金元素有硅、锰、钛、钒、铌、铬等。按合金元素总含量的不同，合金钢可分为低合金钢（合金元素总含量小于 5%）、中合金钢（合金元素总含量为 5% ~ 10%）、高合金钢（合金元素总含量大于 10%）。

2. 按冶炼时脱氧程度分类

（1）沸腾钢

炼钢时仅加入锰铁进行脱氧，则脱氧不完全。这种钢水浇入锭模时，会有大量的 CO 气体从钢水中外逸，引起钢水呈沸腾状，故称沸腾钢，代号为 F。沸腾钢组织不够致密，成分不太均匀，硫、磷等杂质偏析较严重，故质量较差。但因其成本低、产量高，故被广泛用于一般建筑工程。

（2）镇静钢

炼钢时采用锰铁、硅铁和铝锭等作为脱氧剂，脱氧完全，且同时能起去硫作用。这种钢水铸锭时能平静地充满锭模并冷却凝固，故称镇静钢，代号为 Z。镇静钢虽成本较高，但其组织致密，成分均匀，性能稳定，故质量好，适用于预应力混凝土等重要的结构工程。

（3）半镇静钢

脱氧程度介于沸腾钢和镇静钢之间，其代号为 B。

（4）特殊镇静钢

这是比镇静钢脱氧程度还要充分彻底的钢，故其质量最好，适用于特别重要的结构工程，代号为 TZ。

23. 低碳钢
低碳钢易于接受各种加工，如锻造、焊接和切削。低碳钢一般轧成角钢、槽钢、工字钢、钢管、钢带或钢板，用于制作各种建筑构件、容器、箱体、炉体和农机具等。优质低碳钢轧成薄板，制作汽车驾驶室、发动机罩等。

24. 中碳钢
中碳钢热加工及切削性能良好，焊接性能较差。强度、硬度比低碳钢高，而塑性和韧性低于低碳钢。主要用于制造较高强度的运动零件，如空气压缩机、泵的活塞、蒸汽透平机叶轮和重型机械的轴、蜗杆、齿轮等并广泛用于建筑钢筋。

3. 按有害杂质含量分类

接钢中有害杂质磷（P）和硫（S）含量的多少，钢材可分为以下四类：

（1）普通钢

磷含量不大于 0.045%，硫含量不大于 0.050%。

（2）优质钢

磷含量不大于 0.035%，硫含量不大于 0.035%。

（3）高级优质钢

磷含量不大于 0.025%，硫含量不大于 0.015%。

（4）特级优质钢

磷含量不大于 0.025%，硫含量不大于 0.015%。

（二）建筑钢材的技术性能

1. 抗拉性能

抗拉性能是建筑钢材最重要的技术性质。其技术指标为由拉力试验测定的屈服点、抗拉强度和伸长率。低碳钢受拉的应力—应变图能够较好地解释这些重要的技术指标，如图 9—19 所示。

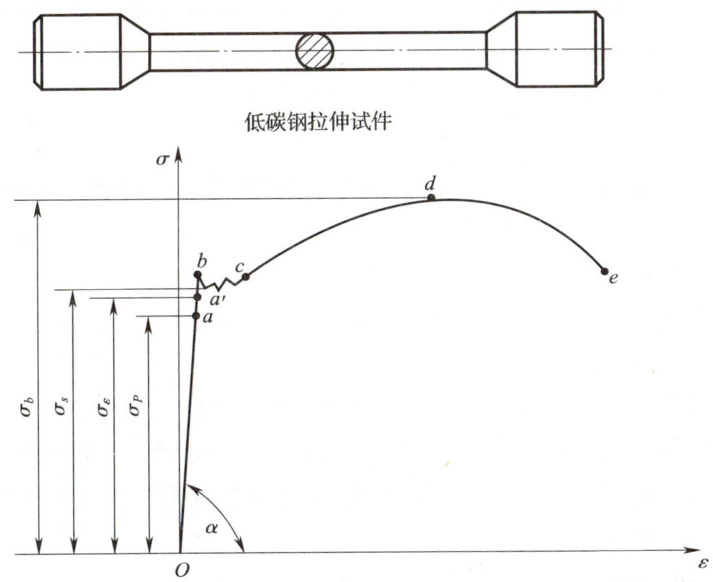

图 9—19　低碳钢拉伸应力—应变图

将低碳钢试件装上万能试验机后，缓慢加载，直至拉断，试验机的绘图系统可自动绘出试件在试验过程中工作段的变形 Δl（即杆件拉伸后的长度减去杆件原长的差值）和拉力 F 之间的关系曲线图。将拉力 F 除以试件横截面原始面积 A，得试件横截面上的应力 σ。将伸长 Δl 除以试件的标距 l，得试件的应变 ε。以 σ 和 ε 分别为横坐标与纵坐标，这样得到的曲线称为应力—应变图或 $\sigma—\varepsilon$ 曲线。

25．弹性变形

材料在外力作用下产生变形，当外力取消后，材料变形即可消失并能完全恢复原来形状的性质称为弹性。这种可恢复的变形称为弹性变形。

26．塑性变形

材料在外力的作用下产生变形，当外力撤除后材料不能恢复原来形状的性质称为塑性。这种不可恢复的变形称为塑性变形。

oa 段称为弹性变形[25]阶段，在试件拉伸的初始阶段，σ 与 ε 的关系表现为直线 *oa* 段，即 σ 与 ε 成正比，直线 *oa* 的最高点 *a* 所对应的应力称为比例极限，用 σ_p 表示。

bc 段称为屈服阶段，当应力超过弹性极限时，$\sigma—\varepsilon$ 曲线上将出现一个近似水平的锯齿形线段，这表明应力在此阶段基本保持不变，而应变却明显增加。此阶段称为屈服阶段。对应的强度称为屈服强度，用 σ_s 表示。当材料屈服时，将产生显著的塑性变形。通常，在工程中是不允许构件在塑性变形[26]的情况下工作的，所以屈服强度 σ_s 是衡量材料强度的重要指标。

cd 段称为强化阶段，经过屈服阶段后，图中 *cd* 段曲线又逐渐上升，表示材料恢复了抵抗变形的能力，这是由于试件内部产生了晶格滑移，这一阶段称为强化阶段。强化阶段中的最高点 *d* 所对应的是材料所能承受的最大应力，称为强度极限，用 σ_b 表示。

经过 *d* 点后，试件会在中间部位产生截面急剧减小的现象，称为颈缩现象。由于在颈缩部分横截面面积明显减少，使试件继续伸长所需要的拉力也相应减少，故在 $\sigma—\varepsilon$ 曲线中，应力由最高点下降到 *e* 点，最后试件在颈缩段被拉断，这一阶段称为颈缩阶段。

上述拉伸过程中，材料经历了弹性变形、屈服、强化和颈缩四个阶段。对应前三个阶段的三个特征点，其相应的应力值依次为比例极限 σ_p、屈服强度 σ_s 和强度极限 σ_b。对低碳钢来说，屈服强度和强度极限是衡量材料强度的主要指标。

2. 冷弯性能

冷弯性能是指钢材在常温下承受弯曲变形的能力，是钢材的重要工艺性能。

冷弯性能指标是通过试件被弯曲的角度（90°、180°）及弯心直径 *d* 对试件厚度（或直径）*a* 的比值（*d/a*）区分的。试件按规定的弯曲角和弯心直径进行试验，试件弯曲处的外表面无裂断、裂缝或起层，即认为冷弯性能合格。

3. 冲击韧性

冲击韧性是指钢材抵抗冲击荷载的能力。冲击韧性指标是通过标准试件的弯曲冲击韧性试验确定的。以摆锤打击试件，于刻槽处将其打断，试件单位截面积上所消耗的功，即为钢材的冲击韧性指标，用冲击韧性 a_k 表示。a_k 值越大，冲击韧性越好。

4. 硬度

钢材的硬度是指其表面局部体积内抵抗外物压入产生塑性变形的能力。常用的测定硬度的方法有布氏法和洛氏法。

5. 耐疲劳性

在反复荷载作用下的结构构件，钢材往往在应力远小于抗拉强度时发生断裂，这种现象称为钢材的疲劳破坏。疲劳破坏的危险应力用疲劳极限来表示，它是指疲劳试验中，试件在交变应力作用下，于规定的周期基数内不发生断裂所能承受的最大应力。

一般认为，钢材的疲劳破坏是由拉应力引起的，因此，钢材的疲劳极限与其抗拉强度有关，一般抗拉强度高，其疲劳极限也较高。由于疲劳裂纹是在应力集中处形成和发展的，故钢材的疲劳极限不仅与其内部组织有关，也和表面质量有关。

6. 焊接性能

钢材的可焊性是指焊接后在焊缝处的性质与母材性质的一致程度。影响钢材可焊性的主要因素是化学成分及含量。如硫产生热脆性，使焊缝处产生硬脆及热裂纹。又如含碳量超过 0.3%，可焊性显著下降等。

（三）钢材的冷加工和热处理

1. 钢材的冷加工

将钢材在常温下进行冷拉[27]、冷拔[28]或冷轧，使其产生塑性变形，从而提高屈服强度，这个过程称为钢材的冷加工强化。

冷加工强化的原理是：钢材在塑性变形中晶格的缺陷增多，而缺陷的晶格严重畸变，对晶格的进一步滑移将起到阻碍作用，故钢材的屈服点提高，塑性和韧性降低。

工地或预制厂钢筋混凝土施工中常利用这一原理，对钢筋或低碳钢盘条按一定制度进行冷拉或冷拔加工，以提高屈服强度。

2. 钢材的热处理

将钢材加热到一定的温度，在此温度下保持一定的时间，再以一定的速度和方式进行冷却，以使钢材内部晶体组织和显微结构按要求进行改变，或者消除钢中的内应力，从而获得人们所需求的力学性能，这一过程称为钢材的热处理。

钢材的热处理通常有以下几种基本方法：

（1）淬火

将钢材加热至 723℃（相变温度）以上某一温度，并保持一定时间后，迅速置于水中或机油中冷却，这个过程称为钢材的淬火处理。钢材经淬火后，强度和硬度提高，脆性增大，塑性和韧性明显降低。

（2）回火

将淬火后的钢材重新加热到 723℃以下某一温度范围，保温一定时间后再缓慢地或较快地冷却至室温，这一过程称为回火处理。回火可消

27. 冷拉
冷拉是在常温条件下，以强力拉伸钢筋，使钢筋产生塑性变形以达到提高钢筋强度的目的。

28. 冷拔
冷拔是把热轧钢筋在常温条件下，通过硬质拔丝模进行强力拉拔，使钢筋在轴向拉伸与径向压缩的作用下，产生塑性变形而提高钢筋强度的方法。

除钢材淬火时产生的内应力，使其硬度降低，恢复塑性和韧性。回火温度越高，钢材硬度下降越多，塑性和韧性等性能均得以改善。若钢材淬火后随即进行高温回火处理，则称调质处理，目的是使钢材的强度、塑性、韧性等性能均得以改善。

（3）退火

退火是指将钢材加热至723℃以上某一温度，保持相当时间后，在退火炉中缓慢冷却。退火能消除钢材中的内应力，细化晶粒，均匀组织，使钢材的硬度降低，塑性和韧性提高。

（4）正火

是将钢材加热到723℃以上某一温度，并保持相当长时间，然后在空气中缓慢冷却，则可得到均匀细小的显微组织。钢材正火后强度和硬度提高，塑性比退火小。

（四）建筑钢材的标准与选用

1. 建筑钢材的主要钢种

（1）碳素结构钢

按《碳素结构钢》（GB/T 700—2006）规定，我国碳素结构钢分为四个牌号，即Q195、Q215、Q235和Q275。各牌号钢又按其硫、磷含量由多至少分为A、B、C、D四个质量等级。

碳素结构钢的牌号表示按顺序由代表屈服点的字母（Q）、屈服点数值（N/mm^2）、质量等级符号（A、B、C、D）、脱氧程度符号（F、B、Z、TZ）四部分组成。例如Q235-A.F表示：屈服点为235 MPa（N/mm^2）的平炉或氧气转炉冶炼的A级沸腾碳素结构钢。当为镇静钢或特殊镇静钢时，Z与TZ符号可予以省略。

（2）低合金结构钢

在碳素钢的基础上，加入总量小于5%的合金元素炼成的钢，称为低合金高强度结构钢，简称低合金结构钢。常用的合金元素有硅、锰、钛、钒、铬、镍、铜等。按照《低合金高强度结构钢》（GB/T 1591—2008）规定共分为20个钢号。牌号由代表钢材屈服强度的字母“Q”、屈服强度数值、质量等级符号（A、B、C、D、E）三个部分按顺序组成。例如：Q295A，表示屈服强度为不小于295 MPa，质量等级为A级的低合金结构钢。

2. 钢筋混凝土结构用钢

（1）热轧钢筋[29]

根据表面特征不同，热轧钢筋分为光圆钢筋和带肋钢筋。根据强度的高低，热轧钢筋又分为不同的强度等级，各强度等级热轧钢筋的技术标准见表9—3。我国热轧钢筋标准，按屈服强度、抗拉强度等力学性

29. 热轧钢筋

热轧钢筋是经热轧成形并自然冷却的成品钢筋，由低碳钢和普通合金钢在高温状态下压制而成，主要用于钢筋混凝土和预应力混凝土结构的配筋，是土木建筑工程中使用量最大的钢材品种之一。直径6.5～9 mm的钢筋，大多数卷成盘条；直径10～40 mm的一般是6～12 m长的直条。

能分为Ⅰ～Ⅳ级，四个强度等级的钢筋中，除Ⅰ级钢筋为低碳钢外，其余三级热轧带肋钢筋均为低合金钢。其牌号由 HRB 和规定屈服强度最小值构成。H 、R、B 分别为热轧、肋、钢筋的英文名称的第一个字母。

表 9—3　钢筋混凝土用热轧钢筋的力学性能与冷弯性能

（GB/T 701—2008、GB 1499.2—2007）

表面形状	钢筋级别	强度等级代号	牌号	公称直径（mm）	屈服点 σ_s MPa	抗拉强度 σ_b MPa	伸长率 δ_5 %	冷弯弯芯直径 *d*—钢筋公称直径
					不小于			
光圆	Ⅰ	R235	Q235	8 ～ 20	235	500	23	180° *d*
带肋钢筋	Ⅱ	RL335	HRB335	6 ～ 25	335	455	17	180° 3*d*
				28 ～ 40				4*d*
				>40 ～ 50				5*d*
	Ⅲ	RL400	HRB400	6 ～ 25	400	540	16	180° 4*d*
				28 ～ 50				5*d*
				>40 ～ 50				6*d*
	Ⅳ	RL540	HRB500	6 ～ 25	500	630	15	180° 6*d*
				28 ～ 50				7*d*
				>40 ～ 50				8*d*

（2）钢筋混凝土用冷拉钢筋

为了提高钢筋的强度及节约钢筋，工地上常按施工规程，控制一定的冷拉应力或冷拉率，对热轧钢筋进行冷拉。冷拉钢筋的力学性能应符合规范规定的要求。冷拉后不得有裂纹、起层等现象。

（3）预应力混凝土用热处理钢筋

预应力混凝土用热处理钢筋是用 ϕ8 mm、ϕ10 mm 的热轧带肋钢筋经淬火和回火等调质处理而成，代号为 RB150。预应力混凝土用热处理钢筋的优点是：强度高，可代替高强度钢丝使用；配筋根数少，节约钢材；锚固性好，不易打滑，预应力值稳定；施工简便，开盘后钢筋自然伸直，不需调直及焊接。主要用于预应力钢筋混凝土轨枕，也用于预应力梁、板结构及吊车梁等。

（4）冷轧带肋钢筋

冷轧带肋钢筋是采用由普通低碳钢或低合金钢热轧的圆盘条为母材，经冷轧减径后在其表面冷轧成二面或三面有肋的钢筋。冷轧带肋钢筋是热轧圆盘钢筋的深加工产品，是一种新型高效建筑钢材。冷轧带肋

30. CRB550 CRB为冷轧带肋钢筋英文Cold rolling ribbed steel bar的首字母缩写，后面的数字表示钢筋屈服强度的数值。CRB550表示屈服强度为550 MPa的冷轧带肋钢筋。

钢筋按抗拉强度分为5级，其代号为CRB550[30]、CRB650 、CRB800 、CRB970和CRB1170。

（5）冷拔低碳钢丝

冷拔低碳钢丝是将直径为6.5 ~ 8 mm的Q235热轧盘条钢筋经冷拔加工而成。冷拔低碳钢丝分为甲、乙两级，甲级丝适于作预应力筋，乙级丝适于作焊接网、焊接骨架、箍筋和构造钢筋。其力学性能应符合有关规定。

（6）预应力混凝土用钢丝及钢绞线

大型预应力混凝土构件由于受力很大，常采用高强度钢丝或钢绞线作为主要受力钢筋。预应力高强度钢丝是用优质碳素结构钢盘条，经酸洗、冷拉或再经回火处理等工艺制成，钢绞线是由7根直径为2.5 ~ 5.0 mm的高强度钢丝，绞捻后经一定热处理清除内应力而制成。

（五）钢材的锈蚀及防止

钢材的锈蚀是指其表面与周围介质发生化学反应而遭到的破坏。根据锈蚀作用的机理，钢材的锈蚀可分为化学锈蚀和电化学锈蚀两种：化学锈蚀是指钢材直接与周围介质发生化学反应而产生的锈蚀。这种锈蚀多数是氧化作用，使钢材表面形成疏松的氧化物。电化学锈蚀是指钢材与电解质溶液接触而产生电流，形成微电池而引起的锈蚀。

钢结构防止锈蚀的方法通常是采用表面刷漆。常用底漆有红丹、环氧富锌漆、铁红环氧底漆等。面漆有调和漆、醇酸磁漆、酚醛磁漆等。薄壁钢材可采用热浸镀锌等措施。

混凝土配筋的防锈措施根据结构的性质和所处环境条件等，主要是保证混凝土的密实、保证足够的保护层厚度、限制氯盐外加剂的掺加量和保证混凝土一定的碱度等，还可掺用阻锈剂。

钢材的组织及化学成分是引起钢材锈蚀的内因。通过调整钢的基本组织或加入某些合金元素，可有效地提高钢材的抗腐蚀能力。例如，炼钢时在钢中加入铬、镍等合金元素，可制得不锈钢。

第十章　楼梯与电梯

第一节　楼梯的基本知识

房屋不同空间高度的垂直交通设施有楼梯、电梯、自动扶梯以及坡道等。

楼梯是多层及高层建筑必需的垂直交通设施，在设计和施工中不仅要求楼梯有足够的通行宽度和疏散能力，而且要求足够坚固、耐久、防火、安全和美观。

电梯用于层数较多或有特殊要求的建筑中，如工厂、医院等。应根据不同电梯厂家提供的设备尺寸、运行速度以及土建的要求进行具体设计。

自动扶梯[1]适用于具有大量、频繁而连续人流的大型公共建筑，如火车站、地铁站、商场等。

自动扶梯和电梯都是垂直运输行人的交通工具。两者各有长处，通常会在不同的场合使用。与电梯相比，自动扶梯所占空间较多，而且行走速度（特别是垂直速度）相对十分缓慢。但是因为自动扶梯是连续运作，不像电梯乘客要等轿厢到来，因此自动扶梯的总载客量高很多。在人流量很大，而垂直距离不长的地方，例如商场和车站，一般都会使用自动扶梯。在人流量较少，但垂直距离大的场合，例如办公室大楼，则多数使用电梯。

坡道的特点是省力、通行量大，但占用建筑面积多。坡道多用于有车辆通行、大量集中人流或有特殊要求的建筑中，如车库、医院、托幼建筑、大型公共建筑和其他有无障碍设计要求的建筑中。

一、楼梯的类型

1. 按结构材料分

钢筋混凝土楼梯、木楼梯、钢楼梯等。

2. 按造型分

直跑楼梯、折行楼梯、双跑楼梯、多跑楼梯、剪刀式楼梯、弧形楼梯和螺旋楼梯等，如图 10—1 所示。

1. 自动扶梯　1897 年，美国人杰斯·雷诺在美国纽约的一个游乐场建成了一条使用斜板行走，类似自动扶梯的机动游戏。另一位美国人查理斯·西伯格在 1898 年购下一项关于自动扶梯的发明专利，并且与奥的斯电梯公司合作，1899 年在纽约州制造出第一条有水平的梯级、扶手和梳齿板的自动扶梯。

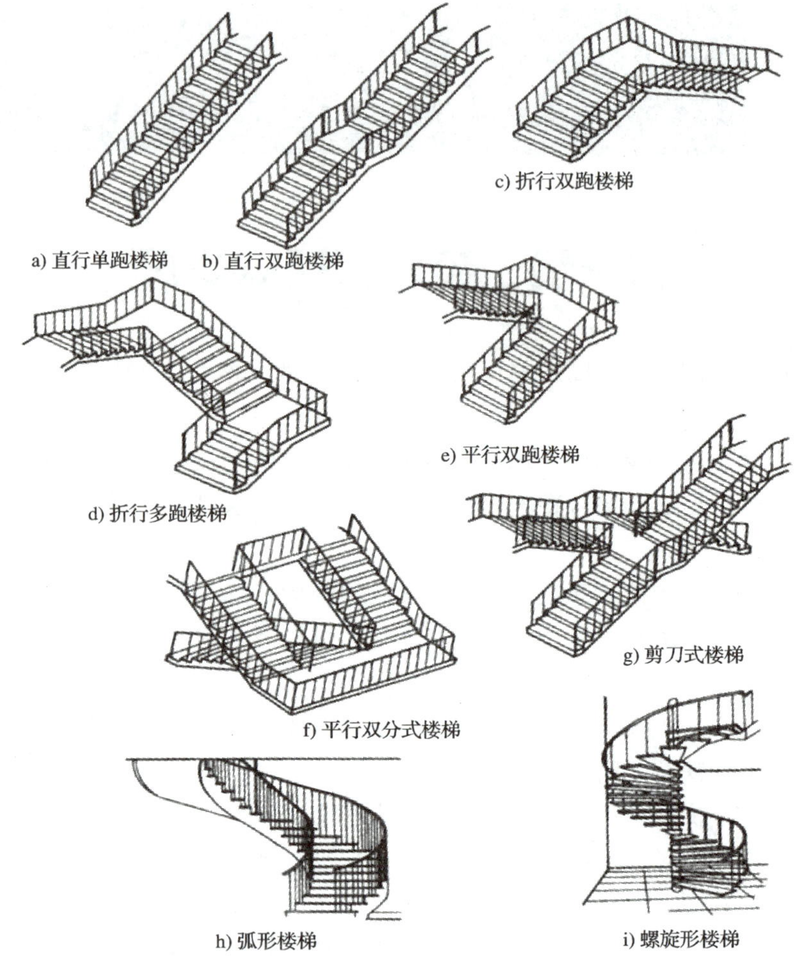

图 10—1 楼梯的形式

楼梯设计时应根据建筑平面的功能要求和室内美观的需要来确定恰当的形式，同时应遵守建筑防火规范的要求。螺旋楼梯由于通行能力有限，不能作为疏散楼梯使用。楼梯的数量要根据建筑防火要求和楼层人数多少来确定，2 ~ 3 层的公共建筑楼层面积超过 200 m^2 的，或两层及以上的二级耐火房屋楼层人数超过 50 人时，需要布置两个或两个以上的楼梯。

二、楼梯的组成和尺度

楼梯由楼梯梯段、平台和栏杆扶手三部分组成（见图 10—2）。

1. 楼梯梯段

设有踏步供层间上下行走的通道构件称为梯段，踏步由踏面（供行走时踏脚的水平部分）和踢面（形成踏步高度的垂直部分）组成，梯段的坡度由踏步形成。为保证人流通行的安全和舒适。规范规定每个梯段的踏步数不得少于 3 个且不得多于 18 个。

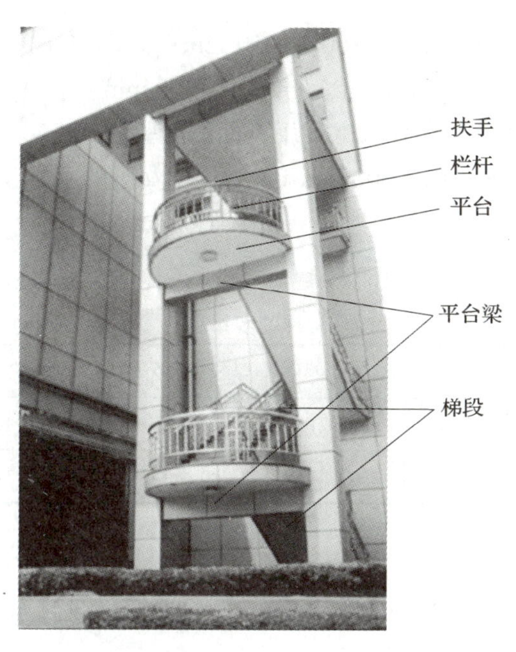

图 10—2 楼梯的组成

楼梯常用坡度范围在 25° ～ 45° ，其中以 30° 左右较为适宜。如公共建筑中的楼梯及室外的台阶常采用 26° 34′ 的坡度，即踢面高与踏面深之比为 1 ： 2；居住建筑的户内楼梯可以达到 45° 。

坡度达到 60° 以上的属于爬梯的范围。

2. 楼梯平台

连接两个梯段的水平构件称为平台，平台是用来连通楼层、转换梯段方向和行人中途休息的。与楼层标高相一致的平台称为楼层平台，介于两个楼层之间的平台称为中间平台（或休息平台）。

3. 栏杆扶手

考虑到楼梯上行人行走的安全，楼梯梯段的边缘和平台临空的一面应设置栏杆，栏杆顶部供行人依扶用的连续构件称为扶手，当梯段宽度大于 1 400 mm 时，还需设置靠墙扶手；当梯段宽度超过 2 200 mm 时，还应设中间扶手，一般扶手的高度为自踏面中心线以上 900 mm，儿童使用的楼梯应在 500 ～ 600 mm 左右高度再设置一道扶手；楼梯水平段栏杆长度大于 500 mm 时，其扶手高度不应小于 1 050 mm。

三、楼梯的尺度

1. 踏步尺度

踏步高宽比一般为 1 ： 2。人流量大的楼梯可以平缓些，如影剧院

楼梯 h=120 ~ 150 mm，b=300 ~ 350 mm；人流量小的楼梯可以陡些，如住宅楼梯 h=150 ~ 175 mm，b=250 ~ 300 mm。

计算踏步宽度和高度可以利用下面的经验公式：

$$2h+b=S=600\ \text{mm}$$（S 为成年女子的平均步长）

或

$$h+b=450\ \text{mm}$$

常用踏步尺度见表 10—1。

表 10—1　　常用踏步尺度　　mm

踏步	住宅	幼儿园	学校、办公楼	医院	剧院、会堂
高 h	150 ~ 175	120 ~ 150	140 ~ 160	120 ~ 150	120 ~ 150
宽 b	260 ~ 300	250 ~ 280	280 ~ 340	300 ~ 350	300 ~ 350

2. 梯井宽度

梯井是指梯段之间形成的空当，为了安全起见，梯井宽度以 60 ~ 200 mm 为宜。

公共建筑梯井的宽度大于等于 150 mm 或住宅建筑梯井的宽度大于等于 110 mm 时应有安全保护措施。

3. 梯段宽度

梯段宽度是指墙体定位轴线到扶手中心线间的距离。墙面到扶手中心线间的距离称为梯段的净宽。梯段宽度取决于通行人数和消防要求。一般按每股人流 550+（0 ~ 150）mm 确定（人的平均肩宽 550 mm 再加行走时的摆臂幅度 0 ~ 150 mm），并不应小于两股人流。即最小宽度为 1 100 ~ 1 400 mm，室外疏散楼梯的最小宽度为 900 mm，如图 10—3 所示。

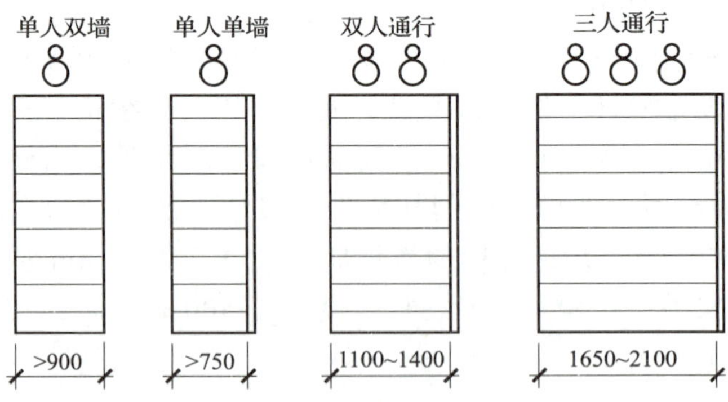

图 10—3　梯段宽度

4. 栏杆和扶手

扶手高度大于等于 900 mm，室外楼梯扶手高度大于等于 1 100 mm，

水平的安全护栏大于等于 1 050 mm 栏杆净距小于等于 110 mm。楼梯段的宽度大于1 400 mm时应增设靠墙扶手。楼梯段宽度大于2 200 mm时，还应增设中间扶手。如图 10—4 所示。

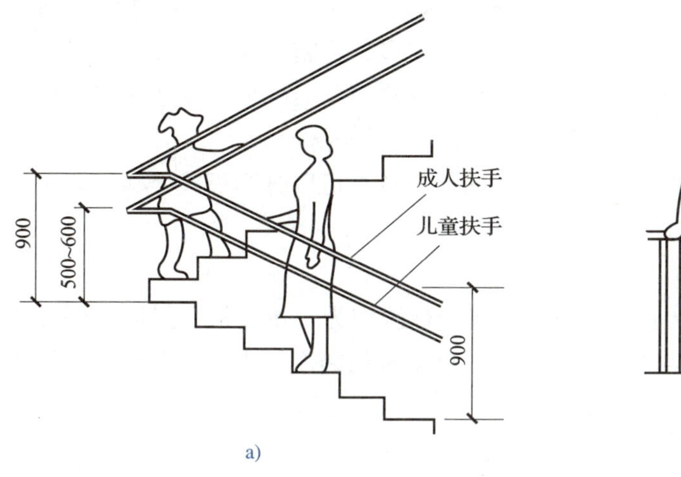

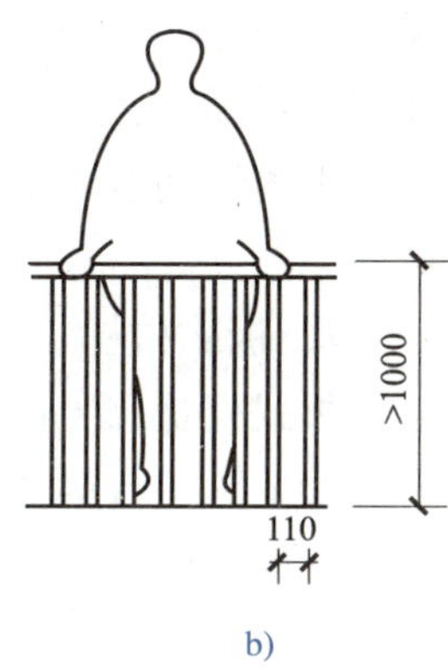

图 10—4 扶手的高度

5. 平台宽度

平台宽度分为中间平台宽度和楼层平台宽度，对于平行和折行多跑等类型楼梯，其中间平台宽度应不小于梯段宽度，以保证通行和梯段同股人流数，同时应便于家具搬运，医院建筑还应保证担架在平台处能转向通行，其中间平台宽度应不小于 1 800 mm。对于直行多跑楼梯，其中间平台宽度不小于 1 000 mm。住宅楼梯平台净宽除不应小于楼梯梯段净宽外，还不得小于 1 200 mm。对于楼层平台宽度，则应比中间平台更宽一些，以利人流分配和停留。

6. 楼梯净空高度

楼梯各部位的净空高度应保证人流通行和家具搬运，楼梯平台上部及下部过道处的净高大于等于 2 000 mm，梯段净高大于等于 2 200 mm。梯段净高为踏步前缘线至上方突出物（如平台梁）下缘间的垂直高度。

第二节 钢筋混凝土楼梯的构造

在民用建筑中，钢筋混凝土楼梯是使用最广泛的一种楼梯，按施工方式可分为现浇式和预制装配式两类。

一、现浇钢筋混凝土楼梯

现浇钢筋混凝土楼梯又称整体式钢筋混凝土楼梯，是指楼梯段、楼梯平台等整体现浇在一起的楼梯。这种楼梯的特点是整体性好，刚度大，对抗震较为有利，但是模板耗费较多，且施工速度缓慢。现浇钢筋混凝土楼梯适合于抗震设防要求较高的建筑，另外形状复杂的螺旋形楼梯和弧形楼梯也适于采用现浇钢筋混凝土楼梯。

现浇钢筋混凝土楼梯按梯段的传力特点可以分为板式楼梯和梁板式楼梯。

1. 板式楼梯

板式楼梯（见图 10—5）是指楼梯段作为一块整板，斜搁在楼梯的平台梁上。平台梁之间的距离便是这块板的跨度。也有带平台板的板式楼梯，即把两个或一个平台板和一个梯段组合成一块折形板。这时，平台下的净空较大且形式简洁。

a) 板式楼梯简图　　b) 板式楼梯配筋　　c) 板式楼梯实例

图 10—5　板式楼梯

2. 梁板式楼梯

梁板式楼梯（见图 10—6）的梯段支撑在斜梁上，而斜梁支撑在平台梁上，斜梁可以布置在梯段踏步板的下面或侧面（可布置在两侧或一侧，布置在一侧时，梯段另一侧由墙支撑）。和板式楼梯比较，梁板式楼梯可使板跨缩小，板厚减薄，可用于跨度较大的楼梯。

a) 梁板式楼梯简图　　b) 两侧双梁式　　c) 中间单梁式

图 10—6　梁板式楼梯

斜梁布置在侧面的时候有明步和暗步两种做法。明步的做法是在踏步板下露出一部分斜梁而踏步外露，较为明快，但在板下露出的梁的阴角容易积灰，暗步做法是指斜梁上翻，包住踏步板，梯段底面平整且可防止污水污染梯段下面，但凸出的斜梁将占据梯段的一定宽度。

3. 悬挑式楼梯

取消楼梯一端的平台梁及其支座，可取得较好的视觉效果，如图 10—7 所示。

图 10—7　悬挑式楼梯

二、预制装配式钢筋混凝土楼梯构造

预制装配式钢筋混凝土楼梯有利于节约模板、提高施工速度，使用较为普遍。构造方式主要有梁承式、墙承式和墙悬臂式三种。

1. 梁承式楼梯

这种支撑方式是将预制踏步板搁置在斜梁上形成梯段，梯段斜梁搁置在平台梁上，平台梁搁置在两边墙或柱上，楼梯休息平台可用空心板或槽形板搁在两边墙上或用小形的平台板搁在平台梁和纵墙上。为了减少预制构件的类型，最好采用长度相等的两个梯段（见图 10—8）。

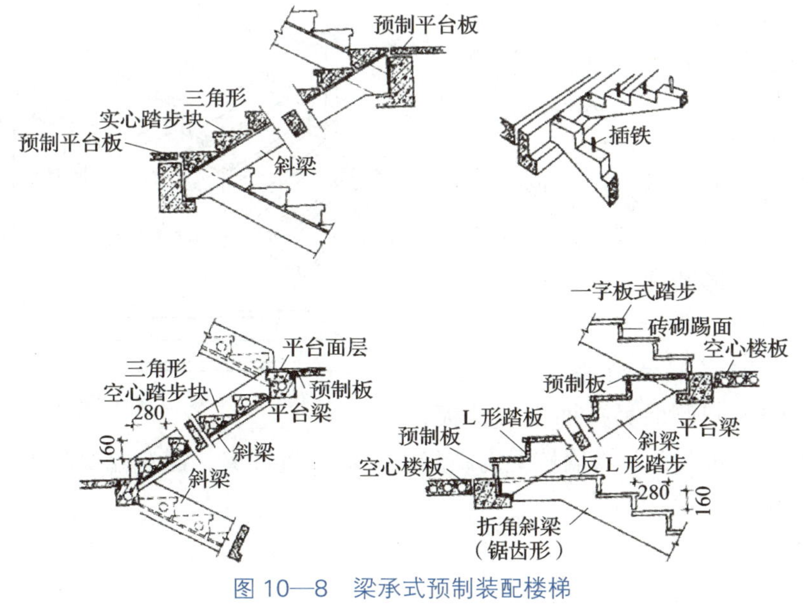

图 10—8　梁承式预制装配楼梯

2. 墙承式楼梯
墙承式楼梯由于在梯段之间有墙，搬运家具不方便，也阻挡视线，上下人流易相撞。通常在中间墙上开设观察口，以使上下人流视线流通。

2. 墙承式楼梯 [2]

墙承式楼梯是把预制的踏步板直接搁置在两侧的墙上（见图 10—9）。

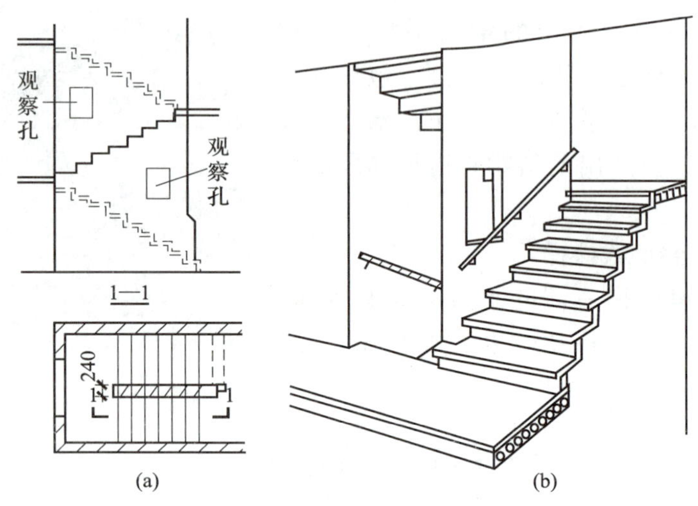

图 10—9 墙承式楼梯

踏步板一般采用一字形、L 形或┓形断面。

一般不需设平台梁和梯斜梁，也不必设栏杆。

3. 墙悬臂式楼梯

墙悬臂式楼梯是将预制钢筋混凝土踏步板一端嵌固于楼梯间侧墙上，另一端凌空悬挑的楼梯形式（见图 10—10）。

墙悬臂式钢筋混凝土楼梯用于嵌固踏步板的墙体厚度不应小于 240 mm，踏步板悬挑长度一般小于等于 1 800 mm，以保证嵌固端牢固。

踏步板一般采用 L 形或┓形带肋断面形式，其入墙嵌固端一般做成矩形断面，嵌入深度大于等于 240 mm。

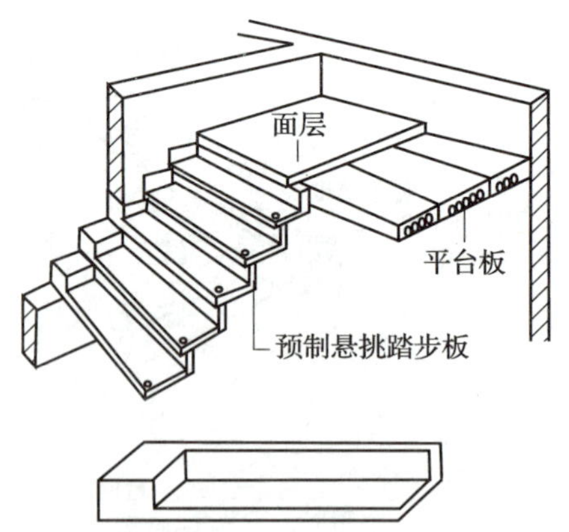

图 10—10 墙悬臂式楼梯

在楼层平台与梯段交接处，由于楼梯间侧墙另一面常有楼板支撑在该墙上，其入墙位置与踏步板入墙位置冲突，需对此块踏步板作特殊处理。

第三节　楼梯的细部构造

一、楼梯的踏步

因为楼梯是有高差的通道，而且在火灾等灾害发生时往往是疏散逃生的唯一通道，所以踏面材料必须防滑，而且在平台和踏步的前缘都要安装防滑条（见图 10—11）。常用的防滑条材料有水泥铁屑、金刚砂、金属条（铸铁、铝条、铜条）、陶瓷锦砖[3]及带防滑条的缸砖[4]等。需要注意的是，防滑条应突出踏步面 2 ~ 3 mm，但不能太高，实际工程中常见做得太高，反使行走不便。

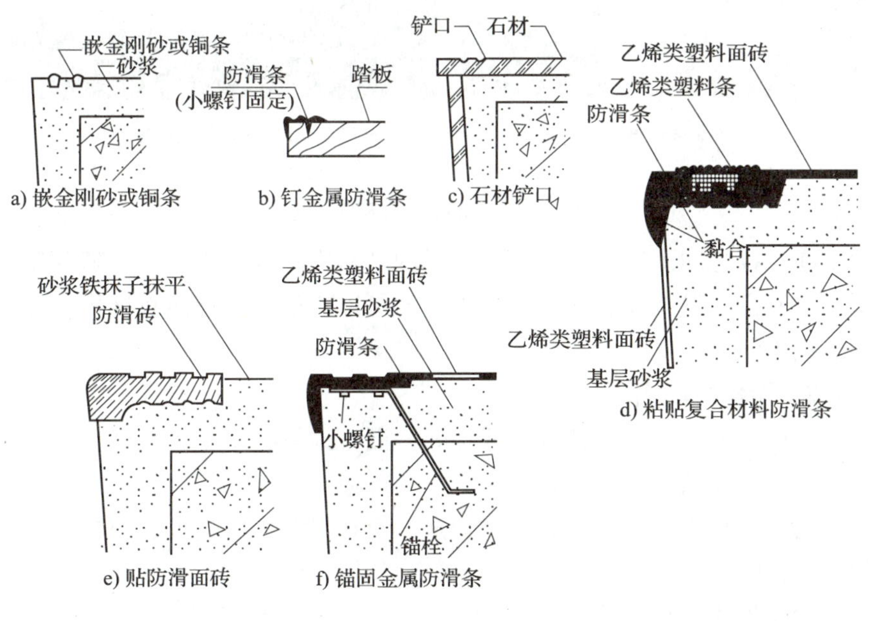

图 10—11　防滑条的做法

楼梯踏步面层（见图 10—12）常采用水泥砂浆、水磨石等，也可采用铺缸砖、贴油地毡或铺大理石板。

二、栏杆及栏杆的形式

1. 栏杆

栏杆常用立杆材料多为圆钢、方钢、扁钢及钢管。固定方式有与预埋件焊接、开脚预埋（或留孔后装）、与埋件栓接、用膨胀螺栓固定等。其安装部位多在踏面的边沿位置或踏步的侧边。

3. 陶瓷锦砖

陶瓷锦砖又名马赛克，是用优质瓷土烧成，一般做成 18.5 mm×18.5 mm×5 mm、39 mm×39 mm×5 mm 的小方块，或边长为 25 mm 的六角形等。陶瓷锦砖色泽多样，质地坚实，经久耐用，可用于内外墙墙面或地面装饰中。

4. 缸砖

用陶土为主要原料烧成的地面砖，一般为方形或多边形，以暗红色为主，密实耐磨，易于洗刷。常用于室外和公共建筑物的地面。

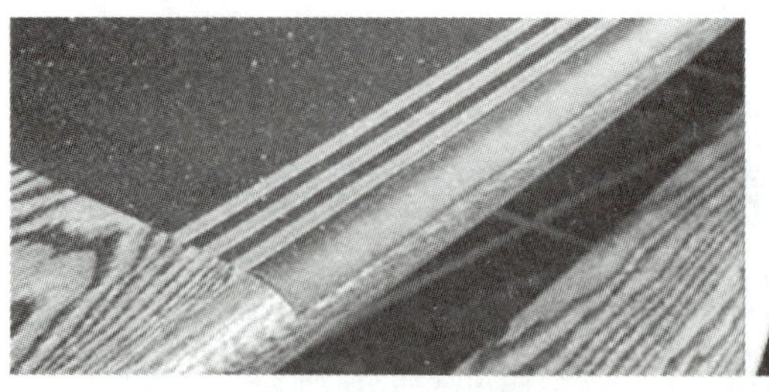

a) 木地板表面粘贴复合材料防滑条

b) 石材表面铲口防滑

c) 石材表面嵌金属条防滑

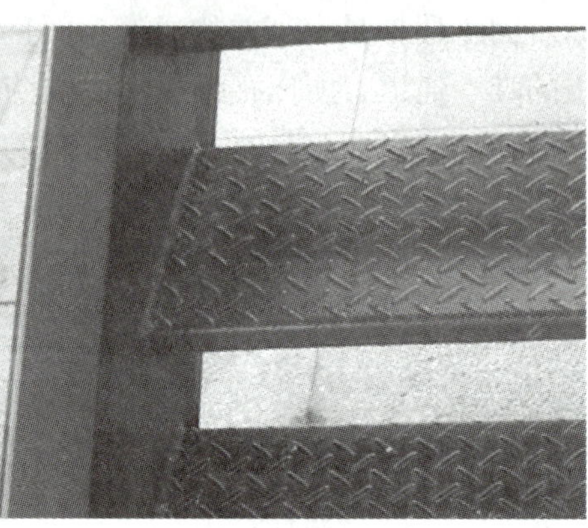

d) 钢板表面轧花防滑

图 10—12　楼梯踏步及防滑做法

在立杆之间固定安全玻璃、钢丝网、钢板网等形成栏板。随着建筑材料的改良和发展，有些玻璃栏板甚至可以不依赖立杆而直接作为受力的栏板来使用。

2. 栏杆的形式

栏杆形式可分为空花式、栏板式、混合式等类型。

（1）空花式（见图 10—13a）

为了安全起见，空花式杆件形成的空花尺寸不宜过大，通常控制在 120 ~ 150 mm。

（2）栏板式（见图 10—13b）

5. 配筋砖砌体是指在砖砌体中配置钢筋或钢筋混凝土的砌体。

栏板多用钢筋混凝土或配筋砖砌体[5]制作，也有用钢丝网水泥板的。钢筋混凝土栏板有预制和现浇两种。砖砌栏板是用普通砖侧砌，60 mm 厚，外侧用钢筋网加固，再用钢筋混凝土扶手与栏板连成整体。

（3）混合式（见图 10—13c）

混合式是指空花式和栏板式两种栏杆形式的组合，栏杆竖杆作为主要抗侧力构件，栏板则作为防护和美观装饰构件，其栏杆竖杆常采用钢材或不锈钢等材料，其栏板部分常采用轻质美观材料制作，如木板、塑料贴面板、铝板、有机玻璃板和钢化玻璃板等。

a) 空花式　　b) 栏板式　　c) 混合式

图 10—13　楼梯栏杆的形式

三、扶手

扶手按照材料分有木扶手、金属扶手、塑料扶手等，按照构造分有空花栏杆扶手、栏板扶手和靠墙扶手等。

木扶手和塑料扶手具有手感舒适、断面形式多样的优点，使用最为广泛。木扶手常采用硬木[6]制作。塑料扶手可选用生产厂家的定型产品，也可另行设计加工制作。金属管扶手由于其可弯性，常用于螺旋形和弧形楼梯扶手，但其断面单一。钢管扶手表面涂层容易脱落，铝管、铜管和不锈钢扶手造价高，因此使用受限。

木扶手由木螺钉通过扁铁与空花栏杆连接，金属扶手则通过焊接或螺钉连接，而栏板上的扶手多采用抹水泥砂浆或水磨石的处理方式。

第四节　电梯与自动扶梯

电梯是高层住宅与公共建筑、工厂等不可缺少的重要垂直运载设备。自动扶梯则是地铁车站或大型商场中连续输送大流量客流的水平或倾斜运输设备。

一、电梯的设置条件

1. 当住宅的层数较多（7 层及 7 层以上）或建筑从室外设计地面至最高楼面的高度超过 16 m 时，应设置电梯。

2. 四层及四层以上的门诊楼或病房楼、高级宾馆（建筑级别较高）、多层仓库及商店（使用有特殊需要）等应设置电梯。

3. 高层及超高层建筑达到规定要求时，还要设置消防电梯[7]。

二、电梯的布置要点

1. 电梯间应布置在人流集中的地方，而且电梯前应有足够的等候

6. 硬木

硬木多取自落叶性的阔叶林木，包括橡木、桃心木、桦木、榉木和黄杨等。通常价格较高，但品质相对比软木（松木、杨木等）优良。

7. 消防电梯

消防电梯是在建筑物发生火灾时供消防人员进行灭火与救援使用且具有一定功能的电梯。

面积，一般不小于电梯轿厢面积。供轮椅使用的候梯厅深度不应小于1.5 m。

2. 当需设多部电梯时，宜集中布置，有利于提高电梯使用效率也便于管理维修。

3. 以电梯为主要垂直交通工具的高层公共建筑和12层及12层以上的高层住宅，每栋楼设置电梯的台数不应少于2台。

4. 电梯的布置方式有单面式和对面式（见图10—14）。电梯不应在转角处紧邻布置，单侧排列的电梯不应超过4台，双侧排列的电梯不应超过8台。

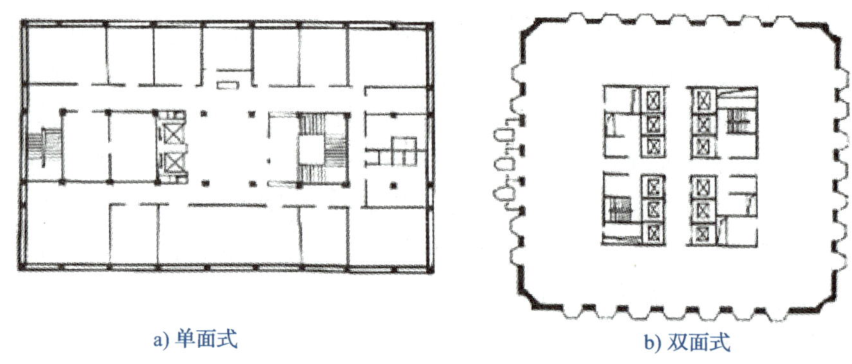

图10—14　电梯的布置方式

三、电梯的类型

1. 按使用性质分

（1）客梯

主要用于人们在建筑物中的垂直联系。

（2）货梯

主要用于运送货物及设备。

（3）消防电梯

用于发生火灾、爆炸等紧急情况下作安全疏散人员和消防人员紧急救援使用。

2. 按电梯行驶速度分

（1）高速电梯

速度大于2 m/s，梯速随层数增加而提高，消防电梯常用高速电梯。

（2）中速电梯

速度在2 m/s之内，一般货梯按中速考虑。

（3）低速电梯

运送食物的电梯常用低速，速度在1.5 m/s以内。

3. 其他分类

（1）按驱动方式分

可分为交流电梯和直流电梯等。

（2）按轿厢容量分

可分为小型、中型、大型等。

四、电梯的组成

1. 电梯井道

电梯井道是电梯运行的通道，井道内包括出入口、电梯轿厢、导轨、导轨撑架、平衡锤及缓冲器等。不同用途的电梯，井道的平面形式是不同的。

2. 电梯机房

电梯机房一般设在井道的顶部。机房和井道的平面相对位置允许机房任意向一个或两个相邻方向伸出，并满足机房有关设备安装的要求。机房楼板应按机器设备要求的部位预留孔洞。

3. 井道地坑

电梯停靠时需要缓冲。井道地坑是轿厢下降时所需的缓冲器的安装空间（见图 10—15）。井道地坑在最底层平面标高下大于等于 1.4 m。

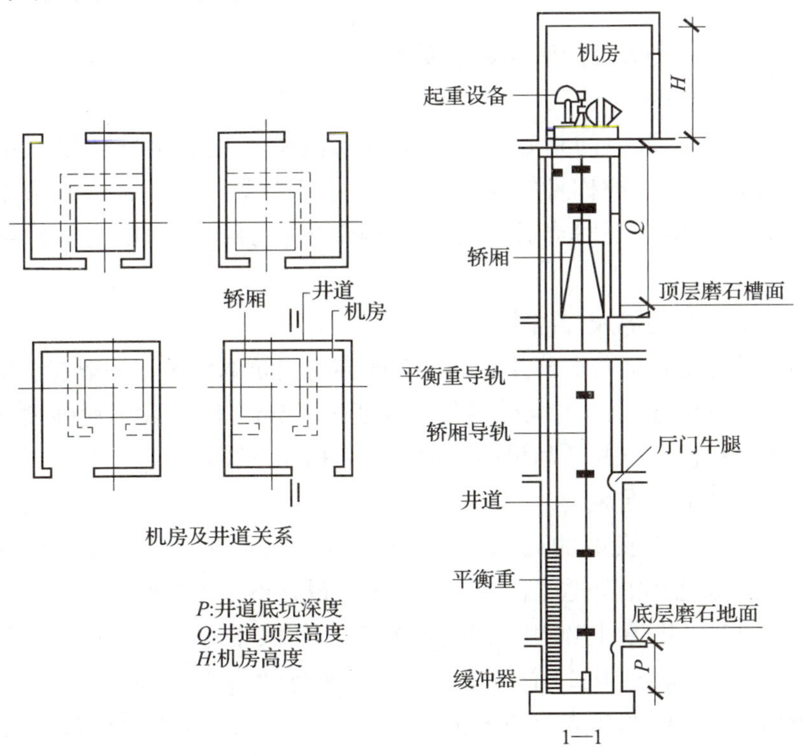

图 10—15　井道地坑

五、电梯的构造

1. 电梯井道构造

电梯井道的尺寸应根据电梯的型号、运行速度、设备大小来确定，具体见表 10—2，井道尺寸每边按每 10 层放大 10 mm。

表 10—2　　电梯型号与井道、机房尺寸

电梯类型	箱定起重量 /kg	限定速度 /（m/s）	井道尺寸 /mm		机房尺寸 /mm		门口尺寸（双扇推拉门）
			H	*L*	H_1	L_1	
单台乘客电梯	1 000 1 500	≥ 0.1 ≥ 0.1	2 200 2 500	2 150 2 400	3 500 4 000 4 000 4 500	3 450 4 500 4 000 4 500	1 100 1 200
载货电梯	2 000	0.5~0.75	2 850	2 670 3 170	3 500	4 000	1 900
	2 000	0.5~0.75	3450	2 670	4 000	4 000	2 400
病床电梯		—	2 250	2 950	4 000	5 500	—

电梯井道的设计应满足如下要求：

（1）井道的防火

井道是建筑中的垂直通道，火灾事故中火焰和烟气容易从中蔓延，因此井道围护构件应根据有关防火规定进行设计，一般采用钢筋混凝土结构，同时当井道每超过两部电梯时，应用防火围护结构隔开。

（2）井道的隔震与隔声

为减轻电梯运行时产生的振动和噪声对建筑的影响，一般在机房机座下设置弹性垫层。当电梯运行速度超过 1.5m/s 时，除了设弹性垫层外，还应在机房与井道间设高度为 1.5 ～ 1.8 m 的隔声层。

（3）井道的通风

为使井道有良好的通风，火灾时能迅速排除烟气和热量，应在井道底部、地坑和中部适当位置（高层中）设置不小于 300 mm × 300 mm 的通风口。井道上部可以和排烟口（面积不小于井道净面积的 3.5%）结合。通风口总面积的 1/3 应经常开启，通风管道可在井道顶板上或井道壁上直接通往室外。井道顶层和地坑尺寸见表 10—3。

表 10—3 井道顶层和地坑尺寸

<table>
<tr><th>限定速度 /（m/s）</th><th>顶层高 h_1/mm</th><th>地坑深 h_2/mm</th><th>隔声层高 h_3/mm</th></tr>
<tr><td>0.5、0.75、1.0</td><td>4 500</td><td>1 400</td><td rowspan="2">1 500</td></tr>
<tr><td>1.5</td><td>5 000</td><td>1 800</td></tr>
<tr><td>1.75</td><td rowspan="2">5 300</td><td rowspan="2">2 300</td><td rowspan="4"></td></tr>
<tr><td>2</td></tr>
<tr><td>2.5</td><td>5 700</td><td>2 500</td></tr>
<tr><td>3</td><td>6 000</td><td>3 000</td></tr>
</table>

（4）其他

地坑应做好防潮防水处理，坑壁应设爬梯和检修灯槽。

2. 电梯门套

电梯厅门是电梯在各层的出入口，厅门洞口处应安装门套，门套的装修与电梯亭的室内装修相协调，常见的有水泥砂浆门套、天然石材门套、木门套、钢门套等。

电梯门一般为双扇推拉门，宽度一般为 900 ~ 1 500 mm，开启方式一般为双扇推向同一边或者中央分开推向两边，推拉门的滑槽一般安装在门套下楼板边梁的牛腿上。

六、自动扶梯

1. 设置条件

大型商场、展览馆、火车站、航空港等人流集中的大型公共建筑一般设置自动扶梯。

2. 设置要求

自动扶梯由电动机驱动，踏步与扶手同步运行，可以是正向运行，也可以是反向运行。自动扶梯的倾斜角不应超过 30° ，当提升高度不超过 6 m，额定速度不超过 0.50 m/s 时，倾斜角允许增至 35° ；倾斜式自动人行道的倾斜角不应超过 12° 。宽度有 600 mm（单人）、800 mm（单人携物）、1 000 mm、1 200 mm（双人）。交叉自动扶梯的载客能力很高，一般为 4 000 ~ 10 000 人 /h。

自动扶梯的具体尺寸应查阅电梯生产厂家的产品说明书。其中自动扶梯与扶梯边缘楼板之间的安全间距应不小于 400 mm。不同的生产厂家，自动扶梯的规格尺寸也不相同。

3. 布置方式

（1）并联排列式（见图 10—16a）

楼层交通乘客流动可以连续，升降两方向交通均分离清楚，外观豪华，但安装面积大。

（2）平行排列式（见图 10—16b）

安装面积小，但楼层交通不连续。

（3）串联排列式（见图 10—16c）

楼层交通乘客流动可以连续。

（4）交叉排列式（见图 10—16d）

乘客流动升降两方向均为连续，且搭乘场相距较远，升降客流不发生混乱，安装面积小。交叉自动扶梯之间的间距应不小于 400 mm。

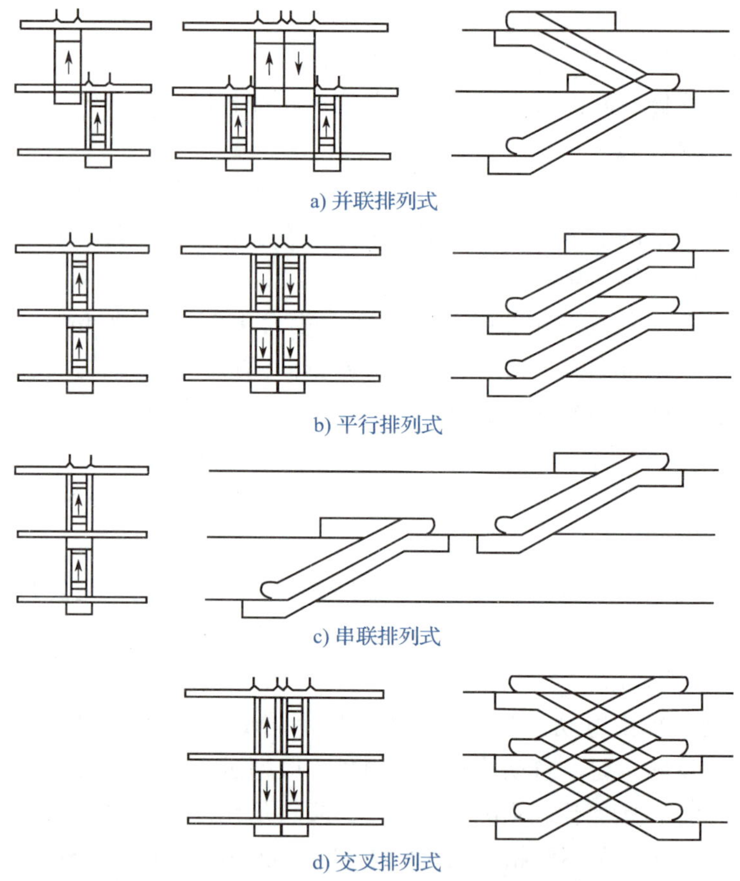

图 10—16　自动扶梯的布置方式

第十一章　屋顶与屋顶材料

第一节　屋顶的类型和设计要求

屋顶是建筑物最上层的覆盖构件。其主要作用是抵御自然界风、雨、雪、太阳辐射、气温变化等不利因素的影响，保证建筑内部有一个良好的使用环境；承受屋顶自重、风雪荷载以及施工和检修屋面的各种荷载；同时屋顶的形式对建筑造型有很大的影响，是体现建筑风格的重要手段。

一、屋顶的类型[1]

按照屋顶所使用的材料不同，屋顶可以分为钢筋混凝土屋顶、瓦屋顶、金属屋顶、玻璃屋顶等；按照屋顶的排水坡度、结构形式等可分为平屋顶、坡屋顶、悬索屋顶、薄壳屋顶[2]、拱屋顶、折板屋顶等形式。

1. 平屋顶

民用建筑大都采用混合结构或者框架结构，结构空间多为矩形，平屋顶易于协调统一建筑与结构的关系，也较为经济合理，所以在民用建筑中被广泛采用，如图 11—1 所示。为排除屋顶的雨水，屋顶必须有一定的坡度，平屋顶的坡度小于等于 5%，一般常用坡度为 2% ~ 3%，上人屋顶的坡度通常为 1% ~ 2%。

图 11—1　平屋顶

2. 坡屋顶

坡屋顶是指坡度在 5% 以上的屋顶，屋面防水材料多为瓦材，坡度

1. 屋顶的类型
美国把屋顶分成平屋顶、坡屋顶、圆锥顶、锥形顶、锯齿顶和亚洲传统式屋顶。

2. 薄壳屋顶
建筑师由蛋壳和龟壳得到启发，蛋壳凸出向外的曲面能把力均匀散开，可以承受很大的压力。建筑师利用混凝土以及其他合金材料的可塑性，创造出各种形式的薄壳结构。1973 年建成的澳大利亚悉尼歌剧院就是一座非常著名的薄壳建筑。

3. 庑殿顶

重檐庑殿顶是中国古代建筑中最尊贵的屋顶形式，只有佛殿、皇宫的主殿等重要的建筑才能采用。庑殿顶有四面斜坡，一条正脊和四条斜脊，屋面稍有弧度。

4. 歇山顶

歇山顶的等级仅次于庑殿顶。由一条正脊、四条垂脊、四条戗脊组成，故称为九脊殿。有单檐、重檐两种形式。

5. 悬山顶

悬山顶是中国建筑中最常见的形式。双坡，屋檐悬伸在山墙以外。

6. 硬山顶

双坡，房屋的两侧山墙同屋面齐平或略高出屋面。清朝规定，六品以下官吏及平民住宅只能用悬山顶或硬山顶。

角一般为20° ~ 30° 。它是我国传统的建筑屋顶形式，在民用建筑中应用非常广泛。现代城市建筑中，某些建筑为满足景观或建筑风格的要求也常采用各种形式的坡屋顶。

坡屋顶的常见形式有单坡、双坡、硬山、悬山、庑殿、四坡歇山以及圆形或多角形攒尖屋顶等（见图 11—2、图 11—3）。

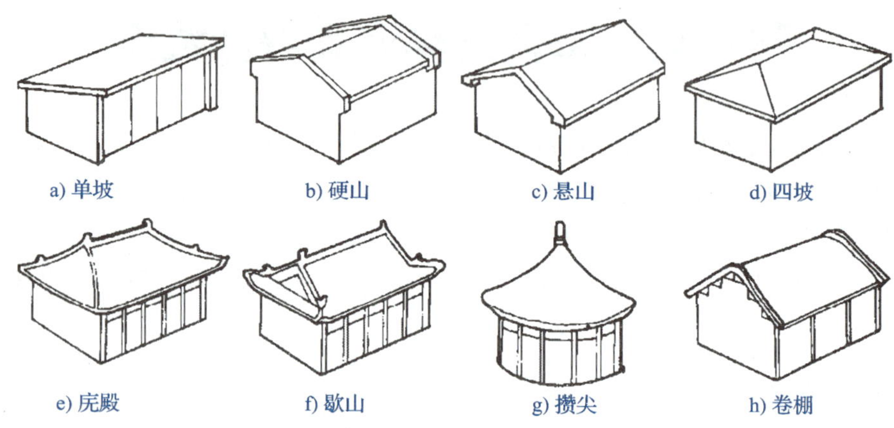

图 11—2　坡屋顶

a）庑殿顶[3]（北京故宫太和殿）

b）歇山顶[4]（北京天安门城楼）

c）悬山顶[5]

d）硬山顶[6]

图 11—3　坡屋顶

3. 其他形式屋顶

随着建筑科学技术的发展，出现了许多新的屋顶形式，如拱屋顶、

折板屋顶、薄壳屋顶、桁架屋顶、悬索屋顶、网架屋顶等，这类屋顶结构的内力分布均匀合理，节约材料，适用于大跨度、大空间和造型特殊的建筑如体育馆、展览馆等（见图 11—4）。

a）悬索屋顶

b）网架屋顶[7]

c）拱屋顶

d）薄壳屋顶

e）桁架屋顶

图 11—4　其他形式屋顶

7. 网架屋顶
网架屋顶是用杆件沿一定曲率或平面组成的空间网状结构，适用于体育馆、剧院、大会堂等大跨度建筑。

二、屋顶的设计要求

1. 防水和排水要求

作为围护结构，屋顶最基本的功能是防止渗漏，通过选择不透水的屋面材料及合理的构造处理来达到防水目的；同时采取合适的屋面坡度和排水措施，将屋面雨水迅速排除。

2. 强度和刚度要求

屋顶要承受风、雨、雪等荷载及其自重，如果是上人屋顶还要承受人和家具等活荷载，因此屋顶也是承重结构，要求它必须具有足够的强度，以保证房屋的结构安全。另外从防水的角度考虑，也不允许屋顶受力后有过大的结构变形，要求屋顶具有足够的刚度，否则易使防水层开裂，造成屋面渗漏。

3. 保温隔热要求

屋顶应该具有保温隔热能力，寒冷地区的屋顶应满足冬季保温要求；南方炎热地区的屋顶应该满足夏季隔热的要求，避免室外高温及强烈的太阳辐射对室内产生的不利影响。

4. 建筑艺术要求

屋顶是建筑外部形体的重要组成部分，其形式对于建筑物的造型具有很大的影响。因此在设计中应该注意屋顶的建筑艺术处理。

第二节　屋顶的构造

一、平屋顶的构造

8. 坡度
平屋顶的坡度一般用屋面的两侧高差与坡面水平投影长度的百分比来表示。坡屋顶的坡度一般用屋面与水平面的夹角或比值来表示。

屋面坡度小于5%的屋顶称为平屋顶。平屋顶的常用坡度[8]为2%～3%。平屋顶与坡屋顶相比，具有构造简单，施工方便等特点，但平屋顶排水慢，屋面积水机会多，容易产生渗漏，它的保温隔热效果也不如坡屋顶，另外在建筑造型上也略显不足，所以近年来在经济发达的东部沿海地区，平屋顶的使用已经开始受到限制。

平屋顶主要由结构层（承重层）、屋面（防水层）、保温隔热层组成（见图11—5）。有时根据构造要求可以设置找平层、找坡层、隔汽层等。

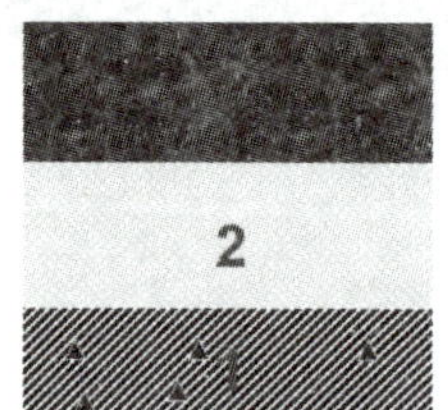

图11—5　平屋顶的构造

1. 结构层

承受屋顶的自重和上部荷载，并传递给承重墙或梁等。结构层通常采用预制或现浇钢筋混凝土板。

2. 屋面

根据防水层做法和材料不同可以分为柔性防水屋面和刚性防水屋面。柔性防水屋面是用沥青油毡、防水涂料或高分子卷材等柔性材料作为防水层，它具有一定的延伸性，有利于屋面适应一定温度的变形，价格便宜；刚性防水屋面是用细石混凝土或防水砂浆等刚性材料作为防水层，刚性防水屋面施工方便，构造简单、造价低，但是对温度变化和结构变形较为敏感，容易产生裂缝，施工比要求较高。

3. 保温隔热层

一般采用轻质、多孔、松散材料，如膨胀珍珠岩、膨胀蛭石、加气混凝土、聚苯乙烯泡沫塑料等，设置于结构层和屋面之间。

二、坡屋顶的构造

坡屋顶在我国有着悠久的历史，它造型丰富、就地取材，在我国目前仍被广泛应用。坡屋顶的屋面坡度大于 5%，常用的有单坡、双坡、四坡、歇山等。

（一）坡屋顶的组成

坡屋顶主要由承重结构和屋面、保温隔热层及顶棚等组成（见图 11—6）。

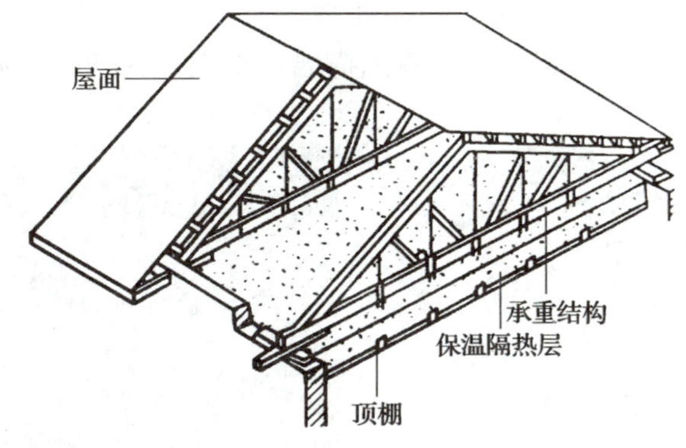

图 11—6　坡屋顶的组成

1. 承重结构

包括屋架、檩条、屋面大梁等。它承担屋面的自重和荷载，并把荷载传递给承重墙或柱子。

2. 屋面

屋面包括屋面瓦和基层（木椽、挂瓦条、屋面板等）两部分。

3. 保温隔热层

南方炎热地区一般在顶棚以上设置隔热层，可以在屋面上或顶棚内做架空通风间层；北方寒冷地区可以在屋面层以下顶棚之上设置保温层，常用的保温材料有膨胀蛭石、膨胀珍珠岩、矿棉、加气混凝土、泡沫塑料等。

4. 顶棚

屋面下面的遮挡部分，可以使室内天花板平整，同时起到保温、隔热、装饰的作用。

（二）坡屋顶的承重结构系统

坡屋顶的承重结构系统主要有三种：墙体承重、屋架承重和钢筋混凝土屋面板承重。

1. 墙体承重

将房屋内外横墙砌成尖顶形式，在上面搁置檩条来支撑屋面的荷载。这种做法构造简单，施工方便，适用于小开间且横墙承重的房屋（见图 11—7）。

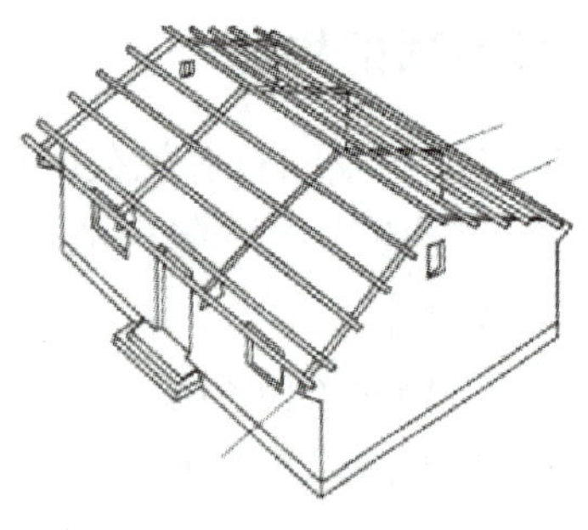
图 11—7　墙体承重

2. 屋架承重

屋架又称桁架，可以采用木材、钢材或钢筋混凝土材料制作，形式有三角形或梯形等，以三角形屋架应用最为普遍。檩条搁置在屋架上，屋架搁置在纵向外墙或柱子上。与墙体承重系统比较起来，可以省去承重的横墙，增大室内开间（见图 11—8）。

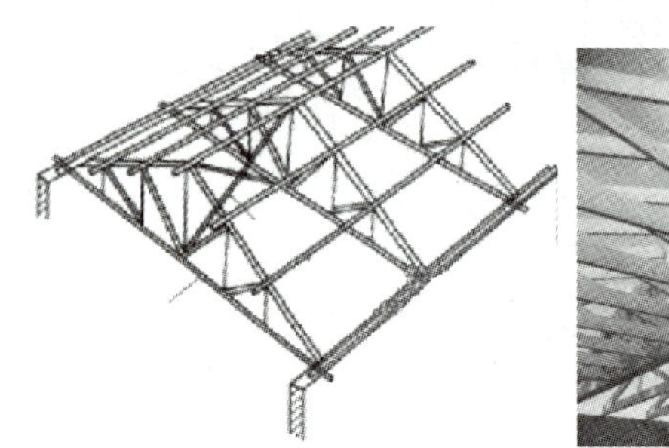

图 11—8　屋架承重

3. 钢筋混凝土屋面板承重

它以预制或现浇钢筋混凝土屋面板直接搁置在两面山墙或屋架上，也称为无檩屋面（见图 11—9）。

（三）坡屋顶的屋面构造

坡屋顶的屋面包括基层和面层两部分，基层是指支撑屋面瓦材的构造层，如有檩体系中的椽条、挂瓦条或无檩体系中的屋面板等；面层主要有平瓦、油毡瓦、平瓦型钢板等。一般根据面层瓦材来选择合适的屋面承重基层。

1. 平瓦屋面

平瓦包括彩釉面或素面陶瓦、彩色或普通水泥平瓦、黏土平瓦等，每片瓦的尺寸为 400 mm × 230 mm，互相搭接后的有效尺寸为 330 mm × 200 mm，瓦面有排水槽，背面有挂瓦爪。常用的平瓦屋面有以下三种构造：

（1）冷摊瓦屋面

在屋架上弦或椽条上钉挂瓦条，在挂瓦条上铺瓦。这种做法构件少，构件简单，造价低，但保温和防漏都很差，多用在简易房屋上。先在檩条上顺水流方向钉木椽条，断面一般为 40 mm × 60 mm 或 50 mm ×

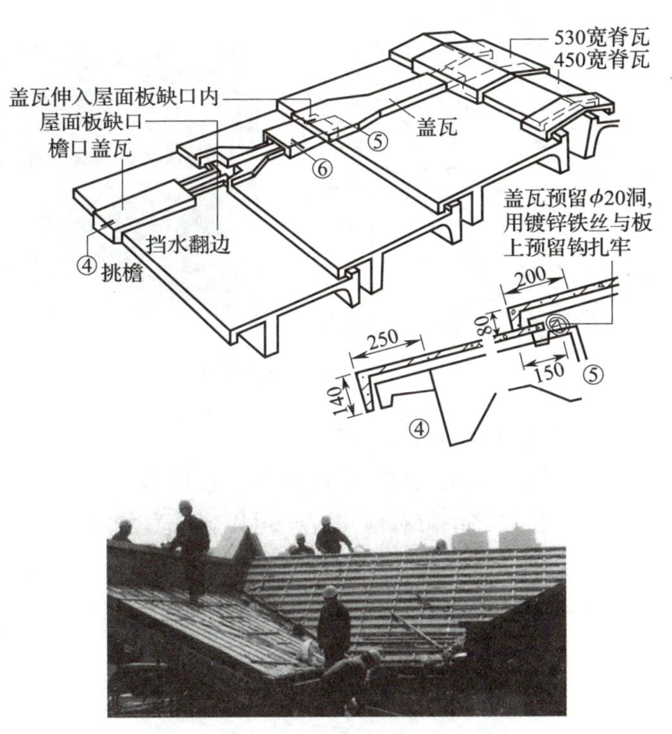

图 11—9　钢筋混凝土屋面板坡屋顶

50 mm，中距 400 mm 左右；然后在椽条上垂直于水流方向钉挂瓦条，最后盖瓦。挂瓦条的断面尺寸一般为 30 mm × 30 mm，中距 330 mm（见图 11—10）。

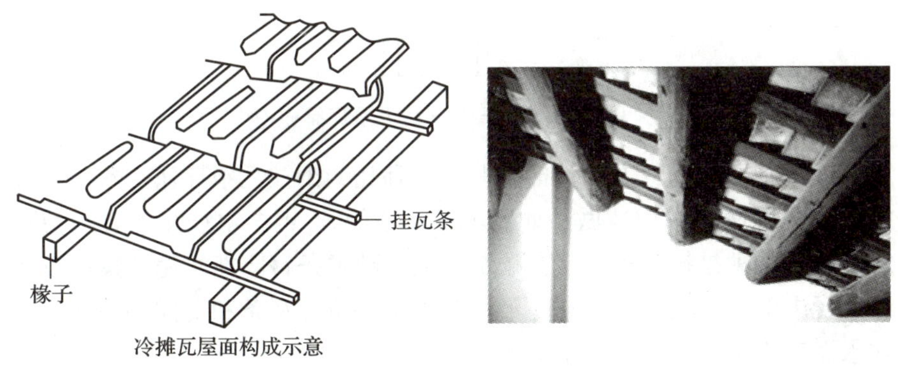

图 11—10　冷摊瓦屋面

（2）木望板瓦屋面

在檩条上钉 15 ~ 25 mm 厚的屋面板（称为望板[9]），板上沿屋脊方向铺油毡一层，沿排水方向钉顺水条，其断面尺寸为 30 mm × 15 mm，中距 500 mm，再在顺水条上钉挂瓦条，挂瓦。这种屋面由于有木望板和油毡，避风保温效果优于前一种做法（见图 11—11）。

9．望板
檩条上的木屋面板因在室内举目向上望可以被看到，望板之名由此而来。

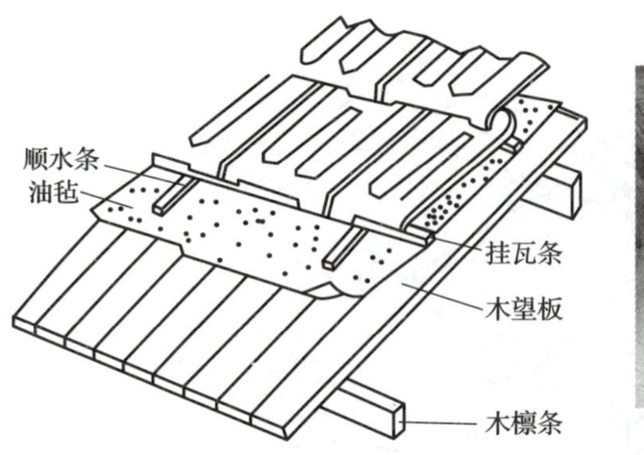

图 11—11　木望板瓦屋面

（3）钢筋混凝土挂瓦板平瓦屋面

挂瓦板采用钢筋混凝土构件，它把檩条、屋面板、挂瓦条的功能结合在一起。挂瓦板板肋根部预留有泄水孔，可以排出瓦缝渗下的雨水。挂瓦板的断面有 T 形、F 形等，板肋用来挂瓦，中距 330 mm。板缝用 1∶3 水泥砂浆嵌填。这种屋面顶棚平整，构造简单，但容易渗水（见图 11—12）。

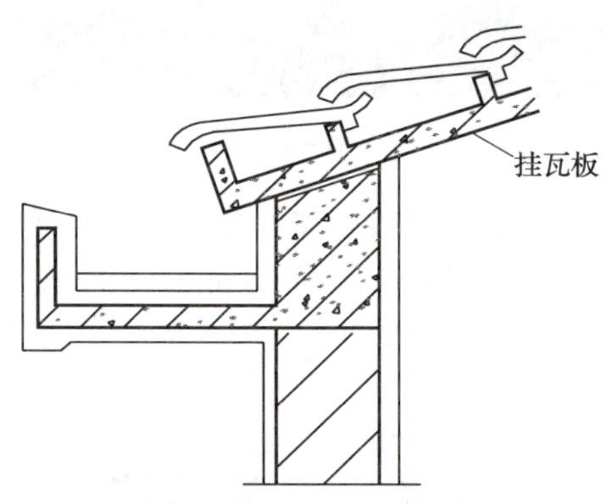

图 11—12　F 形挂瓦板平瓦屋面

平瓦屋面的铺瓦方式包括水泥砂浆卧瓦、钢挂瓦条挂瓦、木挂瓦条挂瓦，其屋面防水构造做法如图 11—13 所示。钢、木挂瓦条有两种固定方法：一种是挂瓦条固定在顺水条上，顺水条钉牢在水泥砂浆（或细石混凝土）找平层上；另一种不设顺水条，将挂瓦条和支撑垫块直接钉在水泥砂浆（或细石混凝土）找平层上。

平瓦屋面应特别注意平瓦与屋面基层的加强措施。一般来说地震地区和风荷载较大的地区，全部瓦材均应采取固定加强措施。非地震和大风地区，当屋面坡度大于 1∶2 时，全部瓦材也应该采取固定加强措施。

2. 油毡瓦屋面

油毡瓦也称沥青瓦，是以无纺玻璃纤维毡为胎基，经浸涂石油沥青后，一面覆盖彩色矿物粒料，另一面撒以隔离材料所制成的瓦状屋面防

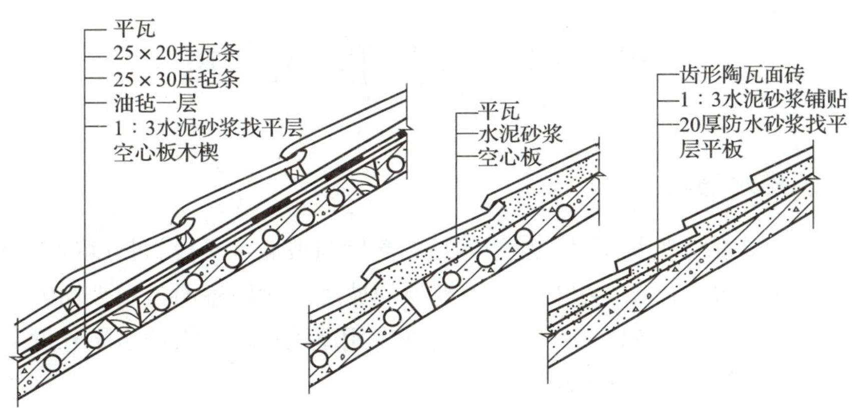

图 11—13 平瓦屋面构造

水材料。规格一般为 1 000 mm×333 mm×2.8 mm。铺瓦方式为钉粘结合，以钉为主（见图 11—14）。

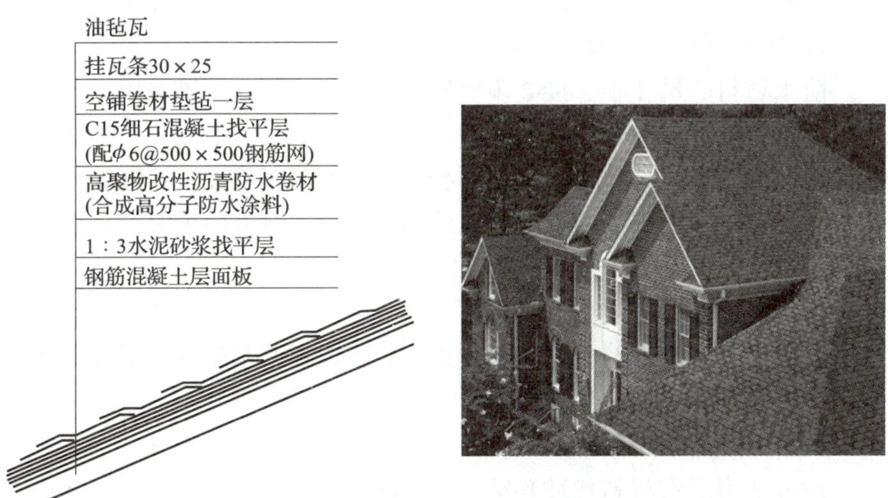

图 11—14 油毡瓦屋面构造与工程实例

3. 块瓦形钢板彩瓦屋面

块瓦形钢板彩瓦采用彩色薄钢板冷压成形，呈连片块瓦形状的屋面防水板材。瓦材用自攻螺钉固定于冷弯型钢挂瓦条上（见图 11—15）。

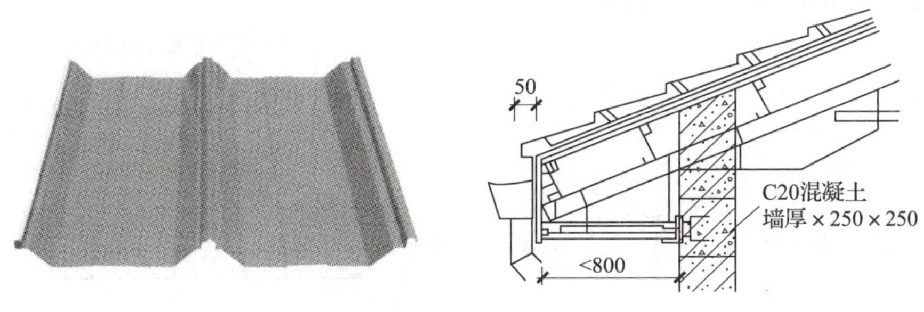

图 11—15 块瓦形钢板彩瓦屋面构造层次

第三节 屋顶排水

一、排水坡度

平屋顶的排水坡度一般用屋顶的高度与坡面水平投影长度的百分比来表示，如 i=1%、i=3% 等；坡屋顶的坡度一般用屋面与水平面的夹角来表示，如 α=25°、α=30° 等；或者用屋顶高度与坡面水平长度之比来表示，如 1∶3、1∶20 等。

（一）影响排水坡度的因素

1. 年降雨量的影响

降雨量大的我国南方地区，屋面容易发生渗漏，应该适当加大屋面坡度；降雨量比较小的我国北方地区，可以采用比较小的排水坡度。

2. 防水材料尺寸大小的影响

防水材料的尺寸小、接缝多容易产生渗漏，因此应该采用较大的排水坡度，以便将屋面积水尽快排除。比如小青瓦[10]、平瓦等，一般采用的排水坡度为 20° ~ 25°。如果防水材料的覆盖面积大，接缝少且严密的，屋面可以采用较小的坡度。如采用卷材或现浇混凝土等，屋面坡度为 1° ~ 5° 即可。

10. 小青瓦
小青瓦在北方地区又称阴阳瓦，在南方地区称为蝴蝶瓦、阴阳瓦，俗称布瓦，是一种弧形瓦。规格为 30 mm×24 mm、24 mm×20 mm、20 mm×18 mm 不等。小青瓦是修建楼台、宫殿榭枋、亭廊以及各种园林建筑的高档古建材料。

3. 其他因素的影响

如屋面排水路线较长、上人屋顶或采用屋顶蓄水隔热的话，屋面坡度可以适当小一些。

（二）坡度的形成

坡度的形成有材料找坡和结构找坡两种方式。

1. 材料找坡

也称垫置坡度，是在水平搁置的屋面板上铺设找坡层。常用的材料有水泥炉渣或石灰炉渣，保温屋顶中有时用保温材料兼作找坡。这种做法的室内顶棚面平整，但屋面荷载加大，因此坡度不宜过大，一般用于小跨度的屋面中（见图 11—16）。

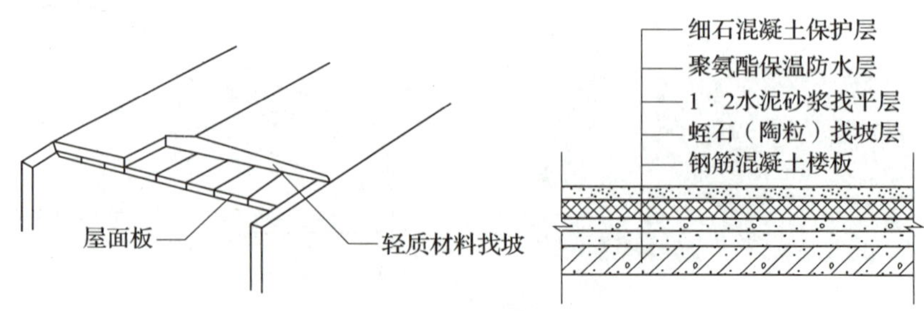

图 11—16 材料找坡及工程实例

2. 结构找坡

也称搁置坡度，是把支撑屋面板的墙或梁做成一定的倾斜坡度，屋面板直接搁置在该斜面上，形成排水坡度。这种做法省工、省料，较为经济，但顶棚面是倾斜的，在一般民用建筑中较少使用，多用于生产性建筑和有吊顶的公共建筑。坡屋顶的坡度形成也属于结构找坡（见图 11—17）。

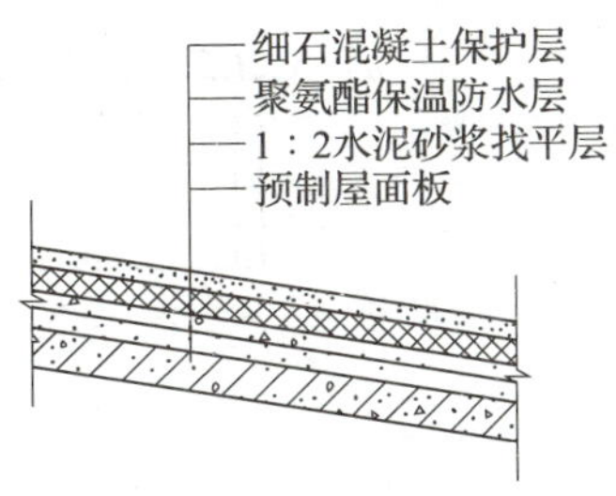

图 11—17　结构找坡

二、平屋顶的排水方式

屋顶的排水方式分为无组织排水和有组织排水两大类。

（一）无组织排水

也称自由落水，是指屋面雨水经挑檐自由下落至室外地面。这种做法构造简单，造价低，不会发生堵塞，但雨水有时会溅湿勒脚甚至污染墙面。一般用于低层或次要建筑及降雨量较少地区的建筑（见图 11—18）。

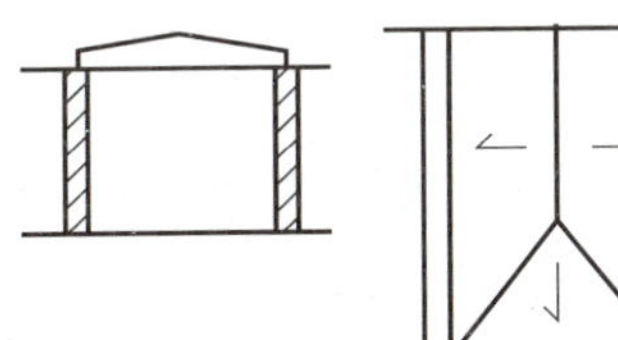

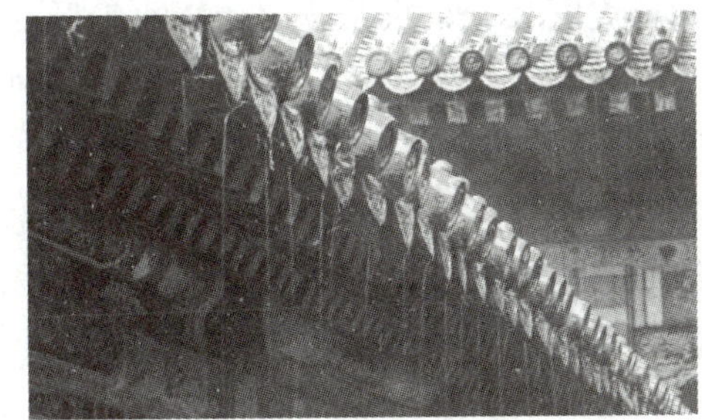

图 11—18　无组织排水

（二）有组织排水

也称天沟排水，是在屋面设置天沟[11]，将雨水汇集起来，经雨水口排至雨水管后，排到室外地面或室内地下排水管网。这种排水方式构造复杂、造价高，但雨水不会冲刷墙面，广泛应用于多层及高层建筑、高标准的低层建筑、临界建筑及严寒地区建筑等。有组织排水又分为外排水和内排水两种方式。

1. 檐沟外排水

这种方案在平屋顶中通常采用钢筋混凝土悬挑檐沟，使雨水直接流入挑檐沟内，再由沟内纵坡导入水落口。在坡屋顶中，檐沟通常悬挂在坡屋顶的挑檐处，可以采用镀锌铁皮或石棉水泥等轻质材料制作。檐沟的纵坡一般由檐沟斜挂形成，不宜在沟内垫置起坡材料（见图 11—19）。

11. 天沟
天沟指建筑物屋面的下凹的用于收集雨水的沟，分为内天沟和外天沟。内天沟在女儿墙以内，外天沟挑出屋檐。

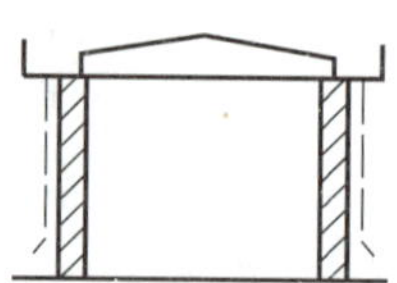
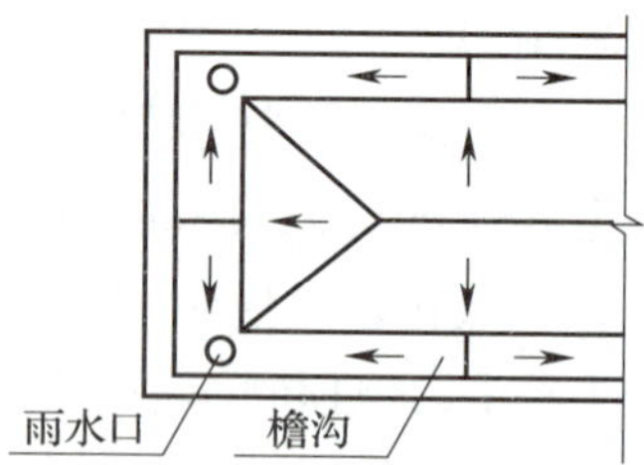

图 11—19 挑檐沟外排水

12. 女儿墙

女儿墙在古代时称为女墙，是城墙上筑起的墙垛，后来演变成一种建筑专用术语。特指房屋外墙高出屋面的矮墙。女儿墙的作用是保护人员的安全，并对建筑立面起装饰作用。女儿墙的高度取决于是否上人，不上人高度应不小于 800 mm，上人高度应不小于 1 300 mm。

2. 女儿墙[12]外排水

房屋周围高于屋面的外墙称为女儿墙，可以将女儿墙与屋面交接处做出坡度为 1% 的纵坡，让雨水沿此纵坡流向弯管式水落口，再流入墙外的水落斗及水落管，即形成女儿墙外排水。这种排水方式不如檐沟外排水通畅。

平屋顶女儿墙外排水施工简单、经济性好，建筑体形简洁，是一种常用的形式。坡屋顶女儿墙外排水的内檐沟排水不畅，容易渗漏，应当慎用（见图 11—20）。

3. 内排水

多跨房屋、高层建筑、严寒地区及有特殊需要时采用内排水。雨水管可设在建筑跨中的管道井内；也可设在外墙内侧；当屋顶空间较大，设有较高吊顶空间时，也可采用内落外排水。内排水方案的屋面向内倾斜，坡度方向与外排水相反，如图 11—21 所示。屋面雨水汇集到中间天沟内，再沿天沟纵坡流向水落口，最后排入室内水落管，经室内地沟排往室外。内排水方案的水落管在室内接头比较多，容易渗漏，多用于不宜采用外排水的建筑屋顶，如高层或多跨建筑以及寒冷地区等。

总之，在民用建筑中，应根据建筑物的高度、地区年降雨量及气候等情况，恰当地选用排水方式。采用无组织排水时，必须做挑檐；采用有组织排水时，须设置天沟。天沟的断面尺寸应根据地区降雨量和汇水面积的大小确定，净宽应不小于 200 mm，沟底的纵向坡度一般为 1% ~ 5%，天沟上口与分水线的距离应不小于 120 mm。雨水管的间距宜在 18 m 以内，最大不超过 24 m，雨水管直径常选用 100 mm。

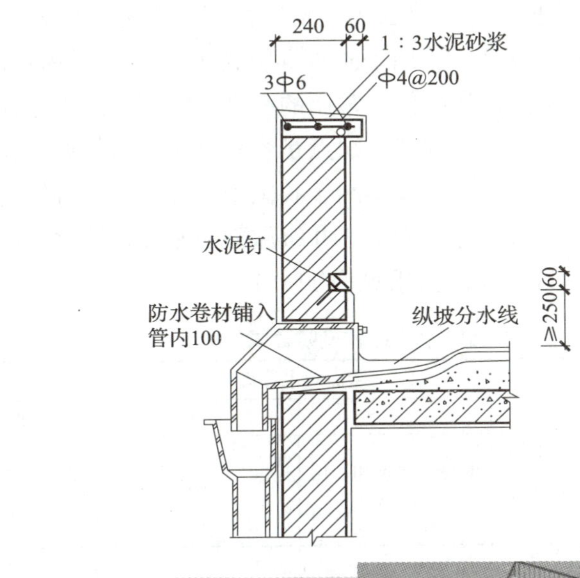

图 11—20　女儿墙外排水

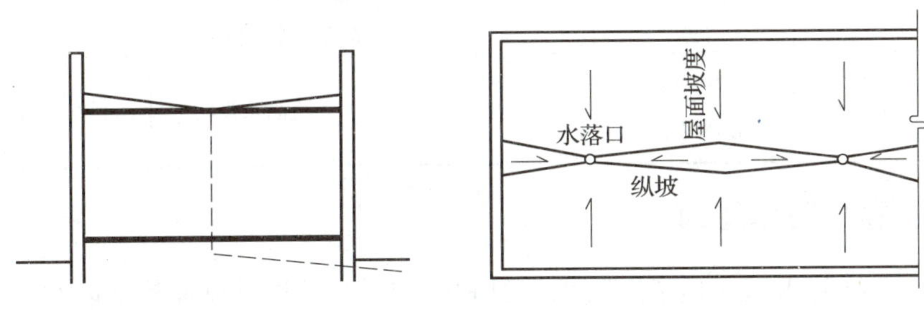

图 11—21　内排水

第四节　屋顶防水

屋面防水按防水层的性质不同有柔性防水屋面和刚性防水屋面。柔性防水屋面的防水层具有一定的延伸性和适应变形的能力，包括卷材防水屋面、涂膜防水屋面等。柔性防水屋面较能适应温度、振动、不均匀沉降因素的变化，能承担一定的水压、整体性好，不易渗漏，但施工操作较复杂，技术要求较高，适用于防水等级为Ⅰ～Ⅳ级的屋面防水；刚性防水屋面的防水层抗拉强度低，常用的有细石混凝土防水屋面，它的构造简单、施工方便、造价较低，缺点是容易开裂，对气温变化和房屋不均匀沉降的适应性较差，一般多用于我国南方地区防水等级为Ⅲ级的屋面防水，或者作为防水等级为Ⅰ、Ⅱ级屋面防水多道防水中的一道防水层。屋面防水等级和设防要求见表 11—1。

表 11—1　　屋面防水等级和设防要求

项目	屋面防水等级			
	Ⅰ	Ⅱ	Ⅲ	Ⅳ
建筑物类别	特别重要或对防水有特殊要求的建筑	重要的建筑和高层建筑	一般的建筑	非永久性的建筑
防水层合理使用年限	25 年	15 年	10 年	5 年
防水层选用材料	宜选用合成高分子防水卷材、高聚物改性沥青防水卷材、金属板材、合成高分子防水涂料、细石混凝土等材料	宜选用高聚物改性沥青防水卷材、合成高分子防水卷材、金属板材、合成高分子防水涂料、高聚物改性沥青防水涂料、细石混凝土、平瓦、油毡瓦等材料	宜选用三毡四油沥青防水卷材、高聚物改性沥青防水卷材、合成高分子防水卷材、金属板材、高聚物改性沥青防水涂料、合成高分子防水涂料、细石混凝土、平瓦、油毡瓦等材料	可选用二毡三油沥青防水卷材、高聚物改性沥青防水涂料等材料
设防要求	三道或三道以上防水设防	二道防水设防	一道防水设防	一道防水设防

13. 高聚物改性沥青类防水卷材
以合成高分子聚合物改性沥青为涂盖层，纤维织物或纤维毡为胎体，粉状、粒状、片状或薄膜材料为覆面材料，制成可卷曲的片状材料。

一、卷材防水屋面

卷材防水屋面是指以防水卷材和胶结材料分层粘贴而构成防水层的屋面。按功能要求不同，柔性防水屋面分为保温屋面和非保温屋面，上人屋面与不上人屋面，有架空通风层屋面和无架空通风层屋面等。

（一）卷材防水屋面的材料

1. 卷材

常用的有高聚物改性沥青类防水卷材[13]，如 SBS 改性沥青油毡、再生胶改性沥青聚酯油毡、丁苯橡胶改性沥青油毡等；高分子类卷材以合成橡胶或合成树脂作为主要原料，如三元乙丙橡胶防水卷材、氯化聚乙烯防水卷材、氯丁橡胶防水卷材、聚乙烯橡胶防水卷材等。高分子卷

材具有重量轻（2 kg/m^2），使用温度范围宽（-20 ~ 80℃），耐候性好，抗拉强度高（2 ~ 18MPa），延伸率大（> 450%）等特点，近年来在国内的各种防水工程中应用得越来越广泛。

2. 卷材胶粘剂

包括适用于改性沥青类卷材的 RA-86 型氯丁胶胶粘剂、SBS 改性沥青胶粘剂等；三元乙丙橡胶卷材防水屋面的基层处理剂有聚氨酯底胶，胶粘剂有氯丁橡胶为主体的 CX-404 胶；氯化聚乙烯橡胶卷材的胶粘剂有 LYX-603、CX-404 胶等。

（二）卷材防水屋面构造

卷材防水屋面由多层材料叠合而成，它的基本层次有结构层、找平层、结合层、防水层和保护层（见图 11—22a）。带保温层的卷材防水屋面，其主要构造层次有承重层、找平层、隔汽层、保温层、结合层、防水层和保护层（见图 11—22b）。

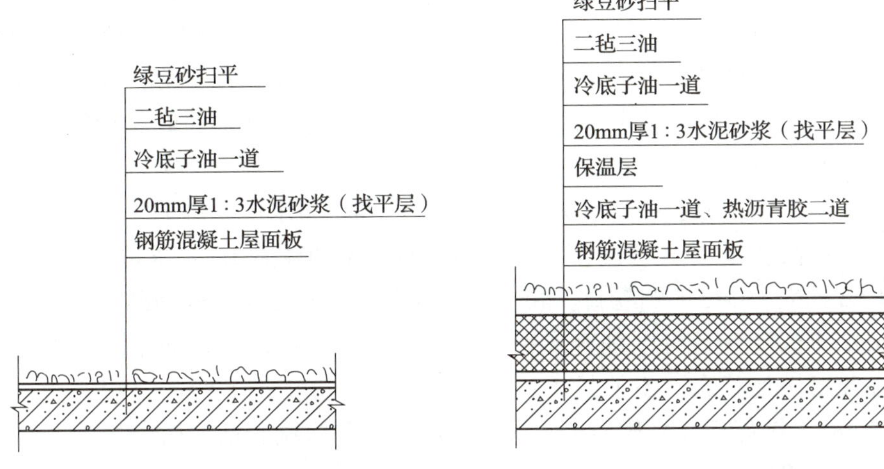

图 11—22　卷材防水屋面

1. 结构层

一般采用现浇或预制钢筋混凝土屋面板。

2. 找平层

一般设在保温层或找坡层之上，以形成平整坚固的基层，避免卷材凹陷或断裂。一般采用 20 mm 厚 1∶3 水泥砂浆，也可以采用 1∶8 沥青砂浆。找平层应该留分隔缝，缝宽一般为 5 ~ 20 mm，纵横间距一般不宜大于 6 m。屋面板为预制时，分隔缝应设在预制板的端缝处。

3. 隔汽层

隔汽层的作用是防止水蒸气进入保温层，使其降低保温效果。它是在保温层之下、找平层之上刷冷底子油[14]一道、热沥青两道，质量要求较高或室内湿度很大时可做一毡二油隔汽层。

4. 保温层

保温层是为了防止夏季或冬季气候使建筑物顶层室内过热或过冷而设，多用水泥膨胀珍珠岩、水泥膨胀蛭石、加气混凝土板、聚苯乙烯泡沫塑料板等，其厚度应按规定由设计人员计算确定，也可参照当地同类建筑选用。

5. 结合层

结合层的作用是在基层与卷材胶粘剂间形成胶质薄膜，使卷材与基层胶结牢固。沥青类卷材通常用冷底子油作结合层；高分子卷材则采用配套基层处理剂，也可采用冷底子油或稀释乳化沥青作结合层。

6. 防水层

防水层是由卷材和相应的卷材胶粘剂构成。

（1）高聚物改性沥青防水层

高聚物改性沥青防水卷材的铺贴做法有冷粘法和热熔法两种。冷粘法使用胶粘剂将卷材粘贴在找平层上，或利用某些卷材的自黏性进行铺贴。铺贴卷材时注意平整顺直，搭接尺寸准确，不扭曲，应排除卷材下面的空气并辊压黏结牢固。热熔法施工时用火焰加热器将卷材均匀加热至表面光亮发黑，然后立即滚铺卷材使之平展，并辊压密实。

（2）高分子卷材防水层（以三元乙丙卷材防水层为例）

先在找平层上涂刮基层处理剂（如 CX-404 胶），要求薄而均匀，干燥不黏后即可铺贴卷材。卷材一般应由屋面低处向高处铺贴，并按水流方向搭接，卷材可垂直或平行于屋脊方向铺贴；卷材铺贴时要求保持自然松弛状态，不能拉得过紧。卷材长边应搭接 50 mm，短边搭接 70 mm，铺好后立即辊压密实，搭接部位均匀涂刷胶粘剂粘合。

7. 保护层

保护层设置在防水层上，目的是保护卷材防水层，使卷材在阳光和大气作用下不致迅速老化，延长其使用寿命，同时降低夏季室内温度。分上人屋面、不上人屋面及架空屋面几种做法。

（1）不上人屋面

对沥青类防水层宜采用 3 ~ 5 mm 粒径绿豆砂或铝银粉涂料；对高聚物改性沥青及合成高分子类防水层可用铝箔面层、彩砂及涂料等。

（2）上人屋面

可在防水层上浇筑 30 ~ 40 mm 厚的 C20 细石混凝土，分成面积小于等于 36m^2 的方格，缝内灌沥青胶；也可以用沥青胶或水泥砂浆粘贴 25 mm × 300 mm × 300 mm 的 C20 细石混凝土预制板，缝内灌沥青胶。

（3）架空屋面

14. 冷底子油
冷底子油是用稀释剂（汽油、柴油、煤油、苯等）对沥青进行稀释的产物。它多在常温下用于防水工程的底层，故称冷底子油。冷底子油可封闭基层毛细孔隙，使基层形成防水能力；作用是处理基层界面，以便沥青油毡便于铺贴，使基层表面变为憎水性，为黏结同类防水材料创造了有利条件。

用砖或砌块砌筑矮墩，上面用砂浆铺设混凝土板，板面勾缝或抹面，适用于要求隔热降温的不上人屋面。

（三）卷材防水屋面的细部构造

在卷材防水屋面中，要特别注意不同构造交接处及高差不同部位的防渗漏问题，这些地方的构造处理称为细部构造。

1. 泛水

泛水是屋面与垂直墙面交接处的防水处理。女儿墙、烟囱、变形缝、高低跨等屋面与垂直墙面相交部位都需要做泛水处理（见图 11—23）。

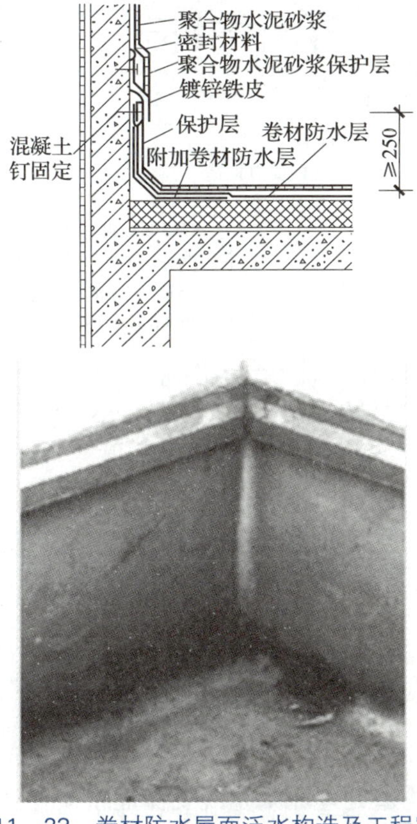

图 11—23　卷材防水屋面泛水构造及工程实例

（1）泛水与屋面相交处的基层须用水泥砂浆或混凝土做成半径为 50 ~ 100 mm 的圆弧或钝角，防止卷材粘贴时因直角转弯而折断或不能铺实。

（2）卷材在竖直面的粘贴高度不小于 250 mm，一般为 300 mm。

（3）泛水处的卷材与屋面卷材相连接，并在底层加铺一层。

（4）泛水上端应固定在墙上，并有挡雨措施，以免卷材下滑剥落。

2. 檐口

卷材防水屋面的檐口包括自由落水檐口、挑檐沟檐口、女儿墙内檐沟檐口、女儿墙外檐沟檐口等。挑檐和挑檐沟的构造要点是都应注意处理好卷材的收头固定，使屋顶四周的卷材封闭，避免雨水渗入。同时应做好檐口饰面及挑檐和挑檐沟板底面的滴水，使雨水迅速下落（见图11—24）。

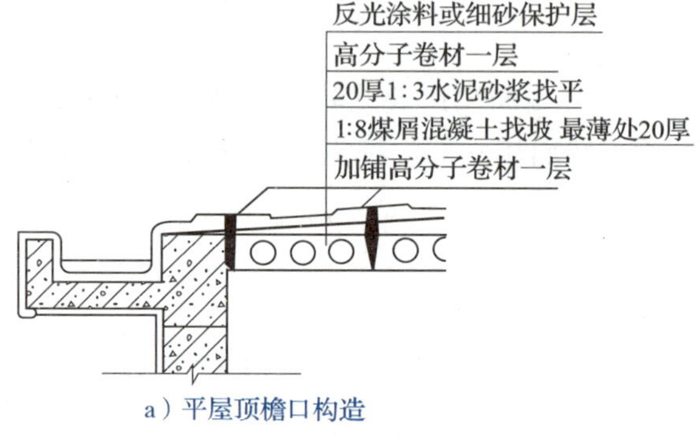

a）平屋顶檐口构造

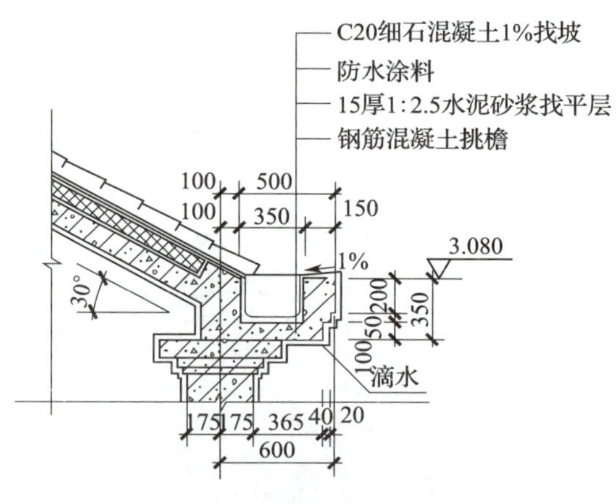

b）坡屋顶檐口构造

图 11—24　卷材防水屋面檐口构造

15. 变形缝
为了防止因气温变化、不均匀沉降以及地震等因素造成对建筑物的使用和安全影响，设计时预先在变形敏感部位将建筑物断开，分成若干个相对独立的单元，且预留的缝隙能保证建筑物有足够的变形空间，设置的这种构造缝称为变形缝。变形缝可分为伸缩缝、沉降缝、防震缝三种。

3. 变形缝[15]

屋面变形缝的构造处理原则是既要保证屋顶有自由变形的可能，又能防止雨水经由变形缝渗入室内。屋面变形缝按照建筑设计可以设于同层等高屋面上，也可以设在高低屋面的交接处。

等高屋面的变形缝在缝的两边屋面板上砌筑矮墙，挡住屋面雨水。矮墙的高度应大于250mm，厚度为半砖墙厚；屋面卷材与矮墙的连接处理与泛水构造相同。矮墙顶部可用镀锌铁皮盖缝，也可以铺一层油毡后用混凝土板压顶（见图 11—25）。

高低屋面变形缝是在低侧屋面板上砌筑矮墙。当变形缝宽度较小时，可用镀锌铁皮盖缝并固定在高侧墙上，做法同泛水构造。也可从高侧墙上悬挑钢筋混凝土板盖缝（见图 11—26）。

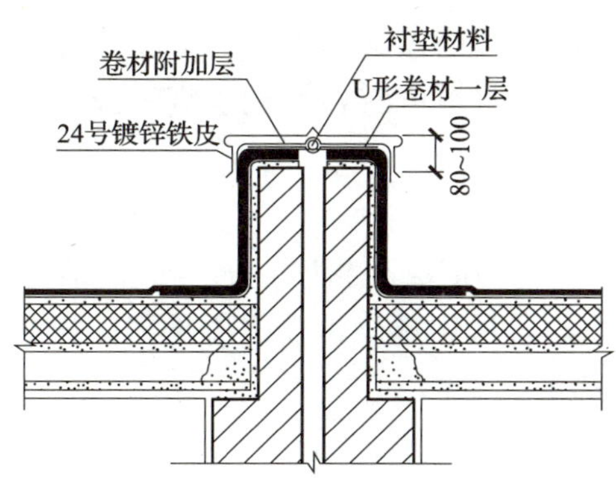

图 11—25　等高屋面变形缝

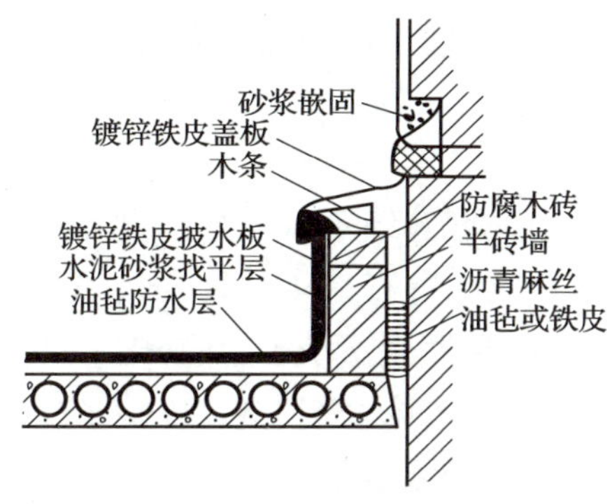

图 11—26　高低屋面变形缝

二、刚性防水屋面

刚性防水屋面是采用防水砂浆或细石混凝土刚性材料现浇而成的整体防水层屋面。

（一）刚性防水屋面的构造层次和做法

刚性防水屋面一般由结构层、找平层、隔离层和防水层组成（见图 11—27）。

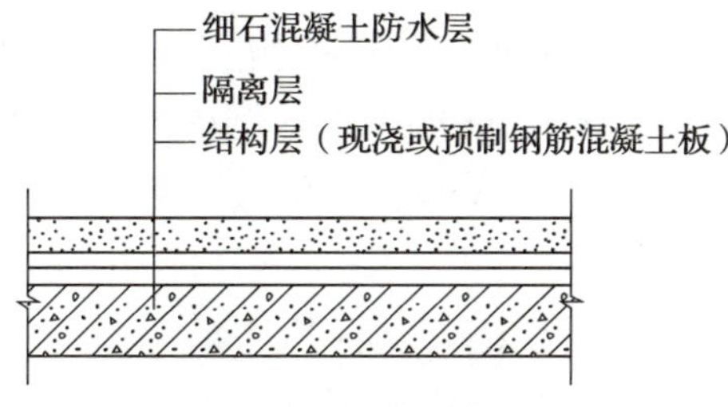

图 11—27　刚性防水屋面构造

1. 结构层

要求具有足够的强度和刚度，一般采用现浇屋面板。当采用预制钢筋混凝土屋面板时，应用掺微膨胀剂的强度等级不低于 C20 的细石混凝土灌缝。屋面的排水坡度宜在结构层现浇或铺设时形成，坡度为 2% ~ 3%。

2. 找平层

当结构层为预制钢筋混凝土板时，通常应在结构层上用 20 mm 厚 1∶3 水泥砂浆找平。若采用现浇钢筋混凝土屋面板或设有纸筋灰等材料时，可不设找平层。

3. 隔离层

为减少结构层变形及温度变化对防水层的不利影响，宜在防水层下设置隔离层。一般可用纸筋灰、麻刀灰、低强度等级砂浆；也可采用薄砂层上干铺卷材等做法。当防水层中加有膨胀剂类材料时，其抗裂性有所改善，也可不做隔离层。

4. 防水层

刚性防水层宜采用强度等级不低于 C20 的细石混凝土浇筑，其厚度不应小于 40 mm，并应配置直径 4 ~ 6 mm、间距 100 ~ 200 mm 的双向钢筋网片，钢筋保护层厚度不小于 10 mm。为提高细石混凝土的防水性能，细石混凝土中宜掺入膨胀剂、减水剂、防水剂等。

（二）刚性防水屋面的细部构造

刚性防水屋面的细部构造包括分格缝、泛水、檐口等部位的构造处理。

1. 分格缝

分格缝是刚性防水层的变形缝。设置的目的在于防止由于结构变形、温度变形及混凝土干缩等引起防水层开裂。因此分格缝应设置在结构变形敏感的部位及温度变形允许的范围以内。一般预制板的支座处，预制板搁置方向变化处，现浇与预制板相接处、屋脊、女儿墙四周、其他突出屋面的结构物四周等部位都应设置分格缝。其纵、横间距不宜大于 6 m。缝中的钢筋必须断开（见图 11—28）。

分格缝有平缝和凸缝两种。在横向分格缝处，常将细石混凝土防水层抹成凸出上表面 30 ~ 40 mm 的梯形或圆弧形的分水线，以免分格缝处积水。缝的宽度为 20 ~ 40 mm，缝内嵌填密封材料，上部铺贴防水卷材。

分格缝施工时应该注意以下事项：

（1）防水层内的钢筋在分格缝处应断开。

（2）屋面板缝用浸过沥青的木丝板等密封材料嵌填，缝口用油膏等嵌填。

（3）缝口表面用防水卷材铺贴盖缝，卷材的宽度为 200 ~ 300 mm。

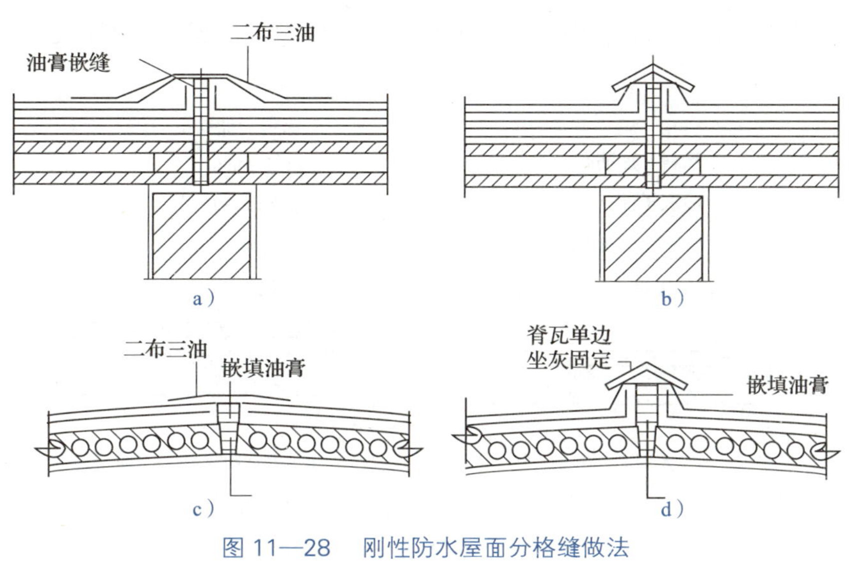

图 11—28　刚性防水屋面分格缝做法

（4）在屋脊和平行于流水方向的分格缝处，也可将防水层做成翻边泛水，用盖瓦单边坐灰固定覆盖。

2. 泛水

刚性防水屋面的泛水构造要点与卷材屋面具有相同之处：泛水应有足够高度，一般不小于 250 mm，泛水应嵌入墙上的凹槽并用压条和水泥钉固定。不同之处是：刚性防水层与山墙、女儿墙交接处应留分格缝，宽度一般为 30 mm，并用密封材料嵌填；泛水处应铺设卷材或涂膜附加层。

三、涂膜防水屋面

又称涂料防水屋面，是指用防水涂料涂刷在屋面基层，形成不透水的薄膜来达到防水目的的屋面。涂膜防水屋面具有重量轻、防水性好、黏结力强、耐腐蚀、耐老化、无毒、冷作业、施工方便、弹性好等特点，目前已广泛用于各类防水工程中，一般适用于防水等级为Ⅲ、Ⅳ级的屋面防水，也可用于Ⅰ、Ⅱ级屋面多道防水设防中的一道。

1. 氯丁胶乳沥青防水涂料屋面

氯丁胶乳沥青防水涂料以氯丁胶乳和石油沥青为主要原料，选用阳离子乳化剂和其他助剂，经软化和乳化而成，是一种水乳型涂料。

其做法是先在屋面板上用 1∶2.5 ～ 1∶3 的水泥砂浆做 15 ～ 20 mm 的找平层并设分隔缝，分隔缝宽 20 mm，间距不大于 6 m。然后将稀释的防水涂料均匀涂布于找平层上，干后再刷 2 ～ 3 遍涂料作为底涂层。中涂层是在已干的底涂层上干铺玻璃纤维网格布，展开后加以点粘固定，并依次涂刷防水涂料 2 ～ 3 遍，待涂层干后再铺第二层网格布，然后再涂刷 1 ～ 2 遍涂料，干后在其表面刮涂增厚涂料，防水涂料：细

砂 = 1 ∶（1 ~ 1.2）。面层可根据需要做细砂保护层或涂覆着色层（见图 11—29）。

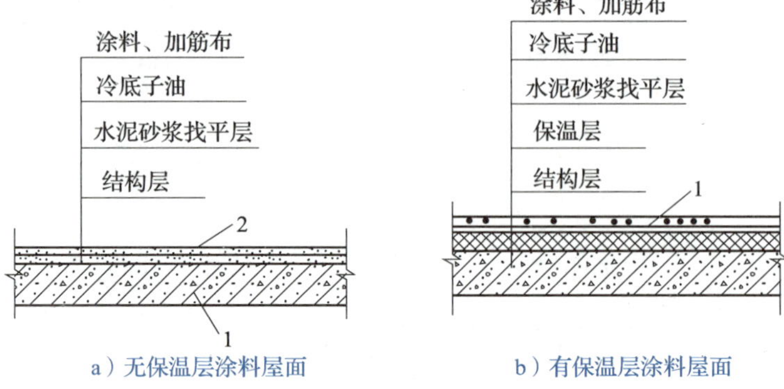

a）无保温层涂料屋面　　b）有保温层涂料屋面

图 11—29　氯丁胶乳沥青防水涂料屋面

1—细石混凝土　2—油膏嵌缝

2. 塑料油膏防水屋面

塑料油膏以废旧聚氯乙烯塑料、煤焦油、增塑剂、稀释剂、防老化剂及填充材料等配制而成。做法是：先用预制油膏条冷嵌于找平层的分隔缝中，在油膏条与基层的接触部位和油膏条相互搭接处刷冷粘剂 1 ~ 2 遍，然后按照产品要求的温度将油膏热熔液化，按基层表面涂油膏、铺贴玻纤网格布、压实、表面再刷油膏、刮板收齐边沿的顺序进行。根据要求可以做成一布二油或二布三油。

涂膜防水屋面的细部构造要求和做法类似于卷材防水屋面。

第五节　屋顶的保温和隔热

一、屋顶保温

（一）保温材料

保温材料一般为轻质、疏松、多孔或纤维材料，按照形状可以分为以下三种类型：

1. 松散保温材料

如膨胀蛭石[16]、膨胀珍珠岩、矿棉、岩棉、玻璃棉、炉渣等。

2. 整体保温材料

通常用水泥或沥青等胶结材料与松散保温材料拌和，整体浇筑在需要保温的部位，如沥青膨胀珍珠岩、水泥膨胀珍珠岩、水泥膨胀蛭石、水泥炉渣等。

16. 膨胀蛭石

蛭石是一种层状结构的含镁的水铝硅酸盐次生变质矿物，因其受热失水膨胀时呈挠曲状，形态酷似水蛭，故称蛭石。生蛭石片经过高温焙烧后，其体积能迅速膨胀数倍至数十倍，体积膨胀后的蛭石称为膨胀蛭石。

3. 板状保温材料

如加气混凝土板、泡沫混凝土板、膨胀珍珠岩板、膨胀蛭石板、矿棉板、泡沫塑料板、岩棉板、刨花板、甘蔗板等。有机纤维板材的保温性能一般比无机板材好，但耐久性差，一般只适用于通风良好、不易腐烂的情况。

（二）平屋顶的保温

在采暖地区的冬季，室内外温差较大，为防止室内热量散失过多，须在屋顶设置保温层。保温层的设置位置有以下几种。

1. 保温层设在结构层之上，防水层之下

这种设置位置也称为正置式保温。这是一种构造简单、施工方便的做法，被广泛采用（见图 11—30a）。正置式保温屋面在保温层下必须设置隔汽层，这是由于冬季室内气温高于室外，热气流从室内向室外渗透，空气中的水蒸气随热气流从屋面板的孔隙渗透进保温层，由于水的导热系数比空气大得多，一旦多孔隙的保温材料受潮将大大降低其保温效果。同时，积存在保温材料中的水分遇热也会转化为蒸汽而膨胀，容易引起卷材防水层的起鼓。因此，正置式保温层下应铺设隔汽层，常用做法是一毡二油或一布四油。

保护层或使用面层
卷材防水层
找平层
保温层
隔汽层
找坡找平层
结构层

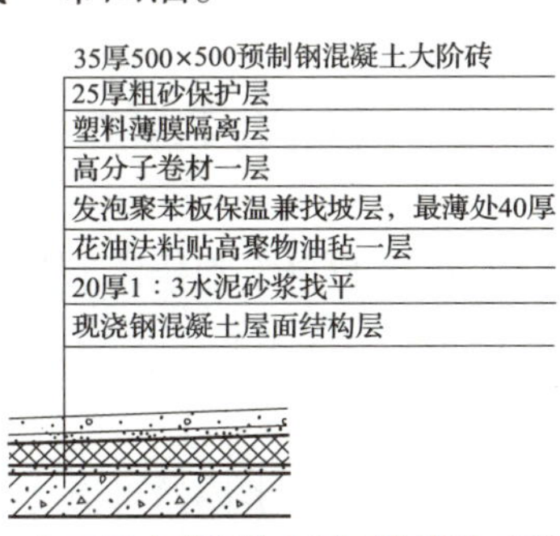

a）正置式保温防水屋面构造及工程实例

保护层或使用面层
水泥砂浆找平层
保温层
卷材防水层
找坡找平层
结构层

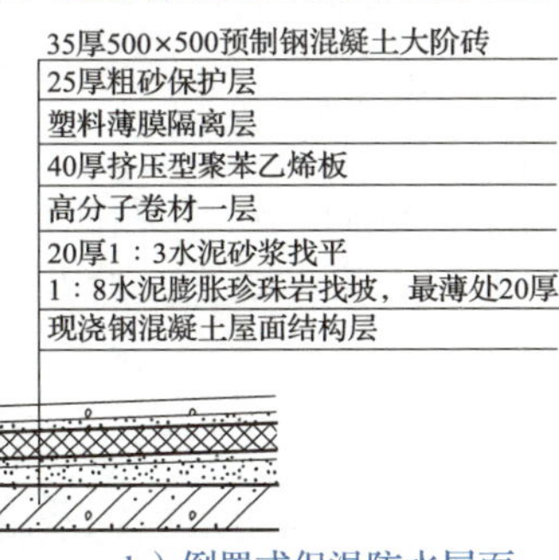

b）倒置式保温防水屋面

图 11—30　屋顶保温构造

2. 保温层设在防水层之上

这种设置位置多称为倒置式防水屋面。这种做法的优点是防水层不受外界气温变化的影响，不易受外来作用力的破坏；缺点是保温材料受限制，要求吸湿性低、耐候性强。如聚氨酯和挤塑型聚苯乙烯发泡材料、膨胀沥青珍珠岩等。保温层上要用混凝土、卵石等较重的覆盖层压住（见图 11—30b）。倒置式保温屋面因保温材料价格较高，一般用于高标准建筑中。

3. 保温层与结构层结合

这种设置做法有两种：一是在槽形板内设置保温层；二是用加筋的加气混凝土板将承重和保温功能结合在一起。这种做法减少了屋顶的构造层次，简化了施工工序，但构件制作工艺复杂，自重较大，板底易出现裂缝，板肋和板缝处易产生热桥[17]现象。

17. 热桥

热桥以往又称冷桥。外墙和屋面等围护结构中，钢筋混凝土或金属梁、柱、肋等部位的传热系数远大于主体部位的传热系数，由此形成热流密集传导的通道，即为热桥。

（三）坡屋顶的保温

坡屋顶保温有屋面保温和顶棚层保温两种。当采用屋面保温时，保温层可设在瓦材下面或檩条之间；也可在檩条之下钉保温板材，上设通风层，避免产生冷凝水。当采用顶棚层保温时，先在顶棚搁栅上铺板，板上铺油毡作为隔汽层，在隔汽层上铺设保温材料。这样可收到保温和隔热的双重效果。

二、屋顶隔热

南方炎热地区为避免夏季室内温度过高，根据条件可采取下列隔热措施：

（一）通风隔热

通风隔热是在屋顶上设置架空的空气间层，利用空气的流动散发热量。具体做法有两种。

1. 在结构层上组织通风

即设置架空屋面。架空通风层通常采用砖、瓦、混凝土等材料及制品制作，其中最常用的是砖墩架空混凝土板（或大阶砖）通风层（见图 11—31）。

2. 在结构层下组织通风

即屋面板下做吊顶，檐墙开设通风口（见图 11—32）。顶棚通风层应有足够的净空高度，一般为 500 mm 左右，需设置一定数量的通风孔并应考虑防飘雨措施。

（二）植被隔热

植被隔热是在屋顶上种植植物，利用植被的蒸腾和光合作用吸收太阳的辐射热，从而达到降温隔热的目的。植被隔热既提高了屋顶的保温隔热性能，又有利于屋面的防水防渗，保护防水层。植被隔热（见图 11—33）有利于减少建筑能耗、美化城市景观、改善城市环境，是节能、环保绿色建筑的组成部分。

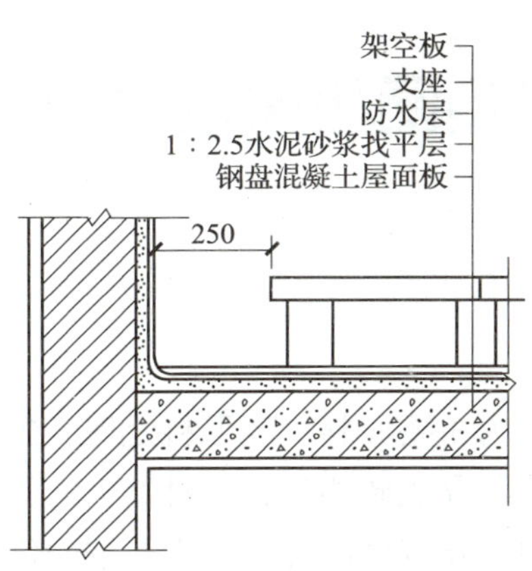

图 11—31　架空通风隔热

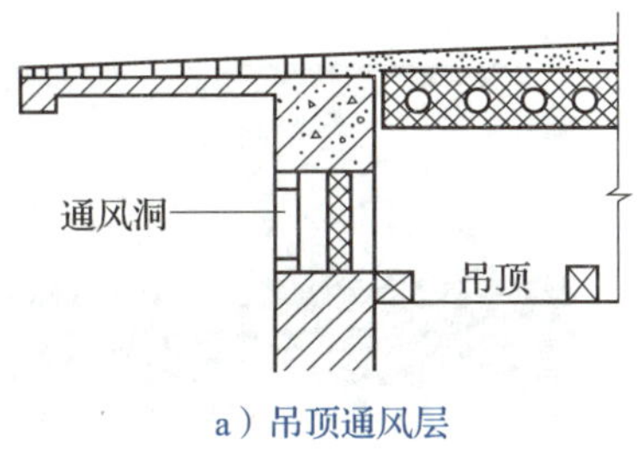

a）吊顶通风层

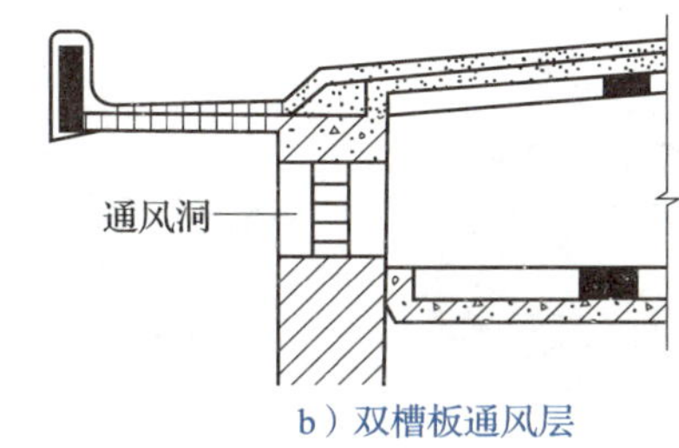

b）双槽板通风层

图 11—32　顶棚通风隔热

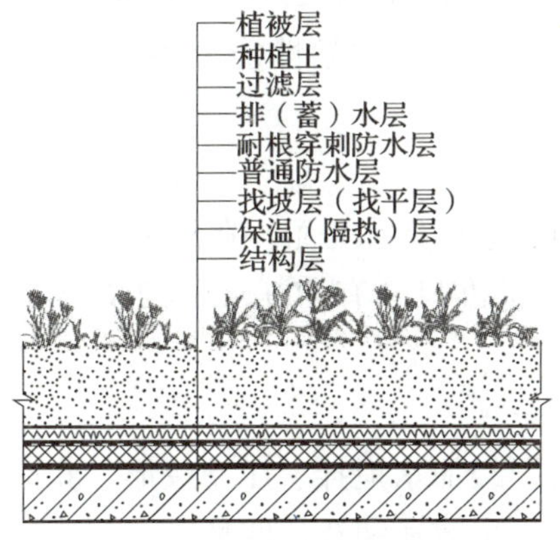

图 11—33　植被隔热

（三）蓄水隔热

用现浇钢筋混凝土作为防水层并长期储水的屋面称为蓄水屋面。蓄水屋面中的水能在太阳辐射的作用下蒸发为水蒸气，可以带走大量的热量，水还能反射阳光，减少太阳辐射热对室内的影响。另外，混凝土长期浸在水中可避免碳化、开裂，提高耐久性。蓄水隔热既可隔热降温，又可养殖鱼虾等，非常适宜在我国南方地区推广使用。

第六节　屋面材料与屋顶隔热保温材料

一、屋面材料

1. 黏土瓦

以黏土（包括页岩、煤矸石等粉料）为主要原料，经泥料处理、成形、干燥和焙烧制成。黏土瓦的生产工艺与黏土砖相似，但对黏土的质量要求较高，如含杂质少，塑性高，泥料均化程度高等。黏土瓦按颜色分有红瓦和青瓦，按用途可以分为脊瓦和平瓦（见图 11—34），平瓦用于屋面，脊瓦用于屋脊。

图 11—34　平瓦与脊瓦

平瓦的规格尺寸有 400 mm × 200 mm、380 mm × 225 mm 和 360 mm × 220 mm。平瓦按尺寸偏差、外观质量和物理、力学性能分为优等品、一等品和合格品三个等级。

2. 混凝土瓦

混凝土瓦耐久性好、成本低，但自重大于黏土瓦。在配料中加入耐碱颜料可制成彩色瓦。混凝土平瓦的标准尺寸有 400 mm × 240 mm、385 mm × 235 mm。

3. 石棉[18]水泥瓦

石棉水泥瓦是用水泥和石棉为原料，经加水搅拌、压滤成形、养护而成。石棉水泥瓦分为大波瓦、中波瓦、小波瓦和脊瓦四种。

石棉水泥瓦单张面积大，有效利用面积大、还具有防火、防腐、耐热、耐寒、质轻等特性。适用于简易工棚、仓库和临时设施等建筑屋面。石棉纤维对人体健康有害，现主要采用耐碱玻璃纤维和有机纤维生产水泥瓦。

4. 钢丝网水泥大波瓦

钢丝网水泥大波瓦是采用普通水泥和砂子加水拌和后浇模内，中间放置一层冷拔低碳钢丝网，养护成形制成的大波瓦。这种瓦的尺寸为

18. 石棉

石棉是天然的纤维状的硅酸盐类矿物质的总称。石棉具有高度耐火性、电绝缘性和绝热性，是重要的防火、绝缘和保温材料。石棉本身并无毒害，它的最大危害来自于它的纤维，这是一种非常细小，肉眼几乎看不见的纤维，当这些细小的纤维被吸入人体内，就会附着并沉积在肺部，造成肺部疾病，石棉已被国际癌症研究中心确定为致癌物。

1 700 mm×830 mm×14 mm，适用于工厂厂房、仓库及临时建筑的屋面。

5. 聚氯乙烯波纹瓦

又称塑料瓦楞板，是以聚氯乙烯树脂为主要材料，加入其他配料，经塑化、压延、压波而制成的波形瓦，规格尺寸为 2 100 mm×(1 100 ~ 1 300)mm×(1.5 ~ 2)mm。这种瓦质轻、防水、耐腐、透光，常用做车棚、凉棚等简易建筑的屋面或遮阳板。

6. 玻璃钢[19] 波形瓦

玻璃钢波形瓦（见图 11—35）是以不饱和聚酯树脂和玻璃纤维为原料，经手工糊制而成的波形瓦，长 1 800 ~ 3 000 mm，宽 700 ~ 800 mm，厚 0.5 ~ 1.5 mm。玻璃钢波形瓦质轻、强度大、耐冲击、耐高温、透光，适用于建筑遮阳及车站、凉棚等建筑的屋面。

19. 玻璃钢

玻璃钢学名玻璃纤维增强塑料。它是以玻璃纤维及其制品（玻璃布、带、毡、纱等）作为增强材料，以合成树脂作为基体材料的一种复合材料。玻璃钢质轻而硬，不导电，机械强度高，耐腐蚀。

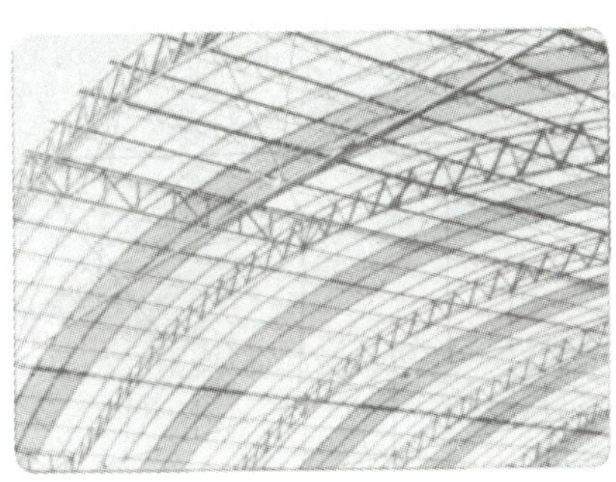

图 11—35　玻璃钢波形瓦

7. 沥青瓦

沥青瓦（见图 11—36）又称玻纤瓦、油毡瓦、玻纤胎沥青瓦。沥青瓦是以玻璃纤维毡为胎体，经浸涂优质石油沥青后，一面覆盖彩色矿物粒料，另一面撒以隔离材料所制成的瓦状屋面防水片材。它具有良好的防水、装饰功能和色彩丰富、形式多样、质轻面细、施工简便等特点。

图 11—36　沥青瓦（油毡瓦）

20. 铝锰镁板
铝锰镁合金密度是彩钢的1/3，使用寿命却可达到其3倍以上。由于板材柔软可塑，可做成扇形、弧形，极大地满足了设计需求，因此该建材被广泛应用在机场、体育场馆、剧院等大型建筑物上。

8. 金属屋面

金属屋面（见图 11—37）是指采用金属板材作为屋盖材料，将结构层和防水层合二为一的屋盖形式。金属板材的种类很多，有锌板、镀铝锌板、铝合金板、铝锰镁板[20]、钛合金板、铜板、不锈钢板等，厚度一般为 0.4 ~ 1.5 mm，板的表面一般进行涂装处理。由于材质及涂层质量的不同，有的板寿命可达 50 年以上。板的制作形状多种多样，有的为复合板，即将保温层复合在两层金属板材之间，也有的为单板，施工时，有的板在工厂加工好后在现场组装，有的根据屋面工程的需要在现场加工。保温层有的在工厂复合好，有的在现场制作。金属板材屋面形式多样，从大型公共建筑到厂房、库房、住宅等均有使用。

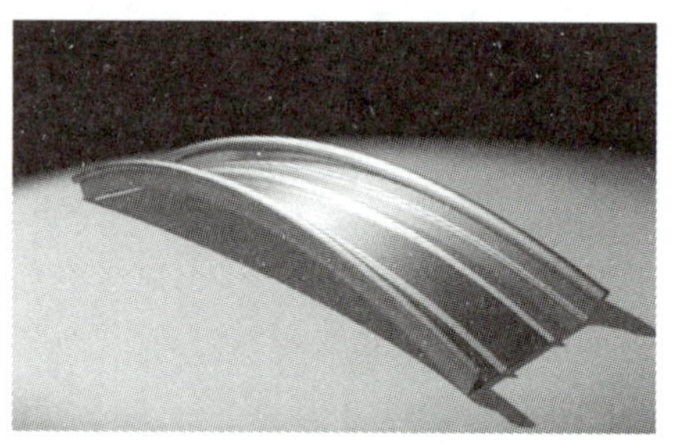

图 11—37　金属屋面及工程应用实例

二、屋顶隔热保温材料

隔热保温材料（又称绝热材料）是指对热流具有显著阻抗性的材料或材料复合体。隔热保温材料广泛用于墙体、屋顶、楼地层和门窗，以减少室内外热量或冷量交换，保持室内的适宜温度，降低建筑物能耗。

常用的隔热保温材料有以下几种：

1. 岩棉及矿渣棉

岩棉及矿渣棉统称为矿物棉，由熔融的岩石经喷吹制成的称为岩棉，由熔融矿渣经喷吹而成的为矿渣棉。将矿物棉与有机胶粘剂结合可以制成矿棉板、毡、筒。矿棉板（见图 11—38）具有质轻、防火耐燃、隔热保温和吸声效果，既可用于室内顶棚及墙面装饰，也可以作为屋面保温层。

2. 泡沫混凝土

泡沫混凝土（见图 11—39）是通过发泡机的发泡系统将发泡剂用机械方式充分发泡，并将泡沫与水泥浆均匀混合，然后经过发泡机的泵送系统进行现浇施工或模具成形，经自然养护所形成的一种含有大量封

闭气孔的新型轻质保温材料。

由于泡沫混凝土中含有大量封闭的孔隙，故其质轻，密度为 300 ~ 1 200 kg/m^3；保温隔热性能好，热阻为普通混凝土的 10 ~ 20 倍，隔声耐火性能好，整体性能好，防水性能强。

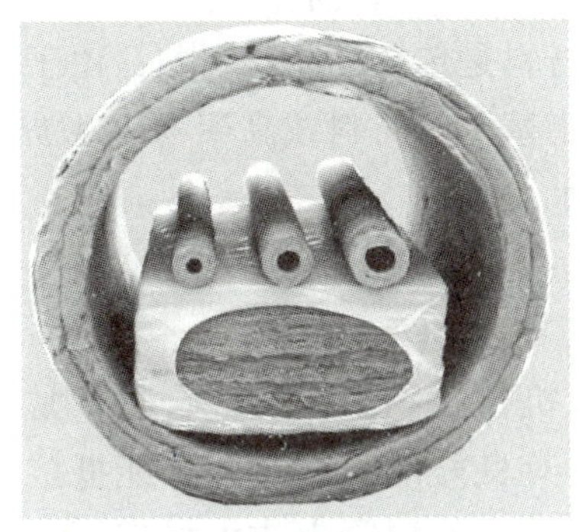

图 11—38 矿棉板和矿棉筒

图 11—39 泡沫混凝土

3. 泡沫塑料

（1）聚苯乙烯泡沫塑料（PS）

聚苯乙烯泡沫塑料是以聚苯乙烯树脂为主体，加入发泡剂等添加剂制成。它具有吸水性小，有优良的抗水性，密度小，机械强度好，缓冲性能优异，加工性好，易于模塑成形，着色性好，温度适应性强等优点，但燃烧时会放出污染环境的苯乙烯气体。

（2）聚氨酯泡沫塑料

聚氨酯泡沫塑料是异氰酸酯和羟基化合物经聚合发泡制成，按其硬度可分为软质和硬质两类，其中软质为主要品种。一般来说，它具有极佳的弹性、柔软性、伸长率和压缩强度；化学稳定性好，耐许多溶剂和油类；耐磨性优良，比天然海绵大 20 倍；还有优良的加工性、绝热性、黏合性等性能。聚氨酯泡沫塑料一般通过添加阻燃剂提高泡沫塑料的阻燃性，以延缓燃烧、阻烟甚至使着火部位自熄。也可采用含阻燃元素的多元醇（即反应型阻燃剂）为泡沫原料。

（3）聚氯乙烯泡沫塑料（PVC）

聚氯乙烯泡沫塑料是以聚氯乙烯树脂为主体，加入发泡剂及其他添加剂制成，是一种使用较早的泡沫塑料，分为硬质和软质两类，以软质居多。它具有良好的机械性能和冲击吸收性，是一种闭孔型柔软材料，其密度在 0.05 ~ 0.1 g/cm^3 之间，化学性能稳定，耐腐蚀性强，不吸水，不易燃烧，价格便宜。但它的耐候性差，有一定毒性等。

第七节 防水材料

防水材料按照其基本成分，可以分为沥青基防水材料、橡胶基防水材料和树脂基防水材料三种。沥青基防水材料是传统的防水材料，由于其使用寿命较短，现正逐渐被橡胶基和树脂基防水材料或高聚物改性沥青取代，防水层的构造也由多层向单层防水发展。

一、沥青基防水材料

沥青属于有机胶凝材料，是由多种有机化合物组成的混合物，常温下呈固体、半固体或黏稠液体。沥青具有良好的防水性能，能抵抗一般酸、碱、盐侵蚀，具有良好的耐腐蚀性；与混凝土或木材表面都有非常好的黏结力；具有一定塑形，能适应基层的变形。因此，在建筑工程上，沥青被广泛应用于防水、防潮、防腐工程及水工、道路工程中。

沥青按产源可分为地沥青（包括天然沥青和石油沥青）和焦油沥青（包括煤沥青和页岩沥青）。目前工程中常用的主要是石油沥青及少量煤沥青。

（一）石油沥青

石油沥青是由石油原油经蒸馏提炼出各种轻质油（如汽油、柴油等）及润滑油以后的残留物，再经过加工而得的产品。

1. 石油沥青的组分

（1）油分

油分为淡黄色至红褐色的油状液体，是沥青中分子量最小和密度最小的组分，密度为 0.7 ~ 1.0 g/cm^3。在 170℃较长时间加热，油分可以挥发。

油分能溶于石油醚、二硫化碳、三氯甲烷、苯、四氯化碳和丙酮等有机溶剂中，但不溶于酒精。油分赋予沥青以流动性。

（2）树脂

树脂为黄色至黑褐色黏稠状物质（半固体），分子量比油分大，密度为 1.0 ~ 1.1 g/cm^3。树脂能溶于三氯甲烷、汽油和苯等有机溶剂，但在酒精和丙酮中难溶解或溶解度很低。它赋予沥青以良好的黏结性、塑性和可流动性。

（3）地沥青质

地沥青质为深褐色至黑色固态无定型物质（固体粉末），分子量

比树脂大，密度大于 1 g/cm^3。地沥青质不溶于酒精、正戊烷，但溶于三氯甲烷和二硫化碳，染色力强，对光的敏感性强，感光后就不能溶解。

地沥青质是决定石油沥青温度敏感性、黏性的重要组成部分，其含量越多，则软化点越高，黏性越大，即越硬脆。

另外石油沥青中还含有蜡，它会降低石油沥青的黏结性和塑性，同时对温度特别敏感（即温度稳定性差）。所以蜡是石油沥青中的有害成分。

油分、树脂和地沥青质是石油沥青的三大组分，其中油分和树脂可以互相溶解，树脂能浸润地沥青质，并在地沥青质的超细颗粒表面形成树脂薄膜。所以石油沥青的结构是以地沥青质为核心，周围吸附部分树脂和油分的互溶物而构成胶团，无数胶团分散在油分中而形成胶体结构。

2. 石油沥青的技术性质

（1）黏滞性

又称黏性。对半固体或固体的石油沥青用针入度表示，对液体石油沥青则用黏滞度表示。

针入度是在规定温度（25℃）条件下，以规定质量（100 g）的标准针，在规定时间（5 s）内贯入试样中的深度来表示，单位以 1/10 mm 计。针入度值越小，表明黏度越大。

黏滞度是将一定量的液体沥青，在某温度下经一定直径的小孔流出 50 cm^3 所需的时间，以秒为单位。常用符号“CdtT”表示黏滞度，其中 d 为小孔直径（mm），t 为试样温度，T 为流出 50 cm^3 沥青的时间。d 有 10 mm、5 mm、3 mm 三种，t 通常为 25℃或 60℃。

（2）塑性

塑性指石油沥青在外力作用下产生变形而不破坏，除去外力后，仍能保持变形后形状的性质。沥青的塑性对冲击振动荷载有一定吸收能力，并能减少摩擦时的噪声，故沥青是一种优良的道路路面材料。

石油沥青的塑性用延度表示。延度越大，塑性越好。

沥青延度测定是把沥青制成“8”字形标准试件，置于延度仪内的 25℃水中，以 5 cm/min 的速度拉伸，用拉断时的伸长度来表示，单位用 cm 计。

（3）温度敏感性

温度敏感性是指石油沥青的黏滞性和塑性随温度升降而变化的性能。由于沥青是一种高分子非晶态热塑性物质，故没有一定的熔点。

沥青的黏滞性和塑性随温度变化而变化。石油沥青中地沥青质含量较多时，其温度敏感性较小。在工程中使用时往往加入滑石粉、石灰石粉等矿物填料，以减小其温度敏感性。沥青中含蜡量较多时，则会在温度较高（60℃左右）时发生流淌，在温度较低时又易变硬开裂。

温度敏感性以软化点指标表示。即规定以其中某一状态作为从固态转变到黏流态的起点，相应的温度则称为沥青的软化点。沥青软化点一般采用环与球法测定。此法是把沥青试样装入规定尺寸（直径 15.88 mm，高 6 mm）的铜环内，试样上放置一标准钢球（直径 9.53 mm，质量 3.5 g），浸入水或甘油中，以规定的速度升温（5 ℃/min），当沥青软化下垂至规定距离（25.4 mm）时的温度即为其软化点，以摄氏度计。

（4）大气稳定性

石油沥青在热、阳光、氧气和潮湿等大气因素的长期综合作用下抵抗老化的性能称为大气稳定性。在大气因素的综合作用下，沥青中各组分会发生不断递变，低分子化合物将逐步转变成高分子物质，即油分和树脂逐渐减少，而地沥青质逐渐增多。

石油沥青随着时间的延长，流动性和塑性将逐渐减小，硬脆性逐渐增大，直至脆裂。这个过程称为石油沥青的老化。

石油沥青的大气稳定性以加热蒸发损失百分率和加热前后针入度比来评定。

其测定方法是：先测定沥青试样的质量及其针入度，然后将试样置于烘箱中，在 160℃下加热蒸发 5 h，待冷却后再测定其质量及针入度。蒸发损失百分数越小和蒸发后针入度比越大，则表示沥青的大气稳定性越好，即老化越慢。

道路石油沥青、建筑石油沥青和普通石油沥青都是按针入度指标来划分牌号的。在同一品种石油沥青材料中，牌号越小，沥青越硬；牌号越大，沥青越软。同时随着牌号增加，沥青的黏性减小（针入度增加），塑性增加（延度增大），而温度敏感性增大（软化点降低）。

3. 石油沥青的选用

在选用沥青材料时，应根据工程性质（房屋、道路、防腐）及当地气候条件、所处工程部位（屋面、地下）来选用不同品种和牌号的沥青。

道路石油沥青牌号较多，主要用于道路路面或车间地面等工程，一般拌制成沥青混凝土、沥青拌和料或沥青砂浆等使用。

建筑石油沥青黏性较大，耐热性较好，但塑性较小，主要用于制造油毡、油纸、防水涂料和沥青胶。它们绝大部分用于屋面及地下防水沟槽防水、防腐蚀及管道防腐等工程。对于屋面防水工程，应注意防止过分软化。

为避免夏季流淌，屋面用沥青材料的软化点还应比当地气温下屋面可能达到的最高温度高20℃以上。但软化点也不宜选择过高，否则冬季低温易发生硬脆甚至开裂。对一些不易受温度影响的部位，可选用牌号较大的沥青。

普通石油沥青含蜡较多，其含量一般大于5%，有的高达20%以上（称多蜡石油沥青），因而温度敏感性大，故在工程中不宜单独使用，只能与其他种类石油沥青掺配使用。

（二）煤沥青

煤沥青是炼焦厂或煤气厂的副产品。烟煤在干馏过程中的挥发物质，经冷凝而成黑色黏性液体称为煤焦油，煤焦油经分馏加工提取轻油、中油、重油、蒽油以后，所得残渣即为煤沥青。

煤沥青的主要组分为油分、脂胶、游离碳等。煤沥青温度敏感性大，大气稳定性较差，塑性较差，黏附力较好，防腐性好。

煤沥青具有很好的防腐能力、良好的黏结能力。因此可用于配制防腐涂料、胶黏剂、防水涂料，油膏以及制作油毡等。

（三）改性石油沥青

1．矿物填料改性沥青

在沥青中加入一定数量的矿物填充料，可以提高沥青的黏性和耐热性，减小沥青的温度敏感性，同时也减少了沥青的耗用量，主要适用于生产沥青胶。

常用矿物填料有滑石粉、石灰石粉、硅藻土、石棉绒和云母粉等。

2．树脂改性沥青

用树脂改性石油沥青，可以改善沥青的耐寒性、耐热性、黏结性和不透气性。

常用的树脂有古马隆树脂、聚乙烯、聚丙烯、酚醛树脂[21]及天然松香等。

3．橡胶改性沥青

（1）氯丁橡胶改性沥青

石油沥青中掺入氯丁橡胶后，可使其气密性、低温柔性、耐化学腐蚀性、耐光性、耐臭氧性、耐候性和耐燃性等得到大大改善。

（2）热塑性丁苯橡胶（SBS）改性沥青

SBS热塑性橡胶兼有橡胶和塑料的特性，常温下具有橡胶的弹性，

21．酚醛树脂

酚醛树脂也称电木，为无色或黄褐色透明物质。酚醛树脂最重要的特征就是耐高温性，即使在非常高的温度下，也能保持其结构的整体性和尺寸的稳定性。

在高温下又能像塑料那样熔融流动，成为可塑的材料。所以采用 SBS 橡胶改性沥青，其耐高温、低温性能均有较明显提高。

（四）沥青基防水卷材

1. 沥青防水卷材

沥青防水卷材分为有胎卷材和无胎卷材。有胎卷材是用原纸或玻璃布、石棉布、棉麻织品等胎料浸渍石油沥青（或焦油沥青）制成的卷状材料，也称为浸渍卷材。无胎卷材则是将石棉、橡胶粉等掺入沥青材料中，经碾压制成的卷状材料，也称为辊压卷材。

沥青油毡按其所用原纸每平方米的重量克数划分为 200、350、500 三种标号。200 号石油沥青油毡适用于简易防水和临时建筑防水、建筑防潮及包装等。350 号和 500 号油毡适用于屋面、地下、水利工程等的防水。

2. SBS 改性沥青防水卷材

以聚酯纤维无纺布为胎体，以 SBS 橡胶改性沥青[22]为面层，以塑料薄膜为隔离层，油毡表面带有砂粒。

SBS 改性沥青防水卷材（见图 11—40）耐撕裂强度比玻璃纤维胎油毡大 15 ~ 17 倍，耐穿刺性大 15 ~ 19 倍，可用氯丁黏合剂进行冷粘贴施工，也可用汽油喷灯进行热熔施工，适用于建筑的屋面和地下防水工程，尤其适用于较低温度。

22. SBS 橡胶改性沥青
SBS 橡胶改性沥青是以沥青为原料，加入一定比例的 SBS 改性剂，通过剪切、搅拌等方法使 SBS 均匀地分散于沥青中，形成 SBS 共混材料，利用 SBS 良好的物理性能对沥青做改性处理。

图 11—40　SBS 改性沥青防水卷材

二、橡胶基和树脂基防水材料

（一）橡胶基防水卷材

橡胶基防水卷材以橡胶为主要原料，加入硫化剂、软化剂、补强剂和防老化剂等助剂，经过密炼、拉片、过滤、挤出成形、硫化等工序制作而成。主要品种如下：

1. 三元乙丙橡胶防水卷材（EPDM）

由三元乙丙橡胶（乙烯、丙烯和少量双环戊二烯共聚合成的高

分子聚合物）、硫化剂、促进剂等，经压延或挤出工艺制成的高分子卷材。

EPDM 具有耐老化性能好、耐酸碱、抗腐蚀，使用寿命可达 35 年，拉伸性能好，延伸率大，能够较好适应基层伸缩或开裂变形的需要，耐高低温性能好，低温可达 -40℃，高温可达 160℃，能在恶劣环境长期使用，质量轻，减少屋顶负载等优点，广泛适用于建筑屋面、地下室的防水施工。

2. 氯丁橡胶防水卷材（CR）

氯丁橡胶防水卷材密度较大，抗拉强度、透气性、耐酸碱腐蚀性和耐磨性较好。

3. 丁基橡胶防水卷材（IIR）

丁基橡胶防水卷材是由异丁烯和少量异戊二烯合成，其耐热性、耐老化性、耐酸碱腐蚀性特别突出，最高使用温度可达 200℃，能长时间暴露于阳光和空气中而不易老化。

（二）树脂基防水卷材

1. 聚氯乙烯防水卷材（PVC）

聚氯乙烯防水卷材是以聚氯乙烯树脂为主要原料，加入各类专用助剂和抗老化组分生产而成。聚氯乙烯防水卷材具有拉伸强度大、延伸率高、收缩率小、低温柔性好、使用寿命长等特点。产品性能稳定、质量可靠、施工方便。

聚氯乙烯卷材具有以下优点：拉伸强度高，伸长率好；具有良好的水汽扩散性，冷凝物易排出释放，基层的湿气、潮气易排出；耐老化、耐紫外线照射、耐化学腐蚀、耐根系穿透；低温下（－20℃）具有良好的柔韧性；使用寿命长（屋面 25 年、地下 50 年以上），无环境污染；表面吸热少。

2. 氯化聚乙烯防水卷材（CPE）

以氯化聚乙烯树脂为主要原料，加入多种化学助剂，经混炼、挤出成形和硫化等工序加工制成的防水卷材。

CPE 卷材耐磨性非常优良，除了用于防水工程外，还可作为室内地面材料，兼具防水与装饰效果。

三、防水涂料

（一）沥青胶与冷底子油

沥青胶是在熔（溶）化的沥青中加入粉状或纤维状的填充料经均匀混合而成。常用的填充料有滑石粉、石灰石粉、白云石粉、石棉屑、木纤维等。常用配合比为沥青 70% ~ 90%，矿粉 10% ~ 30%。

冷底子油是用汽油、煤油、柴油等有机溶剂与沥青材料溶合制得的沥青涂料。它的黏度小，能渗入混凝土、砂浆、木材等材料的毛细孔隙中，待溶剂挥发后，便与基材牢固结合，使基面具有一定的憎水性。因它多在常温下用做防水工程的打底材料，故名冷底子油。

（二）沥青基防水涂料

1. 乳化沥青防水涂料

乳化沥青是沥青以微粒分散在有乳化剂的水中而成的乳胶体。配制时，先在水中加入少量乳化剂，再将沥青热熔后缓缓倒入，同时高速搅拌，使沥青分散成小颗粒。

乳化沥青涂刷于基材表面作为防潮层或防水层，或用于拌制冷用沥青砂浆或沥青混凝土。

2. 橡胶沥青防水涂料

橡胶沥青防水涂料是以沥青为基本材料，加入橡胶和稀释剂及其他助剂等制成的防水涂料。其中以溶剂（苯、甲苯、汽油等）为稀释剂的称为溶剂型涂料，主要有氯丁橡胶沥青防水涂料和再生橡胶沥青防水涂料。以水为稀释剂的称为水乳性涂料。再生橡胶沥青防水涂料不污染环境，可以在潮湿基层上施工，应用越来越广泛。

橡胶沥青防水涂料具有适应范围广，耐候性、抗酸性、抗变形性好，使用寿命长，拉伸强度高，延伸率大，防水防腐性能优越等优点，防水防腐寿命达 50 年。

（三）合成高分子防水涂料

合成高分子防水涂料属于高档防水涂料，它比沥青基及改性沥青基防水涂料具有更好的塑形和弹性，更能适应防水基层的变形，延长使用寿命。其所使用的基料为合成树脂或合成橡胶，如聚氨酯、丙烯酸酯、硅酮橡胶、SBS 橡胶等。常用的合成高分子防水涂料有聚氨酯防水涂料、丙烯酸酯防水涂料和有机硅防水涂料。

聚氨酯防水涂料能在潮湿或干燥的各种基面上直接施工；与基面黏结力强，涂膜中的高分子物质能渗入基面细缝内；涂膜有良好的柔韧性，对基层伸缩或开裂的适应性强，抗拉强度高；绿色环保，无毒无味，不污染环境，对人身无伤害；耐候性好，高温不流淌，低温不龟裂，抗老化性能优异，能耐油、耐磨、耐臭氧、耐酸碱侵蚀；涂膜密实，防水层完整，无裂缝、无针孔、无气泡，水蒸气渗透系数小，既具有防水功能又有隔汽功能；施工简便，工期短，维修方便；根据需要，可调配成各种颜色；质轻，不增加建筑物负载。

（四）沥青砂浆和沥青混凝土

沥青砂浆是由沥青、矿质粉料和砂按一定比例配制而成，如再加入

碎石或卵石，就成为沥青混凝土。

沥青砂浆配合比一般为沥青 12% ~ 16%、粉料 22% ~ 32%、砂 50% ~ 60%。

热拌热铺是沥青砂浆和沥青混凝土的主要施工方法，先将砂石预热至 120 ~ 140℃，再放入搅拌机或拌锅中，然后将加热至 180 ~ 220℃的熔化沥青加入，经搅拌均匀后趁热及时铺筑压实。

第十二章　门窗与建筑装饰材料

第一节　门窗的构造

门窗安装在墙上，因而是房屋围护结构的组成部分。门窗的主要作用有围护、分隔、采光、隔声、眺望以及装饰立面等，门还具有交通功能。

一、门窗的分类

门窗按照制作材料可以分为木门窗、钢门窗、铝合金门窗、塑料门窗、彩板门窗等。

木门窗制作方便，价格低，密封较好，但耐久性差，易变形，维护费用高，消耗木材资源量大，因而常用于室内门窗。目前我国限制木质门窗的使用。

钢门窗强度高，防火性较强，采光率高，但密封性、耐腐蚀性能和保温性能差。

铝合金门窗造型美观，密闭性良好但成本高。

塑料门窗具有良好的气密性、水密性、隔声性，耐受各种恶劣的气候，耐受各种化学腐蚀，使用寿命长，不需定期维护，近年来已被广泛采用。

彩板门窗是指以冷轧镀锌板为基板，涂敷耐候型高抗蚀面层的彩色涂层板经机械加工而成的门窗。它具有质量轻、硬度高、采光面积大、防尘、隔声、保温密封性好、造型美观、色彩绚丽、耐腐蚀等特点。

二、门

（一）门的形式

门可以根据开启方式的不同分为以下几种类型（见图 12—1）：

1. 平开门

水平开启的门。它的构造简单，开启灵活，加工制作简便，易于维修，是建筑中最常见并且使用最广泛的门。

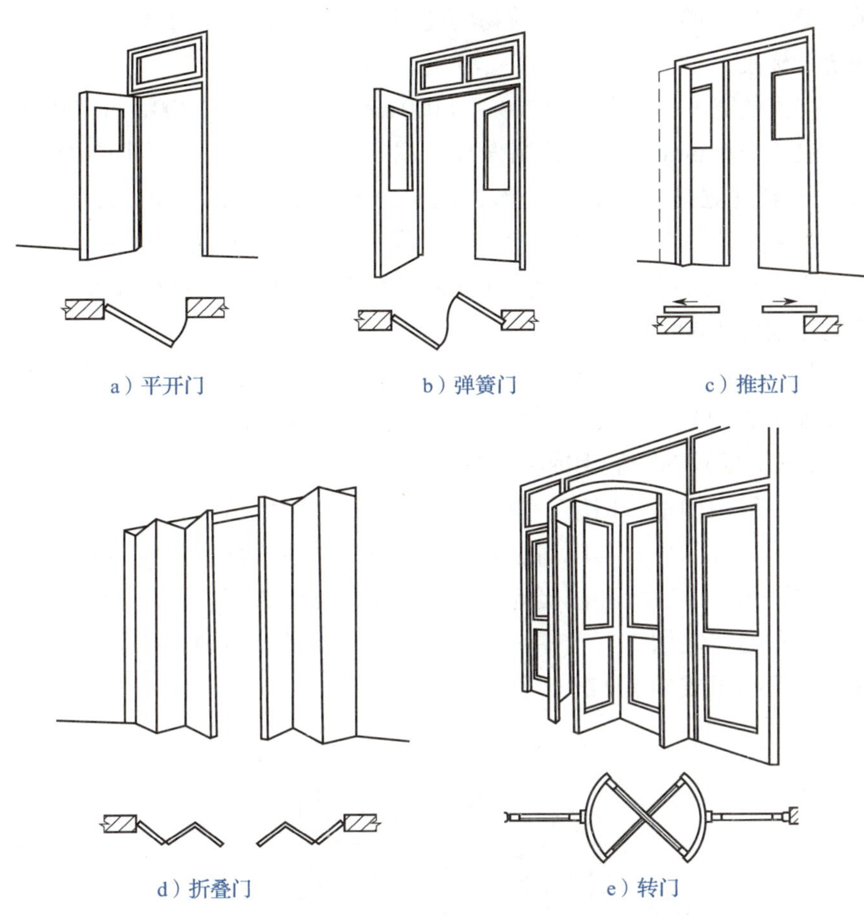

图 12—1 门的形式

2. 弹簧门

装有弹簧合叶的门，开启后会自动关闭。它使用方便，美观大方，广泛用于商店、学校、医院、办公和商业大厦。

3. 推拉门

开启时门扇沿轨道向左右移动。它常用于工业建筑中，作为仓库和车间大门。

4. 折叠门

开启时门扇可以折叠在一起。它的构造较复杂，一般用于公共建筑或住宅中用于灵活分隔空间。

5. 转门

由两个固定的弧形门套和垂直旋转的门扇构成。它对隔绝室外气流有一定作用，可作为寒冷地区公共建筑的外门。

（二）门的尺度

门的尺度一般是指门洞的宽度和高度，主要取决于人流的通行要求，家具器械的搬运及与建筑物的比例关系等，并要符合《建筑模数协调统一标准》的规定。

门洞的宽度：单扇门为 700 ～ 1 000 mm，双扇门为 1 200 ～ 1 800 mm。宽度在 2 100 mm 以上时，则做成三扇、四扇门或双扇带固定扇的门，因为门扇过宽易产生翘曲变形，同时也不利于开启。辅助房间(如卫浴、贮藏室等)门的宽度可窄些，贮藏室一般最小可为 700 mm，居住建筑卫浴间门的宽度最小为 800 mm。卧室门的宽度为 900 mm，入户门的宽度为 1 000 mm 及以上。

门洞的高度：住宅建筑门上无亮子[1]时为 2 100 mm，有亮子时应大于等于 2 400 mm。公共建筑随门洞宽度变化适当加高。

(三)平开木门的组成和构造

门一般由门框、门扇、亮子、五金零件及附件组成。

门框又称门樘，是门扇、亮子与墙体的联系构件。门扇一般由上冒头、中冒头、下冒头和门梃等组成。亮子又称腰头窗，在门上方，为辅助采光和通风之用。五金零件一般有铰链、插销、门锁、拉手、门碰头等。木门的组成如图 12—2 所示。

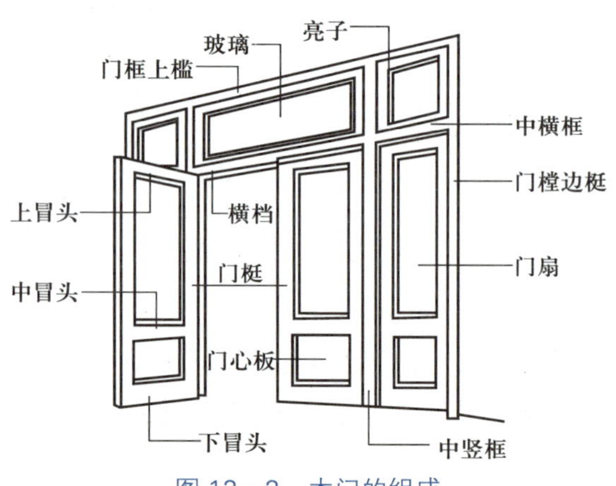

图 12—2　木门的组成

1. 门框

门框的断面形式与门的类型、层数有关，同时应利于门的安装，并具有一定的密闭性。为便于门扇密闭，门框上要做裁口[2](或铲口)。根据门扇数与开启方式的不同，裁口的形式可分为单裁口[3]与双裁口两种。

门框与墙体之间的缝隙一般用面层砂浆直接填塞或用贴脸板封盖，寒冷地区缝内应填毛毡、矿棉、沥青麻丝或聚乙烯泡沫塑料等。

门框的安装分立口和塞口两种。立口(又称站口)是先立门框后砌墙，其特点是窗框与墙体紧密、牢固。若施工组织不当，会影响施工进

1. 亮子
亮子指的是门扇上方的窗，在医院或教室等层高比较大的建筑中，通常会在门扇上方设置固定窗或中悬窗作为亮子，作用是增加室内采光，悬窗还兼具通风的作用。

2. 裁口
也称铲口，是指门框上的缺口。为使门窗扇与框之间能方便开启，在关闭时保持一定的密封性，一般在门窗框上的裁口深度为 10 ～ 12 mm。

3. 单裁口
是指只在门框的一边裁口。

度。塞口（又称塞樘子）是在砌墙时留出门洞口，待建筑主体工程结束后再安装门框，其特点是施工方便，但塞口的整体性不如立口。

2. 门扇

常用的木门门扇有镶板门（包括玻璃门、纱门）和夹板门。

镶板门是应用最广的一种门，门扇由骨架和门芯板组成。骨架一般由上冒头、中冒头、下冒头及门梃组成，在骨架内镶门芯板，门芯板常用 10 ~ 15 mm 厚的木板、胶合板、硬质纤维板及塑料板制作。

夹板门也称贴板门或胶合板门，是用断面较小的方木做成骨架，两面粘贴面板而成。门扇面板可用胶合板、塑料面板或硬质纤维板，面板和骨架形成一个整体，共同抵抗变形。夹板门多为全夹板门，也有局部安装玻璃或百叶的夹板门。

（四）铝合金门的构造

铝合金门用料省、自重轻、密封性好，气密性、水密性、隔声性、隔热性都比钢门、木门有显著的提高。铝合金门不需要涂涂料，氧化层不褪色、不脱落，表面不需要维修。铝合金门强度高，刚度好，坚固耐用，开闭轻便灵活，无噪声，安装速度快，色泽美观。铝合金门框料型材表面经过氧化着色处理后，既可保持铝材的银白色，又可以制成各种柔和的颜色或带色的花纹，如古铜色、暗红色、黑色等。

铝合金门设计要求是：满足抗风压强度、雨水渗漏、空气渗漏等性能综合指标，同时控制洞口最大尺寸和开启扇最大尺寸，还需考虑外墙门窗高度限值。

三、窗

（一）窗的分类

根据开启方式的不同，窗（见图 12—3）可以分为平开窗、悬窗、推拉窗、固定窗等。

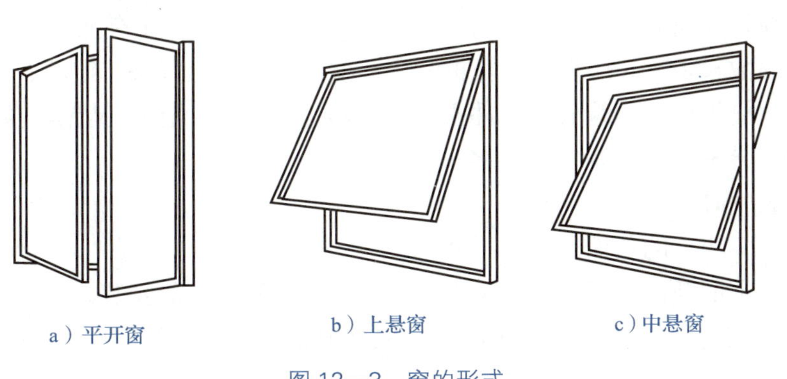

a）平开窗　　b）上悬窗　　c）中悬窗

图 12—3　窗的形式

1. 平开窗

窗扇用铰链与窗框侧边相连，可向外或向内水平开启，有单扇、双扇、多扇之分。

2. 悬窗

根据铰链和转轴的位置不同，可分为上悬窗、中悬窗和下悬窗。

3. 推拉窗

分为垂直推拉窗和水平推拉窗两种。窗扇沿水平或竖向导轨或滑槽推拉，开启时不占空间。

4. 固定窗

无窗扇，将玻璃直接安装在窗框上，不能开启，只供采光和眺望，多用于门或窗上的亮子或与开启窗配合使用。

（二）窗的尺度

窗的尺寸主要取决于房间的采光、通风、构造做法和建筑造型等要求，并要符合《建筑模数协调统一标准》的规定。通常用窗地比[4]来确定房间的窗口面积，其数值在有关设计标准或规范中有具体规定，如教室、阅览室为1/6 ~ 1/4，居室、办公室为1/8 ~ 1/6等。窗洞口的高度与宽度尺寸通常采用扩大模数3M数列作为洞口的标志尺寸，一般洞口高度为600 ~ 3 600 mm。

平开木窗窗扇高度为800 ~ 1 500 mm，宽度为400 ~ 600 mm；上下悬窗窗扇高度为300 ~ 600 mm；中悬窗扇高不宜大于1 200 mm，宽度不宜大于1 000 mm；推拉窗窗扇高宽均不宜大于1 500 mm。一般窗洞宽600 ~ 2 400 mm，窗洞高900 ~ 2 100 mm。洞口高度较大时，可分为上下窗，上窗为400 ~ 600 mm的固定窗或中悬窗，下窗为平开窗。洞口尺寸较宽时，如带形窗，可用一系列相同的窗进行组合。各地均有门窗标准图集供选用。

（三）平开木窗的组成和构造

窗主要由窗框、窗扇和建筑五金零件组成。

窗框又称窗樘，一般由上框、下框及边框组成，在有亮子窗或横向窗扇数较多时，应设置中横框和中竖框。窗扇由上冒头、窗芯、下冒头及边梃组成。建筑五金零件主要有铰链（合叶）、风钩、插销、拉手、导轨、转轴和滑轮等（见图12—4）。

1. 窗框

（1）窗框的断面形式与尺寸

窗框的断面形式与窗的类型有关，同时应利于窗的安装，并应具有一定的密闭性。窗框的断面尺寸应根据窗扇层数和榫接[5]的需要确定。同门框一样，窗框在构造上也应做裁口和背槽。

4. 窗地比

即窗的净面积和地面净面积的比值。窗地比的作用是在不同的建筑空间保证室内的明亮程度。

5. 榫接

榫接是指榫头插入榫眼或榫槽的接合方式，是我国古典家具与现代家具的基本结合方式，也是现代框架式家具的主要结合方式。

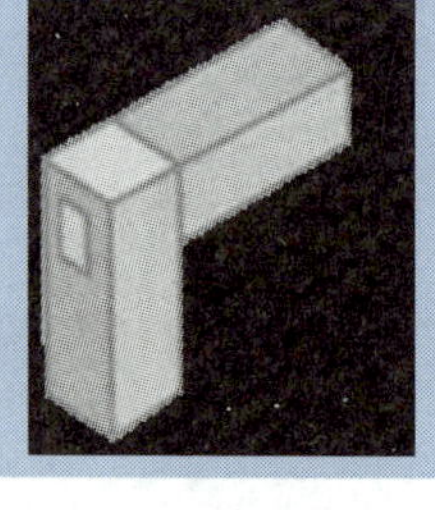

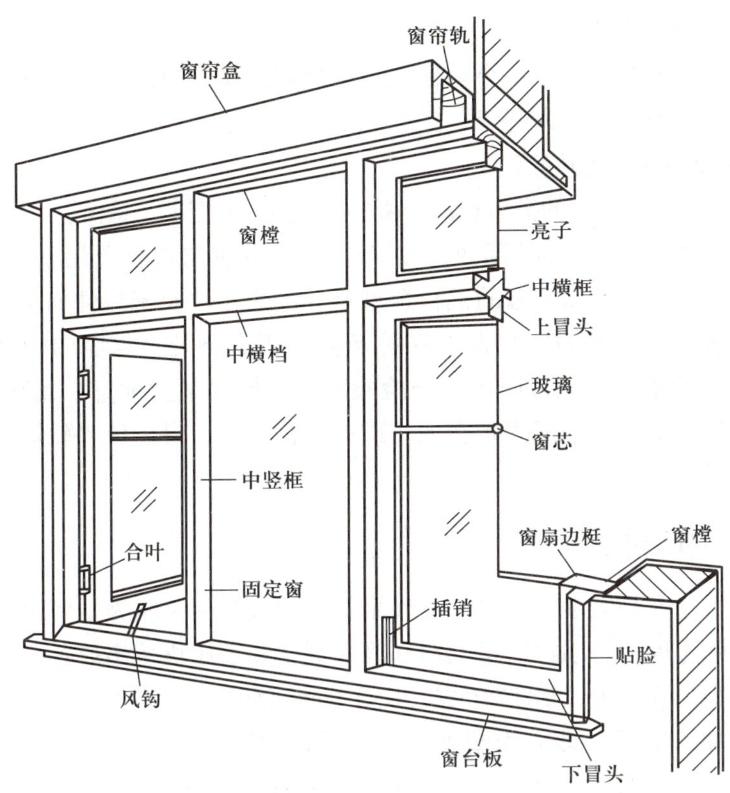

图 12—4　木窗的组成

（2）窗框的安装

窗框的安装方法与门框基本相同。窗框与墙体之间的缝隙应用砂浆或油膏填实，以满足防风、挡雨、保温、隔声等要求。窗框可以与窗洞口外平齐、内平齐或居中设置。安装时窗框突出砖面 20 mm，以便墙面粉刷后与抹灰面平齐。

2. 窗扇

平开窗常见的窗扇有玻璃窗扇、纱窗扇和百叶窗，其中玻璃窗扇最普遍。一般平开窗窗扇高度为 600 ~ 1 200 mm，宽度不宜大于 600 mm。推拉窗的窗扇高度不宜大于 1 500 mm，窗扇由上、下冒头和边梃组成，为减少玻璃尺寸，窗扇上常设窗芯分格。

3. 双层窗

双层窗根据内外开启方式的不同可以分为双层内开窗和双层内外开窗两类。

（1）双层内开窗

双层内开窗的双层窗扇一般共用一个窗框，也可分开为双层窗框，双层窗扇都内开，双层窗扇内大外小，为防止雨水渗入，外层窗扇的下冒头外侧应设披水板。

（2）双层内外开窗

双层内外开窗是在一个窗框上设内外双裁口，或设双层窗框，外层窗扇外开，内层窗扇内开。

（四）铝合金窗构造

常见的铝合金窗的类型有推拉窗、平开窗、固定窗、悬窗、百叶窗等。铝合金窗的特点以及框料系列、铝合金窗的安装与铝合金门基本相同。各种窗都用不同断面型号的铝合金型材和配套零件及密封件加工制成。

铝合金窗安装时，将窗框在抹灰前立于窗洞处，与墙内预埋件对正，然后用木楔将三边固定，经检验确定窗框水平、垂直、无翘曲后，用连接件将铝合金窗框固定在墙（或梁、柱）上，最后填入软填料或其他密封材料封固。

四、塑料门窗

塑料门窗是以聚氯乙烯、改性聚氯乙烯或其他树脂为主要原料，轻质碳酸钙为填料，添加适量助剂和改性剂，经挤压机挤出成各种截面的空腹门窗异形型材，组装而成。由于塑料变形大、刚度差，一般在型材内腔加入钢材，即成为塑钢门窗。塑钢门窗是以改性硬质聚氯乙烯(UPVC)为原料，经挤出机挤出成形为各种断面的中空异型材，定长切割后，在其内腔衬入钢质型材加强筋，再用热熔焊接机焊接组装成门窗框、扇，装配上玻璃、五金配件、密封条等构成门窗成品。

塑钢门窗异型材按用途分类有主型材和副型材。主型材在门窗结构中起主要作用，断面尺寸较大，如框料、扇料等。副型材在门窗结构中起辅助作用，断面尺寸较小，如玻璃压条、连接板等。也可按截面尺寸大小以框料厚度尺寸划分系列。如45系列、50系列、53系列、58系列、60系列、70系列、80系列、85系列、100系列等，是指框料厚度尺寸分别为45 mm、50 mm、53 mm、58 mm、60 mm、70 mm、80 mm、85 mm、100 mm等。

塑钢门窗强度高、耐冲击性好，耐候性及抗老化性好，保温隔热性能好，气密性、水密性好，隔声性能好，耐腐蚀性好，防火性能好，电绝缘性，热膨胀性较低。

塑钢门窗主要适用于宾馆、住宅、高层楼房、民用建筑和工业建筑，尤其适用于具有酸碱盐等各类腐蚀性介质和潮湿性环境的工业厂房。

五、建筑遮阳

遮阳是通过建筑手段，运用相应的材料和构造，与日照光线成某

一有利的角度，遮挡通过玻璃影响室内过热的热辐射，而不减弱采光条件的手段和措施。建筑遮阳的目的是阻隔阳光直射，防止透过玻璃的直射阳光使室内过热；防止建筑围护结构过热并造成对室内环境的热辐射并防止直射阳光造成的强烈眩光。对于处于低纬度地区的建筑尤为重要。由于日辐射强度随时间、地点、日期、朝向而异。建筑中各朝向窗口要求遮阳的日期、时间以及遮阳的形式和尺寸也需根据具体地区的气候和朝向而定。

遮阳按与外围护结构的相对位置可以分为内遮阳、外遮阳。按安装方法分可以分为固定式遮阳和活动式遮阳。按调节方式分可以分为手动调节光线遮阳和自动调节光线遮阳。

遮阳的常见种类（见图 12—5）有挑檐、外廊、花格、芦席、布篷、百叶、绿化、构件等。

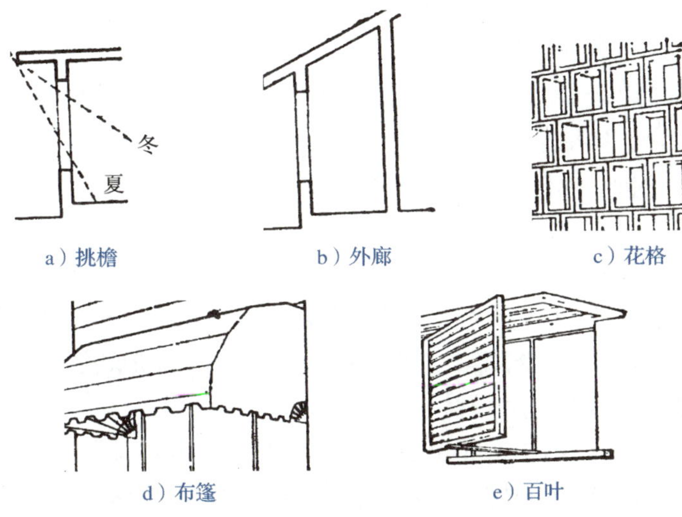

图 12—5 遮阳的形式

结合建筑立面造型，也可以采用遮阳板遮阳。遮阳板的形式（见图 12—6）有水平式、垂直式、综合式和挡板式，分别适合于不同方向射入的阳光，同时构成不同的立面凹凸线条。

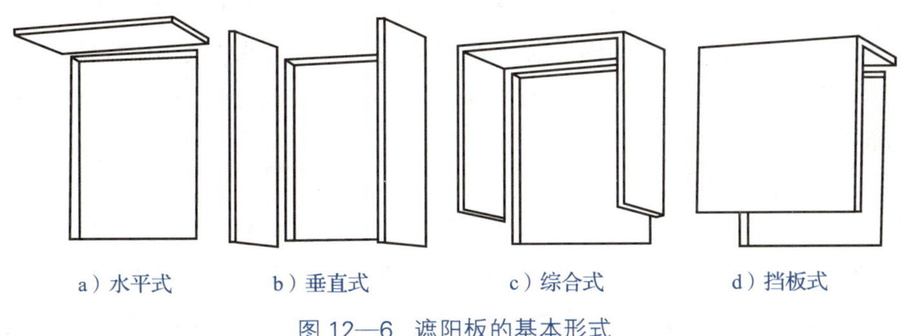

图 12—6 遮阳板的基本形式

第二节　建筑装饰材料概述

建筑装饰材料是指主体结构工程完工后，进行室内外墙面、顶棚、地面的装饰和室内外空间布置所需要的材料。它是既起到装饰目的，又可以满足一定使用要求的功能性材料，也是建筑物的重要物质基础，反映时代的特征。

一、建筑装饰材料的分类

1. 按化学组成分

（1）有机装饰材料

木材、塑料、有机涂料等。

（2）无机装饰材料

金属(铝合金、铜合金、不锈钢等)、非金属(天然石材、石膏、玻璃、陶瓷、矿棉制品等)。

（3）有机、无机复合装饰材料

铝塑板、彩色涂层钢板等。

2. 按材质分

根据材质不同可分为石材类、陶瓷类、皮革类、玻璃类、木质类、塑料类、有机和无机纤维类、涂料类、金属类、无机胶类等。

3. 按装饰部位分

根据装饰部位的不同可分为墙面装饰材料、地面装饰材料、吊顶装饰材料、门窗装饰材料、建筑五金、卫生洁具、管材型材、胶结材料等。

二、建筑装饰材料的功能

1. 装饰功能

选用性质不同的建筑装饰材料或对同一种装饰材料采用不同的施工方法，就可使建筑物的内外装饰产生不同的装饰效果。如用丙烯酸类涂料可以做成有光、平光或无光的饰面，也可以做成凹凸、拉毛或彩砂的饰面。

2. 保护功能

选用材性适当的装饰材料，不仅对建筑物有良好的装饰功能，而且能有效地提高建筑物的耐久性，降低维修费用。采用镶贴陶瓷面砖或涂刷涂料等方法能够保护基体免受或减轻这类破坏，从而延长建筑物的使

用寿命。

3. 其他特殊功能

还有改善室内使用条件(如光线、温度、湿度)、吸声、隔声以及防火、防霉菌等功能。如内墙面使用纸面石膏板，能起到呼吸作用，调节室内空气的相对湿度，从而改善室内空间环境的舒适度。当室内湿度升高时，石膏板能吸收一定量的水蒸气，使室内不至于过于潮湿；室内空气干燥时，又能释放出一定量的水分补充室内湿度。

三、建筑装饰材料的选择

1. 满足使用功能

对于外墙应选用耐大气侵蚀、不易褪色、不易沾污、不泛霜的材料。对于地面应选用耐磨性、耐水性好，不易沾污的材料。对于厨房、卫生间应选用耐久性、抗渗性好且不发霉、易于擦洗的材料。

2. 满足装饰效果

装饰材料的色彩、光泽、形体、质感和花纹图案等性能都会影响装饰效果，要合理应用色彩，给人以舒适的感觉。

3. 材料的安全性

要优先选用环保型材料和不燃或难燃等安全型材料，尽量避免选用在使用过程中感觉不安全或易发生火灾等事故的材料。

4. 有利于人的身心健康

建筑装饰可以美化生活、愉悦身心、改善生活质量。在选用时应注意：尽量选用天然的装饰材料，选择色彩明快的装饰材料，选择不易挥发有害气体的材料，选用保温隔热、吸声隔声的材料。

5. 合理的耐久性

有的建筑装修使用年限较短，就要求所用的装饰材料耐用年限较短。但也有的建筑要求其耐用年限很长，如纪念性建筑物等。

6. 经济性原则

一般装饰工程的造价往往占建筑工程总造价的30% ~ 50%，个别装修档次要求较高的工程甚至可达60% ~ 65%。

装饰材料的选择应考虑经济性。原则上应根据使用要求和装饰等级，恰当地选择材料；在不影响装饰工程质量的前提下，尽量选用质优价廉的材料；选用工效高、安装简便的材料，以降低工程费用。有时在关键性问题上，宁可适当加大点一次性投资，可以延长使用年限，从而达到总体上经济的目的。

7. 便于施工

在选用装饰材料时，尽量做到构造简单、施工方便，以缩短工期，节约开支，还为建筑物提前创造效益提供了条件。应尽量避免选用有大量湿作业、工序复杂、加工困难的材料。

第三节　常用的装饰材料

一、建筑装饰石材

（一）天然石材

1. 天然大理石

天然大理石（$CaCO_3$）指可以磨平、抛光的各种碳酸盐类岩石以及某些含有少量碳酸盐的硅酸盐类岩石，包括变质岩类和沉积岩类的各种大理岩、大理化灰岩、火山凝灰岩、致密灰岩、石灰岩、砂岩、石英岩、蛇纹岩、石膏岩、白云岩等。纯净的大理石为白色，称为汉白玉[6]，纯白和纯黑的大理石属于名贵品种。由于天然大理石（见图 12—7a）抗风化性较差，除个别品种（如汉白玉等）外，一般不用于室外装饰，常用在室内墙面、柱面等饰面。

6. 汉白玉
汉白玉洁白晶莹，耐风化能力强。从中国古代起，就用汉白玉制作宫殿中的石阶和护栏，即所谓“玉砌朱栏”。北京天安门前的华表、金水桥和故宫内的宫殿基座、石阶、护栏都是用汉白玉制作的。

a）大理石

b）天然花岗石

图 12—7　天然石材

大理石结构致密，抗压强度高，质地密实而硬度不大，较易进行锯切、雕琢和磨光等加工；装饰效果好，含有多种矿物质，呈现多种色彩组成的花纹；抛光后光洁细腻，如脂如玉，纹理自然；吸水率小，一般小于 1%；耐磨性好，磨损量小；耐久性好，一般使用年限为 40 ~ 100 年。但是它的抗风化性较差，易被酸侵蚀，除个别品种（如汉白玉、艾叶青等）外，一般不宜用于室外装饰。

2. 天然花岗石

天然花岗石（见图 12—7b）指具有装饰功能，可以磨平、抛光的各种岩浆类岩石，包括各种花岗岩、拉长岩、辉长岩、正长岩、闪长

岩、辉绿岩、玄武岩等。花岗石经加工或磨光后具有色泽美观、耐久性好、装饰性好的特点，主要用于基础、桥墩、台阶、路面和一些高级建筑物的室内地面和墙面的装饰，天然花岗石建筑板材是一种高级建筑装饰材料。

天然花岗石的特点为表观密度大，结构致密、抗压强度高，孔隙率小，吸水率极低，材质坚硬，具有优异的耐磨性，化学稳定性好，不易风化变质，耐酸性很强，装饰效果好。它的表面平整光滑，色彩斑斓，质感坚实，华丽庄重，耐久性好。细晶粒花岗石使用年限可达500 ~ 1000年之久，粗晶粒花岗石可达100 ~ 200年。但是花岗石不耐火，高温下石英会发生晶态转变，体积膨胀，产生严重开裂破坏。

（二）人造石材

人造石材（见图12—8）一般指人造大理石和人造花岗石，其色彩和花纹均可根据要求设计制作，如仿大理石、仿花岗石、仿玛瑙石等，还可以制作成弧形、曲面等天然石材难以加工的复杂性状。

人造石材具有天然石材的质感，但重量轻、强度高、耐腐蚀、耐污染，可锯切、钻孔，施工方便，适用于墙面、门套或柱面装饰，也可用做工厂、学校等的工作台面及各种卫生洁具，还可加工成浮雕、工艺品等。与天然石材相比，人造石材是一种比较经济的饰面材料。

根据人造石材生产所用的材料不同，一般可分为四类：树脂型人造石材、水泥型人造石材、复合型人造石材、烧结型人造石材。

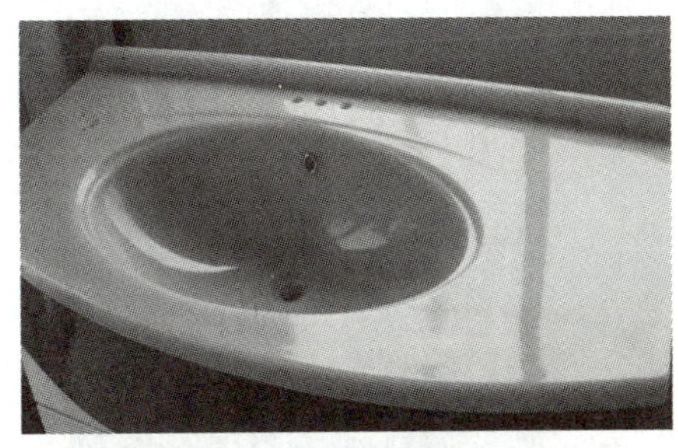

a）树脂型人造石材

b) 水泥型人造石材

c）复合型人造石材（大理石铝蜂窝复合板）

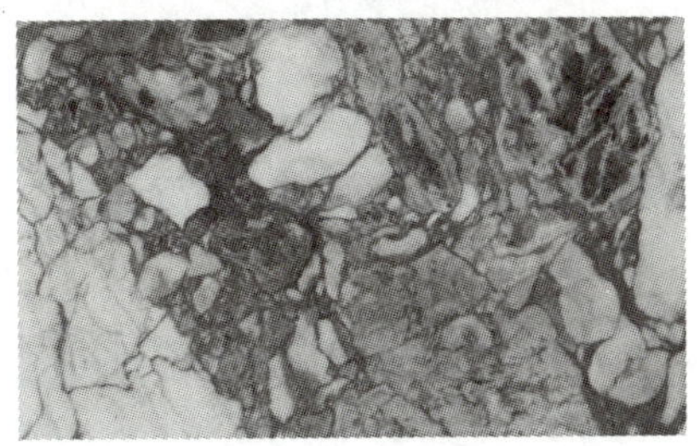

d）烧结型人造石材

图12—8　人造石材

二、建筑装饰陶瓷

陶瓷制品具有坚固耐用、色彩鲜艳的装饰效果和易清洗、防火、防水、耐磨、耐腐蚀、耐久性好、造价低等特点，因此应用日益广泛。建筑陶瓷主要包括外墙面砖、内墙面砖、陶瓷锦砖和地面砖等。

（一）外墙面砖

外墙面砖（见图 12—9a）是指以陶土为原料，经压制成形，而后在 1 100 ℃左右煅烧而成的炻质[7]产品。它根据表面装饰方法的不同，分为无釉单色砖、彩釉砖、立体彩釉砖。外墙面砖根据制作时加入的着色剂可制成由浅至深各种色调，装饰性强、耐久性高，并对建筑有良好的保护作用，多用于大型公用建筑的外墙面、柱面、门窗套等立面的装饰。

7. 炻质

陶瓷制品可以分为三种。

陶器：断面粗糙无光，不透明，敲击时声音暗哑。如烧结黏土砖、黏土瓦等。

炻器：构造比陶器致密，吸水率较小，不如瓷器洁白，坯体多带有颜色，无半透明性。如外墙面砖、地砖、陶瓷马赛克等。

瓷器：结构致密，基本不吸水，色洁白，耐磨性好，具有一定的半透明性。主要用于工艺瓷器和餐具、茶具。

a）外墙面砖

b）内墙面砖

c）陶瓷锦砖

d）地面砖

图 12—9　建筑装饰陶瓷制品

（二）内墙面砖（釉面砖）

内墙面砖（釉面砖，见图 12—9b）俗称瓷砖，用瓷土或优质陶土经低温烧制而成。内墙面砖一般都上釉，其釉层有不同类别，如有光釉、石光釉、花釉、结晶釉等，不同类型的釉层各具特色。内墙面砖可用于浴室、卫生间、厨房的墙面、台面及各种清洗槽之中。

（三）陶瓷锦砖

陶瓷锦砖（见图 12—9c）俗称马赛克，由各种颜色、多种几何形状的小块瓷片（长边一般不大于 50 mm）铺贴于网格布上形成丰富、图案繁多的装饰砖片。陶瓷锦砖可分为施釉和不施釉两种。它的质地坚实、色泽美观、图案多样，耐酸碱、耐磨、耐水、耐压、耐冲击。陶瓷锦砖主要用于室内地面装饰（浴厕、厨房、阳台等处的地面），也用于墙面。

（四）地面砖

地面砖（见图 12—9d）采用塑性较大且难熔的黏土，经压制成形，熔烧（1 050 ～ 1 250 ℃）而成。地面砖根据是否上釉可以分为有釉和无釉。它的耐磨性好、强度和硬度高、抗冲击、不易起尘。地面砖主要用于人流较多的建筑物内（通道、站台、售票厅、商场、展览馆等）地面，也适用于起居室、卧室、厨房、卫生间等地面。

三、建筑玻璃

玻璃[8]是以石英砂、纯碱、长石和石灰石为原料，于 1 550 ～ 1 600℃高温下烧至熔融，再经急冷而得的一种无定型硅酸盐材料。它是各向同性的匀质材料，是典型的脆性材料。玻璃的绝热、隔声性较好、热稳定性差、耐酸性好，透光、透视，有艺术装饰作用。特种玻璃还有吸热、防辐射等特殊功能。

（一）平板玻璃

1. 普通平板玻璃

普通平板玻璃也称单光玻璃、净片玻璃，属于钠钙玻璃，是未经研磨加工的平板玻璃。主要用于装配门窗，起着透光、透视、挡风和保温的作用。

2. 磨光玻璃

磨光玻璃（见图 12—10a）又称镜面玻璃或白片玻璃，是用普通平板玻璃经过抛光后的玻璃。根据磨光面层数量的不同可以分为单面磨光和双面磨光两种。磨光玻璃表面平整光滑且有光泽，物像透过玻璃不变形，透光率大于 84%。主要用于高级建筑物的门窗、橱窗或制作镜子。

3. 磨砂玻璃

磨砂玻璃（见图 12—10b）又称毛玻璃、暗玻璃，是将平板玻璃的表面经机械喷砂或手工研磨或氢氟酸溶蚀等方法处理成均匀毛面而成。它的表面粗糙，只有透光性而不能透视，主要用于需要隐秘和不受干扰的房间，如浴室、办公室等的门窗上尤为适宜，还可用作黑板。安装磨砂玻璃时，应注意其毛面面向室外。

8. 玻璃

玻璃出现在公元前 2600 年左右，是埃及人发明的。第一批玻璃吹制工人大概出现在公元前 1 世纪的叙利亚。

玻璃窗是更晚一些的发明。它们最初也是用吹气来制造的。大容器被吹制出来，经弄平后就成为一片玻璃。公元 100 年左右开始出现明亮的玻璃，但在 1 000 多年里，这种玻璃一直被当成一种昂贵的奢侈品。

a）磨光玻璃

b）磨砂玻璃

c）花纹玻璃

d）有色玻璃

图 12—10　建筑玻璃

4. 花纹玻璃

花纹玻璃（见图 12—10c）按加工方法的不同可分为压花玻璃和喷花玻璃两种。压花玻璃又称滚花玻璃，是在其硬化前经过刻有花纹的滚筒，在单面或双面压制各种花纹图案。花纹凹凸不平导致失去透光性，减低透光度。压花玻璃使用时应将花纹朝向室内。压花玻璃广泛应用于宾馆、公用建筑、办公室等现代建筑的装修工程中。喷花玻璃又称胶花玻璃，是在平板玻璃表面上贴以花纹图案，抹以保护层，经喷砂处理而成。喷花玻璃适用于门窗装饰和采光。

5. 有色玻璃（颜色玻璃、彩色玻璃）

有色玻璃（见图 12—10d）根据透明程度的不同可以分为透明和不透明两种。透明有色玻璃是指在原料中加入一定的金属氧化物使玻璃带色。不透明有色玻璃也称饰面玻璃，是在一定形状的平板玻璃的一面喷以色釉，烘烤而成。它的彩色饰面或涂层可以用有机高分子涂料制得。饰面层为两层结构，底层由透明着色涂料组成，面层为不透明着色涂料。

（二）安全玻璃

1. 钢化玻璃

钢化玻璃（见图 12—11a）又称强化玻璃，是将平板玻璃经一定方法处理后，使强度、抗冲击性、耐急冷急热性能大幅度提高的玻璃。钢化玻璃的生产方法有加热骤冷法和化学钢化法两种。钢化玻璃表面具有预加压应力，抗冲击性能也大大提高。钢化玻璃破碎时，先出现网状裂纹，破碎后棱角碎块不尖锐，不伤人。钢化玻璃耐热冲击，最大安全工作温度为 87.8 ℃，能承受 204.44 ℃的温差，故可用来制造炉门上的观测窗、辐射式气件加热器、干燥器和弧光灯等。

a）钢化玻璃

b）夹丝玻璃

c）夹层玻璃

图 12—11　安全玻璃

钢化玻璃可以分为平面钢化玻璃、弯钢化玻璃、全钢化玻璃、半钢化玻璃、区域钢化玻璃。平面钢化玻璃主要用做建筑工程的门窗、隔墙与幕墙等。弯钢化玻璃主要用做汽车车窗玻璃 。半钢化玻璃主要用于暖房、温室、隔墙等的玻璃窗。区域钢化玻璃主要用做汽车挡风玻璃。钢化玻璃不能切割、磨削，边角不能碰击。在使用过程中严禁溅上焊接的火花。如接触火花，在钢化玻璃上会产生细微的伤痕。当其再受到风压或振动等外力时，伤痕将会逐渐扩大，导致全面破碎。

2. 夹丝玻璃

夹丝玻璃（见图 12—11b）也称防碎玻璃和钢丝玻璃，是将普通平板玻璃加热到红热软化状态，再将预热处理的铁丝网或铁丝压入玻璃中间而制成。夹丝玻璃的表面可以是压花的或磨光的，颜色可以是透明的或有色的。夹丝玻璃比普通玻璃强度大，在遭受冲击或温度剧变时，破而不缺，裂而不散，起到隔绝火势蔓延的作用，故又称防火玻璃，主要用于天窗、天棚顶盖和易受振动的门窗上。彩色夹丝玻璃可用于阳台、楼梯、电梯井。

3. 夹层玻璃

夹层玻璃（见图 12—11c）是在两片或多片各类平板玻璃之间粘夹

了柔软而强韧的中间透明膜，经加热、加压、黏合而成的平面或弯曲的复合玻璃制品。夹层玻璃具有较高的强度，受到破坏时产生辐射状或同心圆形裂纹而不易穿透碎片，不易脱落。夹层玻璃可以分为平夹层（普通型）和弯夹层（异型）两类。主要用做汽车和飞机的玻璃、防弹玻璃以及有特殊安全要求的建筑物门窗、隔墙、工业厂房的天窗和某些水下工程等。

（三）保温隔热玻璃

1. 热反射玻璃（镀膜玻璃）

热反射玻璃是对太阳辐射能具有较高反射能力而又保持良好透光性的平板玻璃。它对太阳辐射热有较高的反射能力、遮光性能好、具有单向透视的特性、对可见光的透过率小，多作为高层建筑的幕墙。

2. 变色玻璃

变色玻璃包括光致变色玻璃和电致变色玻璃两种。光致变色玻璃可以随光线增强改变颜色，它是在钠硼硅玻璃基料中加入感光剂（氯化银等），或直接在玻璃或有机夹层中加入钼或钨的感光化合物。采用光致变色玻璃装饰建筑，既可使室内光线柔和、色彩多变，又可使建筑色彩斑斓、变幻莫测，与建筑的日照环境协调一致。一般用于建筑物门窗、幕墙等。

电致变色玻璃的表面镀有一层超薄氧化钨涂层。当该涂层上通过低电压时，氧化钨的氧化状态会发生改变。因此，通过电压控制，就可以使玻璃产生由完全透明到深蓝等多种变化。电致变色玻璃可作为汽车等交通工具的挡风玻璃和大面积显示器，在建筑、运输及电子等工业领域有着广泛的应用前景。

3. 中空玻璃

中空玻璃是由两层或两层以上平板玻璃构成，四周用高强度、气密性好的复合黏结剂将两片或多片玻璃与铝合金框或橡皮条或玻璃条黏合，密封玻璃之间留出的空间（间距一般为 10 ~ 30 mm）充入干燥气体（一般为空气），以获得优良的绝热性能。

中空玻璃具有保温绝热，减少噪声，节能，可避免冬季窗户结露，保持室内一定的湿度的作用。无色透明的中空玻璃，一般可用于普通住宅、空调房间、空调列车、商用雪柜等。有色中空玻璃用于有一定建筑艺术要求的建筑物，如影剧院、展览馆、银行等。

四、建筑塑料装饰制品

塑料[9]是以树脂或合成树脂为主要成分，以增塑剂、填充剂、润滑剂、着色剂等添加剂为辅助成分，在加工过程中能流动成形的材料。它

9. 塑料
第一种完全合成的塑料由美籍比利时人列奥•亨德里克•贝克兰发明。1907 年 7 月 14 日，他注册了酚醛塑料的专利。这是 20 世纪的炼金术，从煤焦油那样的廉价产物中，得到用途如此广泛的材料。

具有加工性好、耐腐蚀性好、重量轻、强度高、装饰性好、隔热性好、比较经济等优点。缺点是不耐高温、可燃烧、热膨胀系数大等，但可通过适当处理予以改善或避免。

常用的塑料装饰材料有塑料装饰板材、塑钢门窗、塑料管材（见图12—12）等及其他塑料装饰材料。其他塑料装饰材料包括塑料楼梯扶手、塑料踢脚线及画镜线、塑料百叶窗及纱窗、塑料装饰嵌线和盖条、塑料窗帘盒、塑料装饰线条及花饰（塑料装饰线条、塑料花饰）、塑料隔断。

a）塑料装饰板材

b）塑钢门窗

c）塑料管材

图 12—12　建筑装饰塑料制品

1. 塑料壁纸

聚氯乙烯塑料壁纸是应用比较广泛的一种壁纸。它以纸为基层，以聚氯乙烯塑料为面层，经压延或涂布以及印刷、轧花或发泡而成。

塑料壁纸装饰性好，防污染性好，可擦洗，广泛用于室内墙面、顶棚的裱糊装饰。

2. 塑料地板

塑料地板主要有聚氯乙烯塑料地板、聚乙烯塑料地板和聚丙烯塑料地板等。

塑料地板可以粘贴在水泥砂浆或木材等基层上，它的色彩及图案丰富多样，能满足各种需要。塑料地板施工铺设方便，耐磨性好，便于清洁。

3. 塑料装饰板

塑料装饰板主要用做护墙板、屋面板和橱柜板。其重量轻，能降低建筑物的自重。如塑料贴面装饰板是以印有各种色彩、图案的纸为胎，浸渍三聚氰胺树脂和酚醛树脂，再经热压而成的可覆于各种基材上的一种装饰贴面材料。它色彩鲜艳、耐湿、耐烫、耐燃、耐酸碱侵蚀，表面平整，容易清洁，适用于各种建筑室内和家具、橱柜的装饰装修。

五、建筑装饰涂料

涂料是指涂敷于物体表面能与基体材料很好黏结并形成完整而坚韧保护膜的物料。建筑涂料具有装饰功能、保护功能及其他功能（如防火、防水、防霉、防静电等特殊要求)。建筑涂料除了具备一般涂料的遮盖力、涂膜附着力、黏度和细度的性能之外，还具备一些特殊性能，如耐污染性、耐久性、耐洗刷性、耐老化性及耐碱性等。建筑涂料的原则包括好的装饰效果(质感、线型和色彩)、合理的耐久性(包括保护效果和装饰效果)以及经济性等。

图 12—13　内墙涂料

图 12—14　外墙涂料

(一)内墙、顶棚涂料

内墙、顶棚涂料（见图 12—13）主要用于装饰和保护室内墙面和顶棚。它的颜色丰富、协调、色调柔和、涂膜细腻、耐碱性好、耐水性好、不易粉化、透气性好、涂刷方便、重涂性好。

内墙、顶棚涂料的常用品种有合成树脂乳液涂料(乳胶漆)、水溶性内墙涂料、仿壁毯涂料。

1. 合成树脂乳液涂料(乳胶漆)

合成树脂乳液涂料(乳胶漆)是指以合成树脂乳液为主要成膜物质，加入着色颜料、辅助材料，经混合、研磨制得的薄质内墙涂料。它具有无毒、涂膜透气好、无结露现象等特点。主要适用于混凝土、水泥砂浆、水泥类墙板、加气混凝土等基层(应清洁、平整、坚实、不太光滑，以增强涂料与墙体的黏结力)。合成树脂乳液涂料涂刷需要在气温 15 ~ 25 ℃，空气相对湿度 50% ~ 75% 的环境下进行施工。

2. 水溶性内墙涂料

水溶性内墙涂料是指以水溶性合成树脂聚乙烯醇及其衍生物为主要成膜物质，加入适量的着色颜料、体质颜料、少量辅助材料不经研磨而得的水溶性内墙涂料。水溶性内墙涂料可以分为聚乙烯醇水玻璃内墙涂料和聚乙烯醇缩甲醛内墙涂料两种，主要用于一般民用建筑室内墙面的装饰，比较环保。

3. 仿壁毯涂料

仿壁毯涂料是指由乳液胶结材料、粉状胶结材料、少量的粉状填

料、辅助材料和纤维等组成，乳液和其他固体材料分开包装，施工前再混合。仿壁毯涂料成膜后外观类似毛毯或绒面，装饰效果独特，有良好的吸声隔热效果。仿壁毯涂料主要适用于居室及声学要求较高的场所。

（二）外墙涂料

外墙涂料（见图 12—14）装饰具有美化建筑物，使建筑物与周围环境达到完美与和谐，同时还保护建筑物的外墙免受大气环境的侵蚀，延长其使用寿命等功能。

外墙涂料常用品种有合成树脂乳液外墙涂料、合成树脂溶剂型外墙涂料、外墙无机建筑涂料、复层建筑涂料。

1. 合成树脂乳液外墙涂料

合成树脂乳液外墙涂料是指以合成树脂乳液为主要成膜物质，加入着色颜料、体质颜料和其他辅助材料，经混合、搅拌、研磨而得的外墙涂料。合成树脂乳液外墙涂料分为薄质乳液涂料、厚质涂料和彩色砂壁状涂料等。它的施工方便、无毒、涂膜透气好，涂膜的光亮度、耐水性、耐久性均好。

2. 合成树脂溶剂型外墙涂料

合成树脂溶剂型外墙涂料是指以高分子合成树脂为主要成膜物质，以有机溶剂为分散介质，加入一定量的着色颜料、体质颜料和辅助材料，经混合、搅拌、溶解、研磨而配制成的涂料。合成树脂溶剂型外墙涂料具有较高的光泽、硬度、耐水性、耐酸性及良好的耐候性、耐污染性等特点。

3. 外墙无机建筑涂料

外墙无机建筑涂料是指以碱金属硅酸盐或硅溶胶为主要成膜物质，加入相应的固化剂或有机合成树脂、颜料、填料等配制成的涂料。按主要成膜物质不同，分为 A 类和 B 类。

4. 复层建筑涂料

复层建筑涂料简称复层涂料，是指以水泥、硅溶胶、合成树脂乳液等黏结料和骨料为主要原料，用刷涂、滚涂和喷涂等方法，在建筑物墙面涂覆 2 ~ 3 层，形成厚度为 1 ~ 5 mm 的凹凸点花纹或平状面层的涂料。

六、木材与竹材

木材与竹材具有质轻、高强度、弹性和韧性较好、抗冲击性强、导热性低、易于加工、有较高的耐久性、装饰性好等优点。缺点是内部构造不均匀导致各向异性，易膨胀收缩、腐朽及虫蛀，易燃烧，天然疵病较多等。木材与竹材主要用于地板、墙裙、踢脚板、挂镜线、天花板、装饰吸声板、门、窗、扶手、栏杆等。

（一）木地板

1. 条木地板

条木地板一般由松木、杉木等软材或柞木、榆木等硬材制作。条板的宽度一般不大于 120 mm，板厚 20 ~ 30 mm 。条木地板拼缝处可做成平头、企口或错口。条木地板大多适用于体育馆、练功房、舞台、幼儿园、民用住宅等处的地面装饰。

2. 拼花木地板

拼花木地板（见图 12—15）是指用阔叶树种中水曲柳、柞木、核桃木、柚木等质地优良、不易腐朽开裂的硬木材，经干燥处理并加工成条状小板条用于室内地面装饰材料。木块的宽度一般为 40 ~ 60 mm，最宽可达 180 mm，厚度多为 20 mm。拼花木地板有砖墙花样型、斜席纹型、正席纹型、正人字型、单人字型和双人字型等。铺地板时先从房间中央开始，画出图案式样，弹上墨线，铺好第一块地板，然后向四周铺开。拼花木地板通常用于高级别墅、写字楼、宾馆、会议室、体育馆地面的装饰。

3. 实木复合木地板

实木复合木地板是指以中、高密度纤维板为基材，采用树脂处理，表面贴一层天然木纹板，经高温压制而成的新型地面装饰材料。复合木地板光滑平整、结构均匀细密、耐磨损、强度高、简洁高雅。铺地板时不用木搁栅，不用铁钉固定，不用刨平，施工非常方便。实木复合木地板主要用于会议室、办公室、实验室、酒店、商场等地面的铺设，也适用于民用住宅的室内地面装饰。

4. 竹地板

竹地板（见图 12—16）是指用优质天然竹料加工成竹条，经特殊处理后，在压力下拼成不同宽度和长度的长条，然后刨平、开槽、打光、着色、上多道耐磨漆制成的带企口的长条地板。竹地板自然、清新、高雅、防水、耐磨，易于维护和清扫，是高档产品，主要用于宾馆、办公楼、居室等地面的装饰。

（二）木装饰线条（木线）

木装饰线条的种类包括楼梯扶手、压边线、墙腰线、天花角线、弯线、挂镜线等。其断面形状有平线、半圆线、麻花线、十字花饰、梅花饰、浮饰等。木装饰线条具有增添高雅、古朴、自然、亲切的美感，木量细、不劈裂、加工性质好、钉着力强的特点。主要用于建筑物室内墙面的腰饰线、墙面洞口装饰线、护壁、勒脚的压条装饰线、门窗的镶边及家具的装饰等。

图 12—15　拼花木地板

图 12—16　竹地板

（三）木花格

木花格（见图 12—17）是指用木板或木条经拼装或雕刻而成的装饰构件，主要用于室内的花窗、隔断、顶棚装饰等，能起到调整室内设计格调的作用。

图 12—17　木花格

（四）木制人造板材

木制人造板材是利用木材加工过程中剩下的边皮、碎料、刨花、木屑等废料，进行加工处理而制成的板材，包括胶合板、纤维板、细木工板、刨花板、木丝板、木屑板等。

胶合板是用原木旋切成薄片，再用胶粘剂按奇数层数，以各层纤维互相垂直的方向，黏合热压而成的人造板材。它具有幅面大、平整易加工、材质均匀、不翘不裂、收缩性小等特点，板面花纹自然、真实，主要用于建筑室内的墙面、隔墙、门面板、家具装饰。

细木工板是一种芯板，用木板拼接而成，两个表面为胶贴木质单板的实心板材。它质坚、吸声、绝热，主要用于家具、车厢和建筑物内装修等。

木丝板（见图 12—18）和木屑板是分别以刨花渣、短小废料刨制的木丝、木屑等为原料，经干燥后拌入胶凝材料，再经热压制成的人造板材。它们密度低，强度较低，具有良好的吸音、隔热效果，主要用做绝热、吸声材料和隔墙，也可用做吊顶、家具等材料。

七、建筑装饰金属

建筑装饰金属具有高强度和塑性，使用性能优异，具有独特的光泽、颜色及质感，装饰性能优异，有良好的耐磨、耐蚀、抗冻、抗渗等性能，耐久性好，并具有良好的可加工性和铸造性。

图 12—18　木丝板吊顶

1. 铝合金

铝合金（见图 12—19）是在铝中加入铜、镁、锰、硅、锌等元素，使铝在保持质轻等优点之外，还能大幅提高其力学性能的铝基合金。铝合金强度高、重量仅为钢材的 1/3，耐大气侵蚀性能好。

建筑铝合金的主要产品有铝合金门窗、铝合金花纹板、镁铝曲面装饰板等。

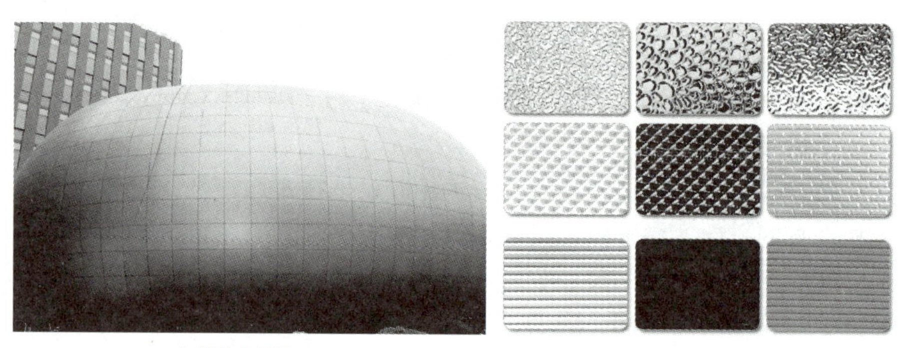

a）铝合金幕墙　　b）铝合金花纹板

图 12—19　铝合金装饰材料

2. 不锈钢

不锈钢（见图 12—20）是指在钢中加入一些能大幅提高钢材抗蚀性的合金元素，如铬、镍等，以制成合金钢，属于有高耐蚀性的合金特殊性能钢。不锈钢具有较高的耐蚀性，较高的强度、硬度、冲击韧性及冷弯性能，导热性比普通钢材差，热膨胀系数大。

3. 彩色涂层钢板

彩色涂层钢板（见图 12—21）是指以冷轧钢板、电镀锌钢板或热镀锌钢板为基板，经过表面脱脂、磷化、铬酸盐等处理后，涂上有机涂料经烘烤而制成的产品，是复合材料。彩色涂层钢板既有钢板的强度、刚度、塑性和良好的加工性能，可剪、切、弯、卷、钻；又具有有机材

料良好的耐蚀性、装饰性、耐湿性、耐低温等性能，常用做屋面板、墙板、围护结构等，还广泛用于轻工业、运输业等。

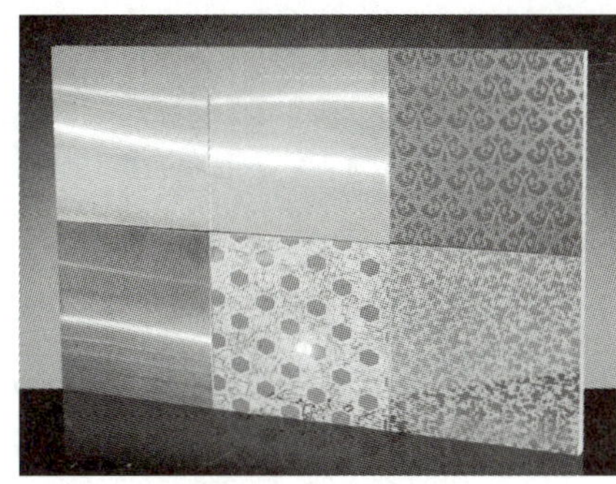

图 12—20 不锈钢装饰板

图 12—21 彩色涂层钢板屋顶